荒漠植物丛枝菌根真菌研究

贺学礼 贺超 编著

科学出版社

北京

内 容 简 介

本书是荒漠环境丛枝菌根真菌最新研究成果总结，也是第一部全面介绍我国西北干旱荒漠环境丛枝菌根真菌资源多样性和生态响应的著作。本书以荒漠植物与丛枝菌根真菌共生关系为切入点，对我国西北干旱荒漠环境丛枝菌根真菌定殖结构、菌种多样性变化规律及其促生抗旱效应等方面的研究成果进行了系统分析和总结。同时，以450幅光镜照片和168幅扫描电镜照片展示了荒漠植物丛枝菌根真菌定殖结构和孢子形态特征。

本书是研究荒漠植物丛枝菌根真菌生物多样性和资源利用的重要著作，可供从事菌根相关教学、科研以及生态修复和自然资源保护等方面研究工作的人员参考。

图书在版编目（CIP）数据

荒漠植物丛枝菌根真菌研究 / 贺学礼，贺超编著. —北京：科学出版社，2024.5

ISBN 978-7-03-077572-6

Ⅰ.①荒… Ⅱ.①贺… ②贺… Ⅲ.①荒漠–植物–研究 ②丛枝菌属–菌根菌–研究 Ⅳ.①Q948.44 ②Q949.329

中国国家版本馆CIP数据核字（2024）第016572号

责任编辑：陈　新　郝晨扬 / 责任校对：郑金红

责任印制：肖　兴 / 封面设计：无极书装

科学出版社 出版

北京东黄城根北街16号

邮政编码：100717

http://www.sciencep.com

河北鑫玉鸿程印刷有限公司印刷

科学出版社发行　各地新华书店经销

*

2024年5月第 一 版　开本：787×1092　1/16

2024年5月第一次印刷　印张：20

字数：474 000

定价：298.00元

（如有印装质量问题，我社负责调换）

前　言

　　我国西北干旱地区存在着广饶的荒漠沙地，并以干旱土壤和荒漠植被为标志特征。西北干旱荒漠区占据着西北绝大部分面积，大多位于古丝绸之路上，荒漠植物区系以旱生灌木、小灌木和半木本植物占优势，该区生态环境的健康与稳定同植被状况息息相关。在这种特殊生态背景条件下，植物不仅形态结构和生态适应性会发生较大幅度变化，而且与其根系共生的土壤微生物群落组成、生物多样性及其生态地理分布格局也会发生必然分化。也许是由于丛枝菌根真菌、根瘤菌这些土壤共生微生物的存在和作用，豆科、菊科、禾本科等植物才成为荒漠环境防风固沙和水土保持的先锋植物，并在维持荒漠生态系统植被稳定性及生态系统生产力方面扮演着重要角色。

　　丛枝菌根真菌作为一种古老而又分布广泛的土壤真菌，不仅能与80%的陆地植物形成丛枝菌根共生体，而且它的存在与进化见证了生态系统的演替过程。丛枝菌根具有促进植物对土壤营养元素和水分吸收及生长发育、提高植物抗逆性的功能。同时，荒漠生态系统中植物和微生物的状态、变化规律及其相互作用是荒漠生物学过程的重要组成部分，揭示植物、微生物与环境之间的相互作用，能够深刻理解荒漠生态系统进程，而丛枝菌根真菌作为荒漠化过程中非常重要的一类土壤微生物，其生物多样性和生态功能备受人们关注。近年来，许多学者针对荒漠环境丛枝菌根真菌开展了大量相关研究工作，并取得了丰硕成果。

　　本书以荒漠植物与丛枝菌根真菌共生关系为切入点，充分运用植物学、微生物学、土壤学、分子生物学、植物生理学、植物营养学等理论知识，针对荒漠生态系统特点和植物资源分布情况，将野外考察采样和室内综合研究相结合，开展了相关研究工作，获得了大量第一手资料，对我国西北干旱荒漠环境丛枝菌根真菌资源多样性和生态响应进行了系统研究，揭示了荒漠植物丛枝菌根真菌定殖结构、物种多样性及其时空异质性；阐明了环境因子对丛枝菌根真菌分布和活动的影响机制；评估了人工接种丛枝菌根真菌对荒漠植物促生抗旱效应及其应用潜力；提出了丛枝菌根真菌孢子密度、定殖结构和分泌的球囊霉素可以作为评价荒漠土壤质量和稳定性有效指标的观点。这些研究成果对于荒漠环境丛枝菌根真菌资源利用和生态环境保护具有重要的参考价值。

　　转眼间，关于荒漠植物丛枝菌根真菌的研究已有20余载。20多年来，荒漠植物丛枝菌根真菌研究从未间断，已然成为我们生活的一部分，也是团队的主要研究方向。本书突出科学性、系统性和创新性，图文并茂，以450幅光镜照片和168幅扫描电镜照片展示了荒漠植物丛枝菌根真菌定殖结构和孢子形态特征。全书共12章，第一章至第七章和第十二章由河北大学贺学礼教授编著，第八章至第十一章由中国医学科学院药用植物研究所贺超副研究员编著，基本涵盖了赵金莉、李英鹏、郭辉娟、张亚娟、山宝琴、左易灵、杨宏宇、段小圆、白春明、赵莉、方菲、陈程、陈燕、张焕仕、侯晓飞、李敦献、刘雪伟、吴艳清、钱伟华、杨静、徐矗骍、高露、王银银、刘春卯、姜桥、张淑容、贺超、张玉洁、王晓乾、闫姣、胡从从、郭清华、王坤、成斌、许伟、郭亚楠、薛子可、刘海跃、强薇、王姣姣、李欣玫、李烨东、张开逊、张东东等的博士或硕士学位论文和发表的研究成果，研究生林玉立、张婉怡、李婉云、王振舟、龚奉、许明辉参与了本书图片的整理和校对工作。在本书编撰过程中，参考、引用和借鉴了众多学者的研究成果，研究工作获得了国家自然科学基金项目（40471637、30670371、31170488、31270460、31470533、31770561）和河北省自然科学基金项目（C2014201060）的资助；在野外考察和样品采集过程中得到了中国科学院鄂尔多斯沙地草地生态研究站、中国科学院沙坡头沙漠研究试验站、甘肃民勤连古城国家级自然保护区、甘肃安西极旱荒漠国家级自然保护区、河北省张家口市塞北管理区等管理部门的大力协助，本书的出版得到了"河北大学生物学强势特色学科"的经费支持。在此，一并表示衷心感谢！

限于作者水平和研究进展，书中不足之处恐难避免，敬请读者批评指正。

作 者

2023 年 7 月

目　　录

第一章 概　　论

菌根（mycorrhiza）是自然界中一种普遍的植物共生现象，它是土壤中的菌根真菌与高等植物营养根系形成的一种互惠共生体。自 19 世纪发现菌根共生体现象并开始研究以来，随着科学技术的进步，特别是 21 世纪分子生物学的发展，极大地推动了菌根研究工作，菌根生物学成为菌物学领域最为活跃和发展迅猛的交叉学科。

第一节　丛枝菌根共生体的概念

一、共生体的类型

菌根由真菌界中的担子菌纲（Basidiomycetes）、子囊菌纲（Ascomycetes）和接合菌纲（Zygomycetes）部分真菌与大多数陆生维管植物共生形成。在共生体系中，寄主植物通过共生真菌菌丝体从根系外吸收矿质营养和水分，而真菌则通过共生体从寄主植物中获取光合碳素同化物。按照真菌菌丝在植物根内着生部位和形态特征，分为外生菌根（ectomycorrhiza）、内生菌根（endomycorrhiza）和内外生菌根（ectendomycorrhiza）；依据寄主植物分为兰科菌根（orchid mycorrhiza）、杜鹃花类菌根（ericoid mycorrhiza）、水晶兰类菌根（monotropoid mycorrhiza）和浆果莓类菌根（arbutoid mycorrhiza）。菌根真菌能够有效促进植物对水分及各种矿质元素的吸收，增强植物抗逆性。在生态系统尺度上，菌根真菌是生态系统的重要组成部分，在植物群落的发生、演替和区系组成等方面都起着重要作用，并且影响着植物在自然生态系统中的各种生态学过程。

二、丛枝菌根共生体

丛枝菌根（arbuscular mycorrhiza，AM），原称泡囊-丛枝菌根（vesicular arbuscular mycorrhiza，VAM），由球囊菌门（Glomeromycota）真菌菌丝体侵入植物根组织，在根皮层细胞形成泡囊状（vesicular）和丛枝状（arbuscular）菌丝体结构而得名。随后研究发现，部分真菌在根细胞内不产生泡囊，但均能形成丛枝，故简称丛枝菌根。根据丛枝和菌丝的不同结构特点，丛枝菌根可分为疆南星型（Arum-type，A 型）、重楼型（Paris-type，P 型）、中间型（intermediate-type，I 型）3 种形态类型。丛枝菌根形态类型具有植物科属分布特征。形成疆南星型菌根的真菌在根皮层细胞间充分发育并形成大量胞间菌丝，胞间菌丝产生侧向分枝并进入皮层细胞内，顶端不断分枝形成丛枝，有时偶见菌丝卷曲现象；而重楼型菌根的胞内菌丝强烈卷曲，并在皮层细胞之间直接传播，丛枝结构形成于卷曲菌丝结构之间，一般缺乏或很少有胞间菌丝。

菌根研究涉及真菌、寄主植物和土壤环境三方面的互作关系，也涉及多学科交叉。

例如，研究菌根的生态功能，有助于发挥菌根在植被恢复和生态系统重建中的作用。在筛选优良菌株或提高菌根真菌繁殖能力方面，需要真菌分类学、生物学、生态学等基础学科相关知识的指导。

根系中是否存在丛枝，是鉴定丛枝菌根植物最常用的依据。然而，丛枝结构存在时间很短，一般从野外采集的植物根组织，特别是采集的较老根组织中有可能观察不到丛枝。因此，采用菌丝定殖结构也可以鉴定丛枝菌根。

第二节　丛枝菌根形态与解剖结构

寄主植物感染 AM 真菌后，其根系外部形态与正常根无明显差异，必须借助生物染色技术才能在显微镜下观察到是否被感染。AM 真菌入侵植物后，在寄主植物根皮层细胞中形成泡囊、丛枝和内生菌丝等结构；孢子、孢子果主要分布于植物根际土壤中；在根系表面还可发现外生菌丝等结构。

一、菌丝

菌根菌丝（hypha）包括根外菌丝（external hypha）和根内菌丝（internal hypha）。分布在根内的菌丝称为根内菌丝或内生菌丝，分布在土壤中的菌丝称为根外菌丝或外生菌丝。根内菌丝又可分为胞间菌丝（intercellular hypha）和胞内菌丝（intracellular hypha）。

（一）外生菌丝

外生菌丝泛指生长在根部外的菌丝，它在幼根周围形成松散的网络，菌丝与距离根系数厘米以外的土壤颗粒相连接，吸收根外水分和营养，传送到植物体内。这种外生菌丝一般仅分布在寄主根系附近。从形态来看，有两种类型：一种是厚壁菌丝，其菌丝粗大，壁厚，细胞质稠密，直径 20～30μm，无隔膜，外壁有疣状凸起，在土壤中有较长的生命周期；另一种是薄壁菌丝，壁薄，透明，直径 2～7μm，有较强的穿透力和吸收功能，与厚壁菌丝连接处常有一伤痕状结节，状如横隔，但并非真的隔膜。薄壁菌丝是入侵寄主细胞的菌丝，厚壁菌丝是产生休眠孢子（厚垣孢子）的菌丝，厚垣孢子分布于寄主根外土壤中。

（二）内生菌丝

根外菌丝穿透根表皮进入根内即形成内生菌丝，内生菌丝无隔膜，在皮层细胞间隙延伸生长的菌丝称为胞间菌丝，进入细胞内的菌丝称为胞内菌丝。胞内菌丝可以分枝形成丛枝结构，部分根内菌丝顶端膨大形成泡囊。内生菌丝是植物–菌根真菌共生体进行物质、信息和能量交流的界面。内生菌丝的粗细、代谢状态均会影响菌根结构的类型。

二、侵入点与附着胞

丛枝菌根进入根内的部位称为侵入点（entry point）。当菌丝与根表皮或根毛接触时，会受到根细胞壁的阻力，这时侵入点的菌丝发生形态变化，出现菌丝变粗或分叉现象。侵入点部位的菌丝一般着色较深，在细胞内或间隙呈"之"字形，或出现卷曲现象。在一个根段可形成多个侵入点，侵入点数量为 1～25 个/mm 根系长度。侵入点的数量取决于寄主种类、根系形态、菌根真菌和土壤特性。附着胞（appressorium）是真菌菌丝进入根内，在细胞之间变粗的结构，附着胞间的菌丝分枝进入根皮层细胞，形成菌根结构。

三、丛枝

丛枝（arbuscule）是由 AM 真菌菌丝体侵入寄主根皮层组织，并在细胞内连续分枝形成的一种枝状结构。丛枝状结构在 AM 真菌侵染植物的初期出现，在根细胞内仅存活 1～2 周，之后则渐渐消亡，变成碎粒状。丛枝是 AM 真菌与植物根细胞物质交换的主要枢纽，AM 真菌通过丛枝将吸收的磷和其他营养物质输送给植物，而植物将形成的碳水化合物传输给 AM 真菌。丛枝对真菌生长发育非常重要，但丛枝不是植物与菌根真菌之间物质交换的唯一场所。丛枝结构的差别，可能会导致不同 AM 真菌在吸收养分和消耗效率上的差异；Gianinazzi-Pearson 和 Gianinazzi（1986）研究发现，疆南星型菌根可能通过胞内丛枝将磷等矿质养分传递给植物，而植物运输给真菌的碳水化合物主要通过胞间菌丝传递。这种不同方向运输的空间分离可能是菌根共生效率不同的结构基础。在丛枝失去活性后，真菌仍可通过胞间菌丝从植物中获取碳水化合物。

形成丛枝时，寄主细胞的细胞质活性明显增加；形成新的细胞器（包括线粒体、内质网等）；细胞核直径增加 2～3 倍；贮藏淀粉被利用，淀粉粒消失；呼吸作用和酶活性增强；丛枝分解后，细胞质和细胞核恢复原状。因此，丛枝的丰富程度与发生强度可广泛用于反映菌根共生体中功能单位的数量及真菌代谢和功能潜力的指标。

四、泡囊

泡囊（vesicle）是由侵入细胞内和细胞间的菌丝末端或菌丝中部膨大而形成的，通常有一层泡囊壁使它与菌丝隔开，有时也与菌丝相通。泡囊内含有很多油状内含物和大量细胞核，当寄主代谢产物很少时，泡囊退化，这些贮藏物则被真菌利用。泡囊是调节营养交换和贮存营养的器官，一般在根皮层细胞内，有时也可随受损组织进入土壤中，起繁殖体的作用，并可继续侵染其他植物根系。研究发现放射球囊霉（*Glomus radiatum*）在根组织中形成的泡囊与厚垣孢子相同，聚生根孢囊霉（*Glomus fasciculatum=Rhizophagus fasciculatus*）在根内形成泡囊的壁变厚而成为厚垣孢子。不同种 AM 真菌，其泡囊形状、壁结构、内含物及数量均有差异，因此可作为形态分类的鉴定指标。近年来泡囊作为真菌潜在碳库的重要性备受关注，而碳在菌根内的分配依赖于 AM 真菌种类和环境条件。

五、孢子及孢子果

孢子（spore）由根外菌丝或根内菌丝膨大形成，具有繁殖体的功能，体积较大，圆形或椭圆形，内含贮藏性脂肪和碳水化合物。孢子大小、形状、颜色和壁层构造因种而异。与孢子相连的菌丝称为连孢菌丝（subtending hypha），不同属种菌根真菌，连孢菌丝形态差异很大。当营养从菌根衰老根段重新转移时便形成孢子。孢子可形成特殊的萌发结构，菌丝由萌发结构产生或直接穿过孢子壁生长。数个孢子集合在一起被菌丝包被形成孢子果（sporocarp）。能否形成孢子果，以及孢子果形状、孢子果内孢子排列方式等特征都与菌根真菌种类有关。孢子及孢子果是 AM 真菌分类的重要依据。

六、辅助细胞

巨孢囊霉科（Gigasporaceae）真菌繁殖体萌发但尚未侵染植物根系以及侵入根系后，菌丝在根外分叉，末端隆起、膨大形成辅助细胞（auxiliary cell）。巨孢囊霉科真菌根外辅助细胞与球囊霉科（Glomeraceae）和无梗囊霉科（Acaulosporaceae）根内泡囊一样，是储存营养的器官。球囊霉科真菌形成的泡囊可以作为繁殖体，而巨孢囊霉科在建立菌根共生体后，产生的根外辅助细胞是否具有同样功能尚不清楚。

第三节　菌根研究的意义

丛枝菌根是生物界最广泛、最重要的一类共生体，不仅在促进生态系统中生物之间的物质交换、能量流动、信息传递，生物分布与演化，保护生物多样性，维持生态系统稳定和可持续发展，促进农、林、牧业生产等诸多方面具有重要作用，也是全球碳、氮、磷等元素循环的重要驱动因子。因此，丛枝菌根理论研究和应用研究备受关注。

一、促进植物养分吸收

AM 真菌能活化土壤中的矿质养分，促进植物根系对土壤营养元素尤其是移动性较差的磷等营养元素的吸收。AM 真菌从土壤中吸收磷，使之转化为多聚磷酸盐，并在液泡中以多聚磷酸盐的形态贮藏起来。多聚磷酸盐在无隔膜菌丝中顺浓度梯度被动运输，因此细胞质流动影响它的运输速率。丛枝内多聚磷酸盐受多聚磷酸酶或激酶的激活而水解成无机磷后传递给寄主植物。

AM 真菌根外菌丝可代替根毛行使吸收功能，从土壤中吸收利用铵态氮、硝态氮以及一些简单的氨基酸，并把这些氮素传递给寄主植物，提高了氮素利用率。许多豆科植物对菌根有很强的依赖性，依赖菌根获得根瘤生长和固氮所需的磷素营养。因此，AM 真菌和根瘤菌的双重接种剂是豆科植物的有效生物肥料。

AM 真菌能提高植物体内 K、Ca 和 Mg 含量。研究表明，苹果幼苗接种 AM 真菌首先提高了根内 K、Ca 和 Mg 含量，随后地上部分这些元素的含量也显著高于对照。另外，菌根能增加植物对 Fe、Mn、Cu、Zn、Co、Si、Cl、B 等矿质养分的吸收。许多试验结果表明，接种 AM 真菌的植物体内 Zn、Fe、S 和 Cl 含量高于不接种对照植株。

二、增强植物对水分和温度的胁迫抗性

水分胁迫（如干旱、水涝）和温度胁迫（如高温、低温）等非生物胁迫对植物生长发育、生理过程和地理分布都产生影响，成为重要的环境限制因素。直接作用是 AM 真菌菌丝直接吸收水分，改善植物水分状况，提高植物抗旱性；间接作用是 AM 真菌通过促进土壤团粒结构形成、改善根系构型、提高植物光合能力、增强对矿质元素的吸收、降低植物氧化损伤、增强植物渗透调节能力及诱导相关基因表达等间接提高植物抗旱性。这种特性对干旱环境的植物生长和生存十分重要。

研究表明，AM 真菌通过自身特有方式可改善植物的耐涝性。具有繁殖功能的泡囊自身抗逆性强，当土壤水分含量过高时，AM 真菌增加了细叶百脉根（*Lotus tenuis*）的泡囊数量（García et al.，2008），在一定水涝环境下泡囊仍可保存一定活力，当洪水退去后，存活下来的泡囊又可生长发育，形成新的菌根结构，促进养分吸收，补偿植物涝灾时受到的损失。

AM 真菌与植物共生可以通过大量积累和提高可溶性蛋白、抗氧化酶、抗坏血酸的含量，降低膜脂过氧化水平，有效减轻低温对寄主植物的伤害，提高植物抗寒性和对低温胁迫的适应性，还可提高植物叶绿素含量、光合效率和对营养元素的吸收能力，有效增强植物对温度胁迫的抗性（Liu et al.，2014；Yeasmin et al.，2019）。

三、增强植物耐盐性

近年来，随着土地盐碱化和次生盐碱化程度不断加剧，如何提高植物耐盐性以及改良利用盐碱地是急需解决的问题，而通过生物手段提高植物在盐碱地的生产力更为有效且经济环保，成为治理盐碱地的新方向。AM 真菌能够适应盐渍化土壤生境，即使在重度盐胁迫环境下也有 AM 真菌的存在。大量研究表明，盐胁迫下 AM 真菌与植物共生可以促进植物生长，提高植物耐盐能力。Jia 等（2019）的研究表明，盐胁迫条件下，AM真菌通过增加狭叶松果菊（*Echinacea angustifolia*）的次生代谢能力，提高寄主叶片中可溶性糖类和可溶性蛋白含量，从而缓解盐胁迫对寄主植物的伤害和产生一定的保护作用。AM 真菌通过调节共生植物因环境有害胁迫产生的抗氧化物酶类活性，如超氧化物歧化酶、过氧化氢酶、过氧化物酶等，减少细胞内由于高盐引起的对细胞有害的活性氧积累，降低对植物的损伤（Allah et al.，2015）。接种根内根孢囊霉（*Glomus intraradices=Rhizophagus intraradices*）提高了盐胁迫下青杨（*Populus cathayana*）叶绿素含量和叶绿素荧光效率，缓解盐胁迫对植物光合作用的抑制（Wu et al.，2015）。因此，盐生植物与 AM 真菌共生对于降低盐碱化程度、修复盐碱地具有巨大的应用潜力。

四、提高植物抗病性

AM 真菌可以不同程度地抑制土传病原细菌、真菌和线虫的生长、繁殖和危害，提高植物抗病性，但由于寄主-AM 菌种及病原物组合不同以及生长环境的变化，AM 发育特征对植物抗病性会产生不同影响。AM 表面着生和延伸着大量根上菌丝与根外菌丝组

成的庞大菌丝网络系统，对病原物入侵构成机械屏障，而且 AM 真菌通过与病原真菌在侵染中进行活力竞争，提高植物抗病性。自从 Safir（1968）首次报道摩西管柄囊霉（*Glomus mosseae=Funneliformis mosseae*）能减轻洋葱根系红腐病原菌（*Pyrenochaeta terrestris*）危害以来，很多研究表明，AM 真菌能够有效防治多种植物病害以及减少植食性昆虫对寄主植物造成的危害（Affokpon et al.，2011；谭树朋等，2015；Sharma et al.，2017）。

五、提高植物对重金属的耐性

1981 年，Bradley 等在 *Nature* 上报道欧石楠菌根可以减少植物对过量重金属 Cu 和 Zn 的吸收后，菌根共生体在植物适应重金属污染环境中的作用受到更多关注。总体来说，真菌菌丝体可能对解除重金属毒害作用最大，重金属可暂时以多聚磷酸盐的形式沉积在真菌中，或以果胶酸类物质的形式沉积在真菌和寄主植物根系界面上。AM 真菌对植物的保护作用因 AM 真菌种类、寄主植物生理生化特性、重金属种类、重金属离子形式和浓度、生长基质（pH、氧化还原状况、质地、有机质含量、根系分泌物、根际微生物和根际矿物质等）及外界环境条件等因素的不同而异。AM 真菌不仅自身具有耐受重金属毒害的能力，还可通过直接或间接作用影响寄主植物生长、重金属吸收及转运，提高寄主植物对重金属毒害的耐受性。一方面 AM 真菌能够帮助植物吸收矿质养分从而促进其生长，增强植物对重金属污染的耐受能力；另一方面 AM 真菌自身能够吸收、固持重金属，从而在一定程度上降低土壤重金属对植物的有效性和毒性（Meier et al.，2012）。此外，AM 真菌能够分泌一类含有金属离子的耐热糖蛋白，即球囊霉素（glomalin），也称为球囊霉素相关土壤蛋白（glomalin-related soil protein，GRSP），它能很好地固定土壤中的重金属。一般情况下，球囊霉素能够固定土壤有机物中 43% Pb^{2+} 和 20% Zn^{2+}。Subramanian 等（2009）发现菌根能够提高 Zn^{2+} 的可利用性，可能与 AM 真菌分泌的球囊霉素有很大关系。

六、增加植物产量

研究表明，接种 AM 真菌能够促进植物生长，提高植物经济产量，改善品质，尤其对于逆境条件和贫瘠土壤中生长的植物效果更突出。直接作用是根外庞大的菌丝网络能够吸收更多的养分和水分供给植物；间接作用在于 AM 真菌通过改善寄主根系形态结构和生理代谢、调节土壤养分和微生物群落结构、提高植物抗逆性等途径促进植物生长。但不同 AM 真菌与寄主植物形成共生体的能力及其对植物接种效应存在差异，并与寄主种类、真菌种类、环境条件密切相关。

七、影响植物繁殖

研究表明，AM 真菌的侵染能够影响寄主植物繁殖分配、花部特征、虫媒传粉和花期。AM 真菌能促进寄主植物繁殖投入的增加、增加花的大小和数量并增加花粉数量和花蜜量、影响访花昆虫的行为，以及造成开花提前及花期延长。例如，AM 真菌促进寄主生物量的增加，可直接或间接影响寄主的繁殖分配，最终影响其繁殖适合度（Merlin et al.，2020）；AM 真菌与植物的共生可以改变植物花的大小（直径）、开花数量等花部特征（Bennett and Meek，2020）；AM 真菌侵染通过改变次生代谢产物的产生，特别是改变与植物花朵颜色相关的次生代谢产物的合成，进而影响植物的花色，诱导虫媒传粉（Bennett and Cahill，2018）。

八、影响生态系统的稳定性

（一）对生态系统物质循环的作用

AM 真菌从植物中获取碳水化合物完成自己的生命周期，而植物通过菌根增加了土壤中限制性资源的获取，尤其是难以移动的营养元素如 P、Cu、Zn 等。在土壤生态系统中，AM 真菌首先作为分解者参与土壤物质循环，通过促进土壤有机质分解及植物对有机、无机元素吸收，发挥其在物质循环中的作用（Liu et al.，2021）。丛枝菌根对无机氮循环的影响主要是通过菌丝从基质中吸取氮素并转移给植物，以及通过缓解多种胁迫从而提高固氮植物的固氮速率。丛枝菌根在无机磷循环中的重要作用在于能够加速土壤 P 的风化速率，将以磷酸盐等形式保存于岩石层中的磷转化为植物可以利用的形式，增加参与生态系统磷素循环的总磷量。

（二）改善土壤理化性质

丛枝菌根通过自身生长繁殖将土壤营养物质和水分等"固定"在土壤中。首先，土壤 N 很容易在细菌作用下在氧化还原态之间转化，其中硝态氮（NO_3^-）和铵态氮（NH_4^+）若不能很快被植物同化吸收，则很容易被反硝化细菌还原成 NO_2^- 或 N_2 而逸出土壤生态系统。丛枝菌根通过形成大量菌丝将这些营养物质同化到菌丝体中，并将这些物质吸收到植物根际土壤中，提高生态系统对土壤资源的利用效率。其次，丛枝菌根有益于土壤"肥沃岛"的发育和形成。研究发现，当大量丛枝菌根形成后，可有效改良复垦土壤基质。AM 真菌较易腐烂的特性，也使得丛枝菌根成为土壤有机质输入的重要途径之一。

（三）稳定土壤结构

丛枝菌根是大多数植物根系和土壤密切联系的桥梁，因此丛枝菌根能够直接影响寄主植物发育和土壤结构。通过改变土壤微生物群落组成，丛枝菌根还能间接影响植物根际土壤。研究表明，菌丝体长度、活性和位置对土壤结构的稳定性有重要作用，外生菌丝形成的网络能将小团聚体联结成稳定的大团聚体；在土壤团聚体形成过程中，根片段、菌丝片段和真菌死亡孢子通过为土壤微生物群落提供基质而充当核心生境，活性菌丝体同根一样也能改善土壤团粒结构，即丛枝菌根对土壤稳定的作用维持了土壤大团聚体的组成（Powell and Rillig，2018）。Wright 和 Upadhyaya（1998）的研究表明，球囊霉素在土壤中的浓度与土壤聚合稳定性呈现正相关性。球囊霉素能够改善土壤结构，使土壤朝着适合植物生长的方向变化（Rillig and Mummey，2006）。

九、丛枝菌根真菌种群演替对植物群落结构的影响

由于 AM 真菌与共生植物之间无严格专一性，因此在自然生态系统中，AM 真菌可以通过根外菌丝同时与同种和不同种植物共生，这些在两株或两种以上植物根系之间起连接作用的菌丝称为菌丝桥、菌丝连接或菌丝网，通过这些菌丝联系在一起的同种和不同种植物之间可通过菌丝桥双向传递信息和物质。在生态系统或群落中，菌根共生体通过直接或间接改变寄主与生态系统其他组分的关系从而影响植物的适合度，植物种间竞争、群落组成、物种多样性和演替动力。van der Heijden 等（1998）研究发现，当 AM 真菌多样性较低时，只要 AM 菌种发生变化，植物群落的结构和组成就会发生剧烈变动。随着 AM 真菌物种多样性的增加，菌种变化导致的植物群落不稳定性逐渐消失。造成植物群落稳定性变异的现象可能是由植物的菌根依赖性和 AM 真菌的功能冗余决定的（Maherali and Klironomos，2007）。Wagg 等（2011）发现，AM 真菌多样性可以减轻豆科植物和草本植物之间的竞争，从而促进群落的稳定。AM 真菌可能在沙漠短命植物群落的发展和维持中起着重要作用（Shi et al.，2017）。

十、退化生态系统中丛枝菌根真菌的生物修复功能

生态系统退化包括土壤退化（土壤侵蚀、贫瘠化、盐碱化、沙化、酸化）和植被退化，而土壤退化直接导致植被退化。丛枝菌根的主要功能是提高植物的适合度，土壤中合理的 AM 真菌群落组成对退化土壤恢复有积极作用。菌根的形成可以明显改善植物水分和营养，尤其是不溶性营养盐（如磷酸盐）的吸收，同时增强植物对根系病害、干燥、土壤温度变化等环境压力的抵抗能力。在生物群落恢复过程中，AM 真菌不仅深刻影响着植物系统的生物结构，而且人为引入 AM 真菌接种剂，能够加速被破坏生境中植被的恢复。温杨雪等（2021）研究认为，在退化高寒草地中，AM 真菌群落具有高的环境适应性和恢复力，不仅调控地上植物群落建植和多样性，同时也增加了代谢产物——球囊霉素相关土壤蛋白的产生，进而协同改善地下土壤微生态系统，为退化高寒草地早期植被恢复塑造土壤生境。AM 真菌在煤矿开采生态环境的生态修复中具有重要的应用价值和潜力。Ji 等（2019）的研究证明，AM 真菌通过提高团聚体的结合能，特别是大团聚体的结合能，对土壤水稳性团聚体的稳定性起着主导作用。Taheri 和 Bever（2011）研究发现，接种 AM 真菌可以促进植物生长和提高矿山复垦区的植被恢复率。经过 AM 真菌修复的生态系统中生物多样性增加，多年生植物种类增加，一年生植物种类减少，碳的积累呈现增加趋势，对于生态演替及碳循环的正向作用具有重要意义（毕银丽，2017）。

第二章 丛枝菌根研究方法

第一节 丛枝菌根真菌收集与筛析

AM 真菌分布于不同类型土壤中，要想收集 AM 真菌，就必须收集不同类型的土壤样品。收集的土壤样品经过风干后放入布袋或塑料袋中保存，并贴上标签，注明编号、采集日期、采集人、目标植物名称等。

自从 Gerdemann 和 Nicolson（1963）设计出湿筛倾析法，从土壤中收集 AM 真菌孢子至今，不同学者不断完善这种方法，以便为收集 AM 真菌提供切实可行的方法。目前常用的 AM 真菌孢子收集方法是湿筛倾析-蔗糖离心法（图 2-1），主要步骤如下。

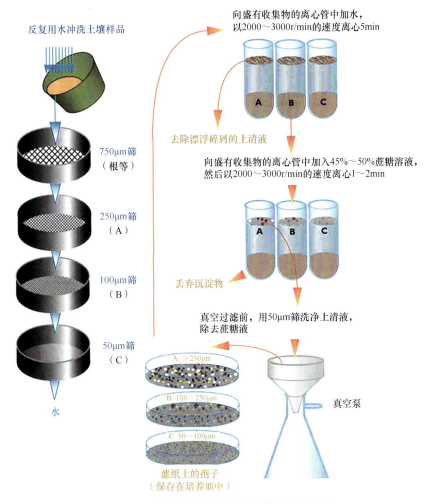

图 2-1 湿筛倾析-蔗糖离心法分离孢子示意图

1）称取一定质量土壤样品（10～100g），放在一个容器中用清水浸泡 20～30min，使土壤分散开。如果土壤黏着性较大，浸泡后仍无法散开，可适当延长浸泡时间，直到自然分散为止；如果效果不佳，可用超声波振荡器进行处理。

2）利用不同孔径（50～750μm）的系列土壤筛，分别从小孔径叠到大孔径，小孔径筛在最下层，分层重叠，并使筛面倾斜。

3）用玻璃棒搅拌容器中的土壤浸泡液，使石砾或杂物沉积于容器底部后，再将上层土壤悬浮液缓慢倒入最上一层土壤筛中，最好集中在一个小范围内倾倒，不要倒在整个筛面，以免损失筛出的孢子。

4）将用清水冲洗干净的筛出物装入离心管中，加水至离心管 1/2 处，以 2000～3000r/min 离心 5min。

5）将上清液过筛，检测孢子后弃用。保留下部沉淀物，加入 45%～50%蔗糖溶液至离心管 1/2 处，2000～3000r/min 离心 1～2min。

6）将上清液倒到放有滤纸的最小孔径筛网上，用清水仔细冲洗，除去蔗糖液，经过滤后孢子保留在滤纸上，然后将滤纸放置于双目解剖镜下即可观测孢子形态特征和计数，也可将滤纸晾干后放在培养皿中，在 5℃条件下保存备用。

第二节　丛枝菌根真菌分类

AM 真菌是一类起源和演化相对独立的专性共生菌物，不能纯培养，只有与活体植物根系建立共生关系后才能产生孢子，完成其生活史。AM 真菌的分类地位和分类系统从 Link 于 1809 年建立的内囊霉属（*Endogone*）至今经历了复杂多变的过程。现代分子生物学和生化技术在分类学中的广泛应用，使得 AM 真菌分类概念、分类方法和分类系统均有了长足发展。特别是最近十多年来，球囊菌门 AM 真菌分类学进展迅速，球囊菌门下设 1 纲 4 目 11 科 27 属约 300 种（王幼珊和刘润进，2017）。随着新种不断发现、分类技术的进步与研究的深入，新的 AM 真菌分类系统正在建立和完善。

一、基于丛枝菌根真菌形态结构特征的分类

AM 真菌传统分类方法主要借助形态学，主要根据 AM 真菌孢子的形成方式、孢子形态特征、孢壁对梅尔泽（Melzer's）试剂反应以及孢子发芽方式等进行分类鉴定。通过观察孢子生长发育特征，孢子聚集方式及其在孢子果内排列方式，孢子的形状、大小、颜色、表面纹饰，孢壁层次及染色反应，孢子内含物，连孢菌丝特征，外生菌丝及其附属结构孢子囊，辅助细胞等来确定 AM 真菌种类，并根据《VA 菌根真菌鉴定手册》（*Manual for the Identification of VA Mycorrhizal Fungi*）（Schenck and Yvonne，1990）和国际丛枝菌根真菌保藏中心（International Collection of Vesicular Arbuscular Mycorrhizal Fungal，INVAM；http://invam.ku.edu/）上提供的真菌种类描述和图片，参阅近年来发表的新种特征进行分类鉴定。不同属种 AM 真菌具有特征性的形态结构，如通过连孢菌丝来判断是否属于球囊霉属（*Glomus*）；通过有无孢子囊和发芽盾室来判断是否属于巨孢

囊霉属（*Gigaspora*）和盾巨孢囊霉属（*Scutellospora*）；通过孢子壁层次、颜色、纹饰以及有无韧性芽壁等判断是否属于无梗囊霉属（*Acaulospora*）。由于 AM 真菌形态特征多样，部分生理指标和形态特征可根据生长发育阶段及生存环境变化而发生改变，且存在不稳定性，形态学鉴定需依赖鉴定者水平和经验，容易造成形态描述的不一致，致使鉴定效率和辨识度较低，目前仍有很多物种未能被鉴定；同时，AM 真菌形态学鉴定容易忽略一些不产孢种类，从而低估其物种多样性。例如，大多数球囊菌门真菌孢子为球形，但有些种类具有椭圆形、长圆形或其他形状的孢子；孢子大小因多变而不如其他分类标准实用，但孢子大小的巨大差异有助于区分真菌种类；孢壁层次作为分类鉴定的主要依据，自 Walker（1986）提出并描述 8 种孢壁特征后，已被分类学界广泛接受，但壁的特征及层次很容易受到诸如孢子发育阶段、浮载剂类型及贮藏时间等的影响，从而增加了 AM 真菌分类鉴定的难度。

有些染色剂（如 Melzer's 试剂、甲基蓝试剂、酸性品红等）能与某些 AM 真菌孢子壁层发生特异性反应，从而应用于 AM 真菌的分类鉴定。巨孢囊霉属和盾巨孢囊霉属的部分种类在 Melzer's 试剂中有明显的特异性反应，尤其是这些种类孢壁的韧性芽壁有显色反应。

二、基于菌根结构特征的分类

根据真菌侵染根系的模式可区分同属 AM 真菌，尤其是球囊霉属真菌。常用的主要形态特征包括泡囊的变化（形状、大小、壁厚、壁层、位置、丰度），菌丝分枝模式，菌丝直径和结构，以及菌丝着色强度。同属 AM 真菌侵染形成的菌根形态也有差异，如菌丝直径、泡囊大小、囊壁结构等，有关泡囊的差异常用于区分球囊霉属真菌。布伦德里特等（2020）列出了可用于鉴定球囊菌门部分属真菌的典型根系侵染模式（表 2-1）。

表 2-1　可用于鉴定球囊菌门部分属真菌的典型根系侵染模式

属名	特点
球囊霉属（*Glomus*）	相对直的菌丝沿根皮层分枝，常产生 "H" 形分枝，同时向两个方向生长。这些菌丝着色较暗。许多情况下存在卵形泡囊（常形成于根皮层细胞间隙），这些泡囊留存于根内，常会生成增厚和（或）多层的壁
无梗囊霉属（*Acaulospora*）	侵入点菌丝具有典型的分枝方式，外皮层中的菌丝比球囊霉属的菌丝分枝更不规则，更易成环或卷曲。根内菌丝壁薄，染色较弱。细胞内充满含油滴的泡囊，最初是矩形，但由于扩展到相邻细胞而变为不规则裂片状，是大多数菌株的典型特征。这些泡囊壁薄，不能长期留存于根内
盾巨孢囊霉属（*Scutellospora*）	菌丝圈常出现在侵入点附近。菌丝分枝模式与无梗囊霉属真菌相似，但皮层内的菌丝壁厚、染色深。无根内泡囊。丛枝主干菌丝比球囊霉属真菌的菌丝长且厚。由于相对长的弯曲形分枝，丛枝可能形成束状
巨孢囊霉属（*Gigaspora*）	根系侵染模式与盾巨孢囊霉属真菌十分相似，但菌丝比其他多数 AM 真菌的菌丝粗

三、分子生物学技术的应用

自 Simon 等（1992）首次运用分子生物学技术调查寄主根内 AM 真菌多样性以来，以 PCR 为基础的分子生物学方法已被广泛应用于 AM 真菌种类鉴定、多样性调查以及群落结构研究。一般情况下，该方法首先对 AM 真菌的核糖体小亚基基因、内转录间隔区及/或核糖体大亚基基因片段进行特异性扩增，然后运用变性梯度凝胶电泳、单链构象多态性、限制性片段长度多态性或末端限制性片段长度多态性等技术对扩增片段进行初步分型分析，最后测定目的片段 DNA 序列，并开展分子系统发育分析。相比基于 AM 真菌孢子形态学鉴定的传统手段，分子生物学方法的最大优点在于能够直接检测根内 AM 真菌群落结构和多样性，实验操作标准、结果更可信。近年来，高通量测序等分子生物学技术的发展与应用全面推动了 AM 真菌系统分类研究工作。Öpik 等（2010）通过总结已公开发表文章中的球囊菌门 DNA 序列数据，建立了 MaarjAM 数据库，使用虚拟种（virtual taxa，VT）来表示 AM 真菌物种。目前该数据库已有 348 种 AM 真菌的 VT 被描述（Davison et al.，2015）。将测序数据与 GenBank 和 MaarjAM 数据库中的数据进行比对，即可在分子水平对 AM 真菌物种进行鉴定。高通量测序和 AM 真菌序列数据库的建立无疑为 AM 真菌分类和相关研究提供了更便利的平台。

此外，AM 真菌基因组和转录组的相关研究在高通量测序技术推动下取得了较快发展，研究结果也显著提高了对 AM 真菌遗传发育、代谢生理、共生机制等的认识，也为深入研究 AM 真菌系统发育地位和系统分类提供了重要依据。从第一个完成全基因组测序的 AM 真菌物种——异形根孢囊霉（*Rhizophagus irregularis*）DAOM197198 到现在，一共报道了 2 目 7 个 AM 真菌种类的全基因组信息。它们分别是球囊霉目（Glomerales）球囊霉科（Glomeraceae）的异形根孢囊霉、脑状根孢囊霉（*Rhizophagus cerebriforme*）、透光根孢囊霉（*Rhizophagus diaphanum*）、明根孢囊霉（*Rhizophagus clarus*），多孢囊霉目（Diversisporales）多孢囊霉科（Diversisporaceae）的地表多样孢囊霉（*Diversispora epigaea*），以及多孢囊霉目巨孢囊霉科（Gigasporaceae）的玫瑰红巨孢囊霉（*Gigaspora rosea*）、珠状巨孢囊霉（*Gigaspora margarita*）（熊天等，2021）。

第三节　丛枝菌根共生体观测方法

一、根系样品采集和处理

地球上 80%以上的陆生植物都可以与土壤中不同种类 AM 真菌共生形成丛枝菌根（Smith and Read，2008）。因此，确定菌根是否存在，直接关系到丛枝菌根共生体观测的科学性和准确性。根样的采集要有代表性，如果是从多个植物根系收集，应分别每株取样后再进行混合取样；如果是单株植物，应分别从不同部位取样后再混合取样。采样时需要注意：①明确目标植物分类属性；②在研究自然生长的植物菌根时，要保证采集目标植物的根系样品中没有混入非目标植物根系；③由于丛枝存在时间很短，从野外采集的根系样品中可能观察不到丛枝结构，而没有丛枝的 AM 真菌菌丝多存在于较老根系中；采集的根系样品要含有更多幼嫩侧根和细根；④检测足够数量的根系（来自同一物种不同个体）样品才能客观评价 AM 真菌侵染目标植物根系形成丛枝菌根共生体的状态；⑤根系中是否存在丛枝是鉴定丛枝菌根植物最常用的依据，而根系刚长出幼根时取样是获得具有丛枝结构 AM 真菌的最佳时期。

采集的根系样品可先洗净泥沙，用吸水纸吸去水分或晾干，然后按照取样要求将根样剪成根段，一般分别选取幼根并剪成 0.5～1cm 长的根段用于侵染率和侵染结构观测，或者将根段放入 FAA 固定液或卡诺氏固定液中固定，保存备用。目前，随着研究的深入，原先认为不被 AM 真菌侵染的十字花科、石竹科、蓼科、藜科、苋科等科植物，其根系中也发现有 AM 真菌的定殖，只是定殖率较低。

二、根系样品透明与染色

清洗干净的根系样品才能进行透明和染色，以便丛枝菌根结构着色和观测。通常采用 Phillips 和 Hayman（1970）染色法。主要步骤如下。

1）透明。将冲洗干净的根样放入容器中，加入 10% KOH 溶液浸泡，将容器放在 90℃水浴锅中加热 1h。其目的是除去根皮层细胞中的细胞质，便于染色时染料快速渗透。如果根系样品数量较多，也可用高压锅加热，121℃条件下高压灭菌 15～20min。一般幼根样品处理时间较短，而老根、富含酚类的根系或野外采集的根系样品需要较长的透明时间（30～60min）。

2）清洗。加热后取出容器，倒去 KOH 溶液，用清水漂洗根样数次，切勿用力搅拌，以免根样表面的根外菌丝脱落。当水中不再呈现黄色时即可进行下一步处理。

3）软化。软化的目的在于使老根变软，便于显微镜观察。将清洗过的根样放入碱性 H_2O_2 溶液中浸泡，在室温条件下保持 20min 左右，直到根样变软为止。碱性 H_2O_2 溶液随用随配，不能放置太久。具体配方：在 30mL 10% H_2O_2 中加入 3mL NH_4OH，然后再加水至 600mL 配制而成。

4）再清洗。倒去容器中的碱性 H_2O_2 溶液，用清水换洗数次。

5）酸化。向清洗过的根样容器中加入 5%乳酸溶液或 1% HCl 溶液，浸泡 3～4min，然后倒去乳酸溶液。

6）染色。在已经酸化的容器中加入一定量的染色液浸泡，并在 90℃水浴锅中加热 30min，使染料尽快渗透到根组织和真菌细胞中。常用染料配方如下。①酸性品红乳酸溶液：85%乳酸 500mL，甘油 500mL，酸性品红 0.7g，加水 500mL 配制而成；②0.05% 曲利苯蓝乳酸酚溶液：在一定量的乳酸酚溶液中加入 0.05%曲利苯蓝配制而成。此外，还可使用甲基蓝、氯唑黑 E、乙酸墨水等染色剂进行染色。

7）脱色。将已经染色的根段取出，用乳酸甘油浸泡直到根样中多余的染料大部分被清除为止。目的在于使菌根形态结构能够保持染色状态，便于与根组织颜色分开，利于观测。

8）制片与保存。用镊子将处理过的根段取出，整齐排列于干净载玻片上，每 10 条为一组，一张载玻片上可放 2 或 3 组，分别用洁净盖玻片盖上，加压除去气泡，并使根段破碎。用吸水纸吸去边缘多余的甘油后，就可在光学显微镜下进行观察和摄影。

对于短期保存的制片，一般不用封固。如果要长期保存制片，可用中性树胶、指甲油或其他封固剂封固，放在玻片盒中保存备用。

三、菌根真菌侵染率的测定

1. 格线交叉法

将染色的根样随机放置于直径 9cm 带有网格的培养皿中，低倍解剖镜下观察与网格交叉部位的根系是否具有菌根结构。该方法总是过高估计侵染百分数，这是因为低倍解剖镜下难以排除被染色的皮层细胞或部分中柱细胞，或不能准确分辨出丛枝，以及非菌根真菌的侵染等。因此，该方法仅用于控制条件下的试验研究。

2. 根段侵染率加权法

根段侵染率加权法由 Biermann 和 Linderman（1981）提出。每个处理需选取较多数量的根段，以减小因数量差异而造成的误差；同时，要把根段放到载玻片上，在高倍显微镜下观察，精确度较高。根据根段侵染数量或程度分为 0、10%、20%、30%、…、100%侵染等级，依据公式（2-1）计算根段菌根侵染率。

$$侵染率（\%）=\sum[（0×根段数+10\%×根段数+20\%×根段数$$
$$+…+100\%×根段数)/观察总根段数]×100\% \qquad （2\text{-}1）$$

虽然该方法也存在侵染率估计偏高现象，但结果准确性高于格线交叉法，并被广泛使用。

3. Giovannetti 和 Mosse 的方法

Giovannetti 和 Mosse（1980）提出依据下列公式计算根样菌根侵染率。

$$菌根侵染率（\%）=菌根侵染根段数/被检测根段总数×100\% \qquad （2\text{-}2）$$

该方法已被广泛使用，特别是在不需要精确值（对于纯培养质量控制或观察野外采集样品）时，能够提供足够的信息。

4. 放大交叉法

放大交叉法由 McGonigle 等（1990）建立。采用光学显微镜观察菌根根段时，将十字准线目镜移至随机选择的位置，这样可以分别测定根内丛枝、泡囊或菌丝侵染长度。

第三章 荒漠植物丛枝菌根共生体特征

第一节 中国西北干旱荒漠区植物资源分布

中国西北干旱荒漠区是指我国年降水量不足 200mm，干燥度大于 4，水文网稀疏且多呈内流性，以干旱土和荒漠植被为标志特征的广大地区，包括新疆准噶尔盆地、塔里木盆地、东疆盆地、甘肃河西走廊、青海柴达木盆地和内蒙古阿拉善高原。西北干旱荒漠区占据着西北绝大部分面积，并且大多位于古丝绸之路上，因此植物研究历史悠久而意义重大。现有资料统计显示，西北干旱荒漠区共有种子植物 82 科 471 属 1704 种，其中裸子植物 3 科 4 属 17 种、被子植物 79 科 467 属 1687 种。

中国西北干旱荒漠区植物区系中以各种旱生灌木、小灌木和半木本植物占优势，如麻黄科膜果麻黄（*Ephedra przewalskii*），杨柳科北沙柳（*Salix psammophila*），藜科珍珠猪毛菜（*Salsola passerina*）、合头草（*Sympegma regelii*），石竹科裸果木（*Gymnocarpos przewalskii*），蔷薇科绵刺（*Potaninia mongolica*），豆科蒙古沙冬青（*Ammopiptanthus mongolicus*）、新疆沙冬青（矮沙冬青）（*Ammopiptanthus nanus*）、骆驼刺（*Alhagi pseudalhagi*）、柠条锦鸡儿（*Caragana korshinskii*）、乌拉尔甘草（*Glycyrrhiza uralensis*）、蒙古黄芪（*Astragalus membranaceus* var. *mongholicus*）、细枝岩黄芪（花棒）（*Hedysarum scoparium*）、塔落岩黄芪（羊柴、杨柴）（*Hedysarum laeve*）、沙打旺（斜茎黄芪）（*Astragalus adsurgens*），蒺藜科白刺（*Nitraria tangutorum*）、泡泡刺（*Nitraria sphaerocarpa*），柽柳科红砂（琵琶柴）（*Reaumuria songarica*）、柽柳属植物（*Tamarix* spp.）等，胡颓子科沙棘（*Hippophae rhamnoides*），伞形科北柴胡（*Bupleurum chinense*），旋花科刺旋花（*Convolvulus tragacanthoides*），茄科枸杞（*Lycium barbarum*）、黑果枸杞（*Lycium ruthenicum*），菊科黑沙蒿（油蒿）（*Artemisia ordosica*）、白沙蒿（圆头蒿）（*Artemisia sphaerocephala*）、民勤绢蒿（*Seriphidium minchunense*），禾本科沙鞭（*Psammochloa villosa*）等。

西北干旱荒漠地区具有科学研究价值和可利用的植物资源十分丰富，而且大多是荒漠植物群落的建群种，如药用植物乌拉尔甘草、蒙古黄芪、沙棘、北柴胡、黑果枸杞等；食用植物骆驼刺、泡泡刺、枸杞、黑果枸杞、白刺等；饲用植物合头草、锦鸡儿属植物、甘草属植物、沙打旺、红砂等；防风固沙植物膜果麻黄、黑沙蒿、细枝岩黄芪、蒙古沙冬青、柠条锦鸡儿、沙打旺、沙鞭等；珍稀濒危植物蒙古沙冬青、矮沙冬青、裸果木、绵刺等；极旱荒漠环境典型地带性植被裸果木、泡泡刺、红砂、合头草、珍珠猪毛菜等。这些地带性植被对荒漠资源利用、改善荒漠生态环境和维持荒漠生态系统稳定具有重要意义。

第二节 中国西北干旱荒漠区植物丛枝菌根共生体特征

供试的柠条锦鸡儿、沙打旺、黑沙蒿、细枝岩黄芪、蒙古沙冬青、羊柴、沙鞭等荒漠植物根系均能被 AM 真菌侵染，形成典型丛枝菌根共生体结构。同一样地不同植物菌根侵染特性和侵染率差异明显，不同样地或不同采样时间同种植物菌根侵染率和侵染强度也有明显差异。

一、菊科植物丛枝菌根共生体特征

（一）目标植物

黑沙蒿（*Artemisia ordosica*），又名油蒿，为菊科蒿属半灌木，根系粗长，茎木质，分枝多而长，耐沙埋，茎、枝可作沙障，是优良固沙植物；枝、叶可入药，用于消炎、止血、祛风、清热；牧区作牲畜饲料；多分布于海拔 1500m 以下荒漠、半荒漠地区以及干旱坡地，是荒漠和半荒漠地区植物群落的优势种或主要伴生种。白沙蒿（*Artemisia sphaerocephala*），又名圆头蒿，为菊科蒿属半灌木，主根粗大、木质、深长，抗风、抗旱、固沙、抗寒、抗盐碱性能好；瘦果可入药，作消炎或驱虫药；是我国西北、华北、东北荒漠、半荒漠地区特有植物。黑沙蒿和白沙蒿均是密集型克隆植物（图 3-1）。

图 3-1 黑沙蒿与白沙蒿植株自然生长图

1，2：黑沙蒿；3：白沙蒿

（二）材料和方法

研究样地：①内蒙古锡林郭勒盟正蓝旗元上都遗址（42°15′842″N，116°10′741″E）、额济纳旗黑城遗址（42°9′817″N，115°56′107″E）、多伦县大河口乡（42°11′601″N，116°36′870″E），该区域海拔 1312～1321m，年均降水量 200～365mm。②中国科学院鄂尔多斯沙地草地生态研究站（39°29′40″N，110°11′22″E，海拔 1300m，年均降水量295.6mm）、陕西榆林北部沙地（38°20′7″N，109°42′54″E，海拔 1114m，年均降水量386mm）、宁夏盐池沙地旱生灌木园（37°48′37″N，107°23′39″E，海拔 1350m，年均降水量 258mm），这 3 个样地均位于毛乌素沙地。③宁夏沙坡头（37°32′37″N，105°3′21″E，海拔 1270m，年均降水量 186.2mm）。

在上述样地随机选取生长良好的黑沙蒿和白沙蒿各 5 株，从根围分 0～10cm、10～20cm、20～30cm、30～40cm、40～50cm 共 5 个土层采集根样和土壤样品（土样）各1kg，并在灌丛间空地分别按 5 个土层随机采样，记录采样时间、地点和根围环境等并编号。将根样和土样装入隔热性能良好的塑料袋密封编号，之后放进样品采集箱中并带回实验室，过 2mm 筛后收集土样和根样，以备土壤成分测定和菌根分析。按照 Phillips和 Hayman（1970）的方法（酸性品红乳酸溶液染色）观察丛枝、泡囊、菌丝等丛枝菌根形态结构。依据 Giovannetti 和 Mosse（1980）的方法统计 AM 真菌定殖率（山宝琴，2009；王银银，2011；陈燕，2012；王坤，2017）。

（三）丛枝菌根侵染状况和结构类型

不同样地黑沙蒿和白沙蒿均能与 AM 真菌形成共生体，黑沙蒿 AM 真菌总定殖率为71.5%～96.3%，最大值均在 30～40cm 土层；白沙蒿 AM 真菌总定殖率为 85.7%～96.6%，最大值均在 20～30cm 土层。菌根类型均为中间型（intermediate-type，I 型），即寄主植物根系同时有疆南星型（Arum-type，A 型）和重楼型（Paris-type，P 型）两种菌根结构，菌丝在根皮层细胞间延伸生长，形成少量胞间菌丝，同时皮层细胞中有大量菌丝圈。白沙蒿根皮层细胞中菌丝圈出现率达 48%，高于黑沙蒿（37%）；黑沙蒿根皮层细胞中菌丝二叉分枝后在细胞内形成花椰菜状或树枝状丛枝；白沙蒿根皮层细胞中仅见树枝状丛枝结构。丛枝侵染程度在两种寄主植物中极强，尤其在直径小于 0.5mm 的须根皮层细胞中成片分布；泡囊数量很多，大多为圆形，另外还有椭圆形和杆状泡囊（图 3-2）。

二、豆科植物丛枝菌根共生体特征

（一）目标植物

蒙古沙冬青（*Ammopiptanthus mongolicus*）和新疆沙冬青（*A. nanus*）属于豆科沙冬青属灌木，是第三纪古地中海沿岸珍稀孑遗物种。沙冬青属植物主要分布于中亚荒漠区的阿拉善地区和喀什地区，在中国主要分布在甘肃、宁夏、内蒙古西部以及新疆喀什山前冲积平原和山间盆地，是西北干旱和半干旱地区防风固沙的优良植物。作为西北干旱荒漠区唯一的常绿阔叶灌木，沙冬青属植物不仅对极端温度、土壤干旱和盐碱有极强耐性，是研究植物抗寒、抗旱和抗盐碱等抗性机制的理想材料，而且对研究古植物区系迁移和第四纪气候变化有重要意义。

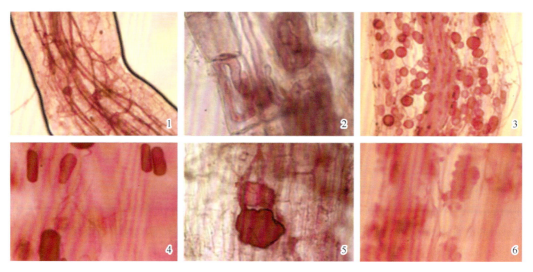

图 3-2　黑沙蒿丛枝菌根结构图（×400）

1：胞间菌丝；2：胞内菌丝圈；3：圆形和椭圆形泡囊；4：杆状泡囊；5：不规则形泡囊；6：花椰菜状丛枝

细枝岩黄芪（花棒）（*Hedysarum scoparium*）是豆科岩黄芪属植物，是亚洲内陆沙地特有种，广泛分布于我国西北干旱和半干旱荒漠地区。花棒根系发达，耐贫瘠，具有抗热、抗旱、抗寒、耐盐碱、耐沙埋、抗风蚀等特性，是荒漠地区防风固沙优良灌木，对荒漠生态系统维持和沙漠绿化有重要作用。

塔落岩黄芪（*Hedysarum laeve*），又名羊柴、杨柴，为豆科岩黄芪属多年生半灌木，适应性强，抗旱、耐寒、耐瘠薄、抗风沙、再生能力强，是北方干旱和半干旱地区防风固沙先锋植物与优质牧草。羊柴也是典型的根茎游击型克隆植物，无性繁殖能力强。

柠条锦鸡儿（*Caragana korshinskii*）为豆科锦鸡儿属植物，是广泛分布于我国北方干旱和半干旱地区的落叶灌木。柠条锦鸡儿抗旱、耐寒、根系发达、适应性广泛、防风固沙和保持水土能力强，也是优质的灌木饲料，具有较高的生态和经济价值。

沙打旺（*Astragalus adsurgens*），又名斜茎黄芪，为豆科黄芪属多年生草本。主根粗壮，入土深，侧根发达，耐盐碱、耐瘠薄、抗寒和抗旱，是优良防风固沙植物和优质牧草，在我国东北、西北、华北等地区被广泛种植。

乌拉尔甘草（*Glycyrrhiza uralensis*）为豆科甘草属多年生草本植物。甘草根与根状茎粗壮，是一种补益中草药，多生长在干旱、半干旱沙土、沙漠边缘和黄土丘陵地带，适应性和抗逆性强。野生甘草主要分布于新疆、内蒙古、陕西北部、宁夏、甘肃、山西北部等地。

猫头刺（*Oxytropis aciphylla*）为豆科棘豆属垫状矮小半灌木，根系发达，茎多分枝，开展，全体呈球状植丛，是固沙植物，生于海拔 1000～3250m 砾石质平原、薄层沙地、丘陵坡地及沙荒地，分布于我国内蒙古、陕西、宁夏、甘肃、青海、新疆等省（区）。

（二）材料和方法

研究样地：①河北沽源县二牛点（41°51′95″N，115°47′657″E，海拔 1386m，年均降水量 426mm）。②内蒙古锡林郭勒盟正蓝旗元上都遗址（42°15′842″N，116°10′741″E）、额济纳旗黑城遗址（42°9′817″N，115°56′107″E）、多伦县大河口乡（42°11′601″N，116°36′870″E），该区域海拔 1312～1321m，年均降水量 200～365mm；呼和浩特（39°48′N，112°23′E，海拔 1050m，年均降水量 400mm）；乌海（39°49′N，106°49′E，海拔 1129m，年均降水量 162mm）；磴口（40°39′N，106°74′E，海拔 1012m，年均降水量 144mm）；包头（40°45′N，108°39′E，海拔 1067m，年均降水量 310.8mm）；中国科学院鄂尔多斯沙地草地生态研究站（39°29′40″N，110°11′22″E，海拔 1300m，年均降水量 295.6mm）；阿拉善左旗（41°45′N，107°57′E，海拔 1295m，年均降水量 112mm）；乌拉特后旗（41°45′N，107°157′E，海拔 1295m，年均降水量 138.5mm）；集宁（40°56′N，113°34′E）、达拉特旗（40°13′N，109°57′E），该区域海拔 1020～1450m，年均降水量 250～440mm。③陕西榆林北部沙地（38°20′7″N，109°42′54″E，海拔 1114m，年均降水量 386mm）；靖边（37°56′N，109°6′E，海拔 1286m，年均降水量 395.6mm）；定边（37°31′N，107°49′E，海拔 1359m，年均降水量 316.9mm）。④宁夏盐池沙地旱生灌木园（37°48′37″N，107°23′39″E，海拔 1350m，年均降水量 258mm）；贺兰县（38°26′N，105°53′E，海拔 1090m，年均降水量 138.8mm）；银川市郊（38°27′N，106°34′E，海拔 1169m，年均降水量 203mm）；沙坡头（37°27′N，104°59′E，海拔 1246m，年均降水量 188mm）。⑤甘肃民勤（39°00′N，102°37′E，海拔 1405m，年均降水量 113mm）；甘肃安西极旱荒漠国家级自然保护区（40°20′N，96°50′E，海拔 1514m，年均降水量 45mm）。⑥新疆乌恰县康苏（39°41′N，75°48′E，海拔 2188m）、膘尔托阔依（39°30′N，74°52′E，海拔 2546m）、上阿图什（39°39′N，75°46′E，海拔 1775m），该区域年均降水量 110～230mm。

在上述样地随机选取生长良好的豆科目标植物 5 株，从根围分 0～10cm、10～20cm、20～30cm、30～40cm、40～50cm 共 5 个土层采集根样和土样各 1kg，并在灌丛间空地分别按 5 个土层随机采样，记录采样时间、地点和根围环境等并编号。将根样和土样装入隔热性能良好的塑料袋密封编号，之后放进样品采集箱中并带回实验室，过 2mm 筛后收集土样和根样，以备土壤成分测定和菌根分析。丛枝、泡囊、菌丝等丛枝菌根形态结构和侵染率观测方法同上。

（三）丛枝菌根侵染状况和结构类型

1. 蒙古沙冬青和新疆沙冬青

不同样地蒙古沙冬青和新疆沙冬青均能与 AM 真菌形成共生体，蒙古沙冬青菌根总定殖率为 68.4%～90.3%，新疆沙冬青菌根总定殖率为 45.7%～92.8%；蒙古沙冬青形成 I 型菌根，即被侵染根段有直线状胞间菌丝和胞内菌丝圈。不同样地菌根形态结构差异明显：①民勤样地菌丝圈较少，直线菌丝较其他样地的粗；②民勤样地杆状和不规则形泡囊明显多于沙坡头和银川样地，银川样地圆形泡囊明显多于其他样地，且直径小，内含物多，在根内密集成串；③民勤样地丛枝数量多，包括树状、花椰菜状和桑葚状，而沙坡头和银川样地丛枝数量与类型相对较少（图 3-3，图 3-4）（张淑容，2014）。

图 3-3　蒙古沙冬青与新疆沙冬青植株自然生长图
1，2：蒙古沙冬青；3，4：新疆沙冬青

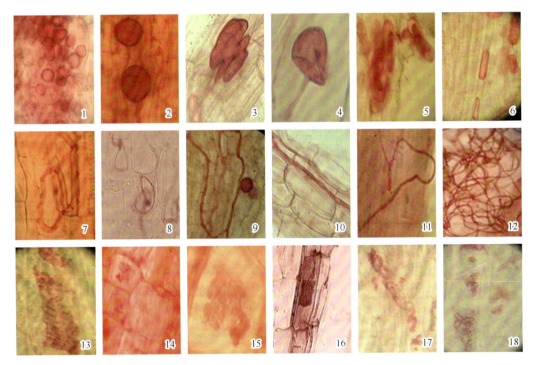

图 3-4　蒙古沙冬青 AM 真菌共生结构图（×400）
1～6：不同形态的泡囊；7，8：胞内菌丝圈；9～12：不同形状的菌丝；13～16：不同形态的丛枝；17，18：消解的丛枝

新疆沙冬青主要形成 A 型菌根，根皮层细胞间形成大量胞间菌丝，偶见具隔厚壁菌丝；泡囊多为圆形或椭圆形，有时可见多个泡囊成串排列；菌丝侧向分枝进入细胞内从而发育成丛枝结构，根中常见正在消解的丛枝；也有少量 P 型菌根结构，即有少量胞间菌丝，并在胞内形成菌丝圈（图 3-5）（姜桥，2014）。

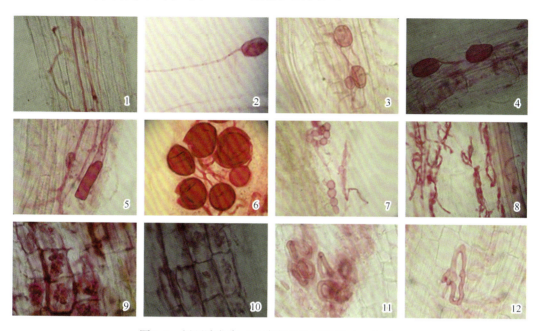

图 3-5　新疆沙冬青 AM 真菌共生结构图（×400）
1：胞间菌丝；2：有隔菌丝；3～8：不同形态的泡囊；9：丛枝；10：消解的丛枝；11，12：菌丝圈

2. 细枝岩黄芪（花棒）

花棒根系能被 AM 真菌高度侵染从而发育形成泡囊和丛枝结构。菌根类型为 I 型，即菌丝在根皮层细胞间延伸生长，形成大量胞间菌丝，也有胞内菌丝圈；在菌丝顶端形成的泡囊形态多样，大多为椭圆形和圆形，少数为杆状和不规则形；很少观察到典型的由菌丝二叉分枝后形成的树枝状或花椰菜状丛枝，菌丝在细胞内大量缠绕形成大片菌丝圈，有时会在菌丝圈顶端形成丛枝结构。AM 真菌定殖结构和定殖率具有明显的时空异质性，总定殖率为 84.8%～95.3%。沿西北荒漠带自东向西随着干旱加剧，AM 菌丝缠绕程度逐渐降低，分叉结构逐渐增加；泡囊直径逐渐减小，形状由圆形渐变为梭形；总定殖率逐渐降低（图 3-6，图 3-7）（郭亚楠，2018）。

3. 柠条锦鸡儿

柠条锦鸡儿根系能被 AM 真菌侵染形成典型的丛枝菌根，发育形成泡囊和丛枝结构。菌根类型为 I 型，即菌丝在根皮层细胞间延伸生长，形成大量胞间菌丝和胞内菌丝圈；泡囊由菌丝顶端膨大而成，大小不等，多为圆形和椭圆形，也有不规则形；丛枝既有树枝状，也有花椰菜状。在检测根段表面及皮层内发现大量网状球囊霉（*Glomus reticulatum*）孢子，数量最高达 17 个/cm 根段。AM 真菌定殖结构和定殖率具有明显的时空异质性，总定殖率为 36.1%～89.5%。定殖率均在 0～30cm 土层有最大值，之后随土壤深度增加而降低（图 3-8）（杨宏宇，2005；郭辉娟，2013）。

图 3-6　花棒植株自然生长图

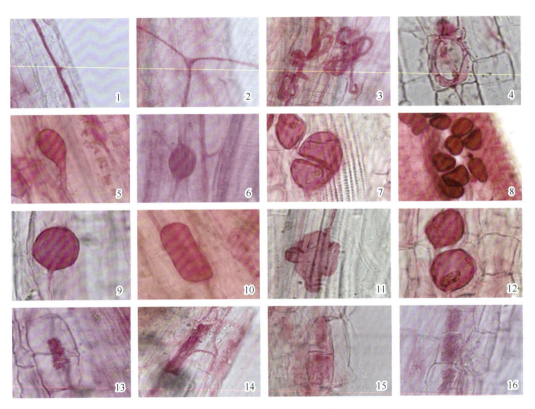

图 3-7　花棒根系 AM 真菌共生结构图（×400）

1～3：菌丝；4：菌丝圈；5～12：不同形态的泡囊；13～16：不同形态的丛枝

图 3-8　柠条锦鸡儿根系 AM 真菌共生结构图（×400）

1，2：柠条锦鸡儿植株自然生长图；3：菌丝和泡囊；4，5：菌丝；6，7：菌丝圈；8～10：不同形态的泡囊；
11～13：丛枝；14：维管组织内的菌丝和泡囊

4. 塔落岩黄芪（羊柴，杨柴）

羊柴根系能被 AM 真菌侵染形成典型的丛枝菌根，发育形成泡囊和丛枝结构。菌根类型为 I 型，泡囊形态多为圆形或椭圆形，皮层细胞常有成片花椰菜状丛枝分布，但在近中柱的皮层细胞中有大量似幼小泡囊的结构堆积，形成类似于丛枝的结构，幼小泡囊内贮藏物质稀薄；或在一个皮层细胞中有多个泡囊，泡囊内有丰富的贮藏物质，一些泡囊还可以缢缩方式进行增殖。AM 真菌定殖结构和定殖率具有明显的时空异质性，总定殖率为 52.2%～85.4%。定殖率均在 0～30cm 土层有最大值，之后随土壤深度增加而降低（图 3-9）（杨宏宇，2005；赵金莉，2007；侯晓飞，2008；徐翯骍，2011）。

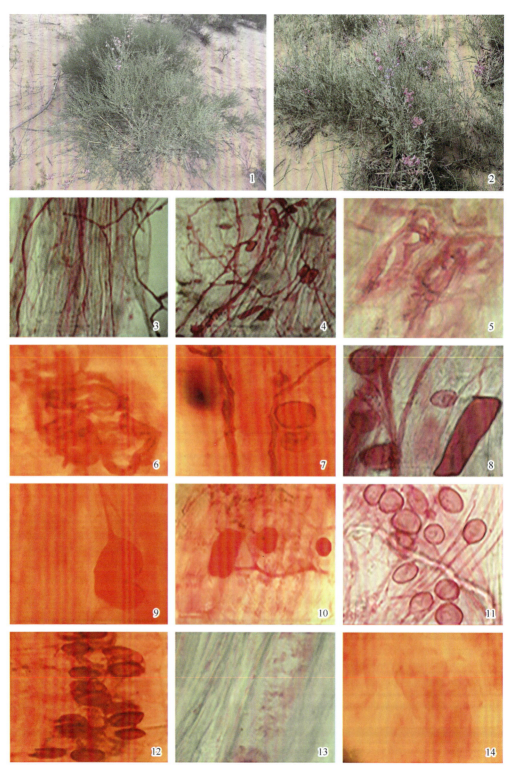

图 3-9　羊柴根系 AM 真菌共生结构图（×400）

1，2：羊柴植株自然生长图；3，4：菌丝；5，6：菌丝圈；7～12：不同形态的泡囊；13，14：丛枝

5. 沙打旺（斜茎黄芪）

沙打旺根系能被 AM 真菌侵染形成典型的丛枝菌根，发育形成泡囊和丛枝结构。菌根类型为 A 型，即 AM 真菌在根皮层形成大量胞间菌丝，侧生二叉状菌丝直接穿透皮层细胞壁，形成典型的丛枝结构；胞间菌丝沿着根系伸长方向在胞间纵向生长。幼嫩根细胞中能够观察到典型的菌丝二叉分枝后形成的树枝状或花椰菜状丛枝，菌丝较少在细胞内缠绕形成菌丝圈，有时会在菌丝圈顶端形成丛枝结构。AM 真菌定殖结构和定殖率具有明显的空间异质性，总定殖率为 60.0%～87.7%，定殖率均在 10～40cm 土层有最大值，之后随土壤深度增加而降低（图 3-10）（赵莉，2007；白春明，2009）。

图 3-10　沙打旺根系 AM 真菌共生结构图（×400）
1，2：沙打旺植株自然生长图；3，4：菌丝和泡囊；5：消解的丛枝

6. 猫头刺

猫头刺根系能被 AM 真菌侵染形成典型丛枝菌根，发育形成泡囊和丛枝结构。菌根类型为 I 型。泡囊多为圆形和椭圆形，有少量杆状和不规则形，泡囊虽然数量很多，分布较为均匀，但尚未连接成片；丛枝为花椰菜状。AM 真菌定殖结构和定殖率具有明显的时空异质性，总定殖率为 62.0%～97.8%，定殖率均在 10～30cm 土层有最大值，之后随土壤深度增加而变化（刘雪伟，2009）。

7. 乌拉尔甘草

乌拉尔甘草根系能被 AM 真菌侵染形成典型丛枝菌根,发育形成泡囊和丛枝结构。菌根类型为 I 型。泡囊多为圆形和椭圆形,有少量杆状和不规则形;丛枝为花椰菜状。AM 真菌定殖结构和定殖率具有明显的时空异质性,总定殖率为 50.6%~86.6%,定殖率均在 10~30cm 土层有最大值,之后随土壤深度增加而降低(赵莉,2007;刘雪伟,2009)。

三、杨柳科植物丛枝菌根共生体特征

(一)目标植物

北沙柳(*Salix psammophila*)隶属于杨柳科柳属,别名筐柳等,枝条丛生不怕沙压,根系发达,萌芽力强。原产地为毛乌素沙地、库布齐沙漠,现主要分布在我国华北、西北等地区。北沙柳具有抗旱、抗风沙、耐盐碱及抗逆性强等优良特性,为优良防风固沙树种。

(二)材料和方法

研究样地:内蒙古额济纳旗黑城遗址(42°9′N,115°56′E,海拔 1321m,年均降水量 250~350mm),正蓝旗城南(42°12′N,115°57′E,海拔 1303m,年均降水量 365mm),正蓝旗青格勒图(42°9′N,115°55′E,海拔 1325m,年均降水量 200~400mm),正蓝旗元上都遗址(42°15′N,116°10′E,海拔 1313m,年均降水量 378mm),多伦湖(42°11′N,116°36′E,海拔 1312m,年均降水量 385mm),中国科学院鄂尔多斯沙地草地生态研究站(39°29′40″N,110°11′22″E,海拔 1300m,年均降水量 295.6mm);陕西榆林北部沙地(38°20′7″N,109°42′54″E,海拔 1114m,年均降水量 386mm)。

在上述样地随机选取生长良好的 5 株沙柳,从根围分 0~10cm、10~20cm、20~30cm、30~40cm、40~50cm 共 5 个土层采集根样和土样各 1kg,并在灌丛间空地分别按 5 个土层随机采样,记录采样时间、地点和根围环境等并编号。将根样和土样装入隔热性能良好的塑料袋密封编号,之后放进样品采集箱中并带回实验室,过 2mm 筛后收集土样和根样,以备土壤成分测定和菌根分析。丛枝、泡囊、菌丝等丛枝菌根形态结构和侵染率观测方法同上。

(三)丛枝菌根侵染状况和结构类型

北沙柳根系能被 AM 真菌侵染形成典型的 I 型丛枝菌根,即根细胞内既有胞间菌丝又有胞内菌丝圈。菌丝延伸生长,菌丝侧向分枝进入细胞内从而形成典型的树枝状和花椰菜状丛枝,也能见到丛枝消解,在细胞内呈点状分布;泡囊以球形和椭圆形为主,偶见不规则形。AM 真菌定殖率具有明显的时空异质性,总定殖率为 40.6%~87.6%,定殖率均在 0~20cm 土层有最大值,之后随土壤深度增加而降低(图 3-11)(方菲,2007;李敦献,2008;闫姣,2015)。

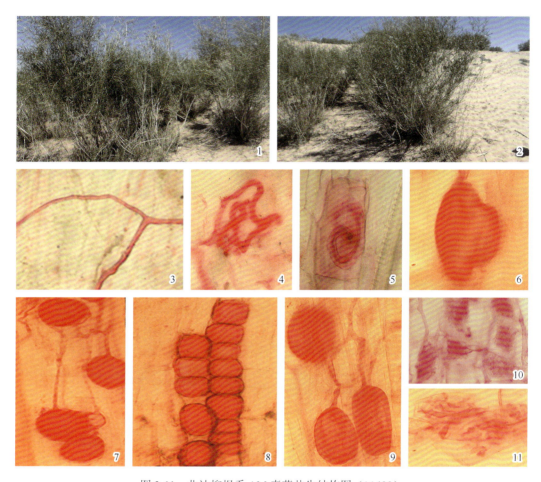

图 3-11 北沙柳根系 AM 真菌共生结构图（×400）

1，2：北沙柳植株自然生长图；3：菌丝；4，5：菌丝圈；6～9：不同形态的泡囊；10，11：不同形态的丛枝

四、石竹科植物丛枝菌根共生体特征

（一）目标植物

裸果木（*Gymnocarpos przewalskii*）隶属于石竹科裸果木属，为多年生小型半灌木，国家一级重点保护野生植物，起源于第三纪，属于古地中海旱生植物区系成分，是荒漠生态系统中少有的孑遗物种，也是构成石质荒漠植被的重要建群植物。裸果木主要分布于我国内蒙古西部、宁夏中西部、甘肃河西走廊和新疆东部，向北延伸到蒙古国荒漠南端阿拉善戈壁，垂直分布于海拔 800～2500m 干河床、干河道、山前洪积扇及砾石戈壁滩，具有抗干旱、耐盐碱、耐风蚀沙埋、寿命长等特点。

（二）材料和方法

研究样地：宁夏沙坡头（37°27′N，104°59′E，海拔 1246m，年均降水量 188mm）；甘肃民勤连古城国家级自然保护区（39°9′N，103°30′E，海拔 1350m，年均降水量 110mm），甘肃安西极旱荒漠国家级自然保护区（40°20′N，96°50′E，海拔 1514m，年均降水量 45mm）。

在上述样地随机选取生长良好的 5 株裸果木，采集 0～30cm 土层根样和土样，并在群落间空地采集 0～30cm 土层根样和土样，轻轻抖落附在根系上的土壤，混合均匀后装入隔热性能良好的自封袋并带回实验室，记录采样时间、地点和根围环境等并编号，过 2mm 筛后收集土样和根样，以备土壤成分测定和菌根分析。丛枝、泡囊、菌丝等丛枝菌根形态结构和侵染率观测方法同上。

（三）丛枝菌根侵染状况和结构类型

裸果木根系能被 AM 真菌侵染形成丛枝菌根共生体，菌根类型为 A 型。胞间菌丝和胞内菌丝较发达，胞内菌丝顶端膨大形成泡囊，圆形和椭圆形泡囊居多，很少见到丛枝结构（图 3-12）（张开逊，2021）。

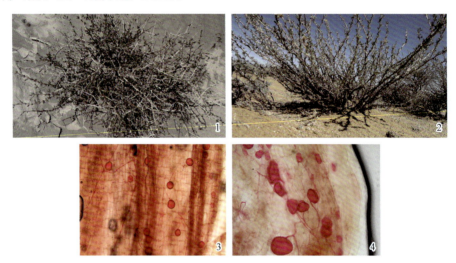

图 3-12　裸果木根系 AM 真菌共生结构图（×400）
1，2：裸果木植株自然生长图；3，4：菌丝和泡囊

五、胡颓子科植物丛枝菌根共生体特征

（一）目标植物

沙棘（*Hippophae rhamnoides*）属于胡颓子科沙棘属落叶灌木或小乔木，旱中生植物，广泛分布于欧洲、亚洲温带地区，生于海拔 800～3600m 的森林草原和草原地带沙地、河谷山地阳坡、干涸河床，抗寒，耐旱，抗风沙，是干旱地区水土保持和植被建设的先锋树种与关键树种；沙棘也是一种具有很高经济价值的野生果树和家畜、家禽的优质饲料。

（二）材料和方法

研究样地：河北沽源县大梁底村（41°52′724″N，115°51′891″E，海拔 1355m），内蒙古正蓝旗元上都遗址（42°15′842″N，116°10′741″E，海拔 1313m），内蒙古多伦县大河口乡（42°11′601″N，116°36′870″E，海拔 1312m），这 3 个样地位于河北和内蒙古两省（区）农牧交错带，属于中温带季风气候，具有降水量少而不均匀、寒暑变化剧烈的特点，降水量自东向西由 500mm 递减为 50mm 左右。

在上述样地随机选取生长良好的 5 株沙棘，从根围分 0～10cm、10～20cm、20～30cm、30～40cm、40～50cm 共 5 个土层采集根样和土样各 1kg，并在灌丛间空地分别按 5 个土层随机采样，记录采样时间、地点和根围环境等并编号。将根样和土样装入隔热性能良好的塑料袋密封编号，之后放进样品采集箱中并带回实验室，过 2mm 筛后收集土样和根样，以备土壤成分测定和菌根分析。丛枝、泡囊、菌丝等丛枝菌根形态结构和侵染率观测方法同上。

（三）丛枝菌根侵染状况和结构类型

沙棘根系能被 AM 真菌侵染形成 A 型丛枝菌根。孢子萌发后产生大量外生菌丝，侵入根组织后在根皮层形成大量胞间菌丝和少量菌丝圈；泡囊存在于根皮层细胞间隙或细胞内，由菌丝顶端膨大而成，大小不等，多为圆形和椭圆形，极少数形状不规则；丛枝较少，花椰菜状。AM 真菌定殖率具有明显的时空异质性，总定殖率为 36.7%～88.7%，总定殖率最大值在 0～30cm 土层，并随土层加深而逐渐减少（图 3-13）（陈程，2011）。

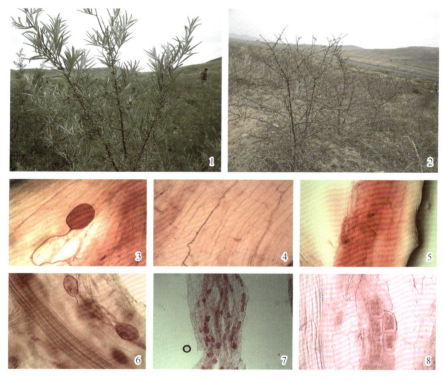

图 3-13　沙棘根系 AM 真菌共生结构图（×400）
1，2：沙棘植株自然生长图；3：孢子萌发形成菌丝；4：菌丝；5：菌丝圈；6，7：不同形态的泡囊；8：丛枝

六、禾本科植物丛枝菌根共生体特征

（一）目标植物

沙鞭（*Psammochloa villosa*）为禾本科沙鞭属多年生草本植物，根状茎十分发达，

长达 200～300cm 或更长，节处向下生根，向上抽出新枝；水平根发达，大致向主茎两侧分布，须根密集；沙鞭为典型的游击型克隆植物，主要分布在我国陕西、宁夏、甘肃、青海、新疆、内蒙古等省（区）及蒙古国境内，是草原带、荒漠草原带及荒漠区流动沙丘上特有的一类先锋植物，具有很好的固沙功能。

（二）材料和方法

研究样地：内蒙古正蓝旗青格勒图（42°9′N，115°55′E，海拔 1325m，年均降水量200～400mm），中国科学院鄂尔多斯沙地草地生态研究站（39°29′40″N，110°11′22″E，海拔 1300m，年均降水量 295.6mm）；陕西榆林北部沙地（38°20′7″N，109°42′54″E，海拔 1114m，年均降水量 386mm）；宁夏沙坡头（37°27′N，104°59′E，海拔 1246m，年均降水量 188mm）等样地。

在上述样地随机选取生长良好的 5 株沙鞭，从根围分 0～10cm、10～20cm、20～30cm、30～40cm、40～50cm 共 5 个土层采集根样和土样各 1kg，并在灌丛间空地分别按 5 个土层随机采样，记录采样时间、地点和根围环境等并编号。将根样和土样装入隔热性能良好的塑料袋密封编号，之后放进样品采集箱中并带回实验室，过 2mm 筛后收集土样和根样，以备土壤成分测定和菌根分析。丛枝、泡囊、菌丝等丛枝菌根形态结构和侵染率观测方法同上。

（三）丛枝菌根侵染状况和结构类型

沙鞭根系能被 AM 真菌侵染形成 I 型丛枝菌根，根外孢子萌发侵入根内，沿着根细胞间隙延伸生长，产生大量菌间菌丝。随着菌丝不断延伸，胞内菌丝和胞间菌丝顶端膨大发育形成泡囊，部分胞内菌丝发育形成丛枝。沙鞭根系菌根感染强度极强，在根内形成大量泡囊并连续成片，泡囊内贮藏丰富的营养物质，泡囊形态多样，大小不一，主要有圆形、椭圆形、杆状等，其中杆状泡囊居多；根皮层细胞形成大量胞间菌丝和少量胞内菌丝圈；花椰菜状丛枝多产生于近中柱的皮层细胞中。AM 真菌定殖率具有明显的时空异质性，总定殖率为 76.5%～95.0%，总定殖率最大值在 0～30cm 土层，并随土壤深度增加而逐渐减少（图 3-14）（赵金莉，2007；李英鹏，2010；张亚娟，2018）。

七、极旱荒漠植物丛枝菌根共生体特征

（一）目标植物

珍珠猪毛菜（*Salsola passerina*）（藜科）、合头草（黑柴）（*Sympegma regelii*）（藜科）、泡泡刺（膜果白刺）（*Nitraria sphaerocarpa*）（蒺藜科）、红砂（琵琶柴）（*Reaumuria songarica*）（柽柳科）、膜果麻黄（*Ephedra przewalskii*）（麻黄科）等植物是极旱荒漠环境的地带性植被类型，具有根系发达、耐旱、抗风沙等特性，在维持荒漠生态系统稳定性和生产力方面具有重要作用。

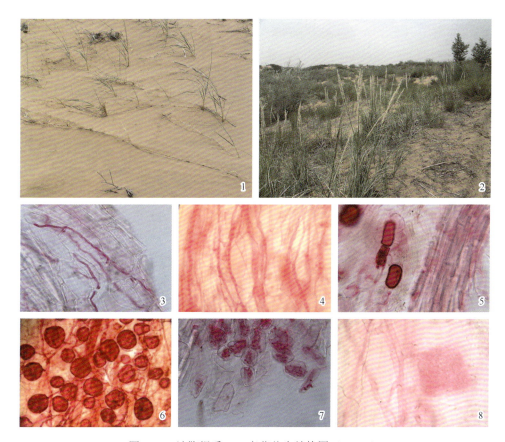

图 3-14　沙鞭根系 AM 真菌共生结构图（×400）

1，2：沙鞭植株克隆生长；3，4：菌丝；5，6：泡囊；7，8：丛枝

（二）材料和方法

研究样地：甘肃安西极旱荒漠国家级自然保护区（39°52′～41°53′N，94°45′～97°00′E）是亚洲中部温带荒漠、极旱荒漠和典型荒漠交汇处，青藏高原和蒙新荒漠的结合部，其荒漠生态系统在整个古地中海区域具有一定的典型性和代表性。海拔 1300～2300m，年均降水量 45mm 左右，年蒸发量 2754.9～3420mm。土壤类型多为灰棕漠土。

在保护区选取上述 5 种典型植物群落，分别在每个植物群落按五点采样法选取 5 株相隔 50m 左右、长势相近的植株，在距植株主干 0～30cm 内挖土壤剖面，采集 0～30cm 土层根样，并在群落间空地采集 0～30cm 土层根样，轻轻抖落附在根系上的土壤，混合均匀后装入隔热性能良好的自封袋并带回实验室，记录采样时间、地点和根围环境等并编号，过 2mm 筛后收集土样和根样，以备土壤成分测定和菌根分析。丛枝、泡囊、菌丝等丛枝菌根形态结构和侵染率观测方法同上。

（三）丛枝菌根侵染状况和结构类型

5 种极旱荒漠植物根系都能被 AM 真菌侵染形成丛枝菌根，定殖结构以菌丝和泡囊为主。AM 真菌定殖率具有明显的时空异质性，总定殖率为 15.6%～53.3%，总定殖率高低依次为红砂＞膜果麻黄＞泡泡刺＞合头草＝珍珠猪毛菜（图 3-15）（王姣姣，2018；李烨东，2020）。

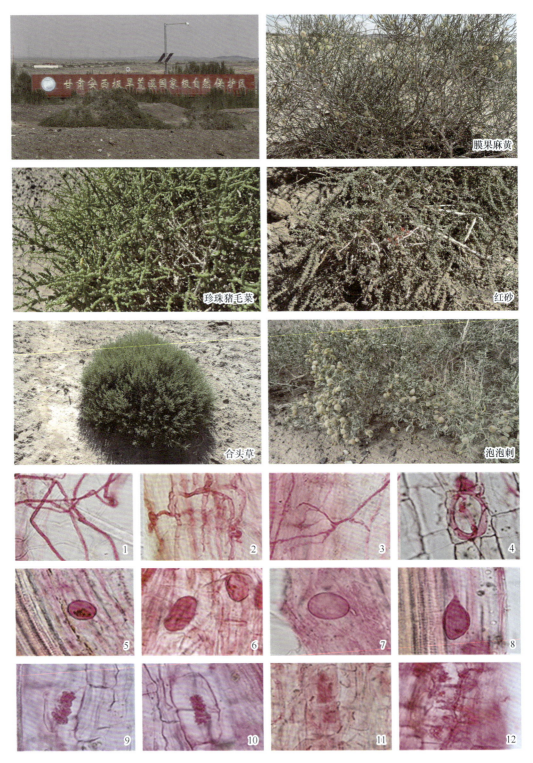

图 3-15　极旱荒漠植物 AM 真菌共生结构特征（×400）

1～3：菌丝；4：菌丝圈；5～8：泡囊；9～12：丛枝

第三节　荒漠植物丛枝菌根真菌资源多样性

一、无梗囊霉属（*Acaulospora* Gerdemann & Trappe, emend. Berch）

1. 双网无梗囊霉（*Acaulospora bireticulata* Rothwell & Trappe）

孢子单生于土壤或侧生菌丝上，球形或椭球形，直径 75～125μm，幼时透明，成熟时淡黄色，表面有明显多角形双层网状纹饰。孢壁 2 层：厚 2～3μm，L1 透明无色，L2 橙黄棕色，孢子含有透明小油滴。在 Melzer's 试剂中反应不明显。扫描电镜下，孢子表面凸起形成棱脊，棱脊互连形成多边形或圆形网眼，偶见内壁呈球面状凸起，总体呈窗孔状或蜂窝状，表面覆蜡质，常有少许片状附着物。

该种在我国北方荒漠地区分布广泛，见于河北沽源县大梁底村，内蒙古正蓝旗元上都遗址、正蓝旗城南样地沙棘根围土壤；河北沽源县二牛点，内蒙古、宁夏、甘肃民勤各样地柠条锦鸡儿根围土壤；内蒙古额济纳旗黑城遗址、正蓝旗元上都遗址样地北沙柳根围土壤；内蒙古正蓝旗青格勒图羊柴、白沙蒿、沙鞭根围土壤；中国科学院鄂尔多斯沙地草地生态研究站，陕西榆林珍稀沙生植物保护基地，宁夏沙坡头样地羊柴、黑沙蒿、沙鞭根围土壤；内蒙古、宁夏、甘肃各样地蒙古沙冬青和花棒根围土壤；内蒙古集宁、呼和浩特、包头、达拉特旗，陕西定边、靖边，宁夏盐池样地沙打旺根围土壤；内蒙古磴口样地梭梭和白刺根围土壤；乌海样地四合木和蒙古扁桃根围土壤；甘肃民勤、安西样地裸果木根围土壤；安西样地珍珠猪毛菜、合头草、泡泡刺、红砂、膜果麻黄根围土壤；新疆乌恰县样地矮沙冬青根围土壤。

2. 细齿无梗囊霉（*Acaulospora denticulata* Sieverding & Toro）

孢子单生于土壤或侧生于近端有产孢子囊的菌丝上，球形或近球形，直径 115～175μm，黄棕色至暗黄棕色。孢壁 3 层：L1 易逝；L2 表面布满宽 2.0～2.5μm、高 2.7～3.0μm 的不可分开的圆形或多边形饰物，每一饰物中心下陷呈宽 1.0～2.5μm、深 0.3～1.2μm 的凹坑；L3 透明膜状，压碎孢子后容易分离。在 Melzer's 试剂中反应不明显。扫描电镜下，孢子表面有细刺状或颗粒状附着物。

该种见于内蒙古额济纳旗黑城遗址、正蓝旗元上都遗址样地北沙柳根围土壤；宁夏沙坡头样地羊柴和沙鞭根围土壤；中国科学院鄂尔多斯沙地草地生态研究站、磴口、乌海、阿拉善左旗木仁高勒，宁夏沙坡头，甘肃民勤和安西样地花棒根围土壤；甘肃民勤、安西样地裸果木根围土壤；安西样地珍珠猪毛菜根围土壤。

3. 孔窝无梗囊霉（*Acaulospora foveata* Trappe & Janos）

孢子单生于土壤或侧生于连孢菌丝上，球形、椭球形或不规则形，直径 185～250μm，淡黄棕色、橘红或深红棕色。孢壁 2 层：L1 黄棕色，表面有圆形、近圆形或不规则形凹坑纹孔；L2 无色透明。在 Melzer's 试剂中呈浅黄棕色。扫描电镜下，孢子表面光滑，凹坑纹孔大小不一，排列不整齐。

该种在我国北方荒漠地区分布广泛，见于河北沽源县大梁底村，内蒙古正蓝旗元上都遗址、正蓝旗城南样地沙棘根围土壤；河北沽源县二牛点，内蒙古、宁夏、甘肃民勤样地柠条锦鸡儿根围土壤；内蒙古额济纳旗黑城遗址、正蓝旗元上都遗址样地北沙柳根围土壤；内蒙古正蓝旗青格勒图羊柴、白沙蒿、沙鞭根围土壤；中国科学院鄂尔多斯沙地草地生态研究站，陕西榆林珍稀沙生植物保护基地，宁夏沙坡头样地羊柴、黑沙蒿、沙鞭根围土壤；内蒙古、宁夏、甘肃各样地蒙古沙冬青和花棒根围土壤；内蒙古集宁、呼和浩特、包头、达拉特旗，陕西定边、靖边，宁夏盐池样地沙打旺根围土壤；内蒙古磴口样地梭梭和白刺根围土壤；乌海样地四合木和蒙古扁桃根围土壤；甘肃民勤、安西样地裸果木根围土壤；安西样地珍珠猪毛菜、合头草、泡泡刺、红砂、膜果麻黄根围土壤；新疆乌恰县样地矮沙冬青根围土壤。

4. 丽孢无梗囊霉（*Acaulospora elegans* Trappe & Gerdemann）

孢子单生于土壤或侧生于连孢菌丝上，球形或椭球形，直径 115～210μm，黄色至黄棕色。孢壁 4 层，厚 8～15μm；表面密生细刺纹饰，刺外面附有一层蜂窝状隆起的透明网。在 Melzer's 试剂中呈玫瑰红色。

该种见于中国科学院鄂尔多斯沙地草地生态研究站、陕西榆林珍稀沙生植物保护基地、宁夏沙坡头样地羊柴根围土壤；内蒙古磴口、乌拉特后旗、乌海、阿拉善左旗，宁夏银川、沙坡头和甘肃民勤样地蒙古沙冬青根围土壤；甘肃民勤、安西样地裸果木根围土壤。

5. 凹坑无梗囊霉（*Acaulospora excavata* Ingleby & Walker）

孢子单生于土壤或侧生于连孢菌丝上，球形、椭球形或不规则形，直径 105～145μm，淡黄色至黄棕色。孢壁 3 层，厚 6～11μm，表面有圆形至椭圆形大凹坑纹饰，分布较稀疏。在 Melzer's 试剂中呈紫红色。扫描电镜下，外壁粗糙，有轻微褶皱凸起及颗粒状附着物，表面有近圆形大凹坑，凹坑内常有碎屑物。

该种在我国北方荒漠地区分布广泛，见于河北沽源县大梁底村、内蒙古正蓝旗元上都遗址、正蓝旗城南样地沙棘根围土壤；河北沽源县二牛点，内蒙古、宁夏、甘肃民勤样地柠条锦鸡儿根围土壤；内蒙古额济纳旗黑城遗址、正蓝旗元上都遗址样地北沙柳根围土壤；内蒙古正蓝旗青格勒图羊柴、白沙蒿、沙鞭根围土壤；中国科学院鄂尔多斯沙地草地生态研究站，陕西榆林珍稀沙生植物保护基地，宁夏沙坡头样地羊柴、黑沙蒿、沙鞭根围土壤；内蒙古、宁夏、甘肃各样地蒙古沙冬青和花棒根围土壤；内蒙古集宁、呼和浩特、包头、达拉特旗，陕西定边、靖边，宁夏盐池样地沙打旺根围土壤；内蒙古磴口样地梭梭和白刺根围土壤；乌海样地四合木和蒙古扁桃根围土壤；甘肃民勤、安西样地裸果木根围土壤；安西样地珍珠猪毛菜、合头草、泡泡刺、红砂、膜果麻黄根围土壤；新疆乌恰县样地矮沙冬青根围土壤。

6. 詹氏无梗囊霉（*Acaulospora gerdemannii* Schenck & Nicolson）

孢子单生于土壤或侧生于连孢菌丝上，近球形、卵球形或椭球形，直径 155～270μm，浅黄色至黄褐色。孢子外轮廓不整齐，表面不平滑。孢壁 2 层：厚 2.5～4.0μm；L1 壁薄，易碎；L2 层叠鳞片状，每一鳞片透明，不规则多角形；内含物不易溢出，呈颗粒海绵状。在 Melzer's 试剂中反应不明显。扫描电镜下，孢子表面粗糙，但无特定纹饰，连孢菌丝脱落后留有近圆形痕迹。

该种在我国北方荒漠地区分布较为广泛，见于内蒙古额济纳旗黑城遗址、正蓝旗元上都遗址样地北沙柳根围土壤；内蒙古磴口样地梭梭和白刺根围土壤；阿拉善左旗样地白沙蒿根围土壤；陕西榆林珍稀沙生植物保护基地，宁夏沙坡头样地羊柴、黑沙蒿、沙鞭根围土壤；陕西定边、宁夏沙生灌木园乌拉尔甘草根围土壤；宁夏、甘肃各样地蒙古沙冬青根围土壤；宁夏沙坡头样地猫头刺根围土壤；甘肃民勤、安西样地裸果木根围土壤；安西样地珍珠猪毛菜、合头草、泡泡刺、红砂、膜果麻黄根围土壤；新疆乌恰县样地矮沙冬青根围土壤。

7. 瑞氏无梗囊霉（*Acaulospora rehmii* Sieverding & Toro）

孢子单生于土壤或侧生于连孢菌丝上，球形或椭球形，直径 65～150μm，幼时浅黄至黄棕色，成熟后深红棕色。孢壁 4 层：L1 厚 5～10μm，外表有黄色至深红棕色迷宫纹饰；L2 膜状，无色，厚约 1μm；L3 与 L4 紧连在一起，厚约 1μm。在 Melzer's 试剂中呈深红色。扫描电镜下表面有脑纹状纹饰。

该种在我国北方荒漠地区分布广泛，见于河北沽源县大梁底村，内蒙古正蓝旗元上都遗址、正蓝旗城南样地沙棘根围土壤；河北沽源县二牛点，内蒙古、宁夏、甘肃民勤样地柠条锦鸡儿根围土壤；内蒙古正蓝旗青格勒图羊柴、白沙蒿、沙鞭根围土壤；中国科学院鄂尔多斯沙地草地生态研究站，陕西榆林珍稀沙生植物保护基地，宁夏沙坡头样地羊柴、黑沙蒿、沙鞭根围土壤；内蒙古、宁夏、甘肃各样地蒙古沙冬青和花棒根围土壤；内蒙古集宁、呼和浩特、包头、达拉特旗，陕西定边、靖边，宁夏盐池样地沙打旺根围土壤；内蒙古磴口样地梭梭和白刺根围土壤；乌海样地四合木和蒙古扁桃根围土壤；甘肃民勤、安西样地裸果木根围土壤；安西样地珍珠猪毛菜、合头草、红砂、膜果麻黄根围土壤；新疆乌恰县样地矮沙冬青根围土壤。

8. 皱壁无梗囊霉（*Acaulospora rugosa* Morton）

孢子单生于土壤或侧生于连孢菌丝上，球形或椭球形，直径 75～115μm，浅黄色。孢壁 3 层：厚 3.5～9.0μm，L1 无色透明，破裂后形成波浪形皱折，不脱落；L2 表面光滑，浅黄色；L3 不易见，无色透明。在 Melzer's 试剂中呈紫红色。

该种在我国北方荒漠地区分布较为广泛，见于河北沽源县二牛点，内蒙古、宁夏、甘肃民勤样地柠条锦鸡儿根围土壤；内蒙古额济纳旗黑城遗址、正蓝旗元上都遗址样地北沙柳根围土壤；中国科学院鄂尔多斯沙地草地生态研究站，陕西榆林珍稀沙生植物保护基地，宁夏沙坡头样地羊柴、黑沙蒿、沙鞭、白沙蒿根围土壤；中国科学院鄂尔多斯沙地草地生态研究站、磴口、乌海、阿拉善左旗，宁夏沙坡头，甘肃民勤、安西样地花棒根围土壤；宁夏银川、沙坡头和甘肃民勤样地蒙古沙冬青根围土壤；甘肃民勤、安西样地裸果木根围土壤；安西样地珍珠猪毛菜、合头草、红砂、膜果麻黄根围土壤；新疆乌恰县样地矮沙冬青根围土壤。

9. 细凹无梗囊霉（*Acaulospora scrobiculata* Trappe）

菌丝近端有一大小与孢子相仿的产孢子囊，孢子完全成熟后产孢子囊即萎缩变空。孢子球形至椭球形，直径 80～135μm，幼时无色透明，成熟后淡黄色至黄褐色。孢壁 4 层：L1 淡黄至黄褐色，表面密布圆形、长形凹坑状纹饰；L2 膜状，无色透明；L3 粗糙不平；L4 易与外壁分离。在 Melzer's 试剂中呈深红棕色。扫描电镜下，孢子表面有密集凹坑状纹饰，部分凹坑内有小孔，纹饰上有碎屑附着，偶见疣状凸起，网脊光滑，有蜡质覆着。本种孢子表面有密集细凹坑状纹饰，易于鉴定。

该种在我国北方荒漠地区分布广泛，见于河北沽源县大梁底村、内蒙古正蓝旗元上都遗址、正蓝旗城南样地沙棘根围土壤；河北沽源县二牛点、内蒙古、宁夏、甘肃民勤样地柠条锦鸡儿根围土壤；内蒙古额济纳旗黑城遗址、正蓝旗元上都遗址、中国科学院鄂尔多斯沙地草地生态研究站样地北沙柳根围土壤；内蒙古正蓝旗青格勒图羊柴、白沙蒿、沙鞭根围土壤；中国科学院鄂尔多斯沙地草地生态研究站，陕西榆林珍稀沙生植物保护基地，宁夏沙坡头样地羊柴、黑沙蒿、沙鞭根围土壤；内蒙古、宁夏、甘肃各样地蒙古沙冬青和花棒根围土壤；内蒙古磴口样地梭梭和白刺根围土壤；乌海样地四合木和蒙古扁桃根围土壤；甘肃民勤、安西样地裸果木根围土壤；安西样地珍珠猪毛菜、合头草、红砂、膜果麻黄、泡泡刺根围土壤；新疆乌恰县样地矮沙冬青根围土壤。

10. 疣状无梗囊霉（*Acaulospora tuberculata* Janos & Trappe）

孢子单生于土壤，球形或椭球形，直径 150～280μm，幼时淡黄棕色，成熟后红棕色至棕黑色。孢壁 3 层：L1 层状，浅黄色，表面有疣状小颗粒，高 0.3～1.1μm，宽约 0.4μm；L2 膜状，红棕色；L3 无色透明，易与外壁分开。在 Melzer's 试剂中呈黄棕色。扫描电镜下，孢子表面不平滑，有不同形态凸起，偶见小孔，部分孢壁破损脱落。

该种见于河北沽源县大梁底村，内蒙古正蓝旗元上都遗址、正蓝旗城南样地沙棘根围土壤；内蒙古额济纳旗黑城遗址、正蓝旗元上都遗址样地北沙柳根围土壤；内蒙古正蓝旗青格勒图羊柴、白沙蒿、沙鞭根围土壤；中国科学院鄂尔多斯沙地草地生态研究站，陕西榆林珍稀沙生植物保护基地，宁夏沙坡头样地羊柴、黑沙蒿、沙鞭根围土壤；内蒙古、宁夏、甘肃各样地蒙古沙冬青和花棒根围土壤。

11. 光壁无梗囊霉（*Acaulospora laevis* Gerdemann & Trappe）

孢子单生于土壤或侧生于菌丝上，球形或近球形，直径 56～120μm，淡黄色至黄棕色。孢壁 3 层，表面光滑，在 Melzer's 试剂中反应不明显。扫描电镜下，孢子外壁粗糙，有少量黏着物，偶见侵蚀性小孔。

该种在我国北方荒漠地区分布较为广泛，见于河北沽源县大梁底村、内蒙古正蓝旗元上都遗址、正蓝旗城南样地沙棘根围土壤；内蒙古额济纳旗黑城遗址、正蓝旗元上都遗址样地北沙柳根围土壤；中国科学院鄂尔多斯沙地草地生态研究站，陕西榆林珍稀沙生植物保护基地，宁夏沙坡头样地羊柴、黑沙蒿、白沙蒿、沙鞭根围土壤；内蒙古、宁夏、甘肃各样地蒙古沙冬青和花棒根围土壤；甘肃民勤、安西样地裸果木根围土壤；安西样地珍珠猪毛菜、合头草、红砂、泡泡刺、膜果麻黄根围土壤；新疆乌恰县样地矮沙冬青根围土壤。

12. 波状无梗囊霉（*Acaulospora undulata* Sieverding）

孢子侧生于产孢子囊梗近端，球形或近球形，直径 70～95μm，无色透明至微黄色。孢壁 2 层：表面有凹坑波浪状起伏，L1 易脱落，L2 无色透明，厚 0.5～1.0μm。在 Melzer's 试剂中呈浅黄至橘黄色。

该种见于中国科学院鄂尔多斯沙地草地生态研究站、陕西榆林珍稀沙生植物保护基地、宁夏沙坡头样地柠条锦鸡儿根围土壤；陕西榆林珍稀沙生植物保护基地羊柴、黑沙蒿、沙鞭根围土壤；内蒙古磴口、乌海、阿拉善左旗样地蒙古沙冬青根围土壤。

13. 浅窝无梗囊霉（*Acaulospora lacunosa* Morton）

孢子单生于土壤或侧生于菌丝上，球形或近球形，直径 100～135μm，棕黄至暗黄色。孢壁层状，棕黄色，表面密布规则或不规则锥形或碟形坑。在 Melzer's 试剂中呈紫红色。

该种见于陕西榆林北部毛乌素沙地柠条锦鸡儿根围土壤；中国科学院鄂尔多斯沙地草地生态研究站、磴口阿敦乌苏村、乌海市海勃湾区盘山道入口、阿拉善左旗木仁高勒，宁夏沙坡头、甘肃民勤、安西样地花棒根围土壤；宁夏银川、沙坡头和甘肃民勤样地蒙古沙冬青根围土壤；甘肃民勤、安西样地裸果木根围土壤；安西样地珍珠猪毛菜、合头草、红砂、泡泡刺、膜果麻黄根围土壤；新疆乌恰县样地矮沙冬青根围土壤。

14. 刺无梗囊霉（*Acaulospora spinosa* Walker & Trappe）

孢子单生于土壤或侧生于菌丝上，球形或近球形，直径 100～210μm，孢子幼时淡黄色，成熟时暗黄褐色至深红褐色。孢壁 2 组 3 层，孢壁表面有针状刺突，刺长 2～6μm；发芽壁 2 层，膜状，透明。在 Melzer's 试剂中反应不明显。扫描电镜下，孢子外壁有密集整齐的小钝刺，有黏着物。

该种见于河北沽源县二牛点，内蒙古、陕西榆林北部毛乌素沙地，宁夏、甘肃民勤样地柠条锦鸡儿根围土壤；内蒙古额济纳旗黑城遗址、正蓝旗元上都遗址样地北沙柳根围土壤；中国科学院鄂尔多斯沙地草地生态研究站、磴口阿敦乌苏村、乌海市海勃湾区盘山道入口、阿拉善左旗木仁高勒，宁夏沙坡头，甘肃民勤、安西样地花棒和裸果木根围土壤；新疆乌恰县样地矮沙冬青根围土壤。

15. 蜜色无梗囊霉（*Acaulospora mellea* Spain & Schenck）

孢子单生于土壤或侧生于近端有产孢子囊的菌丝上，球形或近球形，直径 110～130μm，蜂蜜色至黄棕色。孢壁 2 组 4 层：L1 层状，黄棕色，表面光滑；L2 膜状，透明；发芽壁 2 层，膜状壁，孢子破裂后易皱。在 Melzer's 试剂中呈淡紫红色。

该种见于中国科学院鄂尔多斯沙地草地生态研究站、磴口阿敦乌苏村、乌海市海勃湾区盘山道入口、阿拉善左旗木仁高勒，宁夏沙坡头，甘肃民勤、安西样地花棒根围土壤；宁夏银川、沙坡头，甘肃民勤样地蒙古沙冬青根围土壤；甘肃民勤、安西样地裸果木根围土壤；安西样地珍珠猪毛菜、合头草、红砂、泡泡刺、膜果麻黄根围土壤。

16. 脆无梗囊霉（*Acaulospora delicate* Walker, Pfeiffer & Bloss）

孢子着生于产孢子囊顶端膨大的菌丝上，球形至近球形，有时卵球形或倒卵球形，直径 90～125μm，透明至淡乳黄色。孢壁 2 层：L1 透明，表面呈脱落状斑块；L2 浅黄色，层状。在 Melzer's 试剂中呈橘红色或无反应。

该种见于中国科学院鄂尔多斯沙地草地生态研究站、陕西榆林珍稀沙生植物保护基地、宁夏沙坡头样地柠条锦鸡儿根围土壤；甘肃民勤、安西样地裸果木根围土壤；安西样地珍珠猪毛菜、合头草根围土壤。

17. 毛氏无梗囊霉（*Acaulospora morrowiae* Spain & Schenck）

孢子单生于土壤或侧生于连孢菌丝上，球形至近球形，直径 90～110μm，淡黄色。孢壁 3 层：L1 透明，有时脱落，L2 浅黄色，L3 透明。在 Melzer's 试剂中呈红色。

该种见于宁夏银川、沙坡头，甘肃民勤样地蒙古沙冬青根围土壤。

18. 附柄无梗囊霉（*Acaulospora appendicola* Spain, Sieverding & Schenck）

孢子着生于短的连孢菌丝上，球形至近球形，直径 100～185μm，黄色至奶油黄色。孢壁 2 组 4 层：L1 外表粗糙，L2 无色透明。扫描电镜下，有明显的网状纹饰。连孢菌丝在连点处深入孢子内壁从而形成一附器是该种的特点。

该种见于中国科学院鄂尔多斯沙地草地生态研究站、磴口阿敦乌苏村、乌海市海勃湾区盘山道入口、阿拉善左旗木仁高勒，宁夏沙坡头，甘肃民勤、安西样地花棒根围土壤。

19. 膨胀无梗囊霉（*Acaulospora dilatata* Morton）

孢子单生于土壤或侧生于连孢菌丝上，孢子球形至近球形，直径 100～150μm，黄色。孢壁 2 组 5 层：L1 层状，黄色，表面有浅坑纹饰；发芽壁 3 层。在 Melzer's 试剂中呈紫红色。扫描电镜下，孢子表面覆盖一层胶状物质。

该种见于中国科学院鄂尔多斯沙地草地生态研究站、磴口阿敦乌苏村、乌海市海勃湾区盘山道入口、阿拉善左旗木仁高勒，宁夏沙坡头，甘肃民勤、安西样地花棒根围土壤；宁夏银川、沙坡头，甘肃民勤样地蒙古沙冬青根围土壤；甘肃民勤、安西样地裸果木根围土壤；安西样地合头草、珍珠猪毛菜根围土壤。

20. 波兰无梗囊霉（*Acaulospora polonica* Blaszkowski）

孢子单生于土壤或侧生于连孢菌丝上，孢子球形或近球形，直径 65～80μm，淡黄色。孢壁 2 层：L1 易脱落，L2 易碎。在 Melzer's 试剂中反应不明显或无染色反应。

该种见于甘肃安西样地红砂、合头草根围土壤；新疆乌恰县样地矮沙冬青根围土壤。

21. 空洞无梗囊霉（*Acaulospora cavernata* Blaszkowski）

孢子单生于土壤或侧生于连孢菌丝上，球形至近球形，直径 65～80μm，淡黄至黄棕色。孢壁 3 层：L1 易脱落，无色透明；L2 层状，黄色至黄棕色；L3 膜状，无色透明。

孢子含有小的均匀油滴。在 Melzer's 试剂中反应不明显或无染色反应。扫描电镜下，孢子表面有大小不等的空洞。

该种见于甘肃民勤、安西样地裸果木根围土壤。

22. 椒红无梗囊霉（*Acaulospora capsicula* Blaszkowski）

孢子单生于土壤或侧生于产孢子囊梗上，球形至近球形，有时不规则，直径 120～190μm，橘红色至辣椒红。孢壁 3 层：L1 易脱落，无色透明至浅黄色；L2 层状，光滑，棕色至辣椒色；L3 光滑，无色透明。孢子含有小的均匀油滴。扫描电镜下，孢子表面有少量片状附属物。

该种见于甘肃民勤、安西样地裸果木根围土壤。

二、近明球囊霉属（*Claroideoglomus* Walker & Schüssler）

1. 近明球囊霉[*Claroideoglomus claroideum* (Schenck & Smith) Walker & Schüssler = *Glomus claroideum* Schenck & Smith]

孢子单生于土壤或呈松散一簇，球形、椭球形或不规则形，直径 60～120μm，淡黄色至黄棕色。孢壁 2 层：L1 层积，厚 3～5μm，淡黄色至黄棕色；L2 膜状，厚 1μm，无色透明；孢子含有颗粒和油滴。连孢菌丝一根，连点处呈圆筒形或略有收缩。在 Melzer's 试剂中外壁呈橘黄色，内壁呈淡黄色。扫描电镜下，孢子表面有大量块状附着物和少量小孔。

该种在我国北方荒漠地区分布较为广泛，见于河北沽源县大梁底村，内蒙古正蓝旗元上都遗址、正蓝旗城南样地沙棘根围土壤；河北沽源县二牛点，内蒙古、宁夏、甘肃民勤样地柠条锦鸡儿根围土壤；内蒙古正蓝旗青格勒图羊柴、白沙蒿、沙鞭根围土壤；中国科学院鄂尔多斯沙地草地生态研究站，陕西榆林珍稀沙生植物保护基地，宁夏沙坡头样地羊柴、黑沙蒿、白沙蒿、沙鞭根围土壤；内蒙古、宁夏、甘肃各样地蒙古沙冬青和花棒根围土壤；内蒙古磴口样地梭梭和白刺根围土壤；乌海样地四合木和蒙古扁桃根围土壤；阿拉善左旗样地柠条锦鸡儿和白沙蒿根围土壤；甘肃民勤、安西样地裸果木根围土壤；安西样地珍珠猪毛菜、合头草、红砂、泡泡刺根围土壤；新疆乌恰县样地矮沙冬青根围土壤。

2. 层状近明球囊霉[*Claroideoglomus lamellosum* (Dalpé, Koske & Tews) Walker & Schüssler = *Glomus lamellosum* Dalpé, Koske & Tews]

孢子球形、近球形或不规则形，直径 70～120μm，淡黄至暗黄色，表面光滑。孢壁 3 层：L1 无色透明至淡黄色；L2 层状，淡黄至暗黄色；L3 膜状，无色透明。连孢菌丝圆柱形或小喇叭形，有时弯曲，有隔膜，菌丝壁透明。在 Melzer's 试剂中内层显浅粉色。

该种仅见于宁夏银川、沙坡头和甘肃民勤样地蒙古沙冬青根围土壤。

3. 幼套近明球囊霉[*Claroideoglomus etunicatum* (Becker & Gerdemann) Walker & Schüssler = *Glomus etunicatum* Becker & Gerdemann]

孢子球形、近球形或不规则形，直径 70～130μm，黄色或黄棕色。孢壁 2 层：L1 透明，随着孢子成熟后脱落，幼孢子中两层壁易分开；L2 层状，棕黄色。孢子内含物丰富，为颗粒状。连孢菌丝直或小喇叭形，连点被孢壁阻塞。扫描电镜下，孢子不饱满，表面有凹坑，坑内为菌丝的残留物。

该种见于陕西榆林北部毛乌素沙地柠条锦鸡儿、沙打旺和羊柴根围土壤；内蒙古、宁夏和甘肃各样地花棒根围土壤。

4. 黄近明球囊霉[*Claroideoglomus luteum* (Kenn., Stutz & Morton) Walker & Schüssler = *Glomus luteum* Kenn., Stutz & Morton]

孢子近球形，直径 70～90μm，黄色或橙色。孢壁 3 层，表面有层状剥落。连孢菌丝无色透明，在连点处偏向一侧，有隔膜。扫描电镜下，孢子饱满，表面稍粗糙，有少量菌丝残留物。

该种仅见于内蒙古、宁夏和甘肃各样地花棒根围土壤。

三、管柄囊霉属（*Funneliformis* Walker & Schüssler）

1. 苏格兰管柄囊霉[*Funneliformis caledonium* (Trappe & Gerdemann) Walker & Schüssler = *Glomus caledonium* (Nicolson & Gerdemann) Trappe & Gerdemann]

孢子球形至近球形，直径100～230μm，淡黄色。孢壁 2 层：L1 单一壁，无色透明；L2 层状，淡黄色。连孢菌丝直或小喇叭形，色淡，连点处常有一弯形横隔，将孢子内含物分开，孢子内含物为透明颗粒状或油滴。在 Melzer's 试剂中 L1 呈粉红至红色，L2 呈鲜黄至橘黄色。在甲基蓝试剂中，L1 和连孢菌丝均呈蓝色，L2 不着色。

该种见于内蒙古、陕西、宁夏各样地沙打旺根围土壤；甘肃安西样地珍珠猪毛菜、合头草、红砂、泡泡刺根围土壤。

2. 副冠管柄囊霉[*Funneliformis coronatum* (Giovannetti) Walker & Schüssler = *Glomus coronatum* Giovannetti]

孢子球形、椭球形或不规则形，直径 70～150μm，淡黄至黄棕色。孢壁 2 层：L1 易逝，厚 2.0～3.5μm，无色透明，成熟孢子通常完全脱落，在 Melzer's 试剂中该层被染成粉红色；L2 层积，厚 3～6μm，淡黄至黄褐色；孢子内含物为大小不等的油滴或颗粒。连孢菌丝一根，2 层孢壁深入连孢菌丝；连点孔开放，连点宽 20～35μm，在连点下 15～50μm 处形成一薄凹状隔膜。

该种见于中国科学院鄂尔多斯沙地草地生态研究站、陕西榆林珍稀沙生植物保护基地、宁夏沙坡头样地黑沙蒿和沙鞭根围土壤。

3. 疣突管柄囊霉[*Funneliformis verruculosum* (Blaszkowski) Walker & Schüssler = *Glomus verruculosum* Blaszkowski]

孢子球形至近球形，直径 130～160μm，黄色至橙色，表面均匀分布疣状凸起。孢壁 2 层：L1 无色透明；L2 层状，黄色至橙色。连孢菌丝直或弯曲、管状至圆柱形，有隔膜，菌丝壁与孢壁内层同色。在 Melzer's 试剂中反应不明显。

该种仅见于宁夏银川、沙坡头和甘肃民勤样地蒙古沙冬青根围土壤。

4. 摩西管柄囊霉[*Funneliformis mosseae* (Gerdemann & Trappe) Walker & Schüssler = *Glomus mosseae* (Nicolson & Gerdemann) Gerdemann & Trappe]

孢子球形至近球形，直径 90～180μm，幼孢子乳白色，成熟孢子淡黄至黄褐色，表面光滑或稍有附属物。孢壁 3 层：L1 无色透明，易脱落，在 Melzer's 试剂中被染成粉红色；L2 无色透明，不易观察；L3 层积，淡黄至黄褐色。孢子内含物为大小不等的油滴或颗粒。连孢菌丝漏斗形，连点处菌丝壁稍增厚；连孢菌丝底部有一漏斗形凹状隔膜；连孢菌丝可观察到两层壁，由 L1 和 L3 层组成。扫描电镜下，孢子表面棱脊状纹理细小，有少量片状和颗粒状附着物，偶见小孔，连孢菌丝缢缩不明显。

该种在我国北方荒漠地区分布广泛，见于河北沽源县大梁底村，内蒙古正蓝旗元上都遗址、正蓝旗城南样地沙棘根围土壤；河北沽源县二牛点，内蒙古、宁夏、甘肃民勤样地柠条锦鸡儿根围土壤；内蒙古额济纳旗黑城遗址、正蓝旗元上都遗址、中国科学院鄂尔多斯沙地草地生态研究站样地北沙柳根围土壤；内蒙古正蓝旗青格勒图羊柴、白沙蒿、沙鞭根围土壤；中国科学院鄂尔多斯沙地草地生态研究站，陕西榆林珍稀沙生植物保护基地，宁夏沙坡头样地羊柴、黑沙蒿、沙鞭根围土壤；内蒙古、宁夏、甘肃各样地蒙古沙冬青和花棒根围土壤；内蒙古磴口样地梭梭和白刺根围土壤；乌海样地四合木和蒙古扁桃根围土壤；阿拉善左旗样地柠条锦鸡儿和白沙蒿根围土壤；甘肃民勤、安西样地裸果木根围土壤；安西样地珍珠猪毛菜、合头草、红砂、泡泡刺根围土壤；新疆乌恰县样地矮沙冬青根围土壤。

5. 地管柄囊霉[*Funneliformis geosporum* (Walker) Walker & Schüssler = *Glomus geosporum* (Nicolson & Gerdemann) Walker]

孢子在土壤中单生，孢子球形至近球形，直径 100～160μm，黄棕色至红棕色。孢壁 3 层：L1 无色透明，成熟后常脱落；L2 黄棕色；L3 膜状，淡黄色，紧附于 L2，有时不易分辨。连孢菌丝直或小喇叭状，有时缢缩，连点处有隔膜。在 Melzer's 试剂中幼孢子缓慢变为深红色，成熟孢子变暗或变为橘褐色。扫描电镜下，孢子表面密布颗粒状凸起，偶见片状附着物和侵蚀孔，连孢菌丝平滑。

该种在我国北方荒漠地区分布广泛，见于河北沽源县大梁底村，内蒙古正蓝旗元上都遗址、正蓝旗城南样地沙棘根围土壤；内蒙古额济纳旗黑城遗址、正蓝旗元上都遗址、中国科学院鄂尔多斯沙地草地生态研究站样地北沙柳根围土壤；内蒙古正蓝旗青格勒图羊柴、白沙蒿、沙鞭根围土壤；中国科学院鄂尔多斯沙地草地生态研究站，陕西榆林珍稀沙生植物保护基地，宁夏沙坡头样地羊柴、黑沙蒿、沙鞭根围土壤；陕西榆林北部毛

乌素沙地柠条锦鸡儿、沙打旺和羊柴根围土壤；内蒙古、宁夏、甘肃各样地蒙古沙冬青和花棒根围土壤；内蒙古磴口样地梭梭和白刺根围土壤；乌海样地四合木和蒙古扁桃根围土壤；阿拉善左旗样地柠条锦鸡儿和白沙蒿根围土壤；甘肃安西样地珍珠猪毛菜、合头草、红砂、泡泡刺根围土壤；新疆乌恰县样地矮沙冬青根围土壤。

四、根孢囊霉属（*Rhizophagus* Schüssler & Walker）

1. 聚丛根孢囊霉[*Rhizophagus aggregatum* (Schenck & Smith) Walker = *Glomus aggregatum* Schenck & Smith]

孢子单生或在土壤中、根内或孢子果内呈松散簇状结构，球形、近球形、椭球形或不规则形，直径 90～150μm，淡黄或黄棕色。孢壁 3 层：L1 在成熟细胞上常脱落；L2 膜状，该壁随细胞成熟而脱离，在孢子表面常呈脱落斑块状；L3 层状，光滑。连孢菌丝通常一根，直立或在基部突然弯曲，连点处圆柱形或漏斗形，在 Melzer's 试剂中呈粉红至紫红色。扫描电镜下，多个孢子聚生，表面粗糙，孢子间有明显的连孢菌丝相连接。

该种在我国北方荒漠地区分布广泛，见于河北沽源县二牛点，内蒙古、宁夏、甘肃民勤样地柠条锦鸡儿根围土壤；内蒙古额济纳旗黑城遗址、正蓝旗元上都遗址、中国科学院鄂尔多斯沙地草地生态研究站样地北沙柳根围土壤；内蒙古正蓝旗青格勒图羊柴、白沙蒿、沙鞭根围土壤；中国科学院鄂尔多斯沙地草地生态研究站，陕西榆林珍稀沙生植物保护基地，宁夏沙坡头样地羊柴、黑沙蒿、沙鞭根围土壤；内蒙古、宁夏、甘肃各样地蒙古沙冬青和花棒根围土壤；内蒙古磴口样地梭梭和白刺根围土壤；乌海样地四合木和蒙古扁桃根围土壤；阿拉善左旗样地柠条锦鸡儿和白沙蒿根围土壤；甘肃民勤、安西样地裸果木根围土壤；安西样地珍珠猪毛菜、合头草、红砂、泡泡刺根围土壤；新疆乌恰县样地矮沙冬青根围土壤。

2. 透光根孢囊霉[*Rhizophagus diaphanum* (Morton & Walker) Walker & Schüssler = *Glomus diaphanum* Morton & Walker]

孢子球形或椭球形，直径 50～80μm，无色透明。孢壁 2 层，厚 3～5μm：L1 层积，2～4μm，无色透明，易碎，在 Melzer's 试剂中呈浅红色；L2 膜状，厚 0.5～1.0μm，无色透明，压碎时易与外层分离；内含一个或多个无色透明油滴。连孢菌丝一根，直筒形或小漏斗形，易弯曲或偏心，易断。连点封闭，由孢子内壁进入连孢菌丝形成隔膜，连点宽 5～8μm。

该种见于内蒙古正蓝旗青格勒图羊柴、白沙蒿、沙鞭根围土壤；中国科学院鄂尔多斯沙地草地生态研究站，陕西榆林珍稀沙生植物保护基地，宁夏沙坡头样地羊柴、黑沙蒿、沙鞭根围土壤；甘肃安西样地泡泡刺、红砂、珍珠猪毛菜、合头草、膜果麻黄根围土壤；新疆乌恰县样地矮沙冬青根围土壤。

3. 明根孢囊霉[*Rhizophagus clarus* (Nicolson & Schenck) Walker & Schüssler = *Glomus clarum* Nicolson & Schenck]

孢子球形至近球形，直径 70～150μm，孢子透明至淡黄色，多数土壤中的孢子具有

黏质外套。孢壁 2 层：L1 透明至淡黄色；L2 膜状，透明。在 Melzer's 试剂中反应不明显。连孢菌丝单根，稍呈漏斗状或圆柱状，不易与孢子分离，幼孢子连点不阻塞，成熟孢子被一凸起的隔阻塞。扫描电镜下，孢壁光滑，有少量附着物，连孢菌丝光滑。

该种见于内蒙古正蓝旗青格勒图样地羊柴、白沙蒿、沙鞭根围土壤；中国科学院鄂尔多斯沙地草地生态研究站、陕西榆林珍稀沙生植物保护基地和宁夏沙坡头样地柠条锦鸡儿根围土壤；内蒙古、宁夏、甘肃各样地蒙古沙冬青根围土壤；内蒙古磴口样地梭梭和白刺根围土壤；乌海样地四合木和蒙古扁桃根围土壤；阿拉善左旗样地柠条锦鸡儿和白沙蒿根围土壤；新疆乌恰县样地矮沙冬青根围土壤。

4. 聚生根孢囊霉[*Rhizophagus fasciculatus* (Gerdemann & Trappe) Walker & Schüssler = *Glomus fasciculatum* Gerdemann & Trappe]

孢子球形至近球形，直径 80～110μm，淡黄至淡黄棕色，表面光滑。孢壁 3 层：L1 单一壁，无色透明；L2 层状，淡黄色；L3 膜状，无色透明。连孢菌丝直或呈漏斗状，连点孔常被内壁或隔膜封闭。在 Melzer's 试剂中反应不明显。扫描电镜下，表面粗糙，有少许附着物和大小不均匀的小孔。

该种见于内蒙古额济纳旗黑城遗址、正蓝旗元上都遗址样地北沙柳根围土壤；内蒙古正蓝旗青格勒图样地羊柴、白沙蒿、沙鞭根围土壤；内蒙古、宁夏、甘肃各样地蒙古沙冬青根围土壤；内蒙古磴口样地梭梭和白刺根围土壤；乌海样地四合木和蒙古扁桃根围土壤；阿拉善左旗样地柠条锦鸡儿和白沙蒿根围土壤；新疆乌恰县样地矮沙冬青根围土壤。

5. 英弗梅根孢囊霉[*Rhizophagus invermaius* (Gerdemann & Trappe) Walker & Schüssler = *Glomus invermaium* Gerdemann & Trappe]

孢子球形或近球形，直径 50～60μm，淡黄或黄棕色。孢壁 2 层：L1 透明；L2 黄色或黄棕色，易碎裂成块，表面粗糙。在 Melzer's 试剂中反应不明显。连孢菌丝透明至淡黄色。

该种见于中国科学院鄂尔多斯沙地草地生态研究站、陕西榆林珍稀沙生植物保护基地和宁夏沙坡头样地柠条锦鸡儿根围土壤；宁夏银川、沙坡头和甘肃民勤样地蒙古沙冬青根围土壤。

6. 根内根孢囊霉[*Rhizophagus intraradices* (Schenck & Smith) Walker & Schüssler = *Glomus intraradices* Schenck & Smith]

孢子主要生于根表皮细胞内，使根表面明显隆起。孢子球形或近球形，直径 70～110μm，淡黄至黄棕色。孢壁 2 组 3 层或 4 层：第 1 组无色透明，1～3μm，常脱落；第 2 组层状，厚 4～8μm，孢子压破后常见 2 层或 3 层。连孢菌丝单根，在连点处呈圆筒形或略有收缩，有的孢子在距连点 35～40μm 处形成一隔膜。在 Melzer's 试剂中呈橘红色；甲基蓝试剂中外层呈蓝色，但着色较慢。

该种见于陕西榆林北部毛乌素沙地柠条锦鸡儿、沙打旺和羊柴根围土壤。

五、隔球囊霉属（*Septoglomus* Sieverding, Silva & Oehl）

1. 缩隔球囊霉[*Septoglomus constrictum* (Trappe) Sieverding, Silva & Oehl = *Funneliformis constrictus* (Trappe) Walker & Schüssler = *Glomus constrictum* Trappe]

孢子在土壤中单生，球形、近球形或长球形，直径 100～160μm，孢子表面光滑，有光泽，深红色到黑褐色。孢壁 1 层，层积，连点处孢壁不增厚。连孢菌丝单根，直或向孢子一侧弯曲，连点处缢缩，其下菌丝变粗，孢子内含物为大小不等的油滴或颗粒。在 Melzer's 试剂中反应不明显。扫描电镜下，孢子表面平滑，偶见颗粒状附着物及疣状凸起，连孢菌丝连点处缢缩明显。

该种在我国北方荒漠地区分布广泛，见于河北沽源县大梁底村，内蒙古正蓝旗元上都遗址、正蓝旗城南样地沙棘根围土壤；河北沽源县二牛点，内蒙古、宁夏、甘肃民勤样地柠条锦鸡儿根围土壤；内蒙古额济纳旗黑城遗址、正蓝旗元上都遗址，中国科学院鄂尔多斯沙地草地生态研究站样地北沙柳根围土壤；内蒙古正蓝旗青格勒图羊柴、白沙蒿、沙鞭根围土壤；中国科学院鄂尔多斯沙地草地生态研究站，陕西榆林珍稀沙生植物保护基地，宁夏沙坡头样地羊柴、黑沙蒿、沙鞭根围土壤；陕西榆林北部毛乌素沙地柠条锦鸡儿、沙打旺和羊柴根围土壤；内蒙古、宁夏、甘肃各样地蒙古沙冬青和花棒根围土壤；内蒙古磴口样地梭梭和白刺根围土壤；乌海样地四合木和蒙古扁桃根围土壤；阿拉善左旗样地柠条锦鸡儿和白沙蒿根围土壤；甘肃安西样地珍珠猪毛菜、合头草、红砂、泡泡刺根围土壤；新疆乌恰县样地矮沙冬青根围土壤。

2. 沙荒隔球囊霉[*Septoglomus deserticola* (Trappe, Bloss & Menge) Silva, Oehl & Sieverding = *Glomus deserticola* Trappe, Bloss & Menge]

孢子球形或椭球形，直径 50～110μm，淡黄至深红棕色。孢壁单层，厚 1.5～5.0μm；连孢菌丝连点处增厚呈"领结"状，直、弯曲、喇叭状或漏斗状，连点宽 4～11μm，连点开放或被隔膜阻塞，连点孔直径 1～6μm。在 Melzer's 试剂中呈桃红色。扫描电镜下，孢子不饱满，有凹陷，表面光滑或均匀密布细小颗粒状凸起，连孢菌丝连点处覆蜡质，伴有疣状凸起及碎屑。

该种在我国北方荒漠地区分布广泛，见于河北沽源县大梁底村，内蒙古正蓝旗元上都遗址、正蓝旗城南样地沙棘根围土壤；河北沽源县二牛点，内蒙古、宁夏、甘肃民勤样地柠条锦鸡儿根围土壤；内蒙古额济纳旗黑城遗址、正蓝旗元上都遗址，中国科学院鄂尔多斯沙地草地生态研究站样地北沙柳根围土壤；内蒙古正蓝旗青格勒图羊柴、白沙蒿、沙鞭根围土壤；中国科学院鄂尔多斯沙地草地生态研究站，陕西榆林珍稀沙生植物保护基地，宁夏沙坡头样地羊柴、黑沙蒿、沙鞭根围土壤；内蒙古、宁夏、甘肃各样地蒙古沙冬青和花棒根围土壤；内蒙古磴口样地梭梭和白刺根围土壤；乌海样地四合木和蒙古扁桃根围土壤；阿拉善左旗样地柠条锦鸡儿和白沙蒿根围土壤；甘肃民勤、安西样地裸果木根围土壤；安西样地珍珠猪毛菜、合头草、膜果麻黄根围土壤；新疆乌恰县样地矮沙冬青根围土壤。

3. 黏质隔球囊霉[*Septoglomus viscosum* (Nicolson) Silva, Oehl & Sieverding = *Glomus viscosum* Nicolson]

孢子球形或近球形，直径 50～110μm，透明至无色。孢壁 2 层，表面有黏质外套。连孢菌丝圆柱形至扁平，稍缢缩。在 Melzer's 试剂中反应不明显。扫描电镜下，孢子表面有大面积连续加厚的块状、棱状、颗粒状凸起及碎屑状附着物，其上有纤维状细丝缠绕。

该种在我国北方荒漠地区分布较为普遍，见于河北沽源县大梁底村，内蒙古正蓝旗元上都遗址、正蓝旗城南样地沙棘根围土壤；内蒙古额济纳旗黑城遗址、正蓝旗元上都遗址样地北沙柳根围土壤；内蒙古正蓝旗青格勒图羊柴、白沙蒿、沙鞭根围土壤；内蒙古各样地蒙古沙冬青根围土壤；内蒙古、宁夏和甘肃各样地花棒根围土壤；内蒙古磴口样地梭梭和白刺根围土壤；乌海样地四合木和蒙古扁桃根围土壤；阿拉善左旗样地柠条锦鸡儿和白沙蒿根围土壤；甘肃民勤、安西样地裸果木根围土壤；安西样地珍珠猪毛菜、合头草根围土壤；新疆乌恰县样地矮沙冬青根围土壤。

六、球囊霉属（*Glomus* Tulasne & Tulasne）

1. 白色球囊霉（*Glomus albidum* Walker & Rhodes）

孢子球形，直径 80～110（130）μm，无色至淡黄色。孢壁 2 层：L1 透明，在 Melzer's 试剂中呈橘红色；L2 淡黄色，在 Melzer's 试剂中呈黄色。连孢菌丝单根，在连点处呈圆筒形或稍有收缩，在 Melzer's 试剂中呈黄色。

该种见于中国科学院鄂尔多斯沙地草地生态研究站、陕西榆林珍稀沙生植物保护基地和宁夏沙坡头样地柠条锦鸡儿根围土壤；新疆乌恰县样地矮沙冬青根围土壤。

2. 双型球囊霉（*Glomus ambisporum* Smith & Schenck）

孢子仅在孢子果内形成，球形、椭球形或不规则形，直径 55～135μm，红色至深红棕色。孢壁 3 层：L1 单一壁，厚 1～4μm，半透明，呈六边形网排列；L2 层状，厚 3～12μm，红色至深红棕色；L3 膜质，厚约 1μm，无色透明，紧贴 L2。连孢菌丝单根，可延伸至孢子果中央菌丝的连接处，在连点处容易破碎，连点处宽 8～20μm，由 L2 和 L3 增厚堵塞。

该种见于中国科学院鄂尔多斯沙地草地生态研究站，陕西榆林珍稀沙生植物保护基地，宁夏沙坡头样地羊柴、黑沙蒿、沙鞭根围土壤。

3. 棒孢球囊霉（*Glomus clavisporum* Trappe）

孢子长棒状或柱状，直径 360～700μm，褐色至黑褐色。孢壁 1 层，表面中心网状，有菌丝缠绕。连孢菌丝圆柱形，孔口有隔膜。在 Melzer's 试剂中反应不明显。扫描电镜下，孢子棍棒状，表面有菌丝缠绕，孢子一头有尖状凸起。

该种仅见于内蒙古额济纳旗黑城遗址、正蓝旗元上都遗址样地北沙柳根围土壤。

4. 卷曲球囊霉（*Glomus convolutum* Gerdemann & Trappe）

孢子球形、近球形或不规则形，直径 60～150μm，淡黄色至橘黄色，孢子紧裹在厚 15～35μm 的菌丝网中，很难分离。孢壁 1 层，层状；连孢菌丝被菌丝网包被；孢子富含棕色、油滴状内含物。在 Melzer's 试剂中呈棕色。扫描电镜下，孢子表面被菌丝套包被。

该种见于河北沽源县大梁底村，内蒙古正蓝旗元上都遗址、正蓝旗城南样地沙棘根围土壤；河北沽源县二牛点，内蒙古、宁夏、甘肃民勤样地柠条锦鸡儿根围土壤；内蒙古额济纳旗黑城遗址、正蓝旗元上都遗址样地北沙柳根围土壤；内蒙古正蓝旗青格勒图羊柴、白沙蒿、沙鞭根围土壤；陕西榆林沙生植物保护基地羊柴、黑沙蒿、沙鞭根围土壤；内蒙古、陕西、宁夏各样地沙打旺根围土壤；内蒙古、宁夏和甘肃各样地花棒根围土壤；新疆乌恰县样地矮沙冬青根围土壤。

5. 帚状球囊霉[*Glomus coremioides* (Berkeley & Broome) Redecker & Morton]

孢子倒卵形、椭圆形或棍棒状，直径 80～140μm，黄褐色至褐色。孢壁单层，表面菌丝包被，毡状纹饰。连孢菌丝单根，孔口有隔膜。在 Melzer's 试剂中反应不明显。扫描电镜下，孢子表面被菌丝及囊状附属物包被。

该种见于内蒙古额济纳旗黑城遗址、正蓝旗元上都遗址样地北沙柳根围土壤；内蒙古、宁夏、甘肃各样地蒙古沙冬青根围土壤；新疆乌恰县样地矮沙冬青根围土壤。

6. 长孢球囊霉（*Glomus dolichosporum* Zhang & Wang）

孢子着生在粗而短的分枝菌丝顶端，长 100～180μm，宽 50～80μm，矩圆形、椭圆形或倒卵形，黄色、棕黄色至棕红色。孢壁 3 层：L1 易逝，无色透明，在成熟孢子上部分或全部脱落；L2 层状，黄棕色；L3 膜状壁，浅黄棕色，紧贴 L2 层不可分。连孢菌丝单根，宽 11～16μm，黄色至黄棕色，由连点延伸而成，在连点处壁厚 6～11μm，连点向下逐渐减薄为小漏斗形，有隔或无隔，老孢子有时由壁增厚堵塞。本种因其孢子形状狭长而得名。其孢子在体视镜下颇像一粒黄棕色瓜子；扫描电镜下，孢子表面布满大量不规则疣状褶皱凸起和蜡质，连孢菌丝粗大。

该种在我国北方荒漠地区分布较为普遍，见于河北沽源县二牛点，内蒙古、宁夏、甘肃民勤样地柠条锦鸡儿根围土壤；内蒙古额济纳旗黑城遗址、正蓝旗元上都遗址样地北沙柳根围土壤；内蒙古正蓝旗青格勒图羊柴、白沙蒿、沙鞭根围土壤；中国科学院鄂尔多斯沙地草地生态研究站，陕西榆林珍稀沙生植物保护基地，宁夏沙坡头样地羊柴、黑沙蒿、沙鞭根围土壤；内蒙古、陕西、宁夏各样地沙打旺根围土壤；内蒙古各样地蒙古沙冬青根围土壤；甘肃民勤、安西样地裸果木根围土壤；安西样地珍珠猪毛菜、合头草、膜果麻黄根围土壤；新疆乌恰县样地矮沙冬青根围土壤。

7. 多产球囊霉（*Glomus fecundisporum* Schenck & Smith）

孢子在土壤中单生，球形，直径 90～135μm，浅黄色至黄棕色。孢壁 2 层，层状，厚 4.0～11.5μm，由一个内壁和相同厚度的外壁组成，受压后易分开，外壁有时附着碎屑。

连点处宽 12～17μm，无隔，有时堵塞。连孢菌丝圆柱状。在 Melzer's 试剂中反应不明显。

该种见于内蒙古额济纳旗黑城遗址、正蓝旗元上都遗址样地北沙柳根围土壤。

8. 聚集球囊霉（*Glomus glomerulatum* Sieverding）

大量孢子聚成孢子果，孢子球形至椭球形，直径 50～90μm，黄色至黄褐色，表面光滑。孢壁 2 层：L1 淡黄色，层状；L2 膜状，孢子压破后，内壁易收缩皱褶。连孢菌丝直或呈漏斗状，连孔处常被内壁或隔膜封闭。在 Melzer's 试剂中反应不明显。扫描电镜下，孢子紧密聚集，连孢菌丝漏斗形。

该种在我国北方荒漠地区分布较为普遍，见于内蒙古额济纳旗黑城遗址、正蓝旗元上都遗址、中国科学院鄂尔多斯沙地草地生态研究站样地北沙柳根围土壤；内蒙古正蓝旗青格勒图样地羊柴、白沙蒿、沙鞭根围土壤；中国科学院鄂尔多斯沙地草地生态研究站，陕西榆林珍稀沙生植物保护基地，宁夏沙坡头样地羊柴、黑沙蒿、沙鞭根围土壤；内蒙古、宁夏、甘肃各样地蒙古沙冬青和花棒根围土壤；内蒙古磴口样地梭梭和白刺根围土壤；乌海样地四合木和蒙古扁桃根围土壤；阿拉善左旗样地柠条锦鸡儿和白沙蒿根围土壤；新疆乌恰县样地矮沙冬青根围土壤。

9. 晕环球囊霉（*Glomus halonatum* Rose & Trappe）

孢子球形或近球形，直径 70～130μm，黄色至红棕色。孢壁 2 层，表面光滑，有明显晕圈。连孢菌丝圆柱形或稍缢缩。在 Melzer's 试剂中反应不明显。扫描电镜下，孢子外围有明显的晕环。

该种见于内蒙古、宁夏和甘肃各样地花棒根围土壤；新疆乌恰县样地矮沙冬青根围土壤。

10. 海得拉巴球囊霉（*Glomus hyderabadensis* Swarupa, Kunwar, Prasad & Manohar）

孢子球形、近球形或椭球形，直径 60～140μm，黄色至黑棕色。孢壁 3 层：L1 易逝，无色透明；L2 层状，黄棕色，孢子衰老后易在该层壁上形成穿孔；L3 膜状，棕色。连孢菌丝暗黄至黄色，连点处宽 15～30μm，连点下 30～80μm 处生成两个连续隔膜。该种最明显的特征是老孢子顶端与连孢菌丝相对处生出小孢子，黄色至黑棕色，球形或椭球形，子孢子无柄，仅有一孔与老孢子相连。子孢子壁与老孢子相似，也分为 3 层。在 Melzer's 试剂中显色不明显。

该种见于河北沽源县二牛点，内蒙古、宁夏、甘肃民勤样地柠条锦鸡儿根围土壤；内蒙古额济纳旗黑城遗址、正蓝旗元上都遗址样地北沙柳根围土壤；内蒙古正蓝旗青格勒图样地羊柴、白沙蒿、沙鞭根围土壤；中国科学院鄂尔多斯沙地草地生态研究站，陕西榆林珍稀沙生植物保护基地，宁夏沙坡头样地羊柴、黑沙蒿、沙鞭根围土壤；宁夏、甘肃各样地蒙古沙冬青根围土壤；新疆乌恰县样地矮沙冬青根围土壤。

11. 斑点球囊霉（*Glomus maculosum* Miller & Walker）

孢子球形至近球形，直径 90～150μm，幼孢子透明，成熟时淡黄色至黄褐色。孢壁

2 组 3 层：L1 薄，透明，紧贴于 L2 上；L2 层状，易碎，淡黄色至黄褐色；L3 膜状，在幼孢子中紧贴于 L2 上，随着孢子成熟逐渐与 L2 分开。连孢菌丝的颜色与 L2 一致，急向侧弯，柱形或漏斗形，有时在连点处缢缩。在 Melzer's 试剂中显紫红色。

该种见于内蒙古、陕西、宁夏各样地沙打旺根围土壤；内蒙古磴口样地梭梭和白刺根围土壤；乌海样地四合木和蒙古扁桃根围土壤；阿拉善左旗样地柠条锦鸡儿和白沙蒿根围土壤；新疆乌恰县样地矮沙冬青根围土壤。

12. 宽柄球囊霉（*Glomus magnicaule* Hall）

孢子球形或近球形，直径 110～160μm，黄棕色，表面常沾有碎屑。孢壁 2 层：L1 层状，厚 9～20μm，黄棕色；L2 层状，厚 3μm，无色至浅棕色。连孢菌丝内宽 4～10μm；成熟孢子连点处壁厚，几乎完全堵塞连点。在 Melzer's 试剂中显色不明显。扫描电镜下，外壁粗糙，连孢菌丝宽扁。

该种在我国北方荒漠地区分布较为普遍，见于内蒙古额济纳旗黑城遗址、正蓝旗元上都遗址样地北沙柳根围土壤；内蒙古正蓝旗青格勒图羊柴、白沙蒿、沙鞭根围土壤；中国科学院鄂尔多斯沙地草地生态研究站，陕西榆林珍稀沙生植物保护基地，宁夏沙坡头样地羊柴、黑沙蒿、沙鞭根围土壤；内蒙古、宁夏、甘肃各样地花棒根围土壤；内蒙古磴口样地梭梭和白刺根围土壤；乌海样地四合木和蒙古扁桃根围土壤；阿拉善左旗样地柠条锦鸡儿和白沙蒿根围土壤；甘肃民勤、安西样地裸果木根围土壤；安西样地珍珠猪毛菜、红砂、膜果麻黄根围土壤；新疆乌恰县样地矮沙冬青根围土壤。

13. 黑球囊霉（*Glomus melanosporum* Gerdemann & Trappe）

孢子球形或近球形，直径 45～120μm，成熟时黑棕色至黑红棕色，孢子表面常附着不均一的薄壁菌丝。孢壁单层，厚 6～13μm，从外向内由红棕色逐渐变为淡黄色或黄褐色。在 Melzer's 试剂中显色不明显。扫描电镜下，孢子表面粗糙，密布大量乳突状凸起，偶见层片状附着物，有侵蚀性小孔。

该种在我国北方荒漠地区分布较为普遍，见于河北沽源县大梁底村，内蒙古正蓝旗元上都遗址、正蓝旗城南样地沙棘根围土壤；内蒙古额济纳旗黑城遗址、正蓝旗元上都遗址、中国科学院鄂尔多斯沙地草地生态研究站样地北沙柳根围土壤；内蒙古正蓝旗青格勒图样地羊柴、白沙蒿、沙鞭根围土壤；中国科学院鄂尔多斯沙地草地生态研究站，陕西榆林珍稀沙生植物保护基地，宁夏沙坡头样地羊柴、黑沙蒿、白沙蒿、沙鞭根围土壤；内蒙古、宁夏、甘肃各样地蒙古沙冬青和花棒根围土壤；内蒙古磴口样地梭梭和白刺根围土壤；乌海样地四合木和蒙古扁桃根围土壤；阿拉善左旗样地柠条锦鸡儿和白沙蒿根围土壤；新疆乌恰县样地矮沙冬青根围土壤。

14. 微丛球囊霉（*Glomus microaggregatum* Koske, Gemma & Olexia）

孢子单生或密集于其他球囊霉科死孢子内，球形或近球形，直径 15～40μm，无色至淡黄色和淡黄棕色。孢壁 2 层：L1 单一壁，厚 0.5～1.0μm，无色透明，易碎；L2 单一壁或膜状，厚 1～2μm，淡黄色至淡黄棕色。连孢菌丝与孢子同色，连点处无隔，有时由 L2 延伸所封闭。在 Melzer's 试剂中显色不明显。扫描电镜下，死孢子壁裂开，可见微丛球囊霉小孢子。

　　该种见于中国科学院鄂尔多斯沙地草地生态研究站，陕西榆林珍稀沙生植物保护基地，宁夏沙坡头样地羊柴、黑沙蒿、沙鞭根围土壤；内蒙古、宁夏、甘肃各样地蒙古沙冬青和花棒根围土壤。

15. 小果球囊霉（*Glomus microcarpum* Tulasne & Tulasne）

　　孢子成簇或成堆生于土壤中，球形至近球形，直径 30～45μm，淡黄色至黄棕色。孢壁单层，外表光滑，厚 3～5μm。在 Melzer's 试剂中呈棕红色。连孢菌丝宽 5～6μm，壁厚 1.5～2μm，连点处宽 6～10μm，连点不封闭或由壁堵塞。本种以其孢子小、孢壁单层、层状壁等特征而较易辨认。

　　该种见于中国科学院鄂尔多斯沙地草地生态研究站、陕西榆林北部沙地、宁夏盐池沙地旱生灌木园和沙坡头样地黑沙蒿根围土壤。

16. 大果球囊霉（*Glomus macrocarpum* Tulasne & Tulasne）

　　孢子单生于土壤，球形、近球形或不规则形，直径 80～120μm，黄色。孢壁 2 层：L1 透明，表面光滑或粗糙；L2 层状，黄色。连孢菌丝直或稍似漏斗状，从连点处壁逐渐增厚，孔口封闭。扫描电镜下，孢子表面粗糙，被少量残留附属物。

　　该种仅见于甘肃民勤、安西样地裸果木根围土壤。

17. 单孢球囊霉（*Glomus monosporum* Gerdemann & Trappe）

　　孢子通常 1～3 个，包在灰色分枝的菌丝网中，球形至近球形，直径 100～200μm，黄棕色至浅红棕色，孢壁 2 层：L1 较薄，透明，成熟时脱落；L2 层状，黄棕色，有些孢子常在 L2 层形成基部宽 1～2μm、高 15～25μm 的小刺突。连孢菌丝直或弯曲，基部不收缩，有的孢子具有两根连孢菌丝。

　　该种仅见于内蒙古、陕西、宁夏各样地沙打旺根围土壤。

18. 多梗球囊霉（*Glomus multicaule* Gerdemann & Bakshi）

　　孢子椭球形或不规则形，直径 100～160μm，黄棕色至黑褐色。孢壁单层，表面有很多圆形凸起物，凸起物高 1.2～3.5μm，连孢菌丝 1～4 根，通常 2 或 3 根。在 Melzer's 试剂中显色不明显。扫描电镜下，孢子表面有大量颗粒状、疣状、瘤状等凸起，部分有杆状黏质菌体附着，连孢菌丝平滑，连点处附着蜡质。

　　该种见于河北沽源县大梁底村，内蒙古正蓝旗元上都遗址、正蓝旗城南样地沙棘根围土壤；内蒙古额济纳旗黑城遗址、正蓝旗元上都遗址样地北沙柳根围土壤；中国科学院鄂尔多斯沙地草地生态研究站，陕西榆林珍稀沙生植物保护基地，宁夏沙坡头样地羊柴、黑沙蒿、沙鞭根围土壤；内蒙古、宁夏、甘肃各样地花棒根围土壤；新疆乌恰县样地矮沙冬青根围土壤。

19. 凹坑球囊霉（*Glomus multiforum* Tadych & Blaszkowski）

　　孢子单生于土壤，球形至近球形，直径 105～120μm，深黄色至棕色。孢壁 3 层：

L1 黏质壁，透明，成熟孢子中常缺失；L2 紧贴 L1，透明；L3 层状壁，深黄色至棕色，凹坑深 1.2～2.6μm。连孢菌丝单根，深黄色至棕色，直或弯曲，漏斗状。

该种见于甘肃安西样地膜果麻黄、红砂、合头草、泡泡刺、珍珠猪毛菜根围土壤。

20. 膨果球囊霉（*Glomus pansihalos* Berch & Koske）

孢子球形或近球形，直径 90～160μm，黄色、黄棕色至黑橘红色。孢壁 3 层：L1 无色至淡黄色；L2 橘黄色至黄棕色；L3 黄棕色。孢子表面常有灰白色绒毛状薄壁菌丝。连孢菌丝多直立，在连点处稍缢缩，连点孔开放或封闭。

该种见于内蒙古、宁夏和甘肃各样地花棒根围土壤；新疆乌恰县样地矮沙冬青根围土壤。

21. 具疱球囊霉（*Glomus pustulatum* Koske, Friese, Walker & Dalpé）

孢子球形或不规则形，直径 80～130μm，淡黄色、黄棕色至橘棕色。孢壁 3 层：L1 黄棕色至橘棕色，外表有疱状凸起；L2 淡黄色至黄棕色；L3 无色，较薄。连孢菌丝直或弯曲，淡黄色至黄棕色，连点由内层壁封闭。在 Melzer's 试剂中反应不明显。

该种见于内蒙古额济纳旗黑城遗址、正蓝旗元上都遗址样地北沙柳根围土壤；宁夏银川、沙坡头和甘肃民勤样地蒙古沙冬青根围土壤；新疆乌恰县样地矮沙冬青根围土壤。

22. 网状球囊霉（*Glomus reticulatum* Bhattacharjee & Mukerji）

孢子球形、近球形或不规则形，直径 80～140μm，黄棕色至棕黑色。孢壁 3 层，厚 6～10μm：L1 为单一壁，无色透明；L2 层积，黄棕色至深棕色；L3 单一壁，无色透明，表面有较规则的网状纹，网纹间隔 6～10μm。连孢菌丝无色透明或黄褐色，直筒状或漏斗状，易折断。在 Melzer's 试剂中显色不明显。扫描电镜下，孢子表面有不规则网状纹饰，常有片状和颗粒状附着物。

该种在我国北方荒漠地区广泛分布，见于河北沽源县大梁底村，内蒙古正蓝旗元上都遗址、正蓝旗城南样地沙棘根围土壤；河北沽源县二牛点，内蒙古、宁夏、甘肃民勤样地柠条锦鸡儿根围土壤；内蒙古额济纳旗黑城遗址、正蓝旗元上都遗址样地北沙柳根围土壤；内蒙古正蓝旗青格勒图样地羊柴、白沙蒿、沙鞭根围土壤；中国科学院鄂尔多斯沙地草地生态研究站，陕西榆林珍稀沙生植物保护基地，宁夏沙坡头样地羊柴、黑沙蒿、白沙蒿、沙鞭根围土壤；内蒙古各样地蒙古沙冬青和花棒根围土壤；磴口样地梭梭和白刺根围土壤；乌海样地四合木和蒙古扁桃根围土壤；阿拉善左旗样地柠条锦鸡儿和白沙蒿根围土壤；甘肃民勤、安西样地裸果木根围土壤；安西样地珍珠猪毛菜、合头草、膜果麻黄、泡泡刺、红砂根围土壤；新疆乌恰县样地矮沙冬青根围土壤。

23. 荫性球囊霉[*Glomus tenebrosum* (Thaxter) Berch]

孢子球形或近球形，直径 130～220μm，黄棕色或深棕色，孢子表面稍粗糙。孢壁 2 层：L1 无色，较薄，易缺失；L2 较厚，断层处常呈黄色或深棕色。连孢菌丝单根，在孢子基部加宽，随菌丝的延伸由深棕色、黄色渐至淡黄色。连点开放。

该种见于新疆乌恰县样地矮沙冬青根围土壤。

24. 地表球囊霉[*Glomus versiforme* (Karsten) Berch]

孢子球形或近球形，直径 70～110μm，淡黄色至黄棕色，表面光滑。孢壁 3 层，厚 6～8μm：L1 易逝，无色透明，成熟时易脱落；L2 单一壁，黄色至黄棕色；L3 膜状，无色透明。连孢菌丝无色透明，直或小喇叭状，有一由内壁形成的隔封闭连点；内含物为均匀无色油滴。在 Melzer's 试剂中无显色反应。扫描电镜下，孢子不饱满，有凹陷，表面布满颗粒状凸起。

该种在我国北方荒漠地区广泛分布，见于河北沽源县大梁底村，内蒙古正蓝旗元上都遗址、正蓝旗城南样地沙棘根围土壤；内蒙古额济纳旗黑城遗址、正蓝旗元上都遗址样地北沙柳根围土壤；内蒙古正蓝旗青格勒图样地羊柴、白沙蒿、沙鞭根围土壤；中国科学院鄂尔多斯沙地草地生态研究站，陕西榆林珍稀沙生植物保护基地，宁夏沙坡头样地羊柴、黑沙蒿、白沙蒿、沙鞭根围土壤；内蒙古、宁夏、甘肃各样地蒙古沙冬青和花棒根围土壤；内蒙古磴口样地梭梭和白刺根围土壤；乌海样地四合木和蒙古扁桃根围土壤；阿拉善左旗样地柠条锦鸡儿和白沙蒿根围土壤；甘肃民勤、安西样地裸果木根围土壤；安西样地珍珠猪毛菜、膜果麻黄、红砂根围土壤；新疆乌恰县样地矮沙冬青根围土壤。

25. 筒丝球囊霉（*Glomus tubiforme* Tandy）

孢子仅在孢子果内形成，孢子果无色至淡黄棕色，孢子果壁由宽 2μm 菌丝交织组成外壁。孢子在孢子果内无序排列。孢子不规则形，直径 10～28μm。孢壁单层，透明，光镜下见螺旋状纹饰，反光，厚 3～7μm，有时壁能伸达孢子中央厚达 15μm 处。

该种仅见于中国科学院鄂尔多斯沙地草地生态研究站、陕西榆林珍稀沙生植物保护基地、宁夏沙坡头样地羊柴根围土壤。

七、伞房球囊霉属（*Corymbiglomus* Błaszkowski & Chwat）

1. 扭形伞房球囊霉[*Corymbiglomus tortuosum* (Schenck & Smith) Błaszkowski & Chwat = *Glomus tortuosum* Schenck & Smith]

孢子球形或近球形，直径 120～210μm，淡黄色至黄色，在投射光下呈黄绿色。成熟孢子表面覆盖一层无色至淡黄色菌丝网，厚 6～19μm，由无色至黄白色菌丝紧密交织一起形成，菌丝宽 2.5～8.0μm。孢壁单层，淡黄色至黄色。连孢菌丝直或弯曲，圆柱状至漏斗状，淡黄色至黄色。在 Melzer's 试剂中不反应。

该种见于中国科学院鄂尔多斯沙地草地生态研究站，陕西榆林珍稀沙生植物保护基地，宁夏沙坡头样地羊柴、黑沙蒿、沙鞭根围土壤；甘肃安西样地合头草根围土壤。

八、和平囊霉属（*Pacispora* Oehl & Sieverding）

1. 道氏和平囊霉[*Pacispora dominikii* (Blaszkowski) Sieverding & Oehl = *Glomus dominikii* Blaszkowski]

孢子球形至近球形，白色，成熟时变成淡黄色，直径 100～130（150）μm。孢壁 3

层：L1 单一壁，表面有紧密排列的瘤状凸起；L2 膜状，无色透明，紧附于 L3；L3 膜状，无色透明。连孢菌丝无色透明，直或稍弯曲，常在连点处缢缩。在 Melzer's 试剂中 L1 呈黄色，L2 不变色，L3 呈红色至橘红色。

该种见于内蒙古、宁夏和甘肃各样地花棒根围土壤；新疆乌恰县样地矮沙冬青根围土壤。

九、类球囊霉属（*Paraglomus* Morton & Redecker）

1. 隐类球囊霉[*Paraglomus occultum* (Walker) Morton & Redecker = *Glomus occultum* Walker]

孢子单生于土壤或着生于菌丝顶端，球形或近球形，直径 60～90μm。孢壁 2 层：L1 无色透明，<1μm，易脱落，残留在表面呈颗粒状，在 Melzer's 试剂中不染色；L2 无色透明，厚 0.5～1.2μm，在连点处增厚，在 Melzer's 试剂中呈亮黄色。孢子表面常有碎屑。连孢菌丝圆柱形或小漏斗形，连点孔开放或在连孢菌丝中有一隔膜阻塞。本种具有无色透明、孢子小的特点。

该种见于内蒙古、宁夏、甘肃各样地花棒根围土壤；中国科学院鄂尔多斯沙地草地生态研究站，陕西榆林北部沙地，宁夏盐池沙地旱生灌木园和沙坡头样地黑沙蒿根围土壤。

十、多样孢囊霉属（*Diversispora* Walker & Schüssler）

1. 黏屑多样孢囊霉[*Diversispora spurcum* (Pfeiffer, Walker & Bloss) Walker & Schüssler = *Glomus spurcum* Pfeiffer, Walker & Bloss]

孢子单生或丛生于土壤，球形至近球形，直径 60～85μm，近透明至淡黄色。孢壁 3 层：L1 黏质，无色透明，外被碎屑，在 Melzer's 试剂中不反应；L2 层状，无色透明至淡黄色，<1μm，易脱落，残留在表面呈颗粒状，在 Melzer's 试剂中不反应；L3 膜状，无色透明，在 Melzer's 试剂中呈亮黄色。连孢菌丝圆柱形或直线形，连点孔开放或封闭。

该种见于甘肃民勤、安西样地裸果木根围土壤；新疆乌恰县样地矮沙冬青根围土壤。

十一、内养囊霉属（*Entrophospora* Ames & Schneider）

1. 稀有内养囊霉[*Entrophospora infrequens* (Hall) Ames & Schneider]

孢子单生于土壤，有短柄，球形或近球形，直径 95～160μm。孢壁 3 层：L1 无色至白色，与产孢子囊柄相连，易脱落；L2 层状，棕色，有钝刺状纹饰；L3 膜状。连孢菌丝易分离脱落。

该种仅见于内蒙古各样地蒙古沙冬青根围土壤。

十二、巨孢囊霉属（*Gigaspora* Gerdemann & Trappe）

1. 易误巨孢囊霉（*Gigaspora decipiens* Hall & Abbott）

孢子单生于土壤，球形或近球形，直径 250～460μm，幼时无色、白色或淡黄色，成熟时黄色、金黄色或浅棕色，外表有深色晕圈。孢壁 3 层：L1 无色，厚 2～4 μm，与 L2 层紧连，有时难以观察；L2 层状，黄色，厚 15μm 以上；L3 层有乳头状细小凸起。鳞茎状柄细胞的颜色比孢子颜色淡，宽小于 65μm。在 Melzer's 试剂中不反应。

该种在我国北方荒漠地区分布较为广泛，见于河北沽源县二牛点、内蒙古、宁夏、甘肃民勤样地柠条锦鸡儿根围土壤；内蒙古额济纳旗黑城遗址、正蓝旗元上都遗址、中国科学院鄂尔多斯沙地草地生态研究站样地北沙柳根围土壤；中国科学院鄂尔多斯沙地草地生态研究站、陕西榆林珍稀沙生植物保护基地、宁夏沙坡头样地羊柴、黑沙蒿、沙鞭根围土壤；内蒙古、陕西、宁夏各样地沙打旺根围土壤；陕西榆林北部毛乌素沙地柠条锦鸡儿、沙打旺和羊柴根围土壤；新疆乌恰县样地矮沙冬青根围土壤。

2. 珠状巨孢囊霉（*Gigaspora margarita* Becker & Hall）

拟接合孢子单生于土壤，球形，直径 230～450μm，孢子白色或乳白色，少数黄色或褐色，成熟孢子有时颜色深浅不一。孢壁 3 层：L1 单一壁，无色透明；L2 层状，无色至淡黄色；L3 萌芽壁，在芽管区聚集小疣突；内含物为大量油滴。在 Melzer's 试剂中 L1 呈褐黄色，L3 呈紫红色。产孢囊直径 30～50μm，壁 2 层，分别由 L1 和 L2 形成。连孢菌丝 1～3 根，未发现土生泡囊。

该种仅见于中国科学院鄂尔多斯沙地草地生态研究站、陕西榆林珍稀沙生植物保护基地及宁夏沙坡头样地羊柴、黑沙蒿根围土壤。

3. 微白巨孢囊霉（*Gigaspora albida* Schenck & Smith）

拟接合孢子单生于土壤，圆球形或近球形，直径 170～230μm，无色至淡黄色，表面光滑。孢壁 3 层：L1 单一壁，透明或淡黄色；L2 层状，淡黄色，在 Melzer's 试剂中呈红棕色；L3 膜状，紧贴 L2。产孢囊透明，直径 30～55μm，壁 2 层，在 Melzer's 试剂中呈淡黄色。

该种仅见于中国科学院鄂尔多斯沙地草地生态研究站、陕西榆林珍稀沙生植物保护基地、宁夏沙坡头样地沙鞭根围土壤。

十三、盾巨孢囊霉属（*Scutellospora* Walker & Sanders）

1. 美丽盾巨孢囊霉[*Scutellospora calospora* (Nicolson & Gerdemann) Walker & Sanders]

孢子单生于土壤或生于球茎状连孢菌丝上，球形至椭球形，直径 120～450μm，透明至淡黄绿色。孢壁 4 层：L1 易逝，厚 1.0～1.5μm，无色透明；L2 层状，厚 3.5～6.0μm，无色透明至淡黄色；L3 膜质，厚 0.5～1.0μm，无色透明，孢子破裂后常萎缩；L4 膜质，厚 1～2μm，无色透明。球茎状连孢菌丝黄色，与孢子连接处加厚。发芽盾室卵圆形，边有内褶。在 Melzer's 试剂中 L4 呈深红色。扫描电镜下，外壁具一层不均匀凸起，黏着颗粒状附着物；连孢菌丝球茎状。

该种在我国北方荒漠地区分布较为广泛，见于河北沽源县大梁底村、内蒙古正蓝旗元上都遗址、正蓝旗城南样地沙棘根围土壤；内蒙古额济纳旗黑城遗址、正蓝旗元上都遗址、中国科学院鄂尔多斯沙地草地生态研究站样地北沙柳根围土壤；中国科学院鄂尔多斯沙地草地生态研究站，陕西榆林珍稀沙生植物保护基地，宁夏沙坡头样地羊柴、黑沙蒿根围土壤；内蒙古、宁夏、甘肃各样地蒙古沙冬青和花棒根围土壤；内蒙古、陕西、宁夏各样地沙打旺根围土壤；中国科学院鄂尔多斯沙地草地生态研究站，陕西榆林北部沙地，宁夏盐池沙地旱生灌木园和沙坡头样地黑沙蒿根围土壤；甘肃民勤、安西样地裸果木根围土壤；安西样地珍珠猪毛菜、泡泡刺根围土壤；新疆乌恰县样地矮沙冬青根围土壤。

2. 透明盾巨孢囊霉[*Scutellospora pellucida* (Nicolson & Schenck) Walker & Sanders]

孢子单生于土壤或生于球茎状连孢菌丝上，球形、椭球形或不规则形，直径 100～150μm，无色透明，表面光滑。发芽盾室椭圆形或不规则形。孢壁 2 层，均无色：L1 均一壁；L2 层积。韧性芽壁 2 层，在 Melzer's 试剂中，L1 层变为紫红色。

该种在我国北方荒漠地区分布较为广泛，见于河北沽源县二牛点，内蒙古、宁夏、甘肃民勤样地柠条锦鸡儿根围土壤；内蒙古正蓝旗青格勒图羊柴、白沙蒿、沙鞭根围土壤；中国科学院鄂尔多斯沙地草地生态研究站，陕西榆林珍稀沙生植物保护基地，宁夏沙坡头样地羊柴、黑沙蒿、沙鞭根围土壤；中国科学院鄂尔多斯沙地草地生态研究站，陕西榆林北部沙地，宁夏盐池沙地旱生灌木园和沙坡头样地黑沙蒿根围土壤；内蒙古、陕西、宁夏各样地沙打旺根围土壤；内蒙古乌海、阿拉善左旗（蒙古沙冬青），陕西定边（甘草），宁夏盐池（甘草）、沙坡头（蒙古沙冬青、猫头刺、甘草）样地土壤；新疆乌恰县样地矮沙冬青根围土壤。

3. 红色盾巨孢囊霉[*Scutellospora erythropa* (Koske & Walker) Walker & Sanders]

孢子单生于土壤或根内，多呈椭球形，直径 160～210μm，近透明至黄绿色，端生于橙棕色球茎状连孢菌丝上。连孢菌丝多有 1 或 2 个短而钝圆的桩样凸起，凸起之上有时可见纤细的菌丝伸向孢子。孢壁 3 层：L1 单一壁，橙棕光亮；L2 和 L3 均为单一壁，透亮，厚度小于 0.5μm。发芽壁 2 层：外层层状，有韧性，淡黄色，厚约 2.0μm，在 Melzer's 试剂中呈红棕色；内层膜状，厚约 0.5μm，在 Melzer's 试剂中呈紫红色。发芽盾室位于孢子壁与发芽壁之间，淡黄色，多呈不规则形，发芽菌丝透亮淡黄。

该种见于内蒙古额济纳旗黑城遗址、正蓝旗元上都遗址样地北沙柳根围土壤；中国科学院鄂尔多斯沙地草地生态研究站、陕西榆林珍稀沙生植物保护基地沙鞭根围土壤；中国科学院鄂尔多斯沙地草地生态研究站，陕西榆林北部沙地，宁夏盐池沙地旱生灌木园和沙坡头样地黑沙蒿根围土壤；陕西榆林北部毛乌素沙地柠条锦鸡儿根围土壤；甘肃安西样地珍珠猪毛菜、泡泡刺、合头草根围土壤；新疆乌恰县样地矮沙冬青根围土壤。

4. 黑色盾巨孢囊霉[*Scutellospora nigra* (Redhead) Walker & Sanders]

孢子单生于土壤，球形，直径 150～350μm，黑棕色至黑色。孢壁 2 层：L1 黑色至黑棕色，有凹坑，凹坑重叠形成环状纹饰；L2 层状，浅棕色，透明。球茎状细胞侧生，与孢子连接像螺丝钉插入状。在 Melzer's 试剂中反应不明显。扫描电镜下，孢壁表面不光滑，有相互重叠的环状纹饰。

该种见于内蒙古正蓝旗青格勒图样地白沙蒿、沙鞭根围土壤；内蒙古、宁夏、甘肃各样地蒙古沙冬青根围土壤。

5. 网纹盾巨孢囊霉[*Scutellospora reticulate* (Koske, Miller & Walker) Walker & Sanders]

孢子单生于土壤，球形至近球形，直径 350～400μm，橘红色至黑红棕色。孢壁 3层：L1 橘红棕色至红棕色，有凸起的网格状纹饰，网格上有锥形刺；L2 无色透明至淡黄色；L3 无色透明。发芽壁 3 层，均无色透明。发芽盾室黄棕色，球茎状细胞侧生，红棕色。在 Melzer's 试剂中反应不明显。扫描电镜下，表面不光滑，被网格覆盖，网格呈凸起状。

该种见于内蒙古额济纳旗黑城遗址、正蓝旗元上都遗址样地北沙柳根围土壤；内蒙古磴口样地梭梭和白刺根围土壤；乌海样地四合木和蒙古扁桃根围土壤；阿拉善左旗样地柠条锦鸡儿和白沙蒿根围土壤；甘肃安西样地珍珠猪毛菜、红砂、膜果麻黄根围土壤；新疆乌恰县样地矮沙冬青根围土壤。

6. 异配盾巨孢囊霉[*Scutellospora heterogama* (Nicolson & Schenck) Walker & Sanders]

孢子端生、近端生或侧生球茎状细胞上，球形至近球形，直径 130～190μm，黄棕色至深棕色。孢壁 2 层：L1 淡黄色，有排列紧密的疣状乳突；L2 层状，排列整齐，黄色。在 Melzer's 试剂中呈深棕色。

该种仅见于宁夏、甘肃样地蒙古沙冬青根围土壤。

7. 桃形盾巨孢囊霉[*Scutellospora persica* (Koske & Walker) Walker & Sanders]

孢子单生于土壤或端生于球茎状细胞上，球形、近球形至椭球形，直径220～290μm，淡黄色至棕黄色。孢壁 2 层：L1 单一壁，无色透明，有致密疣突；L2 膜状，紧贴 L1，粉红色至黄棕色，易碎。发芽壁 1 层，膜状，透明；球茎状细胞端生于菌丝顶端，颜色比孢子深。扫描电镜下，孢子底钝圆而宽，顶狭而尖，桃形，有多个大凹坑，表面大部覆盖一层致密疣突，局部光滑。

该种仅见于宁夏沙坡头样地北沙柳根围土壤；甘肃安西样地合头草、珍珠猪毛菜根围土壤。

8. 亮色盾巨孢囊霉（*Scutellospora fulgida* Koske & Walker）

孢子单生于土壤，亮色，透明至浅稻草色，球形至近球形，大小 125～200μm×125～185μm。孢壁 2 层：L1 光滑，易碎，无色透明；L2 紧贴 L1，层状，易碎，无色透明。在 Melzer's 试剂中变成橘红色。

该种见于内蒙古锡林郭勒盟正蓝旗元上都遗址、正蓝旗城南和多伦县大河口乡样地白沙蒿根围土壤。

9. 群生盾巨孢囊霉[*Scutellospora gregaria* (Schenck & Nicolson) Walker & Sanders]

孢子单生于土壤，球形，直径 210～420μm，红棕色至黑棕色，端生至偏斜生于球茎状细胞上。孢壁 2 层：L1 淡黄色，易碎，上面有疣状凸起；L2 层状壁，黄色，易碎。发芽壁 1 层，膜状，透明；球茎状细胞端生于菌丝顶端，淡棕色。

该种见于甘肃安西样地膜果麻黄根围土壤。

十四、硬囊霉属（*Sclerocystis* Schüssler & Walker）

1. 台湾硬囊霉（*Sclerocystis taiwanensis* Wu & Chen）

孢子果红棕色、棕色和黑棕色，近圆形或椭圆形，孢子呈放射状单层排列于中心菌丝丛外，无包被。孢子棒形、圆柱形或不规则形，孢子基部有隔或无隔。孢壁 2 层：L1 透明，易分离；L2 为层状壁或单一壁，黄色、黄棕色或橄榄棕色。

该种见于陕西榆林北部沙地沙鞭、羊柴、黑沙蒿根围土壤。

第四节　荒漠植物丛枝菌根真菌生态适应性

一、荒漠植物丛枝菌根真菌孢子结构特征

AM 真菌对环境条件和寄主种类都有极强的生态适应性，并且 AM 真菌在应对非生物胁迫（干旱、寒冷、盐害等）和生物胁迫（虫害、病害等）方面发挥着重要作用。

荒漠地区干旱、营养缺乏、温度骤变等极端环境对 AM 真菌分布和活动有不利影响，但长期自然选择和进化的结果使得 AM 真菌在形态结构上形成了明显的旱生结构特征，即体积小、颜色深、孢壁厚、孢子表面多颗粒状凸起，整体形态不饱满，说明 AM 真菌形态结构与荒漠环境条件密切相关。孢子体积小、整体形态不饱满，除了因为荒漠环境营养不足，很可能与干旱缺水有关。颜色深，很可能是由于水分不足和温度的差异，导致物质沉积。孢壁较厚，有利于减少水分蒸发。孢子表面形成凸起，增大了自身表面积，能够吸收更多水分和养分，维持自身新陈代谢；也有利于自身与根瘤菌或放线菌协同共生，改善寄主植物对矿质营养和水分的吸收利用（Li et al.，2010；Chen et al.，2012；Wang et al.，2018）。

将目标孢子从体视显微镜下挑出，自然风干，挑到粘有双面胶的样品台上，做好标记，经离子溅射仪喷金镀膜后，在 KYKY-2800B 型扫描电镜下进行扫描拍摄。结果发现，荒漠环境分布的 AM 真菌种类，孢子表面形成了不同的纹饰，并附有各种附着物，以减少孢子内水分的蒸发。例如，球囊霉属真菌孢子表面除特有的凹坑、网纹等纹饰外，常见颗粒状、片状附着物；无梗囊霉属真菌孢子表面除特有的网纹、凹陷、刺状等纹饰外，附着物相对较少；盾巨孢囊霉属真菌孢子表面黏有少量颗粒状附着物。此外，球囊霉属真菌大部分孢子梗部及双网无梗囊霉孢子表面覆盖蜡质，可能与防止水分散失、温度骤变，以及其他不利因素对其侵害有关。孢子经过振荡、离心后，表面附着物依然粘连在孢子上，说明其与孢子已形成紧密结构；黏质球囊霉以碎屑和纤维状细丝形成一外套，

增大了孢子表面积，能够有效抵御外界环境胁迫。

　　AM 真菌群落结构出现分化，孢子的形态也会随之发生一定变化。孢子形态是其生态适应性的直接体现，而生态适应性在很大程度上取决于 AM 真菌生理生态功能的发挥。图 3-16 分别是鄂尔多斯样地和其他样地孢子在光学显微镜、扫描电镜下的颜色及形态变化。1 和 2、5 和 6 分别是鄂尔多斯与安西样地的沙荒隔球囊霉在光学显微镜、扫描电镜下的形态对比，安西样地沙荒隔球囊霉表现出孢子颜色加深、孢子变小、形态不饱满；3 和 4、7 和 8 分别是鄂尔多斯和安西样地的双网无梗囊霉在光学显微镜、扫描电镜下的形态对比，安西样地双网无梗囊霉孢子表面纹饰变得致密；9 和 10 分别是鄂尔多斯与民勤样地网状球囊霉电镜下的形态对比，民勤样地网状球囊霉孢子表面网纹变小而密集；11 和 12 分别是鄂尔多斯与民勤样地黑球囊霉电镜下的形态对比，民勤样地黑球囊霉孢子表面更加粗糙，并出现破损及小孔。

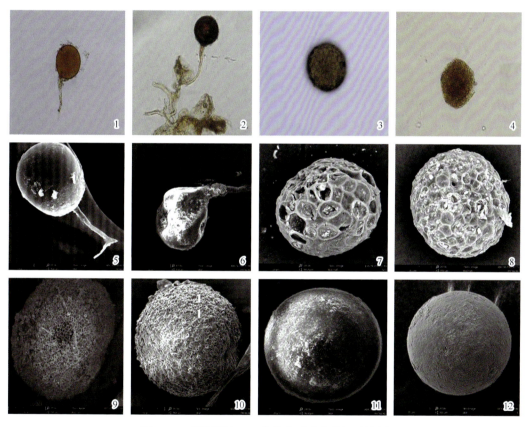

图 3-16　荒漠环境 AM 真菌孢子形态特征对比图

1，2：鄂尔多斯样地沙荒隔球囊霉（光学显微镜，×200）；3，4：鄂尔多斯样地双网无梗囊霉（光学显微镜，×200）；
5~12 为扫描电镜图；5，6：安西样地沙荒隔球囊霉；7，8：安西样地双网无梗囊霉；9：鄂尔多斯样地网状球囊霉；
10：民勤样地网状球囊霉；11：鄂尔多斯样地黑球囊霉；12：民勤样地黑球囊霉

二、荒漠植物丛枝菌根真菌定殖结构特征

　　在荒漠生态系统中，绝大多数植物都具有丛枝菌根，AM 真菌与植物之间虽然无严

格专一性,但不同植物对同种 AM 真菌的应答和同种植物对不同 AM 真菌的应答差异明显,表明植物对丛枝菌根的依赖性不同,它们之间存在一定的相互选择性。丛枝菌根除一部分真菌菌丝进入根皮层细胞内形成泡囊和丛枝外,大量菌丝伸展到植物根际土壤中,这些伸展到根际土壤中的菌丝不仅扩大了植物根的吸收面积,而且能将生态系统中一些毫无亲缘关系的植物联系在一起,并通过这些植物根系之间的菌丝网或菌丝桥连接进行物质和信息交流,即形成丛枝菌根网络(mycorrhizal network)结构。丛枝菌根网络具有重要的生态功能,如含碳有机物质转移、矿质养分和水分传递、减少养分淋失和加快养分循环、促进衰亡根系中养分的再利用、有益于幼苗成活和生长、调节植物间的竞争平衡等。

在荒漠生态系统中,AM 真菌侵染植物根系主要形成 A 型和 I 型丛枝菌根,而 P 型丛枝菌根很少。在菌根结构中,菌丝和泡囊发育十分发达,丛枝更新很快。A 型菌根真菌在根皮层细胞间充分发育并形成大量胞间菌丝,胞间菌丝产生的侧向分枝进入皮层细胞内,顶端不断分枝形成丛枝;而 P 型菌根真菌形成的胞内菌丝强烈卷曲,并在皮层细胞之间直接传播,丛枝结构形成于卷曲菌丝结构之间,一般缺乏或很少有胞间菌丝。因此,荒漠植物与 AM 真菌多形成 A 型和 I 型菌根,有利于水分和营养物质的吸收、运输与交换,表现出对极端干旱荒漠环境的生态适应性。

第四章　荒漠植物丛枝菌根真菌时空分布特征

AM 真菌是陆地生态系统中分布最广的一类共生真菌，能与绝大多数陆地植物形成菌根共生体。对不同空间和时间尺度下 AM 真菌生物多样性和生态分布的研究对于深刻理解丛枝菌根生态功能和发掘利用 AM 真菌资源具有重要意义。

第一节　沙冬青属植物丛枝菌根真菌时空分布特征

据《中国植物志》记载，沙冬青属仅有蒙古沙冬青（*Ammopiptanthus mongolicus*）和新疆沙冬青（*A. nanus*）两种，其中蒙古沙冬青主要分布于内蒙古西部库布齐沙漠、乌兰布和沙漠、狼山和宁夏北部贺兰山山前荒漠平原、内蒙古南部戈壁荒漠，向北延伸到蒙古国荒漠南端阿拉善戈壁，水平分布于 37°～42°N、97°～108°E，垂直分布于海拔 200～2200m；而新疆沙冬青仅分布于新疆喀什地区南部喀喇昆仑山与帕米尔高原交界的狭长地带，水平分布于 38°～41°N、74°～80°E，垂直分布于海拔 1800～2600m（中国植物志编辑委员会 2006）。就其整个分布区而言，沙冬青天然分布具有极强的地域性，呈现出不同程度的间断分布，占据着分化十分明显的生态地理区域，表现出较为复杂的物种、生态和遗传多样性，成为沙漠环境下极端干旱地带的建群种或优势种。目前，对于与植物共生的微生物在植物适应荒漠环境中的作用尚缺乏足够认识，尤其是对能够与沙冬青形成共生关系的 AM 真菌作用和生态意义的研究几乎还是空白。

一、样地概况和样品采集

（一）蒙古沙冬青和新疆沙冬青样地概况

采样地包括内蒙古的磴口（40°29′N，106°30′E，海拔 1030m，年均降水量 149.2mm），乌拉特后旗（41°45′N，107°157′E，海拔 1295m，年均降水量 138.5mm），阿拉善左旗（41°45′N，107°57′E，海拔 1295m，年均降水量 112mm），乌海（39°45′N，106°57′E，海拔 1163m，年均降水量 159.8mm）；宁夏的银川（38°27′N，106°34′E，海拔 1169m，年均降水量 203mm），沙坡头（37°27′N，104°57′E，海拔 1280m，年均降水量 186.2mm）；甘肃的民勤（38°35′N，102°58′E，海拔 1355m，年均降水量 110mm）。共 7 个样地，每个样地内选取 3 个小样地。

新疆沙冬青采样地包括新疆乌恰县康苏（39°41′N，75°48′E，海拔 2188m），膘尔托阔依（39°30′N，74°52′E，海拔 2546m，分别设阳坡和阴坡两个样地），上阿图什（39°39′N，75°46′E，海拔 1775m），年均降水量 110～230mm。

（二）样品采集

2012～2015 年连续每年 6 月下旬至 7 月上旬分别在上述样地各采样一次。在选好的样地上随机选取蒙古沙冬青和新疆沙冬青各 5 株，从蒙古沙冬青和新疆沙冬青植株根围分 0～10cm、10～20cm、20～30cm、30～40cm、40～50cm 共 5 个土层采集根样和土样各 1kg，并在灌丛间空地分别按 5 个土层随机采样，记录采样时间、地点和环境等并编号。将根样和土样装入隔热性能良好的塑料袋密封编号，之后放进样品采集箱中并带回实验室，过 2mm 筛后收集土样和根样，以备土壤成分和菌根测定分析。

二、丛枝菌根真菌定殖和物种多样性分析方法

（一）AM 真菌孢子分离鉴定

取 20g 风干土，用湿筛倾析-蔗糖离心法分离孢子，记录孢子数和孢子分类特征。用微吸管挑取孢子置于载玻片上，加浮载剂如水、乳酸、乳酸甘油等，观察压片，辅助使用 Melzer's 试剂来观察孢子壁及内含物特异性反应。根据 Schenck 和 Yvonne（1990）及国际丛枝菌根真菌保藏中心（INVAM，http://invam.ku.edu/）最新分类描述及图片，并参阅有关鉴定材料和近年来发表的新种描述等进行种属鉴定。

（二）AM 真菌多样性

孢子密度（spore density）：20g 风干土中孢子数量。种丰度（species richness）：20g 土样含有 AM 真菌的种数。相对多度（relative abundance，RA）：某样地 AM 真菌某属或种的孢子数/该样地 AM 真菌总孢子数×100%。分离频度（frequency，F）：（AM真菌某属或种的土样数/总土样数）×100%。重要值（important value，I）：分离频度和相对多度的平均值，即 I=（F+RA）/2。多样性采用香农-维纳（Shannon-Wiener）多样性指数（H，后简称香农-维纳指数）和辛普森（Simpson）多样性指数（D，后简称辛普森指数）来表示。

$$H = -\sum_{i=1}^{S}(P_i \cdot \ln P_i) \tag{4-1}$$

$$D = 1 - \sum_{i=1}^{S} P_i^2 \tag{4-2}$$

式中，P_i 为某样地土壤种 i 的孢子数（N_i）与该地区土壤 AM 真菌孢子总数（N）之比，即 $P_i=N_i/N$；S 为某样地 AM 真菌种数。

$$J=H/\ln(SN) \tag{4-3}$$

式中，J 为均匀度指数；H 为香农-维纳指数；SN 为采样点 AM 真菌数目。

（三）AM 真菌定殖率

AM 真菌定殖率按 Phillips 和 Hayman（1970）的方法测定。随机选取 30 条长约 1cm 的根段，用蒸馏水洗净，放于试管中，加入 10% KOH 处理，90℃水浴加热 1h 至透明，

酸性品红染色，于90℃水浴中加热30min，再用乳酸脱色液脱色、制片、显微镜下观察，按下列公式分别计算丛枝菌根不同结构（丛枝、泡囊、菌丝）定殖率及定殖强度。

$$菌根定殖率（\%）=（AM 真菌定殖根段数/检查的总根段数）×100\% \qquad (4-4)$$

$$菌根定殖强度（\%）=（定殖根段长度/根段总长度）×100\% \qquad (4-5)$$

（四）土壤因子测定方法

参照鲁如坤的《土壤农业化学分析方法》测定土壤理化性质。土壤温度和湿度采用温湿度仪实地测定；有机质用重铬酸钾氧化法测定；碱解氮用碱解扩散法测定；有效磷用碳酸氢钠-钼锑抗比色法测定；铵态氮和硝态氮用 Smartchem 200 全自动连续分析仪测定；脲酶用苯酚钠-次氯酸钠比色法测定，活性以 1g 风干土样 1h 催化尿素分解生成 NH_4^+-N 的质量（µg）表示；蛋白酶活性用茚三酮比色法测定，活性以 1g 风干土样 1h 释放的酪氨酸微克数表示；酸性磷酸酶和碱性磷酸酶根据 Tarafdar 和 Marschner（1994）的方法测定，活性以 1g 风干土样 1h 催化对硝基苯磷酸钠六水合物（PNPP）分解生成对硝基苯酚的质量（µg）表示。

三、蒙古沙冬青丛枝菌根时空异质性特征

（一）AM 真菌定殖率和孢子密度

2012 年 7 月和 2013 年 7 月在宁夏银川、沙坡头和甘肃民勤 3 个样地分别从 0~10cm、10~20cm、20~30cm、30~40cm、40~50cm 共 5 个土层对植株根围土样进行采集，发现 AM 真菌随样地和采样时间会发生显著变化，同一时间不同样地或不同时间同一样地土壤营养状况不同，AM 真菌孢子密度和不同结构定殖率也有明显差异，而 AM 真菌主要分布在 0~30cm 浅土层（表 4-1，表 4-2）（张淑容等，2013；张淑容，2014）。

表 4-1 2012 年蒙古沙冬青根围 AM 真菌定殖率和孢子密度空间分布

样地	土层/cm	菌丝定殖率/%	泡囊定殖率/%	丛枝定殖率/%	总定殖率/%	定殖强度/%	孢子密度/（个/20g 土）
银川（YC）	0~10	58.4Cc	25.0Dc	5.5Bb	61.7Bb	66.0Aa	7.26Ab
	10~20	72.0Ba	28.4CDc	21.7Aa	80.0Aa	36.5ABa	7.09Ab
	20~30	70.0Ba	75.0Aa	8.8Bb	81.7Aa	37ABa	5.99Bb
	30~40	90.0Aa	41.7Bb	5.5Cb	76.7Ab	23.5Bc	5.27Bb
	40~50	66.7Ba	31.7Cc	18.4Aa	68.4Bc	27.0Ba	5.27Bb
	平均值	71.42a	40.36a	11.98a	73.7c	38.0a	6.18b
沙坡头（SPT）	0~10	90.0Aa	68.4Ca	18.4Aa	91.7Aa	39.5Aa	7.49Ab
	10~20	85.0ABa	81.7Aa	6.7Ba	95.0Aa	43.0Aa	6.98Ab
	20~30	65.0Ca	75.0Aa	5.5Bb	75.0Ba	52.5Aa	6.51Bb
	30~40	81.7Ba	85.0Aa	7.6Bb	91.7Aa	69.0Aa	5.60Cb
	40~50	55.0Da	71.7BCa	18.4Aa	98.4Aa	36.0Aa	5.33Cb
	平均值	75.34a	76.36a	11.32a	90.36a	48.0a	6.38b

续表

样地	土层/cm	菌丝 定殖率/%	泡囊 定殖率/%	丛枝 定殖率/%	总定殖率/%	定殖 强度/%	孢子密度/ （个/20g 土）
民勤（MQ）	0～10	78.4Ab	48.5Bb	5.0Bb	91.7Aa	62.0Aa	69.55Aa
	10～20	80.0Aa	61.7Ab	6.7Ba	83.4Aa	52.5Aa	68.76Aa
	20～30	75.0Aa	60.0Ab	21.7Aa	80.0Aa	70.0Aa	56.49Ba
	30～40	71.7Aa	31.7Cc	28.4Aa	75.0Ab	52.5Aab	27.60Cc
	40～50	45.0Bc	45.0Bb	8.8Bb	81.7Ab	65.5Aa	26.69Ca
	平均值	70.02a	49.38a	14.12a	82.36b	60.5a	49.82a

注：同列数据后不含有相同大写字母的表示同一样地不同土层之间差异显著（P<0.05）；不含有相同小写字母的表示同一土层不同样地之间差异显著（P<0.05）。下同

表 4-2　银川样地蒙古沙冬青根围 AM 真菌定殖率和孢子密度时空分布

年份	土层/cm	菌丝 定殖率/%	泡囊 定殖率/%	丛枝 定殖率/%	总定殖率/%	定殖 强度/%	孢子密度/ （个/20g 土）
2012	0～10	58.4Cc	25.0Dc	5.5Bb	61.7Bb	66.0Aa	7.26Ab
	10～20	72.0Ba	28.4CDc	21.7Aa	80.0Aa	36.5ABa	7.09Ab
	20～30	70.0Ba	75.0Aa	8.8Bb	81.7Aa	37.0ABa	5.99Bb
	30～40	90.0Aa	41.7Bb	5.5Cb	76.7Ab	23.5Bc	5.27Bb
	40～50	66.7Ba	31.7Cc	18.4Aa	68.4Bc	27.0Ba	5.27Bb
	平均值	71.42b	40.36b	11.98a	73.7b	38.0b	6.18a
2013	0～10	76.7Bb	81.7Aa	11.7Aa	81.7BCa	70.0Aa	8.93Ab
	10～20	98.4Aa	86.7Aa	15.0Ab	100.0Aa	66.0Aa	9.05Ab
	20～30	88.4Ba	90.0Aa	20.0Ab	88.4Ba	50.0ABc	7.23ABb
	30～40	90ABa	63.4ABb	13.4Ac	83.4BCab	37.0Bc	6.25BCb
	40～50	73.5Bba	46.7Bb	10.5Aa	76.7Ca	27.0Bc	4.73Cb
	平均值	85.4a	73.7a	14.12a	86.04a	50.0a	7.24a

（二）AM 真菌物种多样性和生态分布

从 3 个样地蒙古沙冬青根围土壤共分离鉴定 AM 真菌 7 属 36 种，其中球囊霉属 8 种、无梗囊霉属 13 种、管柄囊霉属 4 种、盾巨孢囊霉属 3 种、近明球囊霉属 3 种、根孢囊霉属 4 种、隔球囊霉属 1 种。不同样地和土壤深度 AM 真菌种类组成、孢子密度、种丰度年际均有明显差异（表 4-3，图 4-1）（刘春卯等，2013；刘春卯，2014）。

表 4-3　蒙古沙冬青根围 AM 真菌物种时空分布

AM 真菌种类	2012 年			2013 年		
	银川	沙坡头	民勤	银川	沙坡头	民勤
双网无梗囊霉 A. bireticulata	+	+	+	+	+	+
凹坑无梗囊霉 A. excavata	+	+	+	+	+	+
光壁无梗囊霉 A. laevis	－	－	+	－	+	+
孔窝无梗囊霉 A. foveata	+	－	+	+	+	+
丽孢无梗囊霉 A. elegans	+	－	－	+	+	－

续表

AM 真菌种类	2012 年			2013 年		
	银川	沙坡头	民勤	银川	沙坡头	民勤
毛氏无梗囊霉 A. morrowiae	－	－	＋	－	－	＋
蜜色无梗囊霉 A. mellea	－	＋	＋	＋	＋	＋
膨胀无梗囊霉 A. dilatata	＋	－	＋	＋	＋	＋
细凹无梗囊霉 A. scrobiculata	＋	＋	－	＋	＋	＋
瑞氏无梗囊霉 A. rehmii	－	＋	＋	－	＋	＋
詹氏无梗囊霉 A. gerdemannii	－	＋	＋	－	＋	＋
皱壁无梗囊霉 A. rugosa	－	＋	－	－	＋	－
浅窝无梗囊霉 A. lacunosa	－	＋	＋	＋	＋	＋
网状球囊霉 G. reticulatum	＋	＋	＋	＋	＋	＋
地表球囊霉 G. versiforme	＋	－	－	＋	－	＋
黑球囊霉 G. melanosporum	＋	＋	＋	＋	＋	＋
具疱球囊霉 G. pustulatum	－	－	－	－	－	＋
聚集球囊霉 G. glomerulatum	＋	－	＋	＋	－	＋
微丛球囊霉 G. microaggregatum	＋	＋	－	＋	＋	＋
帚状球囊霉 G. coremioides	－	＋	－	－	＋	－
海得拉巴球囊霉 G. hyderabadensis	－	＋	－	－	＋	－
幼套近明球囊霉 Cl. etunicatum	－	＋	＋	－	＋	＋
层状近明球囊霉 Cl. lamellosum	－	－	＋	－	－	＋
近明球囊霉 Cl. claroideum	－	＋	＋	－	＋	＋
聚生根孢囊霉 Rh. fasciculatus	＋	＋	－	＋	＋	＋
聚丛根孢囊霉 Rh. aggregatum	＋	＋	－	＋	＋	－
英弗梅根孢囊霉 Rh. invermaius	－	－	＋	－	－	＋
明根孢囊霉 Rh. clarus	－	－	＋	－	－	＋
地管柄囊霉 F. geosporum	＋	＋	＋	＋	＋	＋
疣突管柄囊霉 F. verruculosum	－	－	＋	－	－	＋
缩管柄囊霉 F. constritumtrappe	＋	＋	＋	＋	＋	＋
摩西管柄囊霉 F. mosseae	＋	＋	＋	＋	＋	＋
黑色盾巨孢囊霉 Scu. nigra	＋	＋	＋	＋	＋	＋
异配盾巨孢囊霉 Scu. heterogama	－	＋	＋	－	＋	＋
美丽盾巨孢囊霉 Scu. calospora	－	＋	＋	－	＋	＋
沙荒隔球囊霉 Sep. deserticola	＋	＋	－	＋	＋	＋

注："－"表示未检测到或没有分布，下同

　　由表 4-4 可知，不同样地孢子密度在 2013 年均有所升高，宁夏银川和甘肃民勤孢子密度变化明显。银川样地种丰度显著低于沙坡头和民勤样地，而不同样地间多样性指数无显著差异。

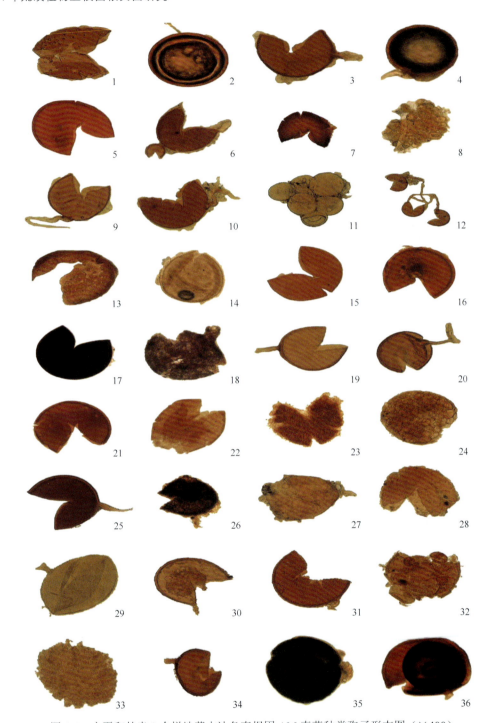

图4-1　宁夏和甘肃3个样地蒙古沙冬青根围AM真菌种类孢子形态图（×400）

1. 凹坑无梗囊霉；2. 层状近明球囊霉；3. 地表球囊霉；4. 地管柄囊霉；5. 光壁无梗囊霉；6. 海得拉巴球囊霉；7. 皱壁无梗囊霉；8. 聚生根孢囊霉；9. 近明球囊霉；10. 具疣球囊霉；11. 聚丛根孢囊霉；12. 聚集球囊霉；13. 孔窝无梗囊霉；14. 丽孢无梗囊霉；15. 毛氏无梗囊霉；16. 蜜色无梗囊霉；17. 黑球囊霉；18. 帚状球囊霉；19. 明根孢囊霉；20. 摩西管柄囊霉；21. 膨胀无梗囊霉；22. 浅窝无梗囊霉；23. 瑞氏无梗囊霉；24. 双网无梗囊霉；25. 缩管柄囊霉；26. 网状球囊霉；27. 微丛球囊霉；28. 细凹无梗囊霉；29. 异配盾巨孢囊霉；30. 英弗梅根孢囊霉；31. 疣突管柄囊霉；32. 幼套近明球囊霉；33. 詹氏无梗囊霉；34. 沙荒隔球囊霉；35. 黑色盾巨孢囊霉；36. 美丽盾巨孢囊霉

表 4-4　不同样地 AM 真菌孢子密度、种丰度、香农-维纳指数和辛普森指数年际变化

样地	年份	孢子密度	种丰度	香农-维纳指数	辛普森指数
银川	2012	6.18	5.53	2.44	0.88
	2013	7.24	5.14	2.44	0.88
	平均值	6.71b	5.34b	2.44a	0.88a
沙坡头	2012	6.38	6.60	2.51	0.87
	2013	6.40	6.54	2.45	0.87
	平均值	6.39b	6.57a	2.48a	0.87a
民勤	2012	49.82	6.87	2.55	0.94
	2013	54.44	7.00	2.54	0.94
	平均值	52.13a	6.94a	2.55a	0.94a

注：同列数据后不同小写字母表示不同样地两年平均值在 0.05 水平差异显著

　　2013 年从内蒙古不同样地蒙古沙冬青根围土样中共分离鉴定 AM 真菌 8 属 25 种，包括球囊霉属 8 种，无梗囊霉属 8 种，管柄囊霉属 3 种，根孢囊霉属 2 种，近明球囊霉属、隔球囊霉属、盾巨孢囊霉属和内养囊霉属各 1 种，其中黑球囊霉、网状球囊霉、黏质隔球囊霉、凹坑无梗囊霉、细凹无梗囊霉、光壁无梗囊霉和黑色盾巨孢囊霉 7 种为 4 个样地共有种，不同样地 AM 真菌物种组成、分离频度和相对多度多有差异。不同样地 AM 真菌物种多样性也存在差异，其中阿拉善左旗和乌拉特后旗孢子密度、种丰度、香农-维纳指数和辛普森指数明显高于其余样地，均匀度指数乌拉特后旗、阿拉善左旗和磴口 3 个样地间无显著差异，但都显著高于乌海样地（表 4-5，图 4-2，图 4-3）（王晓乾等，2014；王晓乾，2015）。

表 4-5　2013 年内蒙古不同样地 AM 真菌孢子密度、种丰度和物种多样性指标

样地	孢子密度	种丰度	香农-维纳指数	辛普森指数	均匀度指数
乌拉特后旗	14.08a	3.17b	2.48a	0.90a	0.84a
阿拉善左旗	11.74b	3.33a	2.47a	0.91a	0.83a
乌海	8.23c	2.33d	1.93c	0.77c	0.73b
磴口	6.53d	2.83c	2.28b	0.83b	0.81a

注：同列数据后不同小写字母表示不同样地 2013 年数值在 0.05 水平差异显著

（三）不同样地共有 AM 真菌种类变化情况

　　通过比较 3 个样地 5 个共有 AM 真菌形态特征发现，虽然每个种的主要形态特征无明显变化，但每个种的孢子直径在不同样地差异明显，如民勤样地黑球囊霉、双网无梗囊霉、网状球囊霉和詹氏球囊霉孢子平均直径显著大于沙坡头和银川样地，黑色盾巨孢囊霉孢子平均直径在 3 个样地无显著差异。民勤样地黑球囊霉平均直径为 147.5μm，显著高于其余样地；双网无梗囊霉平均直径为 166.67μm，显著高于其他样地；网状球囊霉平均直径为 162.5μm，显著高于其余样地；詹氏球囊霉平均直径为 113.57μm，显著高于其余样地。

图 4-2　2013 年内蒙古样地蒙古沙冬青根围 AM 真菌部分种类孢子形态图（×400）

1. 地表球囊霉；2. 帚状球囊霉；3. 明根孢囊霉；4. 沙荒隔球囊霉；5. 黏质隔球囊霉；6. 聚丛根孢囊霉；7. 地管柄囊霉；8. 近明球囊霉；9. 长孢球囊霉；10. 聚生根孢囊霉；11. 黑球囊霉；12. 网状球囊霉；13. 丽孢无梗囊霉；14. 光壁无梗囊霉；15. 凹坑无梗囊霉；16. 双网无梗囊霉；17. 瑞氏无梗囊霉；18. 疣状无梗囊霉；19. 波状无梗囊霉；20. 细凹无梗囊霉；21. 地管柄囊霉；22. 摩西管柄囊霉；23. 缩管柄囊霉；24. 黑色盾巨孢囊霉；25. 稀有内养囊霉

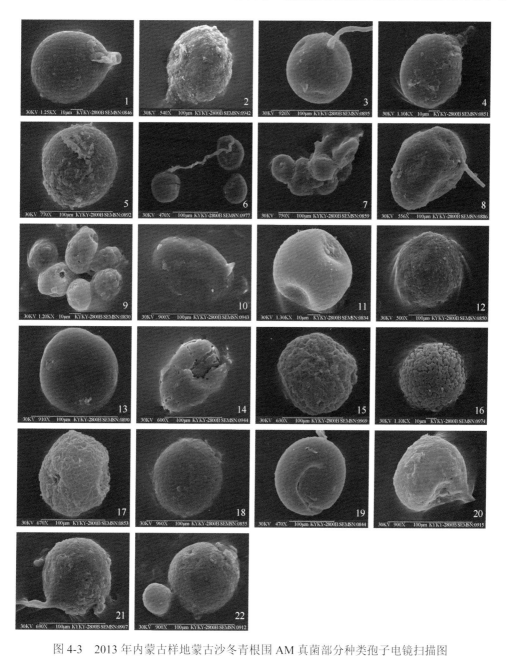

图 4-3　2013 年内蒙古样地蒙古沙冬青根围 AM 真菌部分种类孢子电镜扫描图

1. 地表球囊霉；2. 帚状球囊霉；3. 明根孢囊霉；4. 沙荒隔球囊霉；5. 黏质隔球囊霉；6. 聚丛根孢囊霉；7. 地管柄囊霉；8. 近明球囊霉；9. 聚生根孢囊霉；10. 长孢球囊霉；11. 黑球囊霉；12. 网状球囊霉；13. 光壁无梗囊霉；14. 凹坑无梗囊霉；15. 双网无梗囊霉；16. 瑞氏无梗囊霉；17. 黑色盾巨孢囊霉；18. 细凹无梗囊霉；19. 地管柄囊霉；20. 摩西管柄囊霉；21. 缩管柄囊霉；22. 海得拉巴球囊霉

四、新疆沙冬青丛枝菌根真菌时空异质性特征

（一）AM 真菌定殖率

由表 4-6 可知，同一样地不同土层 AM 真菌不同结构的定殖率和定殖强度变化不一，

但总体表现为总定殖率在 0～30cm 土层显著高于深土层。不同样地同一土层，总定殖率康苏和上阿图什显著高于膘尔托阔依，而膘尔托阔依（阳）显著高于膘尔托阔依（阴）（姜桥，2014；姜桥等，2014）。

表 4-6 新疆沙冬青根围 AM 真菌定殖率空间分布

样地	土层/cm	菌丝定殖率/%	泡囊定殖率/%	丛枝定殖率/%	总定殖率/%	定殖强度/%
康苏	0～10	87.78Ba	70.00Aa	2.22Dd	91.11Ca	75.13Ab
	10～20	83.33Ca	68.89Aa	2.22Db	93.34Ba	69.07Bc
	20～30	95.55Aa	43.34Cc	10.00Ca	95.55Aa	77.96Ab
	30～40	87.78Ba	45.56Cb	14.45Ba	90.00Ca	76.73Ab
	40～50	94.44Aa	54.45Ba	20.00Aa	94.44ABa	76.86Aab
	平均值	89.78a	56.45a	9.78a	92.89a	75.15b
膘尔托阔依（阳）	0～10	70.00Cb	41.11Cc	13.33Aa	77.78BCb	73.92Bb
	10～20	76.67Bb	45.55Bb	6.67Ca	80.00BCb	84.05Aa
	20～30	81.11Ab	44.44Bc	8.89Ba	85.56Ab	70.93Bc
	30～40	65.56Dc	37.78Dc	5.55Cb	75.56Cb	65.61Cc
	40～50	70.00Cc	50.00Ab	10.00Bb	82.22ABb	72.89Bb
	平均值	72.67b	43.78b	8.89a	80.22b	73.48c
膘尔托阔依（阴）	0～10	71.11Ab	41.11Bc	11.11Ab	77.78Ab	74.30Cb
	10～20	63.33CDc	47.22Ab	7.78Ba	71.11BCc	77.45BCb
	20～30	60.56Dc	48.33Ab	2.22Db	73.33Bc	67.02Dc
	30～40	67.78ABc	46.67Ab	1.11Dd	70.56BCc	84.61Aa
	40～50	65.56BCd	32.22Cc	5.56Cd	67.22Cc	81.08ABa
	平均值	65.67c	43.11b	5.56b	72.00c	76.89b
上阿图什	0～10	86.11Ba	55.55Cb	4.44BCc	88.33Ba	81.36Ba
	10～20	83.33Ba	68.89Aa	5.55ABa	83.33Cb	86.34Aa
	20～30	93.33Aa	57.78Ba	3.33CDb	93.33Aa	87.05Aa
	30～40	83.33Bb	52.22Ca	2.22Dc	88.89Ba	74.08Cb
	40～50	82.22Bb	47.78Db	6.67Ac	84.44BCb	76.33Cab
	平均值	85.66a	56.44a	4.44b	87.66a	81.03a

（二）AM 真菌物种多样性

2012 年 6 月从不同样地新疆沙冬青根围土壤分离鉴定 AM 真菌 10 属 44 种，其中球囊霉属 17 种、无梗囊霉属 10 种、盾巨孢囊霉属 4 种、巨孢囊霉属 1 种、管柄囊霉属 2 种、根孢囊霉属 3 种、隔球囊霉属 3 种、近明球囊霉属 2 种、多样孢囊霉属 1 种、和平囊霉属 1 种。球囊霉属分离频度、相对多度和重要值在 4 个样地较高，是其共同优势属。网状球囊霉是 4 个样地共有优势种；黑球囊霉是膘尔托阔依（阳）样地优势种；红色盾巨孢囊霉是膘尔托阔依（阴）优势种；易误巨孢囊霉是上阿图什优势种；凹坑无梗囊霉、近明球囊霉、黏屑多样孢囊霉、明根孢囊霉是 4 个样地共有种。刺无梗囊霉、白球囊霉、斑点球囊霉仅分布于膘尔托阔依样地，刺无梗囊霉和白球囊霉是膘尔托阔依（阴）偶见种（图 4-4）（张玉洁，2014）。

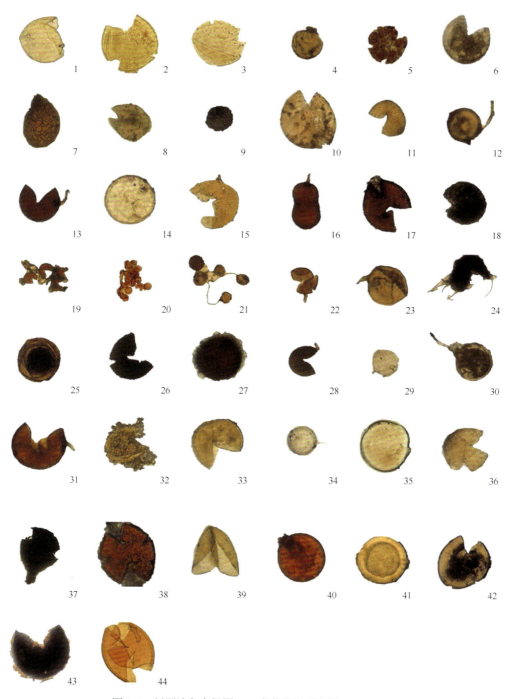

图 4-4　新疆沙冬青根围 AM 真菌孢子形态图（×400）

1. 波兰无梗囊霉；2. 光壁无梗囊霉；3. 细凹无梗囊霉；4. 皱壁无梗囊霉；5. 双网无梗囊霉；6. 幼套近明球囊霉；7. 詹氏无梗囊霉；8. 凹坑无梗囊霉；9. 刺无梗囊霉；10. 孔窝无梗囊霉；11. 浅窝无梗囊霉；12. 沙荒隔球囊霉；13. 地管柄囊霉；14. 近明球囊霉；15. 摩西管柄囊霉；16. 长孢球囊霉；17. 具疱球囊霉；18. 网状球囊霉；19. 聚集球囊霉；20. 聚生根孢囊霉；21. 聚丛根囊霉；22. 宽柄球囊霉；23. 明根孢囊霉；24. 多梗球囊霉；25. 晕环球囊霉；26. 黑球囊霉；27. 卷曲球囊霉；28. 缩隔球囊霉；29. 道氏和平囊霉；30. 海得拉巴球囊霉；31. 膨果球囊霉；32. 黏质隔囊霉；33. 地表球囊霉；34. 透光根孢囊霉；35. 白球囊霉；36. 黏屑多样孢囊霉；37. 帚状球囊霉；38. 荫性球囊霉；39. 斑点球囊霉；40. 红色盾巨孢囊霉；41. 美丽盾巨孢囊霉；42. 透明盾巨孢囊霉；43. 网纹盾巨孢囊霉；44. 易误巨孢囊霉

不同样地 AM 真菌物种组成相似性为 0.464～0.754。膘尔托阔依（阴）与上阿图什的相似性较高，康苏与膘尔托阔依（阳）的相似性较小。同一样地膘尔托阔依阴阳两面的相似性仅为 0.702。由表 4-7 可知，康苏与膘尔托阔依和上阿图什样地的种丰度差异显著，膘尔托阔依阴面和阳面种丰度无显著差异。香农-维纳指数从高到低依次为上阿图什、膘尔托阔依（阴）、康苏、膘尔托阔依（阳），且前两者显著高于后两者；康苏、膘尔托阔依（阳）和上阿图什样地辛普森指数无显著差异，而膘尔托阔依（阴）显著低于其余样地。各样地均匀度指数为 0.91～0.95，由高到低依次为上阿图什、康苏、膘尔托阔依（阴）、膘尔托阔依（阳），除康苏与膘尔托阔依（阴）无显著差异外，其余各样地差异显著。

表 4-7　不同样地新疆沙冬青根围 AM 真菌孢子密度和物种多样性

样地	孢子密度	种丰度	辛普森指数	香农-维纳指数	均匀度指数
康苏	78.67c	16.33c	0.942a	3.068b	0.942b
膘尔托阔依（阳）	146.67c	18.00b	0.940a	3.00b	0.910c
膘尔托阔依（阴）	52.00a	19.33b	0.929b	3.191a	0.938b
上阿图什	354.67b	22.67a	0.940a	3.261a	0.950a

五、土壤因子的生态功能

蒙古沙冬青和新疆沙冬青喜沙砾质土壤，或具薄层覆沙的砾石质土壤，多生于山前冲积、洪积平原，山涧盆地，石质残丘间干谷，呈条带状或团块状分布。土壤碱性，贫瘠，理化性质较差；随着样地、时间和土壤深度变化，土壤 pH、有机质、碱解氮、有效磷、有效钾、土壤温度、土壤湿度、土壤磷酸酶和脲酶活性等各项参数随之发生变化，并对 AM 真菌活动和生态分布产生深刻影响。

2012 年 6 月宁夏银川、沙坡头和甘肃民勤 3 个样地蒙古沙冬青根围 5 个土层 AM 真菌定殖和土壤因子的生态作用分析结果表明（表 4-8），AM 总定殖率与土壤有效磷显著正相关；泡囊定殖率与有机质显著正相关，与有效磷极显著正相关；定殖强度与碱解氮和有效钾极显著正相关；菌丝和丛枝定殖率与土壤因子无显著相关性。

表 4-8　甘肃和宁夏样地 AM 真菌定殖与土壤因子的相关性

指标	有机质	碱解氮	有效磷	有效钾	脲酶
菌丝定殖率	0.359	−0.066	0.341	−0.208	−0.052
泡囊定殖率	0.598*	−0.200	0.658**	−0.137	−0.431
丛枝定殖率	−0.339	0.035	−0.134	0.132	−0.148
定殖强度	−0.067	0.737**	0.092	0.683**	0.308
总定殖率	0.504	−0.055	0.619*	0.116	−0.255

注：*表示两者之间在 0.05 水平显著相关；**表示两者之间在 0.01 水平极显著相关。下同

由表 4-9 可知，孢子密度与土壤有机质、碱解氮、有效钾显著正相关；种丰度与碱解氮、有效磷显著正相关，与有机质和有效钾极显著正相关；香农-维纳指数与有效钾

极显著正相关；辛普森指数与碱解氮显著正相关，与有效钾极显著正相关。

表 4-9 甘肃和宁夏样地 AM 真菌物种多样性与土壤因子的相关性

指标	脲酶	有机质	碱解氮	有效磷	有效钾
孢子密度	0.166	0.562*	0.638*	−0.208	0.610*
种丰度	0.446	0.775**	0.603*	0.590*	0.648**
香农-维纳指数	−0.194	0.248	0.420	0.259	0.725**
辛普森指数	0.050	0.279	0.546*	−0.436	0.663**

2013 年和 2014 年 7 月从内蒙古乌拉特后旗、磴口、乌海、阿拉善左旗 4 个样地蒙古沙冬青根围采集 5 个土层（0～10cm、10～20cm、20～30cm、30～40cm、40～50cm）的土样和根样，研究了蒙古沙冬青 AM 真菌物种多样性和土壤因子的生态作用。结果表明（表 4-10），孢子密度与土壤有机质显著正相关，与碱性磷酸酶显著负相关，与碱解氮极显著负相关；种丰度与酸性磷酸酶显著负相关；香农-维纳指数与有机质、碱解氮显著负相关；辛普森指数与有机质、碱解氮极显著负相关；均匀度指数与各个土壤因子没有显著相关性。

表 4-10 内蒙古样地 AM 真菌物种多样性与土壤因子的相关性

指标	有机质	碱解氮	有效磷	有效钾	酸性磷酸酶	碱性磷酸酶
孢子密度	0.668*	−0.821**	−0.765	0.584	−0.592	−0.173*
种丰度	−0.288	−0.81	−0.334	−0.1	−0.845*	−0.307
香农-维纳指数	−0.714*	−0.818*	−0.052	−0.702	−0.635	−0.346
辛普森指数	−0.79**	−0.804**	0.098	−0.784	−0.48	−0.252
均匀度指数	−0.402	0.358	0.515	−0.752	0.301	0.104

2012 年 6 月从新疆阿图什市选取康苏、膘尔托阔依（阳）、膘尔托阔依（阴）和上阿图什 4 个样地，采集新疆沙冬青根围 0～10cm、10～20cm、20～30cm、30～40cm、40～50cm 土层土壤样品，研究了新疆沙冬青 AM 真菌定殖规律与土壤因子的生态作用。结果表明，AM 总定殖率与土壤有效磷和酸性磷酸酶极显著正相关，与脲酶显著正相关，与 pH 显著负相关；菌丝定殖率与脲酶、酸性磷酸酶极显著正相关，与有机质、有效磷显著正相关；泡囊定殖率与酸性磷酸酶极显著正相关；丛枝定殖率与酸性磷酸酶和碱性磷酸酶显著正相关，与 pH 极显著负相关；定殖强度与 pH 和碱解氮极显著正相关（表 4-11）。

表 4-11 新疆沙冬青根围 AM 真菌定殖与土壤因子的相关性

指标	pH	有机质	碱解氮	有效磷	脲酶	酸性磷酸酶	碱性磷酸酶
菌丝定殖率	−0.182	0.328*	−0.114	0.301*	0.357**	0.722**	0.043
泡囊定殖率	−0.03	0.049	0.154	0.09	0.253	0.399**	0.167
丛枝定殖率	−0.335**	0.092	−0.198	0.234	0.117	0.317*	−0.311*
总定殖率	−0.298*	0.248	−0.217	0.367**	0.330*	0.764**	0.073
定殖强度	0.346**	0.034	0.365**	−0.149	0.098	0.082	0.017

由表 4-12 可见，种丰度与土壤有效磷极显著负相关，与电导率显著负相关，与 pH 极显著正相关，与碱解氮显著正相关；香农-维纳指数与 pH 极显著正相关，与电导率极显著负相关，与有效磷显著负相关；辛普森指数与土壤因子无显著相关性；均匀度指数与电导率极显著负相关，与 pH 显著正相关。

表 4-12　新疆沙冬青根围 AM 真菌物种多样性和土壤因子的相关性

指标	有效磷	pH	湿度	电导率	碱解氮	有机质
种丰度	-0.806^{**}	0.867^{**}	0.169	-0.527^{*}	0.518^{*}	-0.054
香农-维纳指数	-0.541^{*}	0.817^{**}	0.094	-0.715^{**}	0.385	-0.109
辛普森指数	0.406	-0.313	-0.359	0.255	-0.400	0.226
均匀度指数	-0.051	0.501^{*}	-0.395	-0.806^{**}	0.196	0.155

第二节　花棒丛枝菌根真菌时空分布特征

一、样地概况和样品采集

（一）花棒样地概况

内蒙古乌海（39°49′N，106°49′E，海拔 1129m，年均降水量 162mm）、磴口（40°39′N，106°74′E，海拔 1012m，年均降水量 144mm）、鄂尔多斯（39°19′N，110°19′E，海拔 1269m，年均降水量 348mm）、阿拉善左旗（39°10′N，105°52′E，海拔 1706m，年均降水量 150mm）、宁夏沙坡头（37°27′N，104°59′E，海拔 1246m，年均降水量 188mm）、甘肃民勤（39°00′N，102°37′E，海拔 1405m，年均降水量 113mm）、安西（40°20′N，96°50′E，海拔 1514m，年均降水量 45mm）等样地。

（二）样品采集

2015～2017 年连续 3 年于每年 7 月中旬在上述样地对花棒进行广泛的野外考察和样品采集，去掉花棒根围枯枝落叶层，采集 0～30cm 土层土壤和根系样品。同一地点选取 3 个小样地，每个小样地分别随机采样 5 份，记录采样时间、地点和环境等并编号，将样品装入隔热性能良好的塑料袋密封编号，之后放进采集箱中并带回实验室，过 2mm 筛后收集土样和根样，以备土壤成分和菌根测定分析。

二、丛枝菌根真菌定殖和物种多样性分析方法

AM 真菌孢子分离鉴定、AM 真菌多样性、AM 真菌定殖率和土壤因子测定方法同第一节。

三、花棒丛枝菌根真菌时空异质性特征

（一）AM 真菌定殖率和孢子密度

同一样地不同年份，7 个样地菌丝定殖率、泡囊定殖率、丛枝定殖率、总定殖率、定殖强度均在 2015 年显著低于 2016 年和 2017 年，而孢子密度在 2015 年显著高于 2016 年和 2017 年（除安西样地）。不同样地同一年份，菌丝定殖率均在乌海样地有最大值，在安西样地有最小值，各样地总定殖率和菌丝定殖率在地理分布上自东向西总体呈逐渐降低趋势。不同年份泡囊定殖率均在磴口样地有最大值，在安西样地有最小值，各样地泡囊定殖率在地理分布上自东向西总体呈逐渐降低趋势（除磴口样地）。不同年份丛枝定殖率阿拉善左旗和沙坡头样地显著高于其余样地，各样地丛枝定殖率在地理分布上自东向西总体呈抛物线型分布；不同年份定殖强度安西样地均显著低于其余样地，各样地定殖强度总体为东部样地（鄂尔多斯、磴口）显著高于西部样地（民勤、安西）；不同年份孢子密度鄂尔多斯样地均显著高于其余样地，各样地孢子密度随地理变化总体呈不规则分布（表 4-13）。说明 AM 真菌随样地和采样时间发生了显著变化（段小圆，2009；郭亚楠，2018）。

表 4-13　花棒根围 AM 真菌定殖和孢子密度样地分布特征

样地	菌丝定殖率/%	泡囊定殖率/%	丛枝定殖率/%	总定殖率/%	定殖强度/%	孢子密度/（个/20g 土）
鄂尔多斯	74.144ab	37.919b	8.148c	77.107a	41.156a	173.778a
磴口	69.137bc	48.378a	5.556cd	74.248a	40.285ab	61.111d
乌海	76.485a	32.219b	6.481c	79.700a	34.781b	40.222e
阿拉善左旗	58.455d	34.019b	15.963a	65.207b	34.774b	116.444b
沙坡头	66.351c	20.033c	12.115b	68.570b	39.693ab	92.444c
民勤	47.262e	17.774cd	3.148de	48.856c	21.000c	86.000c
安西	31.888f	11.637d	2.593e	34.789d	11.263d	18.667f

注：同列数据后不含有相同小写字母的表示差异显著（$P < 0.05$）

（二）AM 真菌物种多样性和生态分布

2015～2017 年在 7 个样地共分离鉴定 9 属 44 种 AM 真菌，各样地 AM 真菌种类组成差异明显，细凹无梗囊霉、卷曲球囊霉、网状球囊霉和沙荒隔球囊霉分布广泛，是 7 个样地的共有种，未发现某一样地所特有的 AM 真菌种类。从 AM 真菌种类组成来看，鄂尔多斯样地 AM 真菌种类最高（36 种），阿拉善左旗样地次之（35 种），安西样地最低（10 种）（个别 AM 真菌种类出现频次甚少，没有统计在各样地，但能观察到孢子形态）（表 4-14，图 4-5，图 4-6）（刘海跃，2018；刘海跃等，2018）。

表 4-14　不同样地花棒根围 AM 真菌物种空间分布

AM 真菌种类	鄂尔多斯	乌海	磴口	阿拉善左旗	沙坡头	民勤	安西
凹坑无梗囊霉 A. excavata	+	+	+	+	+	+	−
刺无梗囊霉 A. spinosa	−	−	+	+	−	−	−

AM 真菌种类	鄂尔多斯	乌海	磴口	阿拉善左旗	沙坡头	民勤	安西
附柄无梗囊霉 *A. appendicola*	−	+	−	−	+	−	−
光壁无梗囊霉 *A. laevis*	+	+	+	+	+	+	−
孔窝无梗囊霉 *A. foveata*	+	+	+	+	+	+	−
毛氏无梗囊霉 *A. morrowiae*	+	−	+	+	+	+	+
蜜色无梗囊霉 *A. mellea*	+	+	+	+	+	+	−
膨胀无梗囊霉 *A. dilatata*	+	+	−	+	+	−	−
浅窝无梗囊霉 *A. lacunosa*	+	+	+	+	+	+	−
疣状无梗囊霉 *A. tuberculata*	+	+	+	−	+	−	−
瑞氏无梗囊霉 *A. rehmii*	+	−	−	+	−	−	−
双网无梗囊霉 *A. bireticulata*	+	−	+	+	+	+	+
细凹无梗囊霉 *A. scrobiculata*	+	+	+	+	+	+	+
细齿无梗囊霉 *A. denticulata*	+	+	+	+	+	+	−
皱壁无梗囊霉 *A. rugosa*	+	+	−	+	+	−	−
A. sp. 1	−	−	+	−	+	+	−
A. sp. 2	+	−	+	−	−	−	−
A. sp. 3	−	+	−	−	−	−	−
层状近明球囊霉 *Cl. lamellosum*	+	−	+	+	+	−	+
近明球囊霉 *Cl. claroideum*	+	+	+	+	+	+	−
黄近明球囊霉 *Cl. luteum*	+	+	+	+	+	+	−
幼套近明球囊霉 *Cl. etunicatum*	+	+	+	+	+	+	+
地管柄囊霉 *F. geosporum*	+	+	−	+	+	−	−
摩西管柄囊霉 *F. mosseae*	+	−	+	+	+	−	−
道氏和平囊霉 *P. dominikii*	+	+	−	+	+	−	−
地表球囊霉 *G. versiforme*	+	−	−	+	+	+	−
多梗球囊霉 *G. multicaule*	+	−	−	+	+	−	−
黑球囊霉 *G. melanosporum*	+	+	+	+	+	+	−
聚集球囊霉 *G. glomerulatum*	+	+	+	+	+	+	−
卷曲球囊霉 *G. convolutum*	+	+	+	+	+	+	+
宽柄球囊霉 *G. magnicaule*	−	+	+	+	+	+	+
膨果球囊霉 *G. pansihalos*	+	+	+	+	+	+	−
网状球囊霉 *G. reticulatum*	+	+	+	+	+	+	+
微丛球囊霉 *G. microaggregatum*	+	+	+	+	+	−	−
G. sp. 1	−	+	+	+	−	−	−
聚丛根孢囊霉 *Rh. aggregatum*	+	−	+	−	+	+	−
透光根孢囊霉 *Rh. diaphanum*	+	+	+	+	+	+	+
隐类球囊霉 *P. occultum*	+	−	+	+	−	+	+
美丽盾巨孢囊霉 *Scu. calospora*	+	+	−	+	+	+	−
黏质隔球囊霉 *Sep. viscosum*	+	+	+	+	+	−	−
沙荒隔球囊霉 *Sep. deserticola*	+	+	+	+	+	−	+
缩隔球囊霉 *Sep. constrictum*	+	+	−	+	+	−	+
种数	36	30	28	35	34	28	10

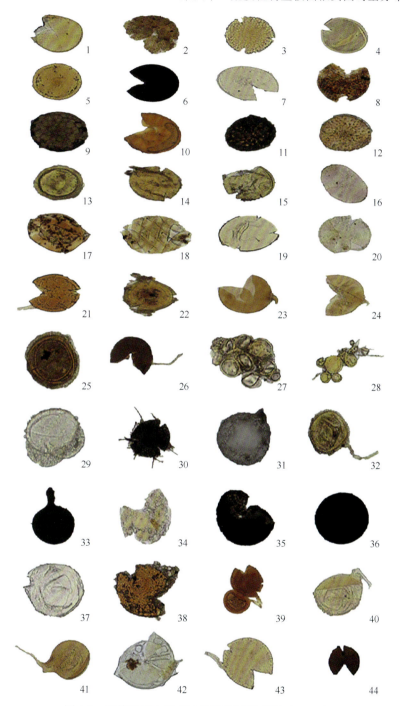

图 4-5 花棒根围土壤 AM 真菌孢子形态图（×400）

1. 细齿无梗囊霉；2. 瑞氏无梗囊霉；3. 疣状无梗囊霉；4. 细凹无梗囊霉；5. 凹坑无梗囊霉；6. 光壁无梗囊霉；7. 浅窝无梗囊霉；8. 孔窝无梗囊霉；9. 双网无梗囊霉；10. 蜜色无梗囊霉；11. 附柄无梗囊霉；12. 刺无梗囊霉；13. 膨胀无梗囊霉；14. 毛氏无梗囊霉；15. 皱壁无梗囊霉；16. *A.* sp. 1；17. *A.* sp. 2；18. *A.* sp. 3；19. 近明球囊霉；20. 黄近明球囊霉；21. 幼套近明球囊霉；22. 层状近明球囊霉；23. 摩西管柄囊霉；24. 地管柄囊霉；25. 卷曲球囊霉；26. 地表球囊霉；27. 聚集球囊霉；28. 聚丛根孢囊霉；29. 道氏和平囊霉；30. 多梗球囊霉；31. 隐类球囊霉；32. 膨果球囊霉；33. 宽柄球囊霉；34. 微丛球囊霉；35. 网状球囊霉；36. 黑球囊霉；37. 透光根孢囊霉；38. 黏质隔球囊霉；39. 柑橘球囊霉；40. 缩隔球囊霉；41. 沙荒隔球囊霉；42. 美丽盾巨孢囊霉；43. *G.* sp. 1；44. 椒红无梗囊霉

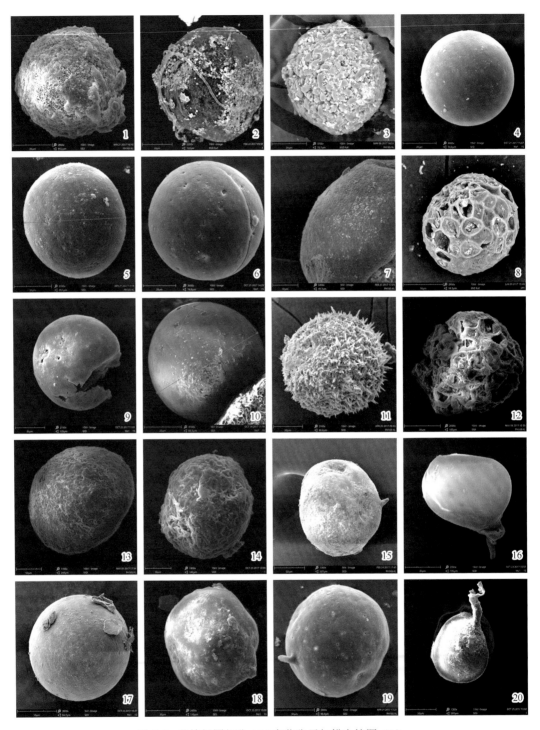

图 4-6　花棒根围部分 AM 真菌孢子扫描电镜图（1）

1. 细齿无梗囊霉；2. 瑞氏无梗囊霉；3. 疣状无梗囊霉；4. 光壁无梗囊霉；5. 浅窝无梗囊霉；6. 凹坑无梗囊霉；7. 细凹无梗囊霉；8. 双网无梗囊霉；9. 孔窝无梗囊霉；10. 蜜色无梗囊霉；11. 刺无梗囊霉；12. 附柄无梗囊霉；13. 膨胀无梗囊霉；14. 皱壁无梗囊霉；15. 幼套近明球囊霉；16. 近明球囊霉；17. 黄近明球囊霉；18. 毛氏无梗囊霉；19. 层状近明球囊霉；20. 地管柄囊霉

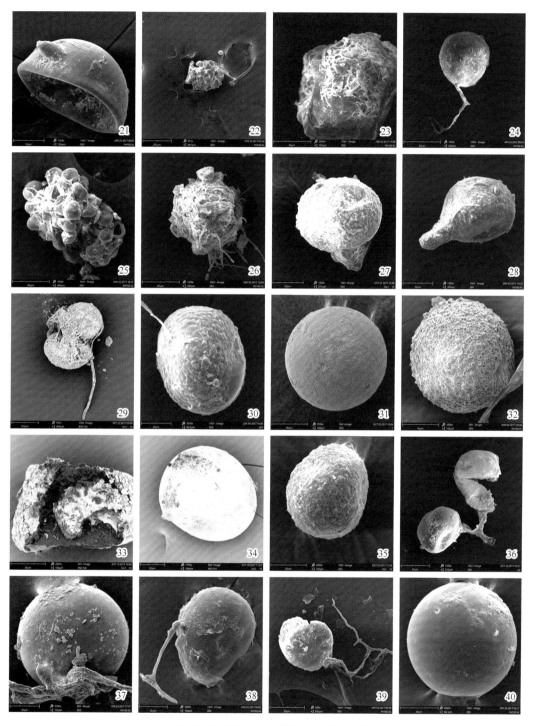

图 4-6　花棒根围部分 AM 真菌孢子扫描电镜图（2）

21. 摩西管柄囊霉；22. 聚集球囊霉；23. 卷曲球囊霉；24. 地表球囊霉；25. 聚丛根孢囊霉；26. 多梗球囊霉；27. 道氏和平囊霉；28. 宽柄球囊霉；29. 膨果球囊霉；30. 隐类球囊霉；31. 黑球囊霉；32. 网状球囊霉；33. 微丛球囊霉；34. 透光根孢囊霉；35. 黏质隔球囊霉；36. 柑橘球囊霉；37. 美丽盾巨孢囊霉；38. 缩隔球囊霉；39. 沙荒隔球囊霉；40. 椒红无梗囊霉

由表 4-15 可知，不同样地无梗囊霉属和球囊霉属的分离频度、相对多度和重要值明显高于其他属，是 7 个样地的共同优势属；近明球囊霉属在 7 个样地均有分布，仅在鄂尔多斯属于优势属；隔球囊霉属在 7 个样地均有分布，但优势度较低；管柄囊霉属分布在除安西以外的其他样地，均不属于优势属；盾巨孢囊霉属分布在 5 个样地，为罕见属。

表 4-15　AM 真菌各属分离频率（F）、相对多度（RA）和重要值（I）　　（单位：%）

样地	指标	无梗囊霉属	近明球囊霉属	管柄囊霉属	球囊霉属	盾巨孢囊霉属	隔球囊霉属
阿拉善左旗	F	100	100	100	100	33.33	100
	RA	20.20	17.10	4.10	52.50	0.20	5.90
	I	60.10	58.55	52.05	76.25	16.77	2.95
磴口	F	100	100	66.67	100	—	66.70
	RA	36.10	14.30	1.10	44.10	—	4.40
	I	68.05	57.15	33.89	72.05	—	35.54
鄂尔多斯	F	100	100	33.33	100	33.33	100
	RA	28.00	29.00	0.40	33.30	0.10	9.20
	I	64.00	64.50	16.87	66.65	16.72	54.60
乌海	F	100	33.33	33.33	100	33.33	66.67
	RA	44.63	13.22	0.83	33.06	0.83	7.43
	I	72.32	23.28	17.08	66.53	17.08	37.05
沙坡头	F	100	100	66.67	100	33.33	66.67
	RA	26.10	16.80	2.10	52.00	0.40	2.60
	I	63.05	58.40	34.39	76.00	16.87	34.64
民勤	F	100	100	66.67	100	33.33	100
	RA	33.70	8.40	0.90	43.80	0.60	12.60
	I	66.85	54.20	33.79	71.90	16.97	56.30
安西	F	100	33.33	—	100	—	66.67
	RA	41.60	3.00	—	25.90	—	29.50
	I	70.80	18.17	—	62.90	—	48.09

注："—"表示该样地未发现

由图 4-7 可知，无梗囊霉属和球囊霉属是 7 个样地共有优势属，对 AM 真菌种丰度的贡献率高于其他属，所占比重超过 60%。在各样地种类构成中，球囊霉属丰度所占比重稳定；无梗囊霉属所占比重由东到西出现减小趋势，与隔球囊霉属相反；其他各属丰度对群落种类构成贡献较小。结果表明，AM 真菌各属在 7 个样地的分布存在差异，但总体分布呈现球囊霉属＞无梗囊霉属＞近明球囊霉属＞隔球囊霉属＞管柄囊霉属＞盾巨孢囊霉属。无梗囊霉属和球囊霉属分布范围比较广，说明其对荒漠生境具有更好的适应性。

2015 年 AM 真菌种丰度最小值在安西样地（7.3），显著低于其他样地。孢子密度最小值在安西样地（1.2 个/g 土），显著低于其他样地，阿拉善左旗样地（9.5 个/g 土）和鄂尔多斯样地（8.0 个/g 土）的孢子密度显著高于其他样地。安西样地香农-维纳指数（0.48）显著低于其他样地。不同年份孢子密度和香农-维纳指数由东到西表现出下降趋势，但同一样地年际无显著差异（图 4-8）。

图 4-7　AM 真菌属组成比例柱状图

EDS：鄂尔多斯；WH：乌海；DK：磴口；ALS：阿拉善左旗；SPT：沙坡头；MQ：民勤；AX：安西。下同

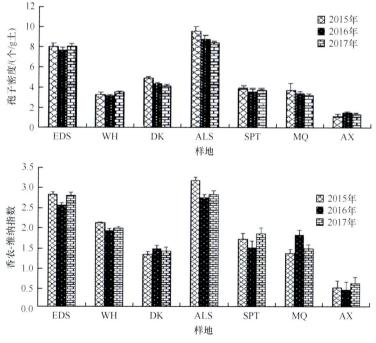

图 4-8　不同样地 AM 真菌孢子密度和香农-维纳指数年际变化

四、土壤因子的生态功能

花棒主要分布于我国西北干旱和半干旱地区，7 个样地土壤类型包括棕钙土、灰漠

土、灰棕土和风沙土，土壤碱性，贫瘠，理化性质较差；随着样地和采样时间的变化，土壤理化性质随之发生变化，并对 AM 真菌活动和生态分布产生深刻影响。

相关性分析（表 4-16）表明，菌丝定殖率与土壤湿度、有机质、酸性磷酸酶显著或极显著正相关，与土壤温度显著负相关；泡囊定殖率与土壤湿度、有效磷、酸性磷酸酶、碱性磷酸酶、铵态氮显著或极显著正相关，与土壤温度极显著负相关；丛枝定殖率与土壤湿度、酸性磷酸酶、碱性磷酸酶显著或极显著正相关；总定殖率与土壤湿度、有机质、铵态氮、酸性磷酸酶、碱性磷酸酶显著或极显著正相关，与土壤温度极显著负相关；定殖强度与土壤湿度、有机质、酸性磷酸酶、碱性磷酸酶显著或极显著正相关，与土壤温度显著负相关；孢子密度与土壤湿度、脲酶、酸性磷酸酶、碱性磷酸酶显著或极显著正相关，与 pH 极显著负相关。

表 4-16　花棒根围 AM 真菌定殖与土壤因子的相关性

指标	ST	SM	pH	OM	AN	AP	U	ACP	ALP	AH	AV	AA	AT	AI	SD
ST	1.000														
SM	−0.898**	1.000													
pH	0.359	−0.558**	1.000												
OM	−0.196	0.329	0.143	1.000											
AN	−0.548*	0.462*	−0.142	0.232	1.000										
AP	−0.748**	0.629**	−0.225	0.088	0.430	1.000									
U	0.023	0.004	−0.122	0.049	−0.268	0.462*	1.000								
ACP	−0.743**	0.808**	−0.490*	0.114	0.048	0.373	0.066	1.000							
ALP	−0.746**	0.803**	−0.548*	0.112	0.061	0.391	0.074	0.974**	1.000						
AH	−0.530*	0.606**	0.032	0.823**	0.386	0.194	−0.168	0.435*	0.427	1.000					
AV	−0.900**	0.829**	−0.269	0.352	0.538*	0.577**	−0.116	0.734**	0.751**	0.709**	1.000				
AA	−0.344	0.443*	−0.300	0.148	−0.379	−0.073	0.009	0.778**	0.778**	0.402	0.420	1.000			
AT	−0.602**	0.645**	0.031	0.782**	0.466	0.264	−0.199	0.457*	0.447	0.987**	0.765**	0.363	1.000		
AI	−0.529*	0.560**	−0.082	0.556**	0.255	0.309	0.184	0.597**	0.575**	0.805**	0.743**	0.509*	0.800**	1.000	
SD	−0.420	0.614**	−0.614**	0.203	−0.214	0.337	0.535*	0.765**	0.775**	0.257	0.376	0.670**	0.222	0.463*	1.000

注：ST 表示土壤温度；SM 表示土壤湿度；OM 表示有机质；AN 表示铵态氮；AP 表示有效磷；U 表示脲酶；ACP 表示酸性磷酸酶；ALP 表示碱性磷酸酶；AH 表示菌丝定殖率；AV 表示泡囊定殖率；AA 表示丛枝定殖率；AT 表示总定殖率；AI 表示定殖强度；SD 表示孢子密度

相关性分析发现，AM 真菌种丰度与土壤湿度极显著正相关，与碱性磷酸酶显著正相关，与土壤 pH 显著负相关；香农-维纳指数与土壤湿度极显著正相关，与有效磷显著正相关；孢子密度与碱性磷酸酶和土壤湿度极显著正相关，与酸性磷酸酶显著正相关，与土壤 pH 极显著负相关（表 4-17）。

表 4-17　花棒根围 AM 真菌多样性与土壤因子的相关性

指标	土壤湿度	土壤 pH	有机质	铵态氮	有效磷	脲酶	酸性磷酸酶	碱性磷酸酶
种丰度	0.768**	−0.518*	0.272	0.032	0.321	−0.055	0.333	0.463*
香农-维纳指数	0.671**	−0.334	0.350	0.020	0.463*	0.022	0.089	0.246
孢子密度	0.811**	−0.823**	−0.143	−0.067	0.187	0.128	0.436*	0.586**

第三节　北沙柳丛枝菌根真菌时空分布特征

一、样地概况和样品采集

（一）北沙柳样地概况

选取内蒙古额济纳旗黑城遗址（42°9′817″N，115°56′107″E），锡林郭勒盟正蓝旗城南（42°12′N，115°57′E）、青格勒图（42°9′N，115°55′E）、元上都遗址（42°15′842″N，116°10′741″E）4 个样地。土质沙化，以固定、半固定沙丘为主，海拔 1300～1400m，年均气温 0.1～5℃，降水量 185～387mm，季节分配不均，6～9 月降水占全年降水量的 70% 左右，年蒸发量 1572～2524mm，无霜期 100～120 天，多大风和沙尘暴天气。河北沽源县二牛点（41°51′N，115°47′E），海拔 1403m，土壤为栗钙土，年均气温 1.4℃，年均降水量 426mm。

（二）样品采集

2009 年 5 月、8 月、10 月，2010 年 8 月，2013 年和 2014 年的 6 月、8 月和 10 月从所选样地随机选取生长良好的北沙柳植株，在距植株主干 0～30cm 内分 0～10cm、10～20cm、20～30cm、30～40cm、40～50cm 共 5 个土层采集土样和根样约 1kg，每个样品重复 4 次，用土壤温度计和湿度计测量各土层土壤温度、湿度并记录采样根围环境和时间、地点等。将样品装入隔热性能良好的采样袋密封并带回实验室，自然风干过 2mm 筛后收集土样和根样，以备土壤成分和菌根测定分析。

二、丛枝菌根真菌定殖和物种多样性分析方法

AM 真菌孢子分离鉴定、AM 真菌多样性、AM 真菌定殖率和土壤因子测定方法同第一节。

三、北沙柳丛枝菌根真菌时空异质性特征

（一）AM 真菌定殖率和孢子密度

2009 年 5 月、8 月、10 月和 2010 年 8 月样品分析发现，不同样地孢子密度差异显著，黑城遗址和正蓝旗城南显著高于元上都遗址；泡囊定殖率正蓝旗城南显著高于黑城遗址，黑城遗址显著高于元上都遗址；丛枝定殖率黑城遗址显著高于其余两个样地；菌丝定殖率、总定殖率和定殖强度在三样地间差异不显著（表 4-18）。

表 4-18　不同样地北沙柳根围 AM 真菌定殖和孢子密度空间分布

样地	孢子密度（个/20g 土）	泡囊定殖率/%	丛枝定殖率/%	菌丝定殖率/%	总定殖率/%	定殖强度/%
黑城遗址	63.47a	11.50b	2.14a	56.12a	57.49a	41.74a
正蓝旗城南	56.30a	26.04a	0.10b	59.55a	64.24a	48.59a
元上都遗址	21.85b	5.94c	0.26b	60.95a	61.47a	36.90a

注：同列数据后不同小写字母表示在 0.05 水平差异显著。下同

采样深度对孢子密度和定殖率有显著影响。最大孢子密度出现在0~10cm土层，并随土壤深度增加而下降，0~10cm土层孢子密度显著高于10~40cm土层，10~40cm土层孢子密度显著高于40~50cm土层；不同结构定殖率最大值在0~10cm土层，0~10cm土层泡囊定殖率显著高于30~50cm土层；丛枝定殖率随土壤深度增加先减后增，0~30cm土层和40~50cm土层丛枝定殖率显著高于30~40cm土层；0~10cm土层菌丝定殖率和总定殖率显著高于20~50cm土层；定殖强度在不同土层间差异不显著（表4-19）。

表4-19 不同土层北沙柳根围AM真菌定殖和孢子密度空间分布

土层/cm	样地	孢子密度/ （个/20g土）	泡囊 定殖率/%	丛枝 定殖率/%	菌丝 定殖率/%	总定殖率/%	定殖强度/%
0~10	黑城遗址	90.83a	15.70b	3.31a	64.16a	66.52b	53.20a
	正蓝旗城南	82.50a	35.31a	0.22a	76.26a	82.74a	56.08a
	元上都遗址	31.41b	13.35b	0.72a	76.98a	78.89ab	51.95a
	平均值	68.25A	21.45A	1.42A	72.47A	76.05A	53.74A
10~20	黑城遗址	59.67a	9.82b	1.52a	61.74a	59.58a	44.25a
	正蓝旗城南	61.58a	27.56a	0.11a	69.18a	73.72a	50.84a
	元上都遗址	23.33b	9.05b	0.48a	70.95a	71.25a	44.85a
	平均值	48.19B	15.48AB	0.71A	67.29A	68.18AB	46.65A
20~30	黑城遗址	74.08a	11.97b	1.97a	56.78a	59.53a	38.77a
	正蓝旗城南	51.33ab	32.42a	0.18b	55.16a	62.85a	44.60a
	元上都遗址	21.08b	4.20b	0.09b	60.60a	60.60a	32.79a
	平均值	48.83B	16.20AB	0.75A	57.51B	60.99BC	38.72A
30~40	黑城遗址	54.50a	13.21ab	1.53a	53.84a	55.68a	38.02a
	正蓝旗城南	46.67ab	22.03a	0.00a	49.95a	53.82a	60.81a
	元上都遗址	20.33b	3.12b	0.00a	49.72a	50.10a	30.05a
	平均值	40.50B	12.79BC	0.51B	51.17BC	53.20CD	42.96A
40~50	黑城遗址	38.25a	6.99ab	0.23a	43.95a	46.13a	34.47a
	正蓝旗城南	39.42a	12.90a	0.00a	47.23a	48.06a	30.64a
	元上都遗址	12.75b	0.00b	0.00a	46.51a	46.51a	24.86a
	平均值	30.14C	6.63C	0.08A	45.90C	46.90D	29.99A

注：同列数据后不含有相同小写字母的表示同一土层不同样地之间在0.05水平差异显著，同列数据后不含有相同大写字母的表示不同土层之间在0.05水平差异显著

不同年份孢子密度差异不显著。相同月份，2010年泡囊定殖率、菌丝定殖率和总定殖率显著高于2009年同期值，丛枝定殖率和定殖强度年际无显著差异。季节变化对孢子密度和定殖状况有显著影响。孢子密度最大值在8月，为63.17个/20g土，8月和10月的孢子密度显著高于5月；5月和10月的泡囊定殖率显著高于8月；5月和8月的丛枝定殖率显著高于10月；菌丝定殖率、总定殖率和定殖强度在不同月份之间无显著差异（表4-20）。

表4-20 北沙柳根围 AM 真菌定殖和孢子密度季节分布

月份	孢子密度/ （个/20g 土）	泡囊 定殖率/%	丛枝 定殖率/%	菌丝定殖率/%	总定殖率/%	定殖强度/%
5 月	21.65b	16.00a	1.09a	57.03a	61.22a	41.44a
8 月	63.17a	7.13b	1.41a	59.50a	62.01a	37.65a
10 月	56.80a	20.22a	0.00b	60.22a	59.97a	48.15a

注：同列数据后不含有相同小写字母的表示不同月份之间在 0.05 水平差异显著

2013 年内蒙古元上都遗址样地样品分析结果也显示，AM 真菌分布和定殖具有明显的时空异质性，AM 真菌平均定殖率均表现为 10 月＞8 月＞6 月。土壤深度对 AM 真菌定殖率有显著影响，最大值多在 0～20cm 浅土层（表 4-21）。

表4-21 内蒙古元上都遗址北沙柳根围 AM 真菌定殖和孢子密度时空分布

月份	土层/cm	孢子密度/ （个/20g 土）	泡囊 定殖率/%	丛枝 定殖率/%	菌丝 定殖率/%	总定殖率/%	定殖强度/%
6 月	0～10	86Bb	38Bb	66Ba	3Ab	51Bb	61Ba
	10～20	103Ca	56Aa	60Bab	8Ba	64Ba	48Aab
	20～30	94Bb	31Bb	57Cab	10Aa	54Cb	35Cbc
	30～40	82Bb	23Bb	41Bb	0Bc	56Aab	29Bc
	40～50	90Ab	23Bb	38Bb	4Ab	48Ab	30Abc
	平均值	91b	34b	52b	5b	55b	41b
8 月	0～10	158Aa	62Aa	95Aa	11Aa	97Aa	69Ba
	10～20	136Bab	42Aab	87Aab	7Bb	87Aab	64Ab
	20～30	144Aab	28Bb	77Bab	1Ac	77Bab	60Bb
	30～40	111Bbc	40Bab	82Aab	9Aab	82Aab	73Aa
	40～50	102Ac	42ABab	63ABb	1Ac	63Ab	61Ab
	平均值	130a	43b	81a	6b	81a	65a
10 月	0～10	145Ab	84Aa	100Aa	13Ab	100Aa	94Aa
	10～20	189Aa	61Aab	100Aa	25Aa	100Aa	84Ab
	20～30	136Ab	70Aab	100Aa	3Ac	100Aa	86Ab
	30～40	153Ab	63Aab	77Abb	0Bc	83Ab	77Ab
	40～50	108Ac	53Ab	80Ab	7Abc	87Ab	52Ac
	平均值	146a	66a	91a	10a	94a	79a

注：同列数据后不含有相同大写字母的表示同一土层不同月份之间在 0.05 水平差异显著，同列数据后不含有相同小写字母的表示同一月份不同土层之间在 0.05 水平差异显著

（二）AM 真菌物种多样性和生态分布

从内蒙古黑城遗址、正蓝旗城南、元上都遗址 3 个样地共分离鉴定 AM 真菌 7 属 36 种，其中球囊霉属 16 种、无梗囊霉属 10 种、盾巨孢囊霉属 3 种、管柄囊霉属 2 种、隔球囊霉属 2 种、根孢囊霉属 2 种、巨孢囊霉属 1 种。球囊霉属和无梗囊霉属在 3 个样地都有分布，盾巨孢囊霉属仅在黑城遗址和正蓝旗城南样地分布，巨孢囊霉属仅在正蓝旗城南样地分布。有些 AM 真菌种仅在 1 个样地分布，如刺无梗囊霉（*A. spinosa*）、细齿无梗囊霉（*A. denticulata*）、疣状无梗囊霉（*A. tuberculata*）、晕环球囊霉（*G. halonatum*）、

帚状球囊霉（*G. coremioides*）仅出现在黑城遗址样地；詹氏无梗囊霉（*A. gerdemannii*）、
Acaulospora sp. 1、荫性球囊霉（*G. tenebrosum*）、聚集球囊霉（*G. glomerulatum*）、具疣
球囊霉（*G. pustulatum*）、棒孢球囊霉（*G. clavisporum*）、易误巨孢囊霉（*Gi. decipiens*）
仅出现在正蓝旗城南样地。

    在 36 种 AM 真菌中，网状球囊霉（*G. reticulatum*）分离频度、相对多度和重要值最
高，是 3 个样地的共同优势种。双网无梗囊霉（*A. bireticulata*）、缩隔球囊霉（*Sep.
constrictum*）和地管柄囊霉（*F. geosporum*）是 3 个样地的共同最常见种。光壁无梗囊霉
（*A. laevis*）、卷曲球囊霉（*G. convolutum*）、多梗球囊霉（*G. multicaule*）是 3 个样地的共
同常见种。宽柄球囊霉（*G. magnicaule*）是 3 个样地的共同稀有种，刺无梗囊霉、细齿
无梗囊霉、晕环球囊霉、帚状球囊霉仅分布在黑城遗址样地；海得拉巴球囊霉（*G.
hyderabadensis*）、沙荒隔球囊霉（*Sep. deserticola*）和美丽盾巨孢囊霉（*Scu. calospora*）
仅分布在黑城遗址和正蓝旗城南样地；詹氏无梗囊霉、荫性球囊霉、聚集球囊霉、具疣
球囊霉、棒孢球囊霉、易误巨孢囊霉仅分布在正蓝旗城南样地；孔窝无梗囊霉（*A.
foveata*）、凹坑球囊霉（*G. multiforum*）、聚丛根孢囊霉（*Rh. aggregatum*）是元上都遗址
样地的稀有种（图 4-9，图 4-10）（杨静，2011；杨静等，2011；陈乸，2012）。

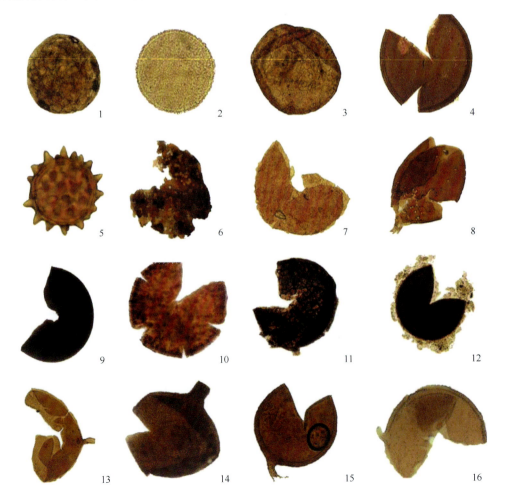

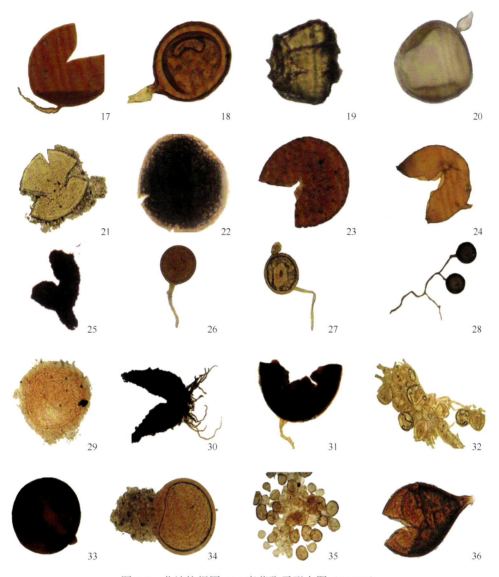

图 4-9　北沙柳根围 AM 真菌孢子形态图（×400）

1. 双网无梗囊霉；2. 细刺无梗囊霉；3. 疣状无梗囊霉；4. 细凹无梗囊霉；5. 刺无梗囊霉；6. 凹坑无梗囊霉；7. 詹氏无梗囊霉；8. 孔窝无梗囊霉；9. 光壁无梗囊霉；10. 荫性球囊霉；11. 网状球囊霉；12. 黑球囊霉；13. 地表球囊霉；14. 宽柄球囊霉；15. 地管柄球囊霉；16. 凹坑球囊霉；17. 缩隔球囊霉；18. 晕环球囊霉；19. 棒孢球囊霉；20. 易误巨孢囊霉；21. 黏质隔球囊霉；22. 网纹盾巨孢囊霉；23. 具疱球囊霉；24. 摩西管柄囊霉；25. 帚状球囊霉；26. 沙荒隔球囊霉；27. 海得拉巴球囊霉；28. 聚丛根孢囊霉；29. 卷曲球囊霉；30. 多梗球囊霉；31. 美丽盾巨孢囊霉；32. 聚集球囊霉；33. 红色盾巨孢囊霉；34. 多产球囊霉；35. 聚生根孢囊霉；36. 长孢球囊霉

　　AM 真菌分布具有明显季节性。5 月 AM 真菌有 21 种，8 月、10 月 AM 真菌种类分别为 36 种、34 种。8 月和 10 月 AM 真菌种丰度、香农-维纳指数显著高于 5 月，8 月均匀度指数显著高于 5 月，而 8 月和 10 月均匀度指数之间无显著差异，辛普森指数在 3 个月份之间无显著差异（表 4-22）。

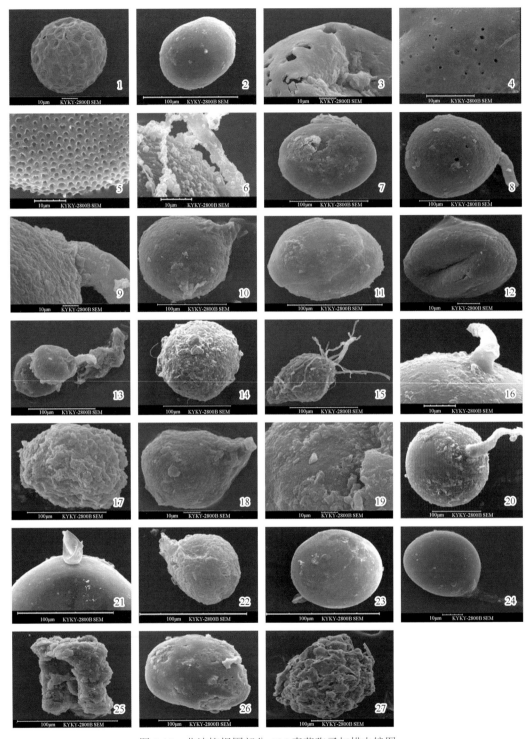

图 4-10　北沙柳根围部分 AM 真菌孢子扫描电镜图

1. 双网无梗囊霉；2. 光壁无梗囊霉；3. 凹坑无梗囊霉；4. 孔窝无梗囊霉；5. 细凹无梗囊霉；6. 刺无梗囊霉；7. 地表球囊霉；8，9. 地管柄囊霉；10. 聚生根孢囊霉；11. 荫性球囊霉；12. 黑球囊霉；13. 丛枝根孢囊霉；14. 卷曲球囊霉；15. 多梗球囊霉；16. 摩西管柄囊霉；17. 网状球囊霉；18. 长孢球囊霉；19. 黏质隔球囊霉；20. 缩隔球囊霉；21. 红色盾巨孢囊霉；22. 宽柄球囊霉；23. 美丽盾巨孢囊霉；24. 沙荒隔球囊霉；25. 棒孢球囊霉；26. 疣状无梗囊霉；27. 网纹盾巨孢囊霉

表 4-22　AM 真菌孢子密度和物种多样性季节变化

月份	孢子密度（个/20g 土）	种丰度	香农-维纳指数	辛普森指数	均匀度指数
5 月	21.65b	15.67b	2.52b	0.90a	0.92b
8 月	63.17a	24.67a	2.95a	0.93a	0.94a
10 月	56.80a	24.67a	2.93a	0.93a	0.93ab

注：同列数据后不含有相同小写字母的表示不同月份之间在 0.05 水平差异显著

四、土壤因子的生态功能

2009 年和 2010 年样品分析结果显示（表 4-23），孢子密度与土壤温度、脲酶、酸性磷酸酶、碱性磷酸酶极显著正相关，与有效磷、碱解氮显著负相关；泡囊定殖率与土壤温度、土壤湿度极显著负相关，与有机质显著负相关，与脲酶极显著正相关，与酸性磷酸酶显著正相关；丛枝定殖率仅与脲酶显著正相关；菌丝定殖率与有效磷极显著负相关，与脲酶、酸性磷酸酶极显著正相关，与有机质、碱性磷酸酶显著正相关；总定殖率与土壤 pH、有效磷显著负相关，与脲酶、碱性磷酸酶极显著正相关；定殖强度与脲酶、酸性磷酸酶、碱性磷酸酶极显著正相关。

表 4-23　不同样地北沙柳根围 AM 真菌定殖与土壤因子的相关性

指标	土壤温度	土壤湿度	土壤 pH	有效磷	碱解氮	有机质	脲酶	酸性磷酸酶	碱性磷酸酶
孢子密度	0.399**	−0.132	−0.072	−0.186*	−0.010*	0.145	0.469**	0.470**	0.340**
泡囊定殖率	−0.194**	−0.246**	−0.115	−0.104	−0.233	−0.278*	0.430**	0.303*	−0.036
丛枝定殖率	0.101	0.047	−0.191	−0.039	0.087	−0.006	0.277*	−0.157	0.239
菌丝定殖率	0.077	0.049	−0.253	−0.370**	0.215	0.268*	0.339**	0.334**	0.328*
总定殖率	0.092	0.041	−0.258*	−0.272*	0.142	0.170	0.446**	0.221	0.405**
定殖强度	−0.020	−0.086	−0.167	−0.196	0.155	0.165	0.432**	0.340**	0.345**

由表 4-24 可知，AM 真菌种丰度与碱解氮、有机质显著负相关；香农-维纳指数与碱解氮极显著负相关，与有机质显著负相关；辛普森指数与有效磷显著负相关，与碱解氮、有机质极显著负相关；均匀度指数仅与碱解氮显著负相关。

表 4-24　不同样地北沙柳根围 AM 真菌物种多样性与土壤因子的相关性

指标	土壤温度	土壤湿度	土壤 pH	有效磷	碱解氮	有机质
种丰度	0.491	−0.528	0.263	−0.618	−0.781*	−0.735*
香农-维纳指数	0.506	−0.531	0.267	−0.637	−0.824**	−0.772*
辛普森指数	0.493	−0.540	0.255	−0.674*	−0.881**	−0.812**
均匀度指数	0.657	−0.365	0.617	−0.543	−0.797*	−0.627

通过对 2013 年 6 月、8 月和 10 月内蒙古元上都遗址样地北沙柳根围 5 个土层土壤样品分析发现，孢子密度与土壤温度显著负相关，与土壤湿度、有机质极显著正相关，与碱性磷酸酶、酸性磷酸酶显著正相关；泡囊定殖率与土壤温度极显著负相关，与土壤湿度、酸性磷酸酶、有机质显著或极显著正相关；菌丝定殖率与土壤温度显著负相关，与土壤湿度、有机质、碱性磷酸酶、酸性磷酸酶极显著正相关；丛枝定殖率与土壤湿度显著正相关；定殖强度与土壤温度显著负相关，与土壤湿度、有机质、酸

性磷酸酶、碱性磷酸酶显著或极显著正相关；总定殖率与土壤温度极显著负相关，与土壤湿度、有机质、酸性磷酸酶、碱性磷酸酶显著或极显著正相关（表4-25）。

表4-25　同一样地北沙柳根围AM真菌定殖与土壤因子的相关性

指标	土壤温度	土壤湿度	土壤pH	有机质	有效磷	碱解氮	酸性磷酸酶	碱性磷酸酶
孢子密度	−0.604[*]	0.817[**]	−0.003	0.735[**]	−0.257	0.180	0.634[*]	0.599[*]
泡囊定殖率	−0.729[**]	0.636[*]	−0.394	0.839[**]	−0.136	0.230	0.641[**]	0.382
丛枝定殖率	−0.336	0.574[*]	−0.030	0.375	0.118	0.134	0.372	0.211
菌丝定殖率	−0.605[*]	0.838[**]	0.023	0.839[**]	0.170	0.179	0.660[**]	0.652[**]
总定殖率	−0.718[**]	0.837[**]	−0.077	0.867[**]	0.118	0.226	0.721[**]	0.578[*]
定殖强度	−0.616[*]	0.734[**]	−0.132	0.830[**]	0.148	0.188	0.634[*]	0.580[*]

第四节　沙棘丛枝菌根真菌时空分布特征

一、样地概况和样品采集

（一）沙棘样地概况

样地为河北沽源县大梁底村（41°52′724″N，115°51′891″E），海拔1355m，土壤类型为沙质栗钙土；内蒙古正蓝旗元上都遗址（42°15′842″N，116°10′741″E），海拔1313m，土壤类型为风沙土；内蒙古多伦县大河口乡（42°11′601″N，116°36′870″E），海拔1312m，土壤类型为沙质栗钙土。这3个样地位于河北和内蒙古两省（区）农牧交错带，属于中温带季风气候，具有降水量少而不均匀、寒暑变化剧烈的特点，降水量自东向西由500mm递减为50mm左右。

（二）样品采集

2009年4月、7月、10月和2010年9月分别从大梁底村、元上都遗址、大河口乡3个样地随机选取5株生长良好的沙棘植株，贴近植株根颈部去除枯枝落叶层，挖土壤剖面，按0~10cm、10~20cm、20~30cm、30~40cm、40~50cm共5个土层采集根样和土样，将土样装入隔热性能良好的塑料袋密封，带回实验室自然风干，过2mm筛后收集土样和根样，以备土壤成分和菌根测定分析。

二、丛枝菌根真菌定殖和物种多样性分析方法

AM真菌孢子分离鉴定、AM真菌多样性、AM真菌定殖率和土壤因子测定方法同第一节。

三、沙棘丛枝菌根真菌时空异质性特征

（一）AM真菌定殖率和孢子密度

2009年7月内蒙古3个样地分析结果表明，AM真菌定殖率和孢子密度均有时空异

质性，特别是样地和土层深度对孢子密度、定殖率有明显影响，最大定殖率出现在 0～30cm 土层，最大孢子密度出现在 0～20cm 土层（表 4-26）（陈程，2011；贺学礼等，2011a）。

表 4-26 沙棘根围 AM 真菌孢子密度和定殖率空间分布

样地	土层/cm	菌丝定殖率/%	泡囊定殖率/%	丛枝定殖率/%	总定殖率/%	孢子密度（个/20g 土）
大梁底村	0～10	95.3Aa	70.4Aa	12.3a	97.1Aa	322.9Aa
	10～20	93.2Aa	55.5Ab	14.3a	94.2Aab	290.8Aab
	20～30	92.4Aa	40.5Ac	3.2a	92.6Abc	229.6Ab
	30～40	80.4Ab	28.4Bd	2.1b	89.3Ac	145.8Ac
	40～50	81.6Ab	20.5Ac	2.1b	83.0Ad	100.4Ac
	平均值	88.6A	46.7A	6.8	93.3A	217.9A
元上都遗址	0～10	23.7Cc	5.3Cc	0	26.2Cd	113.1Ba
	10～20	48.6Cb	15.2Cab	0	50.4Cb	70.0Bab
	20～30	66.8Ba	16.3Ca	0	71.3Ba	46.2Cb
	30～40	29.9Bc	13.3Cab	0	33.3Bc	20.9Cb
	40～50	30.5Bc	12.2Bb	0	32.3Bc	14.0Bb
	平均值	39.9B	12.5B	0	46.8B	52.8B
大河口乡	0～10	82.5Ba	21.5Bc	0	85.3Bbc	228.3Aba
	10～20	73.7Ba	24.3Bb	0	73.4Bd	175.6Abab
	20～30	88.7Aa	31.3Bb	0	90.4Aa	132.2Babc
	30～40	80.1Aa	45.5Aa	0	87.2Aab	91.9Bbc
	40～50	74.2Aa	23.3Ac	0	82.2Ac	40.8Bc
	平均值	79.8A	29.2AB	0	86.3A	133.8AB

注：同列数据后不含有相同大写字母的表示同一土层不同样地之间在 0.05 水平差异显著，同列数据后不含有相同小写字母的表示同一样地不同土层之间在 0.05 水平差异显著

同一样地不同季节土壤样品分析结果表明，季节变化对 AM 真菌孢子密度没有显著影响，对 AM 真菌不同结构定殖率有一定影响。样地对 AM 真菌孢子密度和定殖率均有明显影响（表 4-27）。

表 4-27 不同样地沙棘根围 AM 真菌孢子密度和定殖率季节分布（2009 年）

样地	月份	菌丝定殖率/%	泡囊定殖率/%	丛枝定殖率/%	总定殖率/%	孢子密度（个/20g 土）
大梁底村	4 月	79.1b	33.0c	3.5b	86.2b	177.6a
	7 月	88.3a	43.3b	7.6a	91.5a	217.8a
	10 月	86.6a	55.1a	8.2a	89.0ab	188.7a
	平均值	84.7A	43.8A	6.4A	88.9A	194.7A
元上都遗址	4 月	32.0ab	16.6a	1.4a	37.0ab	49.7a
	7 月	39.3a	12.8a	0.5b	42.1a	52.9a
	10 月	28.3b	15.0a	1.3a	31.9b	50.4a
	平均值	33.2B	14.8C	1.1B	37.0B	51.0C
大河口乡	4 月	66.3b	28.5a	0.2b	70.0b	123.3a
	7 月	79.0a	29.0a	0c	83.5a	133.8a
	10 月	70.1b	22.8b	2.0a	75.3b	141.6a
	平均值	71.8A	26.8B	0.7B	76.3A	132.9B

注：同列数据后不含有相同小写字母的表示同一样地不同月份之间在 0.05 水平差异显著，同列数据后不含有相同大写字母的表示不同样地 3 个月份平均值在 0.05 水平差异显著

（二）AM 真菌物种多样性和生态分布

在采集的 180 份土壤样品中，共分离鉴定 7 属 23 种 AM 真菌，即双网无梗囊霉（*A. bireticulata*），细凹无梗囊霉（*A. scrobiculata*），瑞氏无梗囊霉（*A. rehmii*），疣状无梗囊霉（*A. tuberculata*），刺无梗囊霉（*A. spinosa*），凹坑无梗囊霉（*A. excavata*）和光壁无梗囊霉（*A. laevis*）；多梗球囊霉（*G. multicaule*），卷曲球囊霉（*G. convolutum*），黑球囊霉（*G. melanosporum*），长孢球囊霉（*G. dolichosporum*），网状球囊霉（*G. reticulatum*），地表球囊霉（*G. versiforme*）和膨果球囊霉（*G. pansihalos*）；沙荒隔球囊霉（*Sep. deserticola*），缩隔球囊霉（*Sep. constrictum*）和黏质隔球囊霉（*Sep. viscosum*）；聚生根孢囊霉（*Rh. fasciculatus*）和明根孢囊霉（*Rh. clarus*）；摩西管柄囊霉（*F. mosseae*）和地管柄囊霉（*F. geosporum*）；近明球囊霉（*Cl. claroideum*）；美丽盾巨孢囊霉（*Scu. calospora*）（图 4-11，图 4-12）（贺学礼等，2011a，2013a）。

图 4-11　沙棘根围部分 AM 真菌孢子形态图（×400）

1. 多梗球囊霉；2. 地管柄囊霉；3. 网状球囊霉；4. 沙荒隔球囊霉；5. 黑球囊霉；6. 聚生根孢囊霉；7. 卷曲球囊霉；8. 膨果球囊霉；9. 明根孢囊霉；10. 黏质隔球囊霉；11. 刺无梗囊霉；12. 瑞氏无梗囊霉；13. 双网无梗囊霉；14. 光壁无梗囊霉；15. 细凹无梗囊霉；16. 美丽盾巨孢囊霉

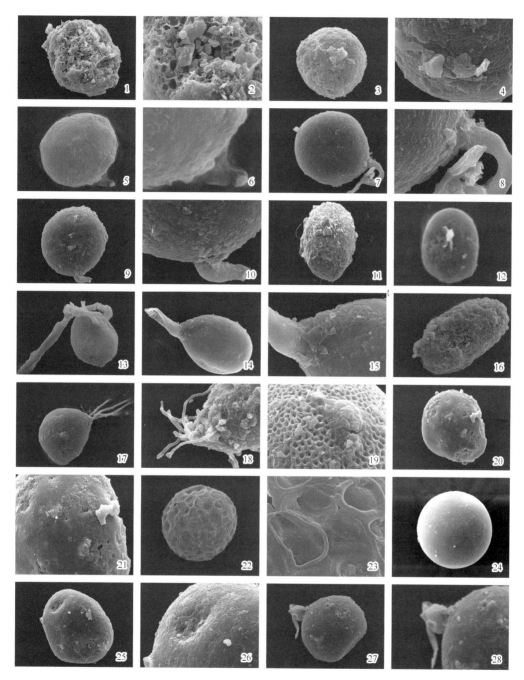

图 4-12　沙棘根围部分 AM 真菌孢子扫描电镜图

1，2. 网状球囊霉；3，4. 黑球囊霉；5，6. 摩西管柄囊霉；7，8. 地管柄囊霉；9，10. 缩隔球囊霉；11. 黏质隔球囊霉；
12. 近明球囊霉；13. 地表球囊霉；14，15. 沙荒隔球囊霉；16. 长孢球囊霉；17，18. 多梗球囊霉；19. 细凹无梗囊霉；
20，21. 疣状无梗囊霉；22，23. 双网无梗囊霉；24. 光壁无梗囊霉；25，26. 凹坑无梗囊霉；27，28. 美丽盾巨孢囊霉

四、土壤因子的生态功能

2009 年样品分析结果（表 4-28）显示，AM 菌丝定殖率、泡囊定殖率、总定殖率及

孢子密度与所测土壤因子（酸性磷酸酶除外）均显著或极显著正相关；丛枝定殖率仅与土壤碱解氮和脲酶显著正相关。

表 4-28　沙棘根围 AM 真菌定殖与土壤因子的相关性

指标	土壤 pH	有机质	碱解氮	有效磷	脲酶	酸性磷酸酶	碱性磷酸酶
泡囊定殖率	0.555**	0.766**	0.786**	0.704**	0.582**	0.024	0.655**
丛枝定殖率	0.193	0.206	0.318*	0.103	0.326*	0.281	0.212
菌丝定殖率	0.669**	0.819**	0.818**	0.595**	0.543**	0.130	0.751**
总定殖率	0.743**	0.820**	0.831**	0.602**	0.496**	0.109	0.760**
孢子密度	0.337*	0.769**	0.734**	0.620**	0.704**	0.085	0.643**

第五节　沙打旺丛枝菌根真菌时空分布特征

一、样地概况和样品采集

（一）沙打旺样地概况

在毛乌素沙地南缘选取 13 个样地，其中 5 月 5 个样地，分别是宁夏盐池（37°48′N，107°23′E）、陕西定边（37°31′N，107°49′E）、陕西安边（37°29′N，108°12′E）、陕西宁条梁（37°31′N，108°51′E）、陕西塔湾（37°21′N，109°3′E）；8 月 4 个样地，即陕西靖边（37°56′N，109°6′E）、宁夏盐池（37°48′N，107°23′E）、内蒙古包头（40°45′N，108°39′E）、内蒙古集宁（40°56′N，113°34′E）；10 月 4 个样地，即内蒙古达拉特旗（40°13′N，109°57′E）、宁夏盐池沙地旱生灌木园（37°48′37″N，107°23′39″E）、宁夏盐池城西（37°59′N，107°3′E）、内蒙古呼和浩特（39°48′N，112°23′E）。该地区土壤主要为风沙土，以固定和半固定沙丘为主。海拔 1020～1450m，年均温 6.0～8.5℃，年降水量 250～440mm，主要集中于 7～9 月，年均蒸发量 2000mm。

（二）样品采集

2007 年 5 月、8 月和 10 月从所选样地随机选取 5 株沙打旺植株，距植株 0～30cm 处挖土壤剖面，按 0～10cm、10～20cm、20～30cm、30～40cm、40～50cm 共 5 个土层采集根样和土样，将土样装入隔热性能良好的塑料袋密封，带回实验室自然风干，过 2mm 筛，收集土样和根样，以备土壤成分和菌根测定分析。

二、丛枝菌根真菌定殖和物种多样性分析方法

AM 真菌孢子分离鉴定、AM 真菌多样性、AM 真菌定殖率和土壤因子测定方法同第一节。

三、沙打旺丛枝菌根真菌时空异质性特征

（一）AM 真菌定殖率和孢子密度

2007 年 5 月不同样地样品测定结果表明，土壤采样深度对 AM 真菌孢子密度和定

殖率有显著影响,最高定殖率和最大孢子密度均出现在 10～30cm 土层,孢子密度和定殖率随土层深度增加而下降。孢子密度在定边样地最高,明显高于其他样地;菌丝定殖率和总定殖率在塔湾样地最高,泡囊定殖率在宁条梁和塔湾样地高于其他样地(表 4-29)(白春明,2009;Bai et al.,2009)。

表 4-29　毛乌素沙地沙打旺根围 AM 真菌孢子密度和定殖空间分布(2007 年 5 月)

样地	土层/cm	菌丝定殖率/%	泡囊定殖率/%	丛枝定殖率/%	总定殖率/%	孢子密度/(个/20g 土)
宁夏盐池	0～10	73.8a	33.7b	5.4b	76.4a	47.4a
	10～20	77.6a	25.7b	6.7b	79.8a	27.2a
	20～30	79.7a	40.3a	17.3a	83.6a	25.2a
	30～40	69.5b	28.4b	7.6b	71.9b	14.2b
	40～50	77.6a	40.1a	4.6b	81.3a	16.6b
	平均值	75.6AB	33.6B	8.3A	78.6A	26.1C
陕西定边	0～10	46.2b	37.6b	2.8b	48.9b	208.2b
	10～20	71.9a	56.4a	9ab	76.3a	186.2b
	20～30	68.3a	46.6a	13a	72.3a	189.2b
	30～40	68.9a	43.8b	11.4a	72.6a	363.0a
	40～50	54.7b	34.9b	0c	57b	305.0a
	平均值	62.0C	43.9AB	7.2A	65.4B	250.3A
陕西安边	0～10	77.3a	46.9a	0a	80.4a	4.8b
	10～20	79.1a	35.7b	0a	81.5a	14.5a
	20～30	82.3a	52.9a	0a	85.9a	7.5b
	30～40	67.1b	17.1c	0a	68.3b	16.5a
	40～50	60b	36.6b	0a	75.6ab	10.6c
	平均值	73.2AB	37.8B	0B	80.9A	10.8C
陕西宁条梁	0～10	76.1a	64.2a	12.3a	79.9a	79.0a
	10～20	74.9a	54b	10.3a	73.9a	69.2a
	20～30	69.6a	45bc	3.1b	71.3a	46.0b
	30～40	68.1a	33.7c	7.5ab	50.2b	39.8b
	40～50	47.5b	50.7a	9.9a	71.3b	62.6bc
	平均值	67.2BC	49.5C	8.6A	69.3B	59.3B
陕西塔湾	0～10	64.9b	50.1b	0a	89.4a	102.4b
	10～20	86.1a	76.4a	0a	96.9a	89.4b
	20～30	91.8a	55b	0a	77.9ab	73.4bc
	30～40	74.3ab	53.4a	0a	82.2ab	30.0c
	40～50	78.7ab	52.1a	0a	82.7a	103.6b
	平均值	79.2A	57.4B	0B	85.8AB	79.8B

注:同列数据后不含有相同小写字母的表示同一样地不同土层之间差异显著($P<0.05$),同列数据后不含有相同大写字母的表示不同样地 5 个土层平均值差异显著($P<0.05$)

2007 年 8 月不同样地样品分析结果显示,样地和土壤深度对 AM 真菌孢子密度与定殖有明显影响。AM 真菌平均总定殖率为 81.9%,平均孢子密度为 124.8 个/20g 土(表 4-30)。

表4-30 沙打旺根围 AM 真菌孢子密度和定殖空间分布（2007 年 8 月）

样地	土层/cm	菌丝定殖率/%	泡囊定殖率/%	丛枝定殖率/%	总定殖率/%	孢子密度/（个/20g 土）
陕西靖边	0～10	69.3Bb	45.8Ba	9.7Bc	73.0Bb	177.2Ab
	10～20	71.9Bb	60.5Aa	25.7Ab	77.6ABb	142.6Aa
	20～30	72.6Abb	57.1Aa	28.5Ab	78.3Abb	71.2Bb
	30～40	76.8Ab	64.8Aa	13.5Bb	82.0Ab	59.4Bb
	40～50	69.4Bb	59.1Aa	16.5Bc	74.4Bb	63.0Bb
	平均值	72.0a	57.5a	18.8c	77.0b	102.7ab
宁夏盐池	0～10	72.8Bb	50.2Aa	33.3Bb	78.3Bb	270.6Aa
	10～20	82.1Aa	45.1Ab	44.2Aa	88.1Aa	186.2Bb
	20～30	86.1Aa	43.6Abb	47.4Aa	92.2Aa	201.6Bb
	30～40	71.6Bc	37.7Bc	34.2Ba	76.3Bc	81.6Cb
	40～50	65.7Cb	31.9Bc	26.5Bb	69.6Cb	66.4Cb
	平均值	75.7a	41.7b	37.1ab	80.9ab	161.3a
内蒙古包头	0～10	82.4Aa	48.1Aa	58.2Aa	89.5Aa	72.2Ac
	10～20	81.5Aa	44.2Bb	49.0Aba	87.7Aa	38.4Bb
	20～30	82.8Aa	42.5Bb	52.2Aa	89.1Aa	32.8Bb
	30～40	82.9Aa	50.8Ab	39.9Ba	88.9Aa	24.0BCc
	40～50	74.9Ba	48.2Ab	35.7Ba	80.5Ba	188.0Cc
	平均值	80.9a	46.8b	47.0b	87.1a	71.1b
内蒙古集宁	0～10	80.4Aa	32.8Bb	29.5Bb	84.6Aab	156.2Bb
	10～20	73.1Bb	35.1Bc	28.0Bb	77.3Ab	168.0Ba
	20～30	80.2Aab	37.8Bb	35.9Ab	85.1Aa	155.8Bab
	30～40	78.1Ab	46.1Ab	30.6Ba	83.1Aa	206.0Aa
	40～50	78.3Aa	49.3Ab	26.3Bb	83.3Aa	135.0Ba
	平均值	78.0a	40.2b	30.1b	82.7ab	164.2a

注：同列数据不含有相同大写字母的表示同一样地不同土层之间差异显著（P＜0.05）；同列数据不含有相同小写字母的表示同一土层不同样地之间差异显著（P＜0.05）

2007 年 10 月不同样地样品测定结果表明，不同样地之间 AM 真菌孢子密度和不同结构定殖率都有不同程度的差异（表4-31）。

表4-31 不同样地沙打旺根围 AM 真菌孢子密度和定殖率空间分布（2007 年 10 月）

样地	孢子密度/（个/20g 土）	泡囊定殖率/%	丛枝定殖率/%	菌丝定殖率/%	总定殖率/%
内蒙古达拉特旗	517a	53.2a	34.3a	80.1a	85.9a
内蒙古呼和浩特	257c	41.4b	10.2c	57.8b	61.2c
宁夏盐池沙地旱生灌木园	450b	41.1b	30.5a	80.2a	84.9a
宁夏盐池城西	215c	39.0b	17.3b	73.2a	76.9b

注：同列数据不同小写字母表示不同样地之间差异显著（P＜0.05）

（二）AM 真菌物种多样性和生态分布

从不同样地沙打旺根围土壤共分离鉴定 8 属 18 种 AM 真菌，即卷曲球囊霉（*Glomus*

convolutum），长孢球囊霉（*G. dolichosporum*），斑点球囊霉（*G. maculosum*），膨果球囊霉（*G. pansihalos*），单孢球囊霉（*G. monosporum*）；膨胀无梗囊霉（*Acaulospora dilatata*），孔窝无梗囊霉（*A. foveata*），皱壁无梗囊霉（*A. rugosa*），瑞氏无梗囊霉（*A. rehmii*），双网无梗囊霉（*A. bireticulata*）；美丽盾巨孢囊霉（*Scutellospora calospora*），透明盾巨孢囊霉（*Scu. pellucida*）；易误巨孢囊霉（*Gigaspora decipiens*）；近明球囊霉（*Claroideoglomus claroideum*）；缩隔球囊霉（*Septoglomus constrictum*）；摩西管柄囊霉（*Funneliformis mosseae*），苏格兰管柄囊霉（*F. caledonium*）；透光根孢囊霉（*Rhizophagus diaphanum*）。

AM 真菌孢子在各个样地均有分布，其中透光根孢囊霉、摩西管柄囊霉和瑞氏无梗囊霉分布最为广泛；分离频度均大于 50%，为沙打旺根围 AM 真菌优势种。卷曲球囊霉、长孢球囊霉、苏格兰球囊霉、膨胀无梗囊霉和透明盾巨孢囊霉分离频率均小于 20%，为沙打旺根围 AM 真菌的偶见种。其余种类为常见种。

从样地 AM 真菌种属分布来看，塔湾样地 AM 真菌种类最为丰富，有 8 属 16 种；包头、达拉特旗、呼和浩特、定边、安边、靖边和盐池城西样地分别有 14 种，其余样地均为 15 种。但是具体的种在不同样地的分布亦有差别，其中透光根孢囊霉、单孢球囊霉、摩西管柄囊霉和瑞氏无梗囊霉在所有样地均有发现，且摩西管柄囊霉分离频率为73.2%，透光根孢囊霉为 52.1%，瑞氏无梗囊霉为 64.8%，均为优势种（表 4-32，图 4-13）。

表 4-32　不同样地沙打旺根围 AM 真菌种类分布

AM 真菌种类	频度/%	1	2	3	4	5	6	7	8	9	10	11	12	13
双网无梗囊霉 *A. bireticulata*	22.3	–	+	+	+	+	–	+	+	+	+	–	+	+
膨胀无梗囊霉 *A. dilatata*	6.1	+	+	+	+	–	+	–	–	+				
孔窝无梗囊霉 *A. foveata*	21.8	+	–	+	–	+	+		+		+		+	+
瑞氏无梗囊霉 *A. rehmii*	64.8	+	+	+	+	+	+	+	+	+	+	+	+	+
皱壁无梗囊霉 *A. rugosa*	46.3	+	+	+	+	–	+	+	+	+	+	+	+	+
近明球囊霉 *Cl. claroideum*	47.3	+	+	+	+	+	+	+	+		+		+	+
苏格兰管柄囊霉 *F. caledonium*	17.8	+	+	+	+	+	+							+
摩西管柄囊霉 *F. mosseae*	73.2	+	+	+	+	+	+	+	+	+	+	+	+	+
卷曲球囊霉 *G. convolutum*	11.2	–	+	+	+		–	+				+		+
长孢球囊霉 *G. dolichosporum*	15.4	+	+	+	+			+	+					+
斑点球囊霉 *G. maculosum*	28.6	+	+	+	+	+	+		+		+		+	+
单孢球囊霉 *G. monosporum*	45.7	+	+	+	+	+	+	+	+	+	+	+	+	+
膨果球囊霉 *G. pansihalos*	39.2	+	+	+	+	+	+	+		+		+		+
易误巨孢囊霉 *Gi. decipiens*	43.1	+	+	+	+	+	+	+	+		+		+	+
透光根孢囊霉 *Rh. diaphanum*	52.1	+	+	+	+	+	+	+	+	+	+	+	+	+
美丽盾巨孢囊霉 *Scu. calospora*	25.0	+	+	+	+	+	+							+
透明盾巨孢囊霉 *Scu. pellucida*	12.3	+		+			+							+
缩隔球囊霉 *Sep. constrictum*	39.5	+	+	+	+	+	+		+	+		+		+

注：表头数字 1～13 分别代表不同样地，1. 盐池沙地旱生灌木园（5 月），2. 定边，3. 安边，4. 宁条梁，5. 塔湾（5 月），6. 盐池沙地旱生灌木园（8 月），7. 靖边，8. 包头，9. 集宁（8 月），10. 达拉特旗，11. 盐池沙地旱生灌木园（10 月），12. 盐池城西，13. 呼和浩特（10 月）

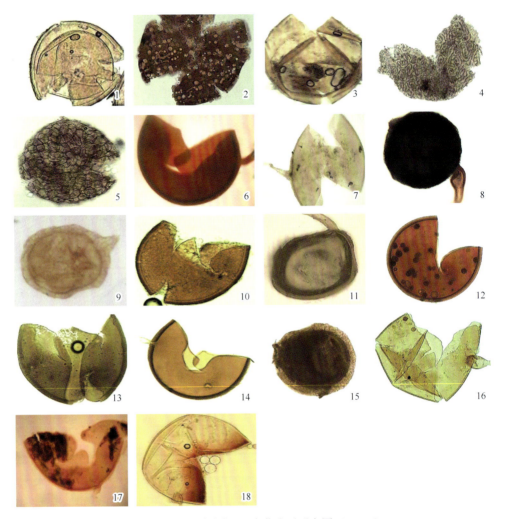

图 4-13　沙打旺根围 AM 真菌孢子形态图（×400）

1. 膨胀无梗囊霉；2. 孔窝无梗囊霉；3. 皱壁无梗囊霉；4. 瑞氏无梗囊霉；5. 双网无梗囊霉；6. 苏格兰管柄囊霉；
7. 近明球囊霉；8. 缩隔球囊霉；9. 卷曲球囊霉；10. 透光根孢囊霉；11. 长孢球囊霉；12. 斑点球囊霉；13. 单孢球囊霉；
14. 摩西管柄囊霉；15. 膨果球囊霉；16. 易误巨孢囊霉；17. 美丽盾巨孢囊霉；18. 透明盾巨孢囊霉

四、土壤因子的生态功能

相关性分析结果表明（表 4-33），AM 真菌孢子密度与土壤有机质、碱解氮、脲酶、酸性磷酸酶极显著正相关，与土壤 pH 极显著负相关；丛枝定殖率、泡囊定殖率、菌丝定殖率、总定殖率分别与有机质、有效磷、蛋白酶极显著正相关，与碱解氮显著负相关（白春明等，2009）。

表 4-33　沙打旺 AM 真菌定殖与土壤因子的相关性

指标	土壤 pH	有机质	有效磷	碱解氮	脲酶	蛋白酶	酸性磷酸酶
孢子密度	−0.180[**]	0.191[**]	0.093	0.330[**]	0.214[**]	−0.058	0.294[**]
泡囊定殖率	0.061	0.346[**]	0.230[**]	−0.129[*]	0.043	0.468[**]	−0.037

续表

指标	土壤 pH	有机质	有效磷	碱解氮	脲酶	蛋白酶	酸性磷酸酶
丛枝定殖率	0.087	0.223[**]	0.283[**]	−0.124[*]	−0.018	0.348[**]	−0.055
菌丝定殖率	0.109	0.313[**]	0.287[**]	−0.138[*]	0.068	0.473[**]	−0.041
总定殖率	0.113	0.319[**]	0.304[**]	−0.213[*]	0.097	0.485[**]	−0.039

第五章 荒漠植物种类与丛枝菌根真菌的相关性

第一节 同一荒漠环境不同豆科植物丛枝菌根真菌定殖和群落组成

一、样地概况和样品采集

（一）样地概况

本试验选取位于毛乌素沙地南缘的陕西榆林和内蒙古鄂尔多斯共 10 个样地，研究区域是典型荒漠化地区，海拔 1200～1500m，温带大陆性气候，年降水量约 60%集中在 7～9 月。土壤主要为风沙土，以固定和半固定沙丘为主，植被类型以耐寒、耐旱、耐风蚀的干草原和沙生植物为主。

（二）样品采集

2005 年 7 月从各样地选取草木樨（*Melilotus suaveolens*）、胡枝子（*Leapedeza bicolor*）和沙打旺（*Astragalus adsurgens*），3 种豆科植物之间相距 100m。每种植物分别随机选取 5 株植株，距植株 0～20cm 处采集 0～30cm 土层土样和根样，将土样装入塑料袋密封并带回实验室，过 2mm 筛后收集土样和根样，以备土壤成分和菌根测定分析。

二、丛枝菌根真菌定殖和物种多样性分析方法

AM 真菌孢子分离鉴定、AM 真菌多样性和 AM 真菌定殖率测定方法同第四章第一节。

三、豆科植物丛枝菌根真菌定殖和群落组成

（一）AM 真菌定殖率和孢子密度

3 种植物 AM 真菌平均总定殖率为 51.4%，菌丝定殖率为 41.3%，泡囊定殖率为 22.2%，丛枝定殖率仅为 2.2%，定殖强度为 12.0%，孢子密度为 60.1 个/20g 土。说明毛乌素沙地 3 种豆科植物能与 AM 真菌形成良好共生关系，但不同种之间或同种植物不同样地之间定殖率和孢子密度差异显著。定殖强度在 3 种植物间有明显差异，由高到低依次为胡枝子、沙打旺和草木樨，其中胡枝子定殖强度显著高于草木樨；胡枝子和沙打旺的泡囊定殖率显著高于草木樨，但在胡枝子和沙打旺之间无显著差异；胡枝子和沙打旺的丛枝定殖率无显著差异，但都显著高于草木樨；菌丝定殖率和总定殖率在 3 种豆科植物之间差异不显著；孢子密度在胡枝子根围最高，平均为 67.8 个/20g 土，显著高于沙打

旺根围（表 5-1，表 5-2）（赵莉，2007）。

表 5-1 毛乌素沙地不同样地豆科植物根围 AM 真菌定殖和孢子密度

寄主	样地	菌丝定殖率/%	泡囊定殖率/%	丛枝定殖率/%	总定殖率/%	定殖强度/%	孢子密度/（个/20g 土）
草木樨	中国科学院鄂尔多斯沙地草地生态研究站	46.2b	20.4a	0.30b	57.9a	11.3ab	179.0a
	鄂尔多斯姑子梁	47.1b	20.6a	1.03a	56.4a	12.0ab	38.2d
	鄂尔多斯市郊	43.9b	19.8a	1.23a	50.9a	9.0ab	22.2de
	神木大柳塔	66.9a	17.0a	1.23a	70.1a	12.0ab	19.8e
	横山城郊	15.8d	15.9a	0.30b	20.2c	10.0ab	32.0d
	绥德城郊	30.0bc	7.40b	1.02a	34.6bc	8.0b	75.6bc
	靖边城郊	37.9bc	2.74c	1.22a	39.7b	9.0ab	109.8b
	靖边小河镇	46.5b	2.29c	1.03a	48.8b	15.0a	58.0c
	靖边宁条梁	51.7b	14.3a	0.30b	54.9a	11.1ab	32.4d
胡枝子	中国科学院鄂尔多斯沙地草地生态研究站	60.3a	21.2a	2.00bc	68.7a	13.0a	35.6c
	鄂尔多斯市郊	24.6c	33.3ab	3.33b	46.7b	12.0a	85.2b
	神木大柳塔	65.5a	27.4ab	0.83d	69.5a	15.0a	39.8c
	横山城郊	36.6bc	41.9a	3.44b	58.0ab	14.0a	17.8cd
	靖边城郊	25.2c	36.9a	6.92a	51.5ab	14.0a	174.2a
	绥德城郊	43.0b	30.1b	1.66c	48.4b	12.0a	78.6b
	靖边小河镇	36.8bc	19.6c	0.83d	47.9b	13.0a	85.6b
	靖边安边镇	23.8c	17.4c	0.83d	40.0c	12.0a	26.0c
沙打旺	靖边安边镇	53.9a	48.2a	6.07a	68.6a	16.0a	19.4b
	鄂尔多斯姑子梁	34.9b	22.8b	1.37bc	47.1b	8.0b	16.4b
	横山城郊	42.7ab	15.6b	1.66b	52.2b	11.0ab	18.0b
	靖边城郊	38.5ab	27.7b	0.83c	46.7b	13.0ab	56.2a
	靖边小河镇	37.5ab	26.2b	6.12a	51.9b	14.0a	60.8a

注：表中数据为 AM 真菌定殖各项指标 5 次重复的平均值；同列数据后不含有相同小写字母的表示同一寄主植物在不同样地差异显著（$P<0.05$），下表同

表 5-2 毛乌素沙地不同豆科植物根围 AM 真菌定殖和孢子密度

寄主	菌丝定殖率/%	泡囊定殖率/%	丛枝定殖率/%	总定殖率/%	定殖强度/%	孢子密度/（个/20g 土）
草木樨	42.9a	13.4b	0.85b	48.2a	10.0b	63.0a
胡枝子	39.5a	28.5a	2.27a	53.9a	13.0a	67.8a
沙打旺	41.5a	28.1a	3.21a	53.3a	12.0ab	34.2b

注：表中草木樨的数据为 AM 真菌定殖各项指标 36 次重复的平均值，胡枝子的数据为 32 次重复的平均值，沙打旺的数据为 20 次重复的平均值

（二）AM 真菌群落组成和生态分布

从 88 个土壤样品中共分离鉴定 7 属 17 种 AM 真菌，即膨胀无梗囊霉（*A. dilatata*），凹坑无梗囊霉（*A. excavata*），孔窝无梗囊霉（*A. foveata*），波兰无梗囊霉（*A. polonica*），

皱壁无梗囊霉（*A. rugosa*），卷曲球囊霉（*G. convolutum*），长孢球囊霉（*G. dolichosporum*），斑点球囊霉（*G. maculosum*），单孢球囊霉（*G. monosporum*），膨果球囊霉（*G. pansihalos*），网状球囊霉（*G. reticulatum*）；近明球囊霉（*Cl. claroideum*）；摩西管柄囊霉（*F. mosseae*），苏格兰管柄囊霉（*F. caledonium*）；易误巨孢囊霉（*Gi. decipiens*）；透光根孢囊霉（*Rh. diaphanum*）；缩隔球囊霉（*Sep. constrictum*）（表 5-3）。

表 5-3　毛乌素沙地不同豆科植物根围 AM 真菌种类分布

AM 真菌种类	寄主植物		
	草木樨	胡枝子	沙打旺
膨胀无梗囊霉 *A. dilatata*	+	−	+
凹坑无梗囊霉 *A. excavata*	+	+	−
孔窝无梗囊霉 *A. foveata*	+	+	+
波兰无梗囊霉 *A. polonica*	+	+	+
皱壁无梗囊霉 *A. rugosa*	−	+	+
近明球囊霉 *Cl. claroideum*	+	+	+
卷曲球囊霉 *G. convolutum*	+	+	+
长孢球囊霉 *G. dolichosporum*	−	+	+
斑点球囊霉 *G. maculosum*	+	+	+
单孢球囊霉 *G. monosporum*	−	−	+
膨果球囊霉 *G. pansihalos*	+	+	+
网状球囊霉 *G. reticulatum*	+	−	+
摩西管柄囊霉 *F. mosseae*	+	+	+
苏格兰管柄囊霉 *F. caledonium*	+	+	+
易误巨孢囊霉 *Gi. decipiens*	+	−	+
透光根孢囊霉 *Rh. diaphanum*	+	+	+
缩隔球囊霉 *Sep. constrictum*	+	+	+

注："−"表示未检测到或没有分布，下同

　　球囊霉属真菌是毛乌素沙地豆科植物根围优势属，无梗囊霉属是常见属，其中孔窝无梗囊霉、波兰无梗囊霉、近明球囊霉、摩西管柄囊霉、苏格兰管柄囊霉、卷曲球囊霉、斑点球囊霉、膨果球囊霉、透光根孢囊霉和缩隔球囊霉在不同寄主根围均有分布，而其余种类仅分布于一种或两种寄主根围土壤。说明 AM 真菌种类分布和对寄主植物的定殖具有相互选择性与生态适应性。

第二节　不同荒漠环境豆科植物丛枝菌根真菌定殖和群落组成

一、样地概况和样品采集

（一）样地概况

　　在毛乌素沙地和腾格里沙漠选取 14 个样地，研究区域是典型的荒漠化地区，海拔1160～1592m，温带大陆性气候，年降水量约 60%集中在 7～9 月。土壤主要为风沙土，以固定和半固定沙丘为主，植被类型以耐寒、耐旱、耐风蚀干草原和沙生植物为主。具体采样信息如表 5-4 所示。

表 5-4　采样地信息及寄主植物

沙漠	采样地点	纬度	经度	海拔/m	寄主植物
腾格里沙漠	内蒙古阿拉善左旗	37°43′573″N	104°58′99″E	1357	蒙古沙冬青
	宁夏沙坡头	37°26′906″N	104°47′699″E	1264	蒙古沙冬青
	宁夏沙坡头	37°56′199″N	104°48′406″E	1592	蒙古沙冬青
	宁夏沙坡头	37°26′21.5″N	104°48′18.6″E	1590	蒙古沙冬青
	宁夏沙坡头	37°26′392″N	104°56′171″E	1350	猫头刺
	宁夏沙坡头	37°56′199″N	104°48′406″E	1592	猫头刺
	宁夏中宁城郊	37°23′51.6″N	105°36′51.1″E	1240	猫头刺
毛乌素沙地	陕西定边	37°38′51.0″N	107°31′54.0″E	1320	乌拉尔甘草
	宁夏盐池	37°57′419″N	107°6′306″E	1424	乌拉尔甘草
	宁夏盐池	38°4′403″N	106°57′331″E	1440	乌拉尔甘草
	宁夏盐池沙地旱生灌木园	37°48′37.2″N	107°23′39.0″E	1550	乌拉尔甘草
	宁夏盐池	37°54′333″N	107°10′54″E	1460	乌拉尔甘草
	宁夏盐池	37°59′129″N	107°3′674″E	1415	乌拉尔甘草
	宁夏盐池	37°30′795″N	107°49′726″E	1404	乌拉尔甘草

（二）样品采集

2007 年 5 月、8 月、10 月在不同样地随机选取豆科植物猫头刺、蒙古沙冬青和乌拉尔甘草各 5 株，在寄主植物根围 0～30cm 处挖土壤剖面，按 0～10cm、10～20cm、20～30cm、30～40cm、40～50cm 共 5 个土层分别采集根围土样和根样，每个土样重复 5 次，编号装入塑料袋密封，带回实验室，过 2mm 筛，收集土样和根样，以备土壤成分和菌根测定分析。

二、丛枝菌根真菌定殖和物种多样性分析方法

AM 真菌孢子分离鉴定、物种多样性和定殖率测定方法同第四章第一节。

三、豆科植物丛枝菌根真菌定殖和群落组成

（一）猫头刺根围 AM 真菌定殖率和孢子密度

由表 5-5 可知，5 月、8 月、10 月猫头刺根围孢子密度均在 0～10cm 土层有最大值，随土壤深度增加而下降。3 个月份丛枝定殖率最高值均在 10～20cm 土层，随土壤深度增加而下降；同一采样时期 10～20cm 土层丛枝定殖率显著高于其余土层。泡囊定殖率随土壤深度变化不规律。5 月和 8 月最大值在 20～30cm 土层，10 月在 10～20cm 土层定殖程度最高。同一土层，10 月 10～30cm、40～50cm 土层泡囊定殖率显著高于 5 月和 8 月。同一月份菌丝定殖率和总定殖率变化趋势基本一致，随土壤深度增加而不断上升，在 20～30cm 土层达最大值，之后随土壤深度增加而下降。同一土层不同月份间定殖率变化不规律（刘雪伟和贺学礼，2008；刘雪伟，2009）。

表 5-5　猫头刺根围 AM 真菌定殖率和孢子密度时空分布

月份	土层/cm	泡囊定殖率/%	丛枝定殖率/%	菌丝定殖率/%	总定殖率/%	孢子密度/（个/20g 土）
5 月	0～10	17.08bB	0.00bB	92.81aA	92.81aA	233.4aB
	10～20	23.54abB	3.20aA	95.04aA	95.13aA	74.4bB
	20～30	34.49aB	0.00bA	97.05aA	97.11aA	123.6bA
	30～40	31.05aA	0.00bB	82.48bA	86.32bA	112.4bA
	40～50	29.31abB	0.00bA	92.06aA	92.17aA	184.4aA
	平均值	27.09	0.64	91.89	92.71	145.6
8 月	0～10	29.57abA	1.36abA	88.62abAB	88.62abAB	557.4aA
	10～20	22.41bB	2.61aA	91.10aA	91.10aA	126.0bA
	20～30	39.37aAB	0.80bA	97.80aA	97.80aA	60.8bB
	30～40	23.43bB	0.00bB	78.39bA	79.14bB	78.6bA
	40～50	23.28bB	0.00bA	61.47bB	62.00bB	94.0bB
	平均值	27.61	0.95	83.48	83.73	183.4
10 月	0～10	21.82bAB	1.04abA	68.82bB	68.82bB	424.8aAB
	10～20	49.03aA	2.09aA	95.33aA	95.33aA	102.8bA
	20～30	45.15aA	0.00bA	96.70aA	96.70aA	109.2bA
	30～40	22.41bB	1.85aA	88.14abA	88.14abA	139.8bA
	40～50	43.41aA	0.00bA	91.81aA	91.81aA	89.0bB
	平均值	36.36	0.10	88.16	88.16	173.1

注：同列数据后不含有相同小写字母的表示相同月份不同土层之间在 0.05 水平差异显著，同列数据后不含有相同大写字母的表示同一土层不同月份之间在 0.05 水平差异显著。下同

（二）蒙古沙冬青根围 AM 真菌定殖和孢子密度

孢子密度在 8 月最高，平均为 266.0 个/20g 土，8 月和 10 月孢子密度显著高于 5 月；5 月孢子密度在 0～40cm 和 40～50cm 土层差异显著，8 月 0～30cm 土层孢子密度显著高于其他土层，30～40cm 土层显著高于 40～50cm 土层，10 月 0～20cm 土层显著高于其他土层。8 月泡囊定殖率显著高于 5 月和 10 月，5 月和 10 月间无显著差异；5 月泡囊定殖率在 10～40cm 土层显著高于 40～50cm 土层，8 月 10～30cm 和 0～10cm 土层差异显著，10 月 0～30cm 土层显著高于 30～50cm 土层；3 个月份最高泡囊定殖率均在 20～30cm 土层。丛枝定殖率随月份增加而升高，各月份间差异不显著；最高定殖率是 10 月 20～30cm 土层，8 月和 10 月丛枝普遍存在于 10～30cm 土层；3 个月份 0～10cm 和 30～50cm 土层均未见丛枝定殖。菌丝定殖率随月份增加而升高；10 月显著高于 5 月，与 8 月差异不显著；3 个月份菌丝均在 0～20cm 土层定殖率较高，并随土层加深而下降，最高定殖率在 10 月 10～20cm 土层。总定殖率与菌丝定殖率变化规律一致（表 5-6）（刘雪伟，2009；贺学礼等，2010a）。

表5-6　蒙古沙冬青根围 AM 真菌定殖率和孢子密度时空分布

月份	土层/cm	泡囊定殖率/%	丛枝定殖率/%	菌丝定殖率/%	总定殖率/%	孢子密度/（个/20g 土）
5 月	0～10	16.35bAB	0.00aa	81.57aA	82.36aA	157.2aC
	10～20	22.51aB	0.00aC	69.65bB	69.66bB	150.2aB
	20～30	23.22aB	0.00aC	69.63bA	69.63bA	134.0aB
	30～40	21.96aA	0.00aA	62.35bB	62.35bB	134.4aB
	40～50	15.45bB	0.00aA	52.47bB	52.47bB	89.6bB
	平均值	19.90	0.00	67.13	67.29	127.1
8 月	0～10	10.44bB	0.00bA	82.93aA	82.93aA	302.4aA
	10～20	35.08aA	1.00aA	88.44aA	88.44aA	292.6aA
	20～30	37.92aA	0.52abB	70.55aA	70.55aA	307.8aA
	30～40	24.85abA	0.00bA	73.07aA	73.07aA	161.2bA
	40～50	29.46abA	0.00bA	58.16bB	58.16bB	89.8cB
	平均值	27.55	0.30	74.63	74.63	266.0
10 月	0～10	21.08aA	0.00cA	84.84abA	84.84abA	210.2aB
	10～20	20.55aB	0.49bB	90.60aA	90.60aA	283.4aA
	20～30	26.43aB	1.86aA	79.64bA	79.64bA	178.6bB
	30～40	12.93bB	0.00cA	79.87bA	79.87bA	136.6bA
	40～50	8.56bC	0.00cA	79.00bA	79.00bA	155.2bA
	平均值	20.25	0.47	82.79	82.79	192.8

（三）乌拉尔甘草根围 AM 真菌定殖率和孢子密度

乌拉尔甘草根围孢子密度随月份增加而升高，各月份之间差异不显著；5月和8月孢子密度随土层加深而下降，5月和8月0～20cm 土层显著高于20～30cm 土层，10月孢子密度随土层加深先升后降，最高值在 10～20cm 土层，显著高于其他土层。8月泡囊定殖率显著高于5月和10月，5月和10月之间无显著差异；5月泡囊定殖率随土层加深而下降，0～10cm 和 20～30cm 土层差异显著；8月最高泡囊定殖率在 10～20cm 土层，显著高于其他土层；10月各土层之间无显著差异。5月丛枝仅见于 0～20cm 土层，最高值仅为 1.03%，8月和10月各土层均未观测到丛枝定殖。菌丝定殖率在8月有最高值，显著高于其他月份，10月显著高于5月；3个月份菌丝定殖率均随土层加深而升高，最高定殖率在8月的 20～30cm 土层。总定殖率与菌丝定殖率变化规律一致（表5-7）（刘雪伟，2009）。

表5-7　乌拉尔甘草根围 AM 真菌定殖率和孢子密度时空分布

月份	土层/cm	泡囊定殖率/%	丛枝定殖率/%	菌丝定殖率/%	总定殖率/%	孢子密度（个/20g 土）
5 月	0～10	17.76aA	0.22bA	46.76aB	46.76aB	338.6aB
	10～20	15.78abB	1.03aA	49.65aB	49.65aB	308.0aB
	20～30	10.76bB	0.00bA	55.49bB	55.49bB	222.6bB
	平均值	14.77	0.42	50.63	50.63	289.7

续表

月份	土层/cm	泡囊定殖率/%	丛枝定殖率/%	菌丝定殖率/%	总定殖率/%	孢子密度（个/20g 土）
8 月	0～10	15.46bA	0.00aA	82.22aA	82.22aA	460.8aA
	10～20	26.17aA	0.00aB	88.50aA	88.50aA	348.2aB
	20～30	19.31bA	0.00aA	88.93aA	88.93aA	277.2bA
	平均值	20.31	0.00	86.55	86.55	362.1
10 月	0～10	14.65aA	0.00aA	73.13bA	73.13bA	369.4bB
	10～20	16.53aB	0.00aB	76.59bA	76.59bA	402.4aA
	20～30	17.34aA	0.00aA	84.79aA	84.79aA	365.6bA
	平均值	16.17	0.00	78.17	78.17	379.1

（四）豆科植物丛枝菌根真菌群落组成和生态分布

从 14 个样地土壤样品中共分离 AM 真菌 6 属 25 种，已鉴定 19 种，即双网无梗囊霉（*A. bireticulata*）、孔窝无梗囊霉（*A. foveata*）、詹氏无梗囊霉（*A. gerdemannii*）、蜜色无梗囊霉（*A. mellea*）、瑞氏无梗球囊霉（*A. rehmii*）、细凹无梗囊霉（*A. scrobiculata*）、波状无梗囊霉（*A. undulata*），近明球囊霉（*Cl. claroideum*）、地管柄囊霉（*F. geosporum*）、摩西管柄囊霉（*F. mosseae*）、卷曲球囊霉（*G. convolutum*）、长孢球囊霉（*G. dolichosporum*）、海得拉巴球囊霉（*G. hyderabadensis*）、微丛球囊霉（*G. microaggregatum*）、网状球囊霉（*G. reticulatum*）、美丽盾巨孢囊霉（*Scu. calospora*）、黑色盾巨孢囊霉（*Scu. nigra*）、透明盾巨孢囊霉（*Scu. pellucida*）、缩隔球囊霉（*Sep. constrictum*），尚有 6 个未定种。

在已鉴定的 19 种 AM 真菌中，无梗囊霉属有 7 种，球囊霉属有 5 种，为优势属；地管柄囊霉、摩西管柄囊霉、美丽盾巨孢囊霉和透明盾巨孢囊霉在 3 种豆科植物中都有分布，为优势种；其他 AM 真菌种类仅分布于 1 种或 2 种豆科植物根围土壤中（刘雪伟，2009）。

第三节　蒙古沙冬青伴生植物丛枝菌根真菌定殖和群落组成

我国西北荒漠带气候条件恶劣，使得该地区植被稀疏，植物种类组成与群落结构简单。蒙古沙冬青作为西北干旱荒漠区独有的旱生常绿豆科阔叶灌木，是砾质及沙砾质荒漠化草原的建群种，也是第三纪孑遗物种，具有古老的生长史和发展史。蒙古沙冬青及其伴生植物相伴而生，既有竞争抑制又有协同进化，其根系发达，具有耐寒、抗旱等特点，是防风固沙的理想植物。

一、样地概况和样品采集

（一）样地概况

2013 年 6 月选取以蒙古沙冬青为建群种的乌海、磴口和阿拉善左旗 3 个样地。该区受风沙侵蚀严重，降水量少，一般年降水量为 50～200mm，年温差和日温差相差较大。样地具体信息如表 5-8 所示。

表 5-8　蒙古沙冬青伴生植物种类及样地概况

样地		伴生植物	海拔/m	经纬度	土壤类型
磴口	冬青滩	梭梭	1041	40°28′N，106°23′E	平坦沙地
	沙林中心	油蒿	1057	40°23′N，106°44′E	
乌海	摩尔沟	柠条锦鸡儿	1141	39°45′N，106°51′E	洪水冲积沟滩
	后摩尔沟	蒙古扁桃	1160	39°43′N，106°52′E	
阿拉善左旗	扎罕乌苏	柠条锦鸡儿	1544	38°53′N，105°41′E	平坦风蚀沙地
	库勒图	油蒿	1158	38°59′N，106°51′E	

（二）样品采集

从每个样地选择 2 种主要伴生植物，每个伴生植物随机选取 5 株长势良好的植株，在距植株根颈部 0～30cm 处除去枯枝落叶层，按 0～10cm、10～20cm、20～30cm、30～40cm、40～50cm 共 5 个土层采集土样和根样，将其装入隔热性能良好的塑料袋密封编号，记录采样地基本概况。样品带回实验室，阴干后 4℃冷藏。部分土样过 2mm 筛，用于土壤理化性质和菌根测定分析。

二、丛枝菌根真菌定殖和物种多样性分析方法

AM 真菌孢子分离鉴定、AM 真菌多样性和 AM 真菌定殖率测定方法同第四章第一节。

三、丛枝菌根真菌定殖和群落组成

（一）AM 真菌定殖和孢子密度

蒙古沙冬青伴生植物根系均能被 AM 真菌侵染形成典型的 I 型丛枝菌根。菌丝在寄主皮层细胞间隙形成胞间菌丝，多为无隔菌丝，有的呈直线状，有的聚集成束，有的高度缠绕，偶见有隔菌丝；或在细胞内形成胞内菌丝圈。菌丝顶端膨大形成泡囊，多为圆形、椭圆形或不规则形，有的泡囊甚至聚集成串，有的泡囊中有内含物。圆形泡囊在 4 种伴生植物根系中所占比例最大，但椭圆形泡囊在梭梭中较多，不规则泡囊在蒙古扁桃中较多，聚集成串的泡囊仅在油蒿中出现（图 5-1）。

同一样地不同寄主植物 AM 真菌定殖率和定殖强度最大值均在 20～30cm 土层，且随土层加深变化无规律；孢子密度在 10～20cm 土层存在最大值，变化规律均为先升后降。在不同样地，0～20cm 土层磴口样地黑沙蒿菌丝定殖率显著低于其他样地；乌海各土层泡囊定殖率和定殖强度均显著低于其他样地；阿拉善左旗样地各土层孢子密度显著高于磴口和乌海（图 5-2）（郭清华，2016）。

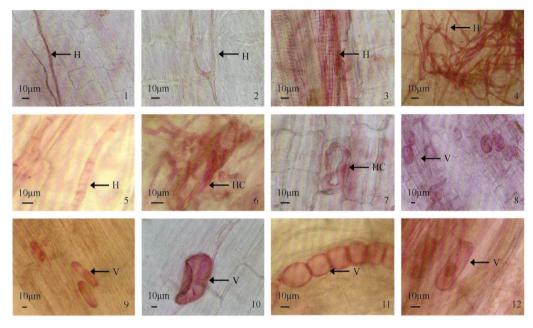

图 5-1 蒙古沙冬青伴生植物 AM 真菌共生结构特征

1～3. 直线菌丝（H）；4. 缠绕菌丝（H）；5. 有隔菌丝（H）；6. 胞内有隔菌丝圈（HC）；
7. 胞内菌丝圈（HC）；8～11. 泡囊（V）；12. 泡囊（V，有内含物）

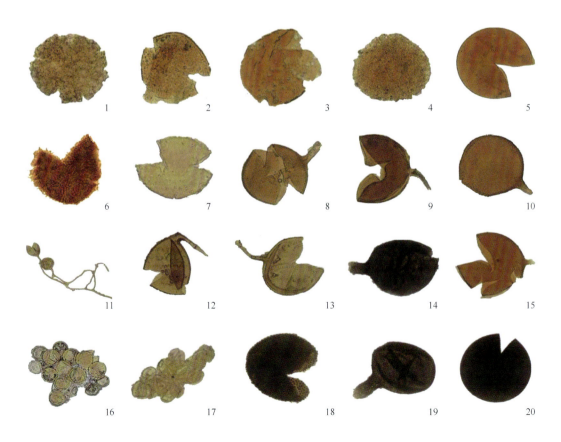

图 5-2　蒙古沙冬青伴生植物根围 AM 真菌孢子形态图（×400）

1. 双网无梗囊霉；2. 凹坑无梗囊霉；3. 孔窝无梗囊霉；4. 詹氏无梗囊霉；5. 光壁无梗囊霉；6. 瑞氏无梗囊霉；7. 细凹
无梗囊霉；8. 缩管柄囊霉；9. 地管柄囊霉；10. 摩西管柄囊霉；11. 聚丛根孢囊霉；12. 近明球囊霉；13. 明根孢囊霉；
14. 帚状球囊霉；15. 隔球囊霉；16. 聚生根孢囊霉；17. 聚集球囊霉；18. 斑点球囊霉；19. 宽柄球囊霉；20. 黑球囊霉；
21. 网状球囊霉；22. 荫性球囊霉；23. 地表球囊霉；24. 黏质隔球囊霉；25. 网纹盾巨孢囊霉

（二）AM 真菌群落组成和生态分布

本试验从 3 个样地共分离鉴定 7 属 25 种 AM 真菌，其中球囊霉属 8 种、无梗囊霉属 7 种、根孢囊霉属 3 种、管柄囊霉属 2 种、隔球囊霉属 3 种、近明球囊霉属 1 种、盾巨孢囊霉属 1 种，球囊霉属和无梗囊霉属在各样地均有分布。其中，网状球囊霉（*G. reticulatum*）是各样地共同优势种，黑球囊霉（*G. melanosporum*）、黏质隔球囊霉（*Sep. viscosum*）、聚集球囊霉（*G. glomerulatum*）、光壁无梗囊霉（*A. laevis*）是各样地共有种，斑点球囊霉（*G. maculosum*）只出现在乌海，美丽盾巨孢囊霉（*Scu. calospora*）出现在乌海和阿拉善左旗。在 4 种伴生植物中，柠条锦鸡儿根围 AM 真菌种类最多，梭梭、油蒿次之，蒙古扁桃 AM 真菌种类最少（表 5-9，图 5-2）（郭清华等，2016）。

表 5-9　不同样地 25 种 AM 真菌生态分布

AM 真菌种类	磴口	乌海	阿拉善左旗
双网无梗囊霉 *A. bireticulata*	+	+	+
凹坑无梗囊霉 *A. excavata*	+	+	+
孔窝无梗囊霉 *A. foveata*	+	+	+
詹氏无梗囊霉 *A. gerdemannii*	+	−	+
光壁无梗囊霉 *A. laevis*	+	+	+
瑞氏无梗囊霉 *A. rehmii*	+	−	+
细凹无梗囊霉 *A. scrobiculata*	+	+	+
近明球囊霉 *Cl. claroideum*	+	+	+
地管柄囊霉 *F. geosporum*	−	+	+
摩西管柄囊霉 *F. mosseae*	+	+	+
帚状球囊霉 *G. coremioides*	+	+	+
聚集球囊霉 *G. glomerulatum*	+	+	+
斑点球囊霉 *G. maculosum*	−	+	−
宽柄球囊霉 *G. magnicaule*	+	+	+
黑球囊霉 *G. melanosporum*	+	+	+
网状球囊霉 *G. reticulatum*	+	+	+
荫性球囊霉 *G. tenebrosum*	+	+	+
地表球囊霉 *G. versiforme*	+	−	+
聚丛根孢囊霉 *Rh. aggregatum*	+	+	+
明根孢囊霉 *Rh. clarus*	+	+	+

AM 真菌种类	磴口	乌海	阿拉善左旗
聚生根孢囊霉 *Rh. fasciculatus*	+	+	+
黏质隔球囊霉 *Sep. viscosum*	+	+	+
缩隔球囊霉 *Sep. constrictum*	+	−	+
沙荒隔球囊霉 *Sep. deserticola*	+	+	+
美丽盾巨孢囊霉 *Scu. calospora*	−	+	+

在 3 个样地中，AM 真菌种数随土层深度增加而下降，优势种数及所占比例显著下降，其中网状球囊霉（*G. reticulatum*）、聚集球囊霉（*G. glomerulatum*）、沙荒隔球囊霉（*Sep. deserticola*）和细凹无梗囊霉（*A. scrobiculata*）为不同土层共同优势种。不同土层 AM 真菌共有种所占比例随土层增加趋于下降。斑点球囊霉（*G. maculosum*）只出现在 10~20cm 土层，美丽盾巨孢囊霉（*Scu. calospora*）只出现在 0~10cm 土层（表 5-10）。可见 AM 真菌属种分布具有寄主不均衡性和地域性。

表 5-10　不同土层 AM 真菌种类分布

AM 真菌种类	土层/cm				
	0~10	10~20	20~30	30~40	40~50
双网无梗囊霉 *A. bireticulata*	+	+*	+	+	−
凹坑无梗囊霉 *A. excavata*	+	+	+*	+	+
孔窝无梗囊霉 *A. foveata*	+	+	+	−	−
詹氏无梗囊霉 *A. gerdemannii*	+	+	+*	+	+
光壁无梗囊霉 *A. laevis*	+*	+	+	+	−
瑞氏无梗囊霉 *A. rehmii*	+	+	−	+	−
细凹无梗囊霉 *A. scrobiculata*	+*	+*	+*	+*	+*
近明球囊霉 *Cl. claroideum*	+*	+*	+*	+*	+
地管柄囊霉 *F. geosporum*	−	−	+	−	+
摩西管柄囊霉 *F. mosseae*	+*	+*	+	+	−
帚状球囊霉 *G. coremioides*	+	+	+	−	+
聚集球囊霉 *G. glomerulatum*	+*	+	+*	+*	+*
斑点球囊霉 *G. maculosum*	−	+	−	−	−
宽柄球囊霉 *G. magnicaule*	+	+	+*	+	−
黑球囊霉 *G. melanosporum*	+*	+	+	+	+
网状球囊霉 *G. reticulatum*	+*	+*	+*	+*	+*
荫性球囊霉 *G. tenebrosum*	+	+	+	+*	−
地表球囊霉 *G. versiforme*	+	+*	+	+	+
聚丛根孢囊霉 *Rh. aggregatum*	+*	+*	+*	−	−
明根孢囊霉 *Rh. clarus*	+*	+*	+*	+*	+
聚生根孢囊霉 *Rh. fasciculatus*	+*	+	+	+	+*
黏质隔球囊霉 *Sep. viscosum*	+*	+*	−	−	−
缩隔球囊霉 *Sep. constrictum*	−	+	−	−	+

AM 真菌种类	土层/cm				
	0～10	10～20	20～30	30～40	40～50
沙荒隔球囊霉 Sep. deserticola	+*	+*	+*	+*	+*
美丽盾巨孢囊霉 Scu. calospora	+	–	–	–	–

注："+"表示某 AM 真菌在该土层出现；"–"表示某 AM 真菌在该土层未出现；*表示优势种。下同

第四节　极旱荒漠植物丛枝菌根真菌定殖和群落组成

一、样地概况和样品采集

（一）样地概况

样地位于甘肃安西极旱荒漠国家级自然保护区（41°20′83″N，95°9′24.4″E），自然保护区是亚洲中部温带荒漠、极旱荒漠和典型荒漠交汇处，也是中国唯一以保护极旱荒漠生态系统及其生物多样性为主的多功能综合性自然保护区。海拔 1300～2300m，年均气温 9.68℃，年降水量 50mm 左右，蒸发量达 2477mm，干燥度 11.7，属于极干旱区；年日照时数 3200h 以上，日照率大于 70%；年均沙尘暴日达 137 次；无霜期 115～170 天。土壤类型多样，以棕漠土分布广泛。

（二）样品采集

2015～2019 年每年 7 月在甘肃安西极旱荒漠自然保护区选取膜果麻黄（*Ephedra przewalskii*）、红砂（*Reaumuria songarica*）、合头草（*Sympegma regelii*）、泡泡刺（*Nitraria sphaerocarpa*）、珍珠猪毛菜（*Salsola passerinum*）等 5 种典型植物群落，分别从每个群落按五点采样法选取 5 株长势相近的植株，且每株相隔 200m 左右，去除枯枝落叶层后，采集 0～30cm 土层（2015～2017 年）、0～10cm 和 10～20cm 土层（2018～2019 年）植物根系，自然抖落植物根际土壤，混合均匀，将土壤样品装入隔热性能良好的塑料袋密封编号，并记录样地基本信息（表 5-11），带回实验室，过 2mm 筛以去除石头、粗根和其他杂质，并在 4℃冰箱保存，用于土壤理化性质和菌根测定分析。

表 5-11　5 种极旱荒漠植物和样地概况

植物种类	科名	生活型	位置
膜果麻黄	麻黄科	超旱生常绿灌木	瞭望台，四道沟，长山子
红砂	柽柳科	小灌木	碱泉子，四道沟，长山子
合头草	藜科	小半灌木	瞭望台，碱泉子，四道沟，长山子
泡泡刺	蒺藜科	灌木	瞭望台，碱泉子，长山子
珍珠猪毛菜	藜科	半灌木	瞭望台，碱泉子，长山子

二、丛枝菌根真菌定殖和物种多样性分析方法

AM 真菌孢子分离鉴定、AM 真菌多样性和 AM 真菌定殖率测定方法同第四章第一节。

三、丛枝菌根真菌定殖和群落组成

（一）AM 真菌定殖程度

5 种极旱荒漠植物根系都能被 AM 真菌侵染形成丛枝菌根，定殖结构以菌丝和泡囊为主，AM 真菌定殖率具有明显的时空异质性。2018 年 5 种植物菌丝定殖率和总定殖率为 17.8%～51.1%，泡囊定殖率为 2.2%～11.9%，定殖强度为 2.3%～31.7%。不同植物根际 0～10cm 土层菌丝定殖率和总定殖率为泡泡刺＞合头草＞红砂＞膜果麻黄＞珍珠猪毛菜，泡囊定殖率为红砂＞合头草＞泡泡刺＞珍珠猪毛菜＞合头草，定殖强度为泡泡刺＞红砂＞膜果麻黄＞合头草＞珍珠猪毛菜；20～30cm 土层菌丝定殖率和总定殖率为合头草＞膜果麻黄＞红砂＞泡泡刺＞珍珠猪毛菜，泡囊定殖率为膜果麻黄＞红砂＞泡泡刺＞珍珠猪毛菜＞合头草，定殖强度为膜果麻黄＞合头草＞红砂＞泡泡刺＞珍珠猪毛菜。5 种植物仅 20～30cm 土层泡囊定殖率有显著差异，其余无显著差异。

2019 年 5 种植物菌丝定殖率和总定殖率为 15.6%～53.3%，泡囊定殖率为 2.2%～24.4%，定殖强度为 3.76%～25.91%。不同植物根际 0～10cm 土层菌丝定殖率为膜果麻黄＞泡泡刺＞红砂＞合头草=珍珠猪毛菜，泡囊定殖率为合头草＞泡泡刺＞珍珠猪毛菜＞红砂＞膜果麻黄，总定殖率为红砂＞膜果麻黄＞泡泡刺＞合头草=珍珠猪毛菜，定殖强度为红砂＞合头草＞泡泡刺＞膜果麻黄＞珍珠猪毛菜。不同植物根际 20～30cm 土层总定殖率差异显著，20～30cm 土层菌丝定殖率、泡囊定殖率、总定殖率、定殖强度最高分别为 53.3%（膜果麻黄）、24.4%（泡泡刺）、53.3%（膜果麻黄）、31.7%（泡泡刺）（图 5-3）（李烨东，2020）。

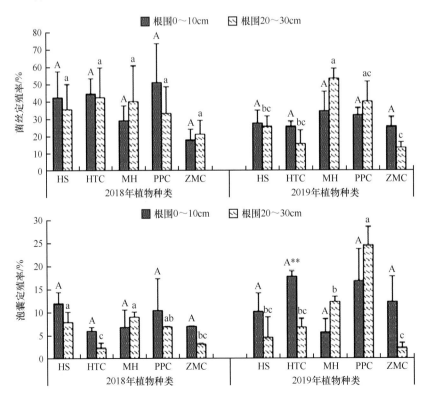

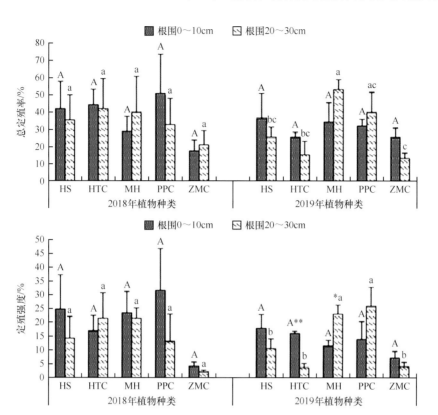

图 5-3　不同年份 5 种植物根围 0～10cm 和 20～30cm 土层 AM 真菌的定殖

HS：红砂；HTC：合头草；MH：膜果麻黄；PPC：泡泡刺；ZMC：珍珠猪毛菜。不含有相同大写字母的表示不同植物根围 0～10cm 土层差异显著,不含有相同小写字母的表示不同植物根围 20～30cm 土层差异显著;*表示同一植物根围 0～10cm 和 20～30cm 土层差异显著，*P＜0.05，**P＜0.01

（二）AM 真菌群落组成和生态分布

2015～2019 年从不同植物根际土壤共分离鉴定 AM 真菌 12 属 63 种，其中球囊霉属 18 种，无梗囊霉属 17 种，盾巨孢囊霉属 8 种，管柄囊霉属 4 种，近明球囊霉属 3 种，根孢囊霉属 5 种，隔球囊霉属 3 种，巨孢囊霉属、类囊霉属、内养囊霉属、伞房球囊霉属、多样孢囊霉属各 1 种。珍珠猪毛菜根际 50 种，合头草根际 47 种，红砂根际 46 种，膜果麻黄根际 42 种，泡泡刺根际 39 种。其中球囊霉属、无梗囊霉属、盾巨孢囊霉属、管柄囊霉属、近明球囊霉属、多样孢囊霉属、根孢囊霉属在所有植物根际均有分布，类囊霉属在红砂、合头草、泡泡刺、珍珠猪毛菜根际分布，巨孢囊霉属和内养囊霉属在红砂、膜果麻黄、珍珠猪毛菜根际分布，伞房球囊霉属仅分布于膜果麻黄和合头草根际（表 5-12，图 5-4）（王姣姣等，2017；王姣姣，2018；李烨东，2020）。

表 5-12　极旱荒漠植物 AM 真菌群落组成和生态分布

AM 真菌种类	膜果麻黄	红砂	合头草	泡泡刺	珍珠猪毛菜
附柄无梗囊霉 A. appendicola	－	－	＋	＋	－
双网无梗囊霉 A. bireticulata	＋	＋	＋	＋	＋
空洞无梗囊霉 A. cavernata	＋	＋	＋	＋	＋

续表

AM 真菌种类	膜果麻黄	红砂	合头草	泡泡刺	珍珠猪毛菜
脆无梗囊霉 A. delicate	+	+	+	+	+
细齿无梗囊霉 A. denticulate	−	−	−	−	+
膨胀无梗囊霉 A. dilatata	−	−	+	−	+
凹坑无梗囊霉 A. excavata	+	−	+	+	+
孔窝无梗囊霉 A. foveata	+	+	+	−	+
詹氏无梗囊霉 A. gerdemannii	+	+	+	−	+
蜜色无梗囊霉 A. mellea	+	+	+	+	+
A. paulinae	+	+	−	+	−
波兰无梗囊霉 A. polonica	−	+	+	−	−
瑞氏无梗囊霉 A. rehmii	+	+	+	−	+
皱壁无梗囊霉 A. rugosa	+	+	+	+	+
细凹无梗囊霉 A. scrobiculata	+	+	+	+	+
刺无梗囊霉 A. spinosa	+	+	+	+	+
孢果无梗囊霉 A. sporocarpia	−	−	+	+	+
扭形伞房球囊霉 C. tortuosum	+	−	+	−	+
近明球囊霉 Cl. claroideum	+	+	+	+	+
幼套近明球囊霉 Cl. etunicatum	−	+	+	+	+
层状近明球囊霉 Cl. lamellosum	+	−	+	+	+
黏屑多样孢囊霉 D. spurcum	+	+	+	+	+
稀有内养囊霉 E. infrequens	+	+	−	+	+
苏格兰管柄囊霉 F. caledonium	+	−	−	+	−
地管柄囊霉 F. geosporum	−	+	−	−	+
摩西管柄囊霉 F. mosseae	+	−	+	+	+
疣突管柄囊霉 F. verruculosum	+	+	+	+	−
地表球囊霉 G. versiforme	+	+	−	−	+
G. austrate	−	+	+	+	−
褐色球囊霉 G. badium	+	+	+	+	+
卷曲球囊霉 G. convolutum	−	+	+	+	+
长孢球囊霉 G. dolichosporum	+	+	+	+	+
G. fulvum	+	+	+	+	+
聚集球囊霉 G. glomerulatum	+	+	+	−	−
晕环球囊霉 G. halonatum	+	−	−	−	−
海得拉巴球囊霉 G. hyderabadensis	+	+	+	−	+
大果球囊霉 G. macrocarpum	−	−	−	−	+
宽柄球囊霉 G. magnicaule	+	+	+	−	+
微丛球囊霉 G. microaggregatum	+	+	+	+	+
多梗球囊霉 G. multicaule	+	+	+	+	+
凹坑球囊霉 G. multiforum	+	+	+	+	+
膨果球囊霉 G. pansihalos	+	+	+	+	+
具疱球囊霉 G. pustulatum	+	+	+	+	+

续表

AM 真菌种类	膜果麻黄	红砂	合头草	泡泡刺	珍珠猪毛菜
网状球囊霉 G. reticulatum	+	+	+	+	+
荫性球囊霉 G. tenebrosum	+	+	+	+	+
微白巨孢囊霉 Gi. albida	+	+	−	−	+
巴西类球囊霉 P. brasilianum	−	+	+	+	+
英弗梅根孢囊霉 Rh. invermaius	−	+	−	+	+
聚丛根孢囊霉 Rh. aggregatum	−	+	+	+	+
透光根孢囊霉 Rh. diaphanum	+	+	+	−	+
聚生根孢囊霉 Rh. fasciculatus	−	−	+	+	+
木薯根孢囊霉 Rh. manihotis	+	+	+	+	+
黏质隔球囊霉 Sep. viscosum	−	−	+	+	+
缩隔球囊霉 Sep. constrictum	+	+	+	+	+
沙荒隔球囊霉 Sep. deserticola	+	+	+	+	+
美丽盾巨孢囊霉 Scu. calopora	−	−	−	−	+
红色盾巨孢囊霉 Scu. erythropa	−	−	−	+	−
群生盾巨孢囊霉 Scu. gregaria	+	−	−	−	−
异配盾巨孢囊霉 Scu. heterogama	−	+	+	+	+
结节盾巨孢囊霉 Scu. nodosa	−	+	+	+	+
桃形盾巨孢囊霉 Scu. persica	−	−	+	−	−
网纹盾巨孢囊霉 Scu. reticulata	−	−	−	−	+
深色盾巨孢囊霉 Scu. rubra	+	−	−	−	+

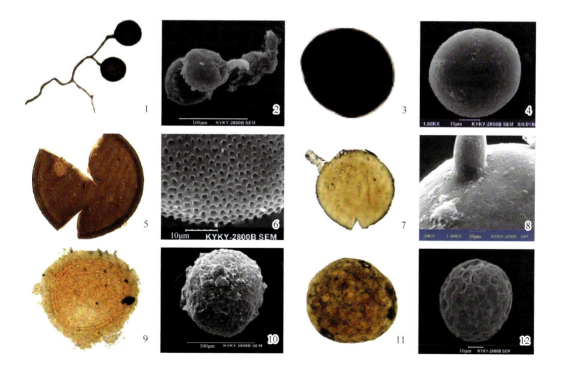

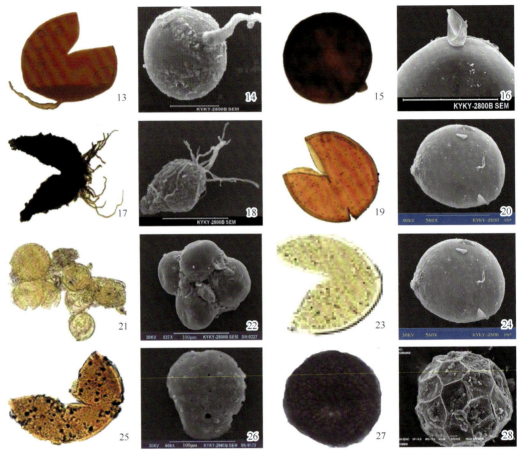

图5-4　极旱荒漠植物部分 AM 真菌孢子光镜和扫描电镜图（光镜孢子图片×400）

1、3、5、7、9、11、13、15、17、19、21、23、25、27 为光镜图（×400），其余为扫描电镜图。1，2. 聚丛根孢囊霉；3，4. 光壁无梗囊霉；5，6. 细凹无梗囊霉；7，8. 宽柄球囊霉；9，10. 卷曲球囊霉；11，12. 双网无梗囊霉；13，14. 缩隔球囊霉；15，16. 网纹盾巨孢囊霉；17，18. 多梗球囊霉；19，20. 浅窝无梗囊霉；21，22. 聚生根孢囊霉；23，24. 凹坑无梗囊霉；25，26. 孔窝无梗囊霉；27，28. 网状球囊霉

（三）AM 真菌孢子密度和物种多样性

2015～2017 年的分析结果表明，AM 真菌物种多样性在 5 种植物根际土壤差异显著，种丰度、香农-维纳指数和辛普森指数均在珍珠猪毛菜根际最高，差异显著，红砂、合头草次之，泡泡刺和膜果麻黄最低且无显著差异；孢子密度表现为珍珠猪毛菜＞膜果麻黄＞合头草＞泡泡刺＞红砂，且差异显著。

2018～2019 年的分析结果表明，除合头草外，其他 4 种植物孢子密度 0～10cm 土层均大于 20～30cm 土层。除珍珠猪毛菜外，其余 4 种植物 0～10cm 土层香农-维纳指数和辛普森指数均大于 20～30cm 土层，其中膜果麻黄 0～10cm 土层香农-维纳指数和辛普森指数显著高于 20～30cm 土层。泡泡刺和珍珠猪毛菜 0～10cm 土层均匀度指数小于 20～30cm 土层，其余 3 种植物 0～10cm 土层均匀度指数大于 20～30cm 土层，无显著差异。

在 5 种荒漠植物中，合头草 AM 真菌孢子密度最大，其后依次为膜果麻黄、珍珠猪毛草、泡泡刺和红砂，合头草 20～30cm 土层孢子密度显著高于其他植物（除膜果麻黄外）。0～10cm 土层香农-维纳指数和辛普森指数表现为膜果麻黄最高，其次为合头草，泡泡刺最低，泡泡刺显著低于膜果麻黄；0～10cm 土层均匀度指数为红砂＞膜果麻黄＞珍珠猪毛菜＞合头草＞泡泡刺；20～30cm 土层香农-维纳指数和辛普森指数表现为珍珠猪毛菜＞合头草=膜果麻黄＞红砂＞泡泡刺，珍珠猪毛菜显著高于泡泡刺，泡泡刺香农-维纳指数和辛普森指数最低，20～30cm 土层均匀度指数为珍珠猪毛菜＞泡泡刺＞红砂＞膜果麻黄＞合头草，珍珠猪毛菜显著高于膜果麻黄和合头草（表 5-13）。

表 5-13 极旱荒漠植物根际 AM 真菌孢子密度和多样性指数

植物种类	孢子密度		香农-维纳指数		辛普森指数		均匀度指数	
	0～10cm	20～30cm	0～10cm	20～30cm	0～10cm	20～30cm	0～10cm	20～30cm
合头草	128±48A	134±39a	2.64±0.04AB	2.32±0.14ab	0.9±0.009AB	0.83±0.04ab	0.87±0.03A	0.78±0.05b
红砂	58±16A	27±8b	2.43±0.08AB	2.00±0.2b	0.89±0.01AB	0.82±0.04ab	0.9±0.02A	0.87±0.01ab
泡泡刺	81±27A	43±18b	2.26±0.06B	1.98±0.23b	0.86±0.006B	0.81±0.03b	0.86±0.04A	0.88±0.05ab
膜果麻黄	104±28A	83±26ab	2.70±0.08A	2.22±0.08ab*	0.91±0.007A	0.83±0.02ab*	0.88±0.003A	0.80±0.04b
珍珠猪毛菜	82±27A	52±16b	2.51±0.22AB	2.66±0.03a	0.88±0.03AB	0.92±0.003a	0.87±0.03A	0.94±0.001a

注：同列数据后不含有相同大写字母的表示 0～10cm 土层不同植物间差异显著，同列数据后不含有相同小写字母的表示 20～30cm 土层不同植物间差异显著；*表示在 0.05 水平同一植物 0～10cm 和 20～30cm 土层差异显著

第六章　荒漠克隆植物丛枝菌根真菌物种多样性及生态分布

克隆植物和 AM 真菌均是荒漠生态系统的重要生物资源。它们各自在保持荒漠生物多样性、稳定性、荒漠化生态系统恢复和重建等方面均发挥着极其重要的作用。而克隆植物在严酷荒漠环境中顽强的生存能力及其在群落演替过程中极强的开拓性与 AM 真菌的共生有密切关系。本研究以荒漠环境克隆植物与 AM 真菌共生关系为切入点，系统研究了荒漠环境克隆植物根围 AM 真菌多样性、时空分异规律、克隆植物生长对 AM 真菌多样性和菌根形成的影响。

第一节　沙蒿丛枝菌根真菌物种多样性和生态分布

克隆植物有两种基本的生长构型，即"密集型"（phalanx）和"游击型"（guerilla）。密集型是指同一基株分株间的距离较小，分株呈密集状分布，耐沙埋，沙埋后能产生不定根，并萌发大量枝条。密集型克隆植物在群落中容易形成单优势种的立地，其对群落生态功能的维持起重要作用。本研究以我国北方荒漠环境典型的"密集型"克隆植物黑沙蒿（油蒿，*Artemisia ordosica*）和白沙蒿（*A. sphaerocephala*）为目标植物，系统研究了 AM 真菌多样性和生态分布，以及土壤因子的生态功能，为阐明克隆植物与 AM 真菌共生机理以及 AM 真菌资源利用提供依据。

一、样地概况和样品采集

（一）样地概况

中国科学院鄂尔多斯沙地草地生态研究站（39°29′40″N，110°11′22″E）：地处毛乌素沙地伊金霍洛旗，土壤类型为沙质栗钙土，经破坏后退化为流动风沙土，海拔 1280m。黑沙蒿群落类型为黑沙蒿+花棒+柠条锦鸡儿（*A. ordosica* + *Hedysarum scoparium* + *Caragana korshinskii*），白沙蒿群落类型为白沙蒿+沙鞭（*A. sphaerocephala* + *Psammochloa villosa*）。

陕西榆林北部沙地（38°20′7″N，109°42′54″E）：地处毛乌素沙地陕西榆林。黑沙蒿群落土壤类型为原始栗钙土，海拔 1114m，群落类型为黑沙蒿+杂类草群落。白沙蒿群落土壤类型为风沙土，群落类型为白沙蒿+黑沙蒿+北沙柳（*A. sphaerocephala* + *A. ordosica* + *Salix psammophila*）。

宁夏盐池沙地旱生灌木园（37°48′37″N，107°23′39″E）：地处毛乌素沙地西缘宁夏盐池城郊，土壤类型为原始栗钙土，海拔 1350m。黑沙蒿群落类型为黑沙蒿+柠条锦鸡儿+沙柳（*A. ordosica* + *Caragana korshinskii* + *Salix psammophila*）。

宁夏沙坡头地区（37°27′N，104°59′E）：地处腾格里沙漠边缘，土壤基质为贫瘠的半流动沙，土壤类型为原始灰棕荒漠土，海拔 1270m。黑沙蒿群落类型为黑沙蒿+白刺（*A. ordosica* + *Nitraria tangutorum*），白沙蒿群落类型为白沙蒿+沙鞭（*A. sphaerocephala* + *Psammochloa villosa*）。

（二）样品采集

2007 年 4 月、7 月、10 月分别在 4 个样地采集根系和土壤样品。4 个样地大小均为 30m×30m，每个样地随机选取 5 株高度 0.4～0.5m、冠幅直径在 0.6m 以上的黑沙蒿植株，距植株约 30cm 处挖土壤剖面，按 0～10cm、10～20cm、20～30cm、30～40cm 和 40～50cm 共 5 个土层采集土壤样品约 1kg，每个土样重复 5 次，记录采样时间、地点和根围环境等并编号，将土样装入隔热性能良好的塑料袋密封并带回实验室，4℃冷藏。部分土样自然风干，过 2mm 筛，用于 AM 真菌和土壤理化性质测定。非克隆植物猪毛蒿（*A. scoparia*）与黑沙蒿和白沙蒿同属菊科蒿属，为一至二年生草本植物，同法采集作为对照。

二、丛枝菌根真菌定殖和物种多样性分析方法

AM 真菌孢子分离鉴定、AM 真菌多样性和 AM 真菌定殖率测定方法同第四章第一节。

三、荒漠沙蒿丛枝菌根真菌定殖结构与分布

（一）AM 真菌定殖结构

黑沙蒿和白沙蒿的菌根类型都为 I 型，即寄主植物根系同时有疆南星型（Arum-type）和重楼型（Paris-type）两种菌根结构，菌丝在寄主皮层细胞间延伸生长，形成少量胞间菌丝，同时皮层细胞存在大量菌丝圈。白沙蒿皮层细胞中菌丝圈出现率达 48%，高于黑沙蒿。菌丝无隔膜，直径为 2～7μm，在侵入点明显缢缩加宽为 10～15μm。根内菌丝可长出根外，沿根系表面生长，由新的点位再次入侵，此时菌丝在侵入点不加粗。菌丝侵入后先在皮层细胞形成菌丝圈，再延伸后形成丛枝。黑沙蒿根系菌丝侵染势为 1.2～7.0 个/cm，最大值均在 30～40cm 土层；白沙蒿略低，为 0.8～4.6 个/cm，各样地侵染势最大值均在 20～30cm 土层。两种沙蒿均观察到典型的丛枝结构，黑沙蒿根皮层细胞有菌丝二叉分枝后在细胞内形成的花椰菜状或树枝状丛枝。白沙蒿根皮层细胞仅见树枝状丛枝结构。丛枝定殖程度在两种寄主中均极强，尤其在宽度小于 0.5mm 的须根皮层细胞中成片分布，10 月根系样品中还观察到消解态的点状丛枝。在被侵染的根系中，泡囊数量很多，大多为圆形，此外还有椭圆形和杆状（山宝琴，2009）。

（二）AM 真菌定殖率和孢子密度

由表 6-1 可知，黑沙蒿的菌丝定殖率、泡囊定殖率、总定殖率在 0～40cm 土层显著大于 40～50cm 土层；丛枝定殖率随土层加深先升后降，10～40cm 土层显著大于 0～10cm

土层,而与 40～50cm 土层之间无显著差异;孢子密度最大值在 0～10cm 土层,并随土层加深显著递减。

表 6-1 不同土层蒿属植物 AM 真菌定殖率和孢子密度分布

植物种类	土层/cm	泡囊定殖率/%	丛枝定殖率/%	菌丝定殖率/%	总定殖率/%	孢子密度/(个/20g 土)
黑沙蒿	0～10	44.32a	16.77b	92.48a	93.33a	262.2a
	10～20	41.73a	31.06a	91.55a	93.48a	170.2ab
	20～30	47.06a	31.91a	95.99a	96.33a	92.4b
	30～40	47.27a	34.31a	94.84a	95.04a	54.2c
	40～50	25.39b	26.33ab	70.17b	71.49b	59.0c
白沙蒿	0～10	31.71a	21.02c	92.18a	96.00a	205.8a
	10～20	38.17a	26.69bc	96.22a	98.77a	136.6ab
	20～30	30.59a	38.56a	94.61a	98.42a	85.4b
	30～40	30.09a	34.47b	94.13a	96.40a	77.6b
	40～50	28.17a	21.89c	76.72b	85.26b	68.4b
猪毛蒿	0～10	34.23a	22.66a	92.12a	94.20a	304.4a
	10～20	32.10a	22.33a	90.03a	93.17a	274.8a
	20～30	31.33a	14.12ab	77.66ab	80.25ab	65.2b
	30～40	21.09b	6.56b	31.26b	31.26b	38.6b
	40～50	16.32b	3.33b	25.66b	27.80b	23.4b

注:表中数据为各项指标 4 个样地的平均值;同列数据后不含有相同小写字母的表示同一植物不同土层之间在 0.05 水平差异显著。下同

白沙蒿根围 0～40cm 土层菌丝定殖率和总定殖率显著大于 40～50cm 土层;泡囊定殖率随土层加深无显著差异;丛枝定殖率随土层加深显著先升后降,最大值在 20～30cm 土层,其次是 30～40cm 土层,0～10cm 和 40～50cm 土层较小;最大孢子密度在 0～10cm 土层,0～10cm 土层显著大于 20～50cm 土层。

猪毛蒿根围菌丝定殖率和总定殖率在 0～20cm 土层较大,随土层加深而显著递减;泡囊定殖率在 0～30cm 土层显著大于 30～50cm 土层;丛枝定殖率随土层加深显著递减,0～20cm 土层较大,其次是 20～30cm 土层;0～20cm 土层孢子密度显著大于 20～50cm 土层。

由表 6-2 可知,0～50cm 土层黑沙蒿 AM 真菌总定殖率为 89.93%,白沙蒿总定殖率为 94.98%,猪毛蒿总定殖率为 65.33%。黑沙蒿和白沙蒿的菌丝定殖率、丛枝定殖率、总定殖率均显著大于猪毛蒿;黑沙蒿泡囊定殖率最大,其次是白沙蒿,猪毛蒿最小;孢子密度在 3 种植物之间无显著差异。

表 6-2 不同植物 AM 真菌定殖率和孢子密度方差分析

寄主植物	土层/cm	总定殖率/%	菌丝定殖率/%	泡囊定殖率/%	丛枝定殖率/%	孢子密度/(个/20g 土)
黑沙蒿	0～50	89.93a	89.01a	41.16a	28.08a	127.6a
白沙蒿	0～50	94.98a	90.78a	31.76ab	28.54a	117.0a
猪毛蒿	0～50	65.33b	63.34b	20.81b	4.23b	141.8a

注:表中数据为 AM 真菌定殖各项指标 0～50cm 土层的平均值

研究结果显示，不同荒漠环境下，黑沙蒿和白沙蒿与 AM 真菌都有良好的共生性。黑沙蒿和白沙蒿 AM 真菌定殖率和孢子密度在土层与样地间差异显著。在严酷的荒漠生境下，密集型克隆植物主要通过根蘖进行分株繁殖，扩大种群从而占领新的生态位，其克隆行为是根系特化的表现。两种沙蒿植株萌芽力强，株丛沙埋后由根颈发出无数纤细小根，这些短而呈簇状、数量庞大的次生须根为 AM 真菌提供了特殊的生存环境。喜生于流动沙地的白沙蒿主根穿过湿沙层后很快消失，侧根发达，常在近沙面 20～30cm 沙层中产生大量侧枝来吸取湿沙层水分，白沙蒿丛枝侵染率最大值在 20～30cm 土层，侵染势最大值也在 20～30cm 土层。而深根性轴根型的黑沙蒿主根垂直沙面向下伸入 1.0～1.7m 的沙层中，近地面的侧根发达，分枝多为Ⅲ、Ⅳ级侧根。在研究站和沙坡头样地沙质土壤根系较深，最大丛枝定殖率在 30～40cm 土层；榆林和盐池样地土质相对较好，黑沙蒿根系分布较浅，最大丛枝定殖率在 20～30cm 土层。与非克隆植物猪毛蒿相比，3 种植物 0～50cm 土层孢子密度基本一致，但黑沙蒿和白沙蒿的菌丝定殖率、丛枝定殖率显著大于猪毛蒿，且猪毛蒿各种定殖率都随土层加深而显著减小，0～20cm 土层显著大于 30～50cm 土层，与孢子密度随土层深度变化一致。特别是两种密集型克隆植物丛枝定殖率与寄主植物须根分布紧密相关。由此推测，黑沙蒿和白沙蒿成为先锋固沙植物的主要原因之一，可能是它们特化的根形态与 AM 真菌相互依存，既解决了缺肥又缓解了缺水的双重矛盾，相互间可有效进行资源交流与互补，同时也体现了群落间资源共享的克隆优势（山宝琴等，2009a；山宝琴和贺学礼，2011）。

四、荒漠沙蒿丛枝菌根真菌定殖时空分布

（一）黑沙蒿根围 AM 真菌定殖率和孢子密度空间分布

由表 6-3 可知，不同土层菌丝定殖率、泡囊定殖率和总定殖率在 0～40cm 土层均显著大于 40～50cm 土层；丛枝定殖率在 10～40cm 土层显著大于 0～10cm 土层，0～10cm 土层最小；孢子密度在 0～10cm 土层最大，并随土层加深显著递减。

表 6-3　不同土层黑沙蒿根围 AM 真菌定殖率和孢子密度方差分析

土层/cm	泡囊定殖率/%	丛枝定殖率/%	菌丝定殖率/%	总定殖率/%	孢子密度/（个/20g 土）
0～10	44.32a	16.77b	92.48a	93.33a	262.2a
10～20	41.73a	31.06a	91.55a	93.48a	170.2b
20～30	47.06a	31.91a	95.59a	96.33a	92.4b
30～40	47.27a	34.31a	94.84a	95.04a	54.2c
40～50	25.39b	26.33ab	70.17b	71.49b	59.0c

由表 6-4 可知，不同样地间菌丝定殖率和总定殖率无显著差异；泡囊定殖率随样地不同差异显著，且沙坡头＞研究站＞盐池＞榆林；沙坡头样地丛枝定殖率显著高于其他样地，孢子密度显著低于其他样地。

表6-4 不同样地黑沙蒿根围 AM 真菌定殖率和孢子密度方差分析

样地	泡囊定殖率/%	丛枝定殖率/%	菌丝定殖率/%	总定殖率/%	孢子密度/ （个/20g 土）
研究站	49.89a	24.76b	86.90a	86.90a	142.2a
榆林	26.58b	22.52b	90.72a	90.72a	150.0a
盐池	33.66ab	27.54b	84.04a	86.24a	173.4a
沙坡头	54.51a	37.48a	94.38a	95.90a	45.0b

（二）白沙蒿根围 AM 真菌定殖率和孢子密度空间分布

由表 6-5 可知，不同土层菌丝定殖率和总定殖率均在 0～40cm 土层显著大于 40～50cm 土层；泡囊定殖率在 40～50cm 土层显著低于其他土层；丛枝定殖率在不同土层间差异显著，20～30cm 土层最大，其次是 30～40cm 土层，0～10cm 和 40～50cm 土层较小；孢子密度随土层加深显著递减，最大值在 0～10cm 土层。

表6-5 不同土层白沙蒿根围 AM 真菌定殖率和孢子密度方差分析

土层/cm	泡囊定殖率/%	丛枝定殖率/%	菌丝定殖率/%	总定殖率/%	孢子密度/ （个/20g 土）
0～10	31.71a	21.02c	92.18a	96.00a	201.8a
10～20	38.17a	26.69bc	96.22a	98.77a	136.6ab
20～30	30.59a	38.56a	94.61a	98.42a	85.4b
30～40	30.09a	34.47b	94.13a	96.40a	77.6b
40～50	28.17b	21.89c	76.72b	85.26b	68.4b

由表 6-6 可知，不同样地菌丝定殖率、丛枝定殖率和总定殖率无显著差异；泡囊定殖率在不同样地差异显著，研究站样地显著大于榆林和沙坡头样地；孢子密度在不同样地差异显著，研究站＞沙坡头＞榆林。

表6-6 不同样地白沙蒿根围 AM 真菌定殖率和孢子密度方差分析

样地	泡囊定殖率/%	丛枝定殖率/%	菌丝定殖率/%	总定殖率/%	孢子密度/ （个/20g 土）
研究站	39.54a	28.31a	92.16a	96.11a	198.0a
榆林	26.62b	29.77a	89.63a	93.42a	37.0c
沙坡头	29.09b	27.53a	90.55a	95.40a	107.2b

（三）同一样地黑沙蒿和白沙蒿根围 AM 真菌定殖率与孢子密度分布

由图 6-1 可知，同一样地，黑沙蒿和白沙蒿菌丝定殖率无明显差异；泡囊定殖率在研究站和沙坡头样地黑沙蒿小于白沙蒿，榆林样地无显著差异；丛枝定殖率在研究站和榆林样地白沙蒿小于黑沙蒿，沙坡头样地白沙蒿大于黑沙蒿；孢子密度在研究站和沙坡头样地白沙蒿小于黑沙蒿，榆林样地白沙蒿大于黑沙蒿。

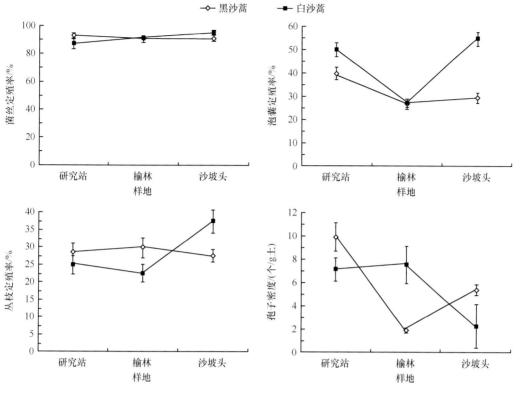

图 6-1　同一样地黑沙蒿和白沙蒿根围 AM 真菌定殖率与孢子密度

（四）荒漠沙蒿根围 AM 真菌定殖率和孢子密度的时间分布

不同样地，黑沙蒿 AM 真菌菌丝定殖率在研究站和沙坡头样地月份间无明显变化；榆林样地 4～7 月显著增加，7～10 月无明显差异。泡囊定殖率在沙坡头样地仅 7～10 月显著降低；研究站变化不明显；榆林样地 7 月显著低于 4 月。丛枝定殖率在研究站样地显著先升后降；榆林样地 7 月显著低于 4 月、10 月；沙坡头样地 10 月显著低于 4 月、7 月。总定殖率随时间变化规律同菌丝定殖率。孢子密度在榆林样地随季节变化先升后降；研究站和沙坡头样地 7 月、10 月显著高于 4 月（表 6-7）。

表 6-7　不同样地两种沙蒿根围 AM 真菌定殖率和孢子密度的季节变化

植物	样地	月份	泡囊定殖率/%	丛枝定殖率/%	菌丝定殖率/%	总定殖率/%	孢子密度/（个/20g 土）
黑沙蒿	研究站	4 月	48.78a	15.65b	79.52a	79.52a	23.2b
		7 月	57.18a	35.44a	93.39a	93.39a	198.2a
		10 月	43.72a	23.20ab	87.79a	87.79a	205.4a
	榆林	4 月	31.65a	27.30a	85.13b	85.13b	57.6c
		7 月	21.02b	14.12b	93.36a	93.36a	254.2a
		10 月	27.08ab	26.15a	93.68a	93.68a	138.0b
	沙坡头	4 月	41.99a	32.20a	82.93a	99.55a	90.2b
		7 月	42.22a	36.14a	80.83a	98.80a	244.2a
		10 月	16.76b	14.29b	88.36a	89.35a	185.2a

续表

植物	样地	月份	泡囊定殖率/%	丛枝定殖率/%	菌丝定殖率/%	总定殖率/%	孢子密度/（个/20g土）
白沙蒿	研究站	4月	65.83a	56.03a	98.85a	99.55a	28.0b
		7月	58.53a	36.74b	97.97a	98.80a	34.0b
		10月	39.16b	19.68c	86.32a	89.36a	73.0a
	榆林	4月	36.81a	30.01a	88.89a	95.20a	28.2b
		7月	37.36a	36.38a	94.66a	96.93a	45.2a
		10月	44.42a	18.53b	92.93a	96.20a	37.4a
	沙坡头	4月	30.20ab	27.79ab	89.07a	93.60a	66.0b
		7月	34.09a	22.61b	95.83a	97.93a	134.6a
		10月	22.99b	32.18a	86.73a	94.67a	121.0a

由表 6-7 可知，白沙蒿菌丝定殖率和总定殖率在各样地随季节变化无显著差异。泡囊定殖率在研究站样地 10 月显著低于 4 月、7 月；榆林样地随季节变化无显著差异，沙坡头样地仅 10 月显著低于 7 月。丛枝定殖率在研究站样地 4～10 月显著降低；榆林样地 10 月显著低于 4 月、7 月；沙坡头样地 7 月显著低于 10 月。孢子密度在研究站样地 10 月显著高于 4 月、7 月；榆林和沙坡头样地 4 月显著低于 7 月、10 月。

（五）土壤理化因子的生态功能

对黑沙蒿和白沙蒿根围 AM 真菌定殖率和孢子密度进行线性回归分析，用 Stepwise 法逐步筛选 AM 真菌定殖率和土壤因子，得到回归方程如下。

$$Y_1 = 70.265 + 0.315X_1 + 0.266X_2 \quad (\text{df}=2, \ F=57.951, \ R^2=0.238, \ P=0.000) \quad (6\text{-}1)$$

式中，Y_1 为菌丝定殖率；X_1 为泡囊定殖率；X_2 为丛枝定殖率。

菌丝定殖率在各样地不同土层都较高，与土壤因子关联度小，而土壤因子与泡囊定殖率和丛枝定殖率有较高关联。

$$Y_2 = 6.957 - 2.100X_1 + 0.426X_2 - 3.713X_3 + 0.378X_4$$
$$(\text{df}=4, \ F=32.119, \ R^2=0.258, \ P=0.000) \quad (6\text{-}2)$$

式中，Y_2 为泡囊定殖率；X_1 为土壤有效磷；X_2 为菌丝定殖率；X_3 为土壤湿度；X_4 为土壤温度。

说明泡囊定殖率和土壤湿度有最大关联度，较高的土壤湿度会降低泡囊定殖率，其次泡囊定殖率受土壤有效磷的显著影响，荒漠土低磷的刺激可能是泡囊发生的主要诱因，泡囊定殖率与菌丝定殖率、土壤温度正相关。

$$Y_3 = 2.893 - 1.500X_1 + 0.420X_2 + 0.334X_3 - 2.213X_4$$
$$(\text{df}=4, \ F=24.14, \ R^2=0.207, \ P=0.000) \quad (6\text{-}3)$$

式中，Y_3 为丛枝定殖率；X_1 为土壤有机质；X_2 为土壤温度；X_3 为菌丝定殖率；X_4 为土壤湿度。

说明丛枝定殖率和土壤湿度的关联度最大，较高的土壤湿度伴随较低的丛枝定殖率。其次是土壤有机质，有机质增加会抑制丛枝定殖率，菌丝定殖率和土壤温度增加有利于丛枝定殖率的增加。

$$Y_4 = 1.469X_1 + 0.827X_2 + 1.266X_3 + 0.168X_4 - 8.007$$
$$(df = 4, \ F = 44.103, \ R^2 = 0.323, \ P = 0.000)$$

(6-4)

式中，Y_4 为孢子密度；X_1 为土壤有机质；X_2 为土壤有效磷；X_3 为土壤湿度；X_4 为土壤温度。

说明较高的温度和湿度是 AM 真菌大量产孢的前提，有机质和有效磷的增加有利于 AM 真菌繁殖。

回归分析表明，荒漠土壤贫瘠的养分和极度干旱增加了寄主植物对 AM 真菌的依赖度，是菌根共生体产生的主要诱因。

（六）土壤酶的生态功能

两种沙蒿根围土壤酶活性与 AM 真菌定殖的相关性分析表明（表 6-8），黑沙蒿根围脲酶与丛枝定殖率显著负相关，与孢子密度极显著正相关；酸性磷酸酶、碱性磷酸酶、蛋白酶都与丛枝定殖率极显著负相关，与孢子密度极显著正相关。

表 6-8 两种沙蒿根围土壤酶活性与 AM 真菌定殖率和孢子密度的相关性

植物	指标	泡囊定殖率	丛枝定殖率	菌丝定殖率	总定殖率	孢子密度
黑沙蒿	脲酶	−0.177	−0.160[*]	−0.094	−0.073	0.334[**]
	酸性磷酸酶	−0.121	−0.176[**]	−0.034	−0.013	0.483[**]
	碱性磷酸酶	−0.085	−0.347[**]	−0.021	−0.015	0.455[**]
	蛋白酶	−0.107	−0.250[**]	−0.108	−0.102	0.265[**]
白沙蒿	脲酶	0.102	−0.196[**]	0.169[*]	0.255[**]	0.506[**]
	酸性磷酸酶	0.182[**]	−0.200[**]	0.263[**]	0.280[**]	0.586[**]
	碱性磷酸酶	0.167[*]	−0.295[**]	0.188[**]	0.210[**]	0.676[**]
	蛋白酶	0.233[**]	−0.139	0.104	0.106[*]	0.514[**]

注：*表示两者在 0.05 水平显著相关，**表示两者在 0.01 水平极显著相关

白沙蒿根围脲酶与菌丝定殖率显著正相关，与总定殖率和孢子密度极显著正相关，与丛枝定殖率极显著负相关；酸性磷酸酶与总定殖率、菌丝定殖率、泡囊定殖率、孢子密度极显著正相关，与丛枝定殖率极显著负相关；碱性磷酸酶与总定殖率、菌丝定殖率、孢子密度极显著正相关，与泡囊定殖率显著正相关，与丛枝定殖率极显著负相关；蛋白酶与总定殖率显著正相关，与泡囊定殖率、孢子密度极显著正相关；其他因子间无显著相关关系。

土壤酶活性与 AM 真菌孢子密度、总定殖率、菌丝定殖率和泡囊定殖率有不同程度的正相关性，而与丛枝定殖率显著或极显著负相关，表明 AM 真菌与寄主植物共生关系受到土壤养分的显著影响，较好的土壤养分有利于 AM 真菌产孢和繁殖的同时，却不利于真菌与寄主植物之间的物质交换，使寄主植物从菌根共生体中受益减少。此外，AM 真菌不仅对土壤脲酶活性有积极贡献，有助于寄主植物对土壤有效氮的吸收利用；也能促进植物或其他微生物群落分泌更多的胞外酶，加速有机磷矿化过程，荒漠低磷的刺激也可诱导磷酸酶，从而促进其活性增加；AM 真菌根外菌丝可穿越根际贫磷区，从而扩展磷吸收范围。因此，揭示 AM 真菌与土壤理化性质和酶活性的相关性及其作用机理，

对于利用菌根技术恢复荒漠生态系统有重要意义（山宝琴等，2009b）。

五、荒漠沙蒿丛枝菌根真菌多样性和生态分布

从不同样地土壤样品中共分离鉴定 AM 真菌 8 属 37 种，已鉴定 32 种，尚有 5 个未定种，其中球囊霉属 13 种、无梗囊霉属 12 种、根孢囊霉属和盾巨孢囊霉属各 3 种、管柄囊霉属和近明球囊霉属各 2 种、隔球囊霉属和类球囊霉属各 1 种（表 6-9）（山宝琴，2009）。

表 6-9　荒漠沙蒿根围 AM 真菌的频度和相对多度

AM 真菌种类	黑沙蒿		白沙蒿	
	频度/%	相对多度/%	频度/%	相对多度/%
双网无梗囊霉 A. bireticulata	100.0**	4.1**	91.6**	17.1**
凹坑无梗囊霉 A. excavata	81.3*	1.6	83.3*	3.4
孔窝无梗囊霉 A. foveata	37.5	1.2	33.3	2.2
詹氏无梗囊霉 A. gerdemannii	31.3	7.7	33.3	1.8
光壁无梗囊霉 A. laevis	18.8	1.4	100.0**	22.3**
蜜色无梗囊霉 A. mellea	25.0	1.7	58.3	4.4
瑞氏无梗囊霉 A. rehmii	18.8	2.8	25.0	0.7
皱壁无梗囊霉 A. rugosa	31.3	2.6	16.6	0.5
细凹无梗囊霉 A. scrobiculata	0	0	50.0	1.3
疣状无梗囊霉 A. tuberculata	43.8	2.9	0	0
A. sp. 1	0	0	50	1.2
A. sp. 2	12.5	1.5	0	0
近明球囊霉 Cl. claroideum	87.5*	2.6	83.3**	4.6**
幼套近明球囊霉 Cl. etunicatum	93.7**	8.9**	66.6	6.4
地管柄囊霉 F. geosporum	100.0**	19.8**	66.6	8.2
摩西管柄囊霉 F. mosseae	25.0	1.1	0	0
帚状球囊霉 G. coremioides	12.5	0.1	16.6	1.8
棒孢球囊霉 G. clavisporum	25.0	0.1	0	0
卷曲球囊霉 G. convolutum	93.7*	3.1	100.0**	5.8**
长孢球囊霉 G. dolichosporum	93.7*	0.8	50	1.3
海得拉巴球囊霉 G. hyderabadensis	31.3	0.4	12.5	0.4
宽柄球囊霉 G. magnicaule	31.3	2.5	0	0
黑球囊霉 G. melanosporum	93.7*	3.4	91.6*	3.9
小果球囊霉 G. microcarpum	31.3	2.2	0	0
网状球囊霉 G. reticulatum	0	0	75.0*	1.9
地表球囊霉 G. versiforme	68.8	1.4	16.6	2.1
G. sp. 1	18.8	0.8	12.5	0.5
G. sp. 2	12.5	0.3	12.5	0.2
G. sp. 3	12.5	0.6	0	0
隐类球囊霉 P. occultum	37.5	16.0	0	0

续表

AM 真菌种类	黑沙蒿		白沙蒿	
	频度/%	相对多度/%	频度/%	相对多度/%
明根孢囊霉 *Rh. clarus*	43.8	1.7	16.6	1.8
透光根孢囊霉 *Rh. diaphanum*	87.5*	1.4	33.3	1.9
根内根孢囊霉 *Rh. intraradices*	18.75	0.8	0	0
美丽盾巨孢囊霉 *Scu calospora*	75.0*	0.7	66.6	1.8
红色盾巨孢囊霉 *Scu. erythropa*	50.0	0.5	58.3	0.4
透明盾巨孢囊霉 *Scu. pellucida*	62.5	0.6	50.0	0.5
缩隔球囊霉 *Sep. constrictum*	93.7*	2.4	66.6	2.7

　　黑沙蒿根围有 AM 真菌 34 种，白沙蒿根围有 AM 真菌 28 种，不同样地 AM 真菌种丰度略有差异，盐池样地有 24 种，种丰度最大；沙坡头样地种类最少，只有 17 种，种丰度较小。白沙蒿榆林样地 AM 真菌种类和种丰度最小。本研究以种的频度和相对多度作为选取优势种的标准，频度小于 50% 的为偶见种，频度 50%～75% 的种类为少见种，频度大于 75% 同时相对多度小于 4% 的种类为常见种，频度大于 75% 同时相对多度大于 4% 的种类为优势种。黑沙蒿根围常见种有凹坑无梗囊霉、近明球囊霉、缩隔球囊霉、透光根孢囊霉、长孢球囊霉、卷曲球囊霉、黑球囊霉和美丽盾巨孢囊霉；优势种有双网无梗囊霉、幼套近明球囊霉、地管柄囊霉。隐类球囊霉只在榆林样地有明显优势。白沙蒿根围常见种为凹坑无梗囊霉、黑球囊霉和网状球囊霉。优势种有双网无梗囊霉、光壁无梗囊霉、近明球囊霉和卷曲球囊霉。

　　此外，黑沙蒿和白沙蒿根围 AM 真菌丰度在各土层间差异显著，0～10cm 土层最大，为 10～17 种/25g 土；其次是 10～20cm 土层，为 6～12 种/25g 土；20～30cm 土层为 4～10 种/25g 土；30cm 土层以下锐减，只有 2～6 种/25g 土。优势种多在 0～20cm 土层，不同植物特有种或偶见种多在 30cm 土层以下。

　　相同科属近缘种植物黑沙蒿和白沙蒿根围 AM 真菌群落组成和丰度的差异，为阐明植物与 AM 真菌相互选择性提供了有力证据。

第二节　克隆植物丛枝菌根真菌物种多样性和时空分布

一、样地概况和样品采集

（一）样地概况

　　样地选取中国科学院鄂尔多斯沙地草地生态研究站（39°29′40″N，110°11′22″E）；陕西榆林珍稀沙生植物保护基地（38°21′42.3″N，109°40′14.9″E），位于毛乌素沙地西南缘。

（二）样品采集

　　2005 年 5 月、7 月、10 月和 2006 年 5 月、7 月、10 月分别在两个样地随机选取黑沙蒿、羊柴、沙鞭各 5 株，在距植株主干约 30cm 处挖土壤剖面，按 0～10cm、10～20cm、20～30cm、30～40cm、40～50cm 共 5 个土层采集土壤样品，测定每个土层的土壤湿度和温度，每个土层取土壤混合样品 1kg，装入隔热性能良好的塑料袋密封，附上标签，带回实验室 4℃冷藏。部分土样自然风干，过 2mm 筛，用于 AM 真菌和土壤理化性质测定。共计采集样品 720 份。

二、丛枝菌根真菌定殖和物种多样性分析方法

AM 真菌孢子分离鉴定、AM 真菌多样性、AM 真菌定殖率和土壤理化性质测定方法同第四章第一节。

三、克隆植物丛枝菌根真菌时空分布

研究表明，毛乌素沙地克隆植物沙鞭、羊柴和黑沙蒿都能与 AM 真菌形成菌根共生体，不同植物菌根侵染特性不同，侵染率也不同。羊柴菌根侵染率高于沙鞭和黑沙蒿，黑沙蒿的菌根侵染率最低。不同样地同种植物具有不同的菌根侵染率和感染强度。研究站样地 3 种植物的菌根侵染率和感染强度明显高于榆林样地。沙鞭在研究站样地具有最高的感染强度，根内形成大量成片泡囊。3 种克隆植物主要形成 I 型丛枝菌根（赵金莉，2007；侯晓飞，2008）。

（一）同一样地不同植物根围 AM 真菌定殖率和孢子密度

研究结果发现，3 种植物 AM 真菌孢子密度均在 0～10cm 土层有最大值，总定殖率最大值在 10～20cm 土层，之后随土壤深度增加而降低；AM 真菌定殖率在不同植物和土层之间变化规律不同。AM 真菌定殖率和孢子密度在羊柴根围最高，黑沙蒿次之，沙鞭最低（表 6-10，表 6-11）。

表 6-10　不同土层同一植物根围 AM 真菌定殖率和孢子密度方差分析

寄主	土层/cm	泡囊定殖率/%	丛枝定殖率/%	菌丝定殖率/%	总定殖率/%	孢子密度/（个/20g 土）
沙鞭	0～10	33.4b	5.8b	59.8ab	61.9a	17.4a
	10～20	47.7a	7.9a	66.9a	69.6a	11.6b
	20～30	39.3b	10.2a	65.3a	67.2a	7.8c
	30～40	32.6b	5.4b	61.5a	63.3a	5.6c
	40～50	33.0b	4.7b	55.0b	56.9a	4.1d
黑沙蒿	0～10	32.3a	6.5b	61.1a	63.0a	27.7a
	10～20	32.2a	8.4a	63.7a	67.2a	19.3b
	20～30	30.1a	7.4a	60.7a	63.6a	15.1c
	30～40	33.0a	5.2b	58.2a	61.6a	11.5d
	40～50	23.8b	3.6c	45.0b	48.3b	10.2d

续表

寄主	土层/cm	泡囊定殖率/%	丛枝定殖率/%	菌丝定殖率/%	总定殖率/%	孢子密度/ （个/20g 土）
羊柴	0～10	37.9ab	6.6b	63.8b	65.5b	32.5a
	10～20	41.1a	8.5a	72.7a	75.1a	23.8b
	20～30	35.6ab	7.4a	62.6b	64.6b	17.2b
	30～40	36.9ab	5.2bc	63.0b	66.0b	13.8bc
	40～50	31.9b	4.7c	59.4b	62.2b	10.0c

注：表中数据为 AM 真菌各项指标的平均值；同列数据后不含有相同小写字母的表示同一植物不同土层之间在 0.05 水平差异显著

表 6-11 同一土层不同植物根围 AM 真菌定殖率和孢子密度方差分析

土层/cm	寄主	泡囊定殖率/%	丛枝定殖率/%	菌丝定殖率/%	总定殖率/%	孢子密度/ （个/20g 土）
0～10	沙鞭	33.4a	5.8a	59.8a	61.9a	17.4c
	黑沙蒿	32.3a	6.6a	61.1a	63.0a	27.7b
	羊柴	37.9a	6.5a	63.8a	65.5a	32.5a
10～20	沙鞭	47.7a	7.9a	66.9a	69.6a	11.6c
	黑沙蒿	32.2b	8.4a	63.7a	67.2a	19.3b
	羊柴	41.1a	8.5a	72.7a	75.1a	23.8a
20～30	沙鞭	39.3a	10.2a	65.3a	67.2a	7.8b
	黑沙蒿	30.1b	7.4b	60.7b	63.6a	15.1a
	羊柴	35.6ab	7.4b	62.6ab	64.3a	17.2a
30～40	沙鞭	32.6a	5.4a	61.5a	63.3a	5.6b
	黑沙蒿	33.0a	5.2a	58.2a	61.6a	11.5a
	羊柴	36.9a	5.2a	63.0a	65.9a	13.8a
40～50	沙鞭	33.0a	4.7a	55.0a	56.9a	4.1b
	黑沙蒿	23.8b	3.6b	45.0b	48.3b	10.2a
	羊柴	31.9a	4.7a	59.4a	62.2a	10.0a

注：表中数据为 AM 真菌各项指标的平均值；同列数据后不含有相同小写字母的表示同一土层不同植物之间在 0.05 水平差异显著

毛乌素沙地为碱性土质，土壤贫瘠，理化性质较差；随着采样植物不同和土壤深度变化，土壤各项理化指标也随之发生变化。相关性分析结果表明（表 6-12），沙鞭 AM 真菌孢子密度与菌丝定殖率、泡囊定殖率、总定殖率极显著正相关；黑沙蒿孢子密度与菌丝定殖率、总定殖率显著正相关；羊柴孢子密度与定殖率之间没有显著相关性。

表 6-12 同一样地不同植物根围 AM 真菌与土壤因子的相关性

寄主	指标	孢子密度	碱解氮	有效磷	有效钾	有机质	pH	温度	湿度
沙鞭	菌丝定殖率	0.427**	0.217	0.248	0.261	0.319*	0.046	0.427**	−0.147
	泡囊定殖率	0.415**	0.131	0.032	0.195	0.269	0.079	0.055	0.050
	丛枝定殖率	0.236	0.045	0.019	0.087	0.132	0.046	0.023	0.043
	总定殖率	0.454**	0.184	0.258	0.254	0.354*	0.007	0.428**	−0.193
	孢子密度	1.000	−0.105	0.385**	0.548**	0.583**	−0.277	0.311*	−0.364*

续表

寄主	指标	孢子密度	碱解氮	有效磷	有效钾	有机质	pH	温度	湿度
黑沙蒿	菌丝定殖率	0.326*	0.302*	0.104	0.064	0.292*	0.521**	0.577**	0.203
	泡囊定殖率	0.173	0.385**	0.068	−0.135	0.346*	−0.011	0.227	0.233
	丛枝定殖率	0.096	0.127	0.054	−0.094	0.128	0.064	0.173	0.168
	总定殖率	0.356*	0.317*	0.092	0.051	0.290*	0.532**	0.603**	0.223
	孢子密度	1.000	0.330*	0.268	−0.030	0.309*	0.384**	0.520**	0.316*
羊柴	菌丝定殖率	−0.237	0.458**	−0.362*	0.312*	0.273	−0.036	0.468**	0.236
	泡囊定殖率	−0.109	0.125	0.032	−0.321*	−0.264	0.029	−0.246	0.170
	丛枝定殖率	−0.093	0.146	0.062	−0.178	−0.135	0.037	−0.149	0.094
	总定殖率	−0.296	0.463**	−0.409*	0.269	0.244	−0.030	0.484**	0.231
	孢子密度	1.000	−0.365*	0.554**	0.128	0.250	−0.248	−0.223	−0.198

注：*表示在 0.05 水平显著相关，**表示在 0.01 水平极显著相关

在沙鞭根围，孢子密度与土壤有效磷、有效钾、有机质和温度极显著或显著正相关，与土壤湿度显著负相关；菌丝定殖率和总定殖率与土壤有机质、温度显著或极显著正相关。在黑沙蒿根围，孢子密度与土壤碱解氮、有机质和土壤湿度显著正相关，与土壤 pH、温度极显著正相关；菌丝定殖率和总定殖率与土壤碱解氮、有机质显著正相关，与土壤 pH、温度极显著正相关；泡囊定殖率与土壤有机质显著正相关，与碱解氮极显著正相关。在羊柴根围，孢子密度与土壤有效磷极显著相关，与土壤碱解氮显著负相关；菌丝定殖率和总定殖率与土壤碱解氮、温度极显著正相关，与土壤有效磷显著负相关；泡囊定殖率与土壤有效钾显著负相关。其余各因子间均无显著相关性。

（二）不同样地同一植物根围 AM 真菌定殖和孢子密度

研究结果表明（图 6-2），3 种克隆植物 AM 真菌具有明显的空间异质性，AM 真菌定殖和孢子密度一般在 0～30cm 土层有最大值，之后随土壤深度增加而降低。AM 真菌定殖率在研究站样地较高，而孢子密度在榆林样地较高。分别对毛乌素沙地不同样地克隆植物 5 个土层 AM 真菌和土壤因子各项指标取平均值，分析两者之间的相关性，结果表明（表 6-13），两样地沙鞭孢子密度与定殖率间均无显著相关性。在研究站样地，孢

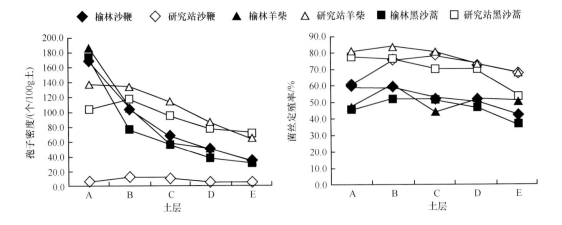

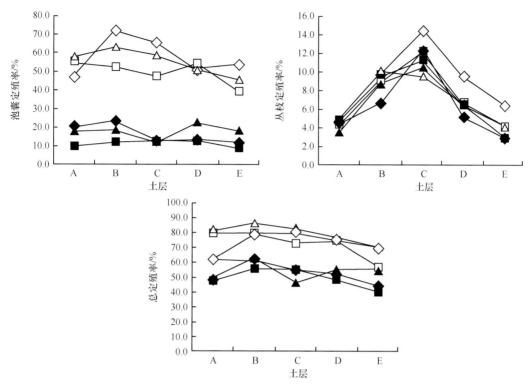

图 6-2 不同样地克隆植物根围 AM 真菌定殖率和孢子密度空间分布

横坐标轴的 A、B、C、D、E 分别代表 0～10cm、10～20cm、20～30cm、30～40cm、40～50cm 土层，下同

表 6-13 不同样地同一植物根围 AM 真菌与土壤因子的相关性

寄主	样地	指标	孢子密度	碱解氮	有效磷	有效钾	有机质	pH	温度	湿度
沙鞭	研究站	菌丝定殖率	−0.120	0.532*	−0.027	0.495*	−0.029	0.506*	0.581**	0.097
		泡囊定殖率	0.226	0.182	0.137	0.212	0.085	0.237	0.272	0.025
		丛枝定殖率	0.125	0.137	0.086	0.257	0.072	0.127	0.198	0.019
		总定殖率	−0.021	0.461*	−0.032	0.414	0.110	0.439	0.443	0.073
		孢子密度	1.000	−0.532*	−0.005	−0.730**	0.044	−0.626**	−0.515*	0.269
	榆林	菌丝定殖率	0.188	0.039	0.154	−0.092	−0.025	−0.571**	0.483**	−0.133
		泡囊定殖率	0.074	−0.077	−0.262	−0.230	−0.240	−0.240	−0.036	0.160
		丛枝定殖率	0.043	−0.065	−0.132	−0.169	−0.185	−0.147	−0.013	0.087
		总定殖率	0.233	0.069	0.176	−0.079	0.029	−0.602**	0.530**	−0.188
		孢子密度	1.000	0.018	0.339	0.316	0.438*	−0.582**	0.651**	−0.471**
黑沙蒿	研究站	菌丝定殖率	0.193	0.247	0.081	−0.227	0.118	−0.025	0.263	0.163
		泡囊定殖率	0.166	0.239	0.006	−0.242	0.176	−0.176	0.262	0.075
		丛枝定殖率	0.148	0.194	0.008	−0.197	0.076	−0.085	0.173	0.063
		总定殖率	0.211	0.222	0.040	−0.288	0.067	−0.056	0.294	0.170
		孢子密度	1.000	0.284	0.294	−0.218	0.059	0.253	0.600**	0.280
	榆林	菌丝定殖率	0.242	0.142	−0.131	0.047	0.162	0.043	0.597**	−0.289
		泡囊定殖率	0.090	0.298	0.054	0.190	0.306	−0.151	0.583**	−0.270
		丛枝定殖率	0.076	0.135	0.043	0.173	0.246	−0.097	0.325	−0.168

续表

寄主	样地	指标	孢子密度	碱解氮	有效磷	有效钾	有机质	pH	温度	湿度
黑沙蒿	榆林	总定殖率	0.299	0.180	−0.139	0.090	0.171	0.080	0.679**	−0.268
		孢子密度	1.000	0.512*	0.131	0.118	0.420	0.291	0.256	0.020
羊柴	研究站	菌丝定殖率	−0.729**	0.701**	−0.793**	0.175	0.579**	−0.013	0.699**	0.535**
		泡囊定殖率	−0.230	0.270	−0.234	−0.033	0.259	−0.106	0.357	0.350
		丛枝定殖率	−0.056	0.094	−0.103	−0.073	0.136	−0.016	0.243	0.238
		总定殖率	−0.736**	0.672**	−0.790**	0.091	0.596**	0.085	0.719**	0.475*
		孢子密度	1.000	−0.812**	0.836**	−0.276	−0.661**	0.081	−0.848**	−0.400*
	榆林	菌丝定殖率	−0.022	0.003	−0.056	0.432	0.252	0.022	0.342	−0.444
		泡囊定殖率	0.304	−0.095	0.328	−0.472*	−0.380	−0.158	−0.605**	−0.070
		丛枝定殖率	0.208	−0.046	0.254	−0.268	−0.243	−0.094	−0.208	−0.043
		总定殖率	−0.062	−0.026	−0.070	0.452	0.252	−0.037	0.327	−0.455
		孢子密度	1.000	0.180	0.312	−0.380	−0.047	0.418	−0.643**	−0.174

子密度与土壤碱解氮、有效钾、pH、温度显著或极显著负相关；菌丝定殖率与土壤碱解氮、有效钾、pH 显著正相关，且菌丝定殖率与土壤温度极显著正相关；总定殖率仅与土壤碱解氮显著正相关。在榆林样地，孢子密度与土壤有机质、温度显著或极显著正相关，与土壤 pH、湿度极显著负相关；菌丝定殖率和总定殖率与土壤温度极显著正相关，与土壤 pH 极显著负相关。

在研究站样地，羊柴孢子密度与菌丝定殖率、总定殖率极显著负相关，而在榆林样地与定殖率间无显著相关性。在研究站样地，孢子密度与土壤有效磷极显著正相关，与土壤碱解氮、有机质、温度、湿度极显著或显著负相关；菌丝定殖率和总定殖率与土壤碱解氮、有机质、温度极显著正相关，与土壤有效磷极显著负相关；菌丝定殖率与土壤湿度极显著正相关，总定殖率与土壤湿度显著正相关。在榆林样地，孢子密度与土壤温度极显著负相关；泡囊定殖率与土壤温度极显著负相关，与有效钾显著负相关。

两样地黑沙蒿孢子密度与定殖率间均无显著相关性。在研究站样地，孢子密度与土壤温度极显著正相关；在榆林样地，孢子密度与土壤碱解氮显著正相关，菌丝定殖率、泡囊定殖率、总定殖率与土壤温度极显著正相关。其他各因子间无显著相关性（贺学礼和侯晓飞，2008）。

（三）克隆植物根围 AM 真菌定殖率和孢子密度时间分布

毛乌素沙地克隆植物根围 AM 真菌随时间推移而发生显著变化，孢子密度、丛枝定殖率、菌丝定殖率和总定殖率的变化规律在 3 种克隆植物间相似，孢子密度、丛枝定殖率均为 5 月显著高于 7 月和 10 月，10 月低于 7 月，但两者未达到显著水平；菌丝定殖率、总定殖率均为 7 月显著高于 5 月和 10 月，5 月低于 10 月，但两者差异不显著。沙鞭和黑沙蒿的泡囊定殖率时间变化规律一致，均为 7 月显著高于 5 月和 10 月，5 月低于 10 月，但两者差异不显著；在羊柴根围 0～10cm、40～50cm 土层的泡囊定殖率 10 月显著高于 5 月和 7 月，5 月低于 7 月，但两者未达到显著水平，在 10～40cm 土层随时间推移而升高，各月份间无显著差异（图 6-3～图 6-5）。

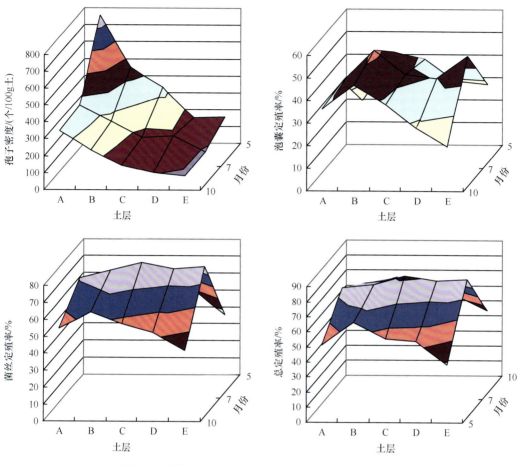

图 6-3　沙鞭根围 AM 真菌定殖率和孢子密度时间分布

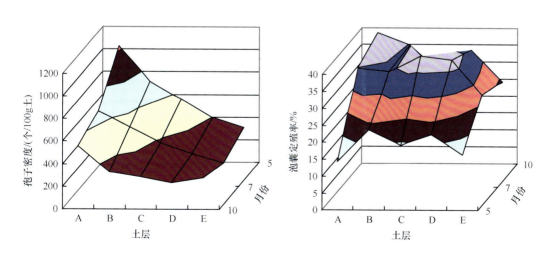

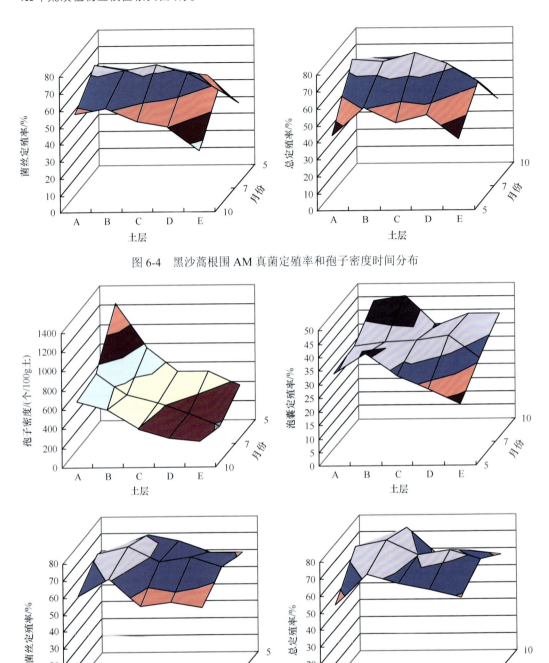

图 6-4 黑沙蒿根围 AM 真菌定殖率和孢子密度时间分布

图 6-5 羊柴根围 AM 真菌定殖率和孢子密度时间变化

研究分别对毛乌素沙地 3 种克隆植物在 5 月、7 月、10 月各土层 AM 真菌和土壤因子各项指标取平均值，分析它们之间的相关性。结果表明（表 6-14），沙鞭的孢子密度与土壤有效磷、有效钾、有机质、温度极显著或显著正相关，与土壤碱解氮、pH、湿度极显著负相关；菌丝定殖率与土壤有机质显著正相关；泡囊定殖率与土壤碱解氮极显著正相关，与土壤 pH、湿度显著正相关；丛枝定殖率与土壤碱解氮极显著正相关；总定殖率与土壤有机质显著正相关。黑沙蒿的孢子密度与土壤温度极显著正相关；泡囊定殖率与土壤碱解氮、有机质、湿度极显著正相关；丛枝定殖率与土壤碱解氮极显著正相关；总定殖率与土壤温度显著正相关。羊柴的孢子密度与土壤有机质、碱解氮、温度极显著正相关，与土壤有效钾、pH 显著正相关；菌丝定殖率与土壤碱解氮、pH 极显著正相关，与土壤湿度显著正相关；泡囊定殖率与土壤碱解氮、pH、湿度极显著正相关，与有效钾显著负相关；丛枝定殖率与土壤碱解氮极显著正相关；总定殖率与土壤碱解氮、pH、湿度极显著正相关。其余各因子间无显著相关性。

表 6-14　克隆植物根围 AM 真菌与土壤因子的相关性

寄主	指标	孢子密度	碱解氮	有效磷	有效钾	有机质	pH	温度	湿度
沙鞭	菌丝定殖率	0.105	0.249	−0.025	0.063	0.314*	0.050	−0.034	0.215
	泡囊定殖率	−0.048	0.460**	−0.173	−0.117	0.213	0.286*	−0.202	0.324*
	丛枝定殖率	0.049	0.503**	−0.046	0.072	0.067	0.014	−0.053	0.142
	总定殖率	0.116	0.222	−0.025	0.049	0.348*	0.012	−0.059	0.183
	孢子密度	1.000	−0.453**	0.445**	0.638**	0.500**	−0.475**	0.449*	−0.478**
黑沙蒿	菌丝定殖率	0.194	−0.025	−0.063	−0.089	0.027	0.089	0.261	−0.007
	泡囊定殖率	0.106	0.687**	−0.136	−0.258	0.511**	−0.096	0.247	0.540**
	丛枝定殖率	0.086	0.512**	−0.082	−0.093	0.305	−0.064	0.256	0.051
	总定殖率	0.228	−0.004	−0.090	−0.116	0.024	0.083	0.291*	0.022
	孢子密度	1.000	0.127	0.201	−0.104	0.163	0.246	0.483**	0.160
羊柴	菌丝定殖率	0.335*	0.533**	−0.219	−0.016	−0.006	0.508**	0.047	0.368*
	泡囊定殖率	0.131	0.677**	−0.291	−0.333*	−0.214	0.664**	−0.136	0.479**
	丛枝定殖率	0.021	0.537**	−0.138	−0.231	−0.162	0.217	0.016	0.215
	总定殖率	0.321*	0.463**	−0.273	−0.093	−0.059	0.581**	0.030	0.390**
	孢子密度	1.000	0.578**	0.128	0.346*	0.561**	0.330*	0.400**	0.152

（四）AM 真菌群落组成和物种多样性特征

在采集的原始土样和诱集培养土壤中共分离 7 属 23 种 AM 真菌，其中无梗囊霉属 5 种，包括凹坑无梗囊霉（*A. excavata*）、蜜色无梗囊霉（*A. mellea*）、瑞氏无梗囊霉（*A. rehmii*）和 2 个未定种；管柄囊霉属 2 种，包括摩西管柄囊霉（*F. mosseae*）和地管柄囊霉（*F. geosporum*）；球囊霉属 9 种，包括卷曲球囊霉（*G. convolutum*）、长孢球囊霉（*G. dolichosporum*）、海得拉巴球囊霉（*G. hyderabadensis*）、黑球囊霉（*G. melanosporum*）、多梗球囊霉（*G. multicaule*）、膨果球囊霉（*G. pansihalos*）和 3 个未定种；巨孢囊霉属 2 种，包括易误巨孢囊霉（*Gi. decipiens*）和珠状巨孢囊霉（*Gi. margarita*）；根孢囊霉属 3 种，包括聚丛根孢囊霉（*Rh. aggregatum*）、透光根孢囊霉（*Rh. diaphanum*）和根内根孢囊霉（*Rh. intraradices*）；盾巨孢囊霉属 1 种，即红色盾巨孢囊霉（*Scu. erythropa*）；隔球囊霉属 1 种，即缩隔球囊霉（*Sep. constrictum*）。

同一样地不同植物根围的 AM 真菌种类存在差异,不同样地同一植物根围的 AM 真菌种类也有差异。例如,红色盾巨孢囊霉仅出现在沙鞭根围;海得拉巴球囊霉、卷曲球囊霉和缩隔球囊霉仅分布在羊柴根围;长孢球囊霉、珠状巨孢囊霉和蜜色无梗囊霉仅出现在黑沙蒿根围。聚丛根孢囊霉和长孢球囊霉是研究站样地特有种类,而多梗球囊霉和海得拉巴球囊霉是榆林样地特有种类(表 6-15)。

表 6-15 克隆植物根围 AM 真菌的相对多度和频度

寄主	AM 真菌种类	研究站		榆林	
		相对多度/%	频度/%	相对多度/%	频度/%
沙鞭	凹坑无梗囊霉 A. excavata	5.2	21.7	7.3	23.3
	A. sp.	5.9	12.6	4.7	16.8
	摩西管柄囊霉 F. mosseae	39.9	81.7	39.8	83.6
	黑球囊霉 G. melanosporum	25.8	63.3	21.6	68.3
	多梗球囊霉 G. multicaule	0	0	4.7	5.0
	膨果球囊霉 G. pansihalos	3.1	16.8	2.1	8.7
	G. sp. 1	4.7	18.2	4.5	14.2
	易误巨孢囊霉 Gi. decipiens	5.6	25.0	4.9	29.7
	透光根孢囊霉 Rh. diaphanum	3.1	13.2	2.1	8.7
	根内根孢囊霉 Rh. intraradices	4.5	6.7	3.9	8.3
	红色盾巨孢囊霉 Scu. erythropa	1.5	6.9	1.9	5.8
羊柴	凹坑无梗囊霉 A. excavata	5.4	15.2	6.4	12.3
	瑞氏无梗囊霉 A. rehmii	4.6	8.3	4.3	7.1
	A. sp. 1	2.9	13.6	3.7	11.3
	A. sp. 2	1.5	7.1	1.9	6.9
	摩西管柄囊霉 F. mosseae	25.6	72.8	22.6	69.4
	地管柄囊霉 F. geosporum	12.3	52.6	15.1	51.7
	卷曲球囊霉 G. convolutum	3.7	11.6	0	0
	海得拉巴球囊霉 G. hyderabadensis	0	0	2.9	6.0
	黑球囊霉 G. melanosporum	12.4	53.0	13.3	56.6
	膨果球囊霉 G. pansihalos	3.2	6.6	2.5	3.6
	G. sp. 1	2.6	9.0	1.9	12.8
	G. sp. 2	3.7	12.5	2.5	11.9
	G. sp. 3	2.2	8.7	2.6	7.6
	易误巨孢囊霉 Gi. decipiens	3.5	9.3	5.2	10.4
	聚丛根孢囊霉 Rh. aggregatum	3.5	11.3	0	0
	透光根孢囊霉 Rh. diaphanum	2.6	9.2	3.1	9.2
	根内根孢囊霉 Rh. intraradices	3.5	8.9	3.8	7.1
	缩隔球囊霉 Sep. constrictum	8.7	32.1	7.4	36.9
黑沙蒿	凹坑无梗囊霉 A. excavata	3.4	7.8	2.9	10.4
	蜜色无梗囊霉 A. mellea	3.5	13.2	4.8	8.7
	瑞氏无梗囊霉 A. rehmii	10.6	12.7	9.3	15.7
	地管柄囊霉 F. geosporum	23.6	61.7	27.2	58.6

续表

寄主	AM 真菌种类	研究站		榆林	
		相对多度/%	频度/%	相对多度/%	频度/%
黑沙蒿	长孢球囊霉 G. dolichosporum	8.3	6.9	0	0
	黑球囊霉 G. melanosporum	18.5	38.2	20.7	41.2
	多梗球囊霉 G. multicaule	3.2	16.8	3.6	10.3
	聚丛根孢囊霉 Rh. aggregatum	6.4	9.7	8.5	17.1
	根内根孢囊霉 Rh. intraradices	9.7	15.3	12.4	18.4
	易误巨孢囊霉 Gi. decipiens	8.3	10.9	5.7	12.5
	珠状巨孢囊霉 Gi. margarita	4.5	11.3	4.9	9.8

2006 年 5 月、8 月和 10 月继续在榆林样地 3 种植物根围分 5 个土层采样，共分离鉴定 6 属 18 种，即双网无梗囊霉（*A. bireticulata*），脆无梗囊霉（*A. delicate*），光壁无梗囊霉（*A. laevis*），波兰无梗囊霉（*A. polonica*），瑞氏无梗囊霉（*A. rehmii*），细凹无梗囊霉（*A. scrobiculata*）和波状无梗囊霉（*A. undulata*）；近明球囊霉（*Cl. claroideum*）；黏屑多样孢囊霉（*D. spurcum*）；卷曲球囊霉（*G. convolutum*），长孢球囊霉（*G. dolichosporum*），何氏球囊霉（*G. hoi*），黑球囊霉（*G. melanosporum*），宽柄球囊霉（*G. magnicaule*），网状球囊霉（*G. reticulatum*）和地表球囊霉（*G. versiforme*）；桃形盾巨孢囊霉（*Scu. persica*）；台湾硬囊霉（*S. taiwanensis*）。在球囊霉属中，以卷曲球囊霉最为丰富，出现次数较高；在无梗囊霉属中，以双网无梗囊霉和细凹无梗囊霉出现次数与频率最高；以沙鞭根围 AM 真菌种类和数量最多，黑沙蒿 AM 真菌种类和数量最低。同一样地不同植物 AM 真菌种类存在差异，瑞氏无梗囊霉、细凹无梗囊霉、双网无梗囊霉、卷曲球囊霉、黏屑多样孢囊霉具有广泛适应性，并且出现次数和频率较高。

第三节　克隆植物生长对丛枝菌根真菌的影响

在不同的植被演替阶段，AM 真菌组成和数量有明显变化。已有研究证实，作为生态系统的组成成分，丛枝菌根的存在和多样性是维持植物多样性和生态系统功能的一个重要因子。当一种 AM 真菌的寄主植物是群落优势种或建群种时，它的丧失会引起生态系统的重大变化。沙地植被恢复过程中存在着明显的物种更替、群落环境变化等次生演替现象，在群落环境变化和物种更替过程中，克隆植物的生态功能占据着重要地位。本研究选取毛乌素沙地两种典型的游击型克隆植物——沙鞭和羊柴为目标植物，系统研究了克隆生长入侵对土壤理化性质和 AM 真菌多样性及菌根形成的影响，为菌根技术强化克隆植物在荒漠植被恢复和生态重建中的应用提供依据。

一、样地概况和样品采集

（一）样地概况和样方的选择标记

2005 年 5 月中旬在中国科学院鄂尔多斯沙地草地生态研究站（39°29′40″N，

110°11′22″E）和陕西榆林珍稀沙生植物保护基地（38°21′42.3″N，109°40′14.9″E）沙鞭与羊柴群落样地中分别随机选择 4 块灌丛空地作为固定样方，共计 16 个样方。固定样方选在克隆植物根状茎延伸方向上，样方大小为 1m×1m，在选定样方的 4 个角上分别插上一个红色木桩作为标记。

（二）样品采集

2005 年 5 月中旬、7 月中旬和 10 月中旬及 2006 年 5 月中旬、7 月中旬和 10 月中旬在每个固定样方中央分 0～10cm、10～20cm、20～30cm、30～40cm、40～50cm 共 5 个土层各采样一次，每个样品采集约 1kg 根系和土壤混合样，分别装入密封塑料袋内，带回实验室后 4℃冷藏。部分土样自然风干并过 2mm 筛，用于 AM 真菌和土壤理化性质测定。共计 480 份样品，同时详细记录样方内再生植物种类和个体数。

二、丛枝菌根真菌定殖和物种多样性分析方法

AM 真菌孢子分离鉴定、AM 真菌多样性、AM 真菌定殖率和土壤理化性质测定方法同第四章第一节。

三、克隆植物入侵状况和丛枝菌根真菌的变化特征（2005～2006 年）

（一）克隆植物入侵灌丛空地状况

由表 6-16 可见，沙鞭通过克隆生长产生分株的能力较强，在相同生长时间内沙鞭空地产生的分株数多于羊柴空地，且沙鞭在研究站样地的克隆生长状况好于榆林样地。从 2005 年 7 月标记样地至 10 月，沙鞭通过克隆生长入侵沙鞭空地数占 50%，而羊柴入侵空地数仅占 25%；2006 年 5 月，沙鞭入侵空地数占 87.5%，而羊柴入侵空地数占 75%；2006 年 7 月，沙鞭空地和羊柴空地全部被入侵（赵金莉，2007）。

表 6-16　克隆植物入侵状况调查表

样地		不同时间样地内克隆植物分株数				
		2005 年 7 月 15 日	2005 年 10 月 15 日	2006 年 5 月 15 日	2006 年 7 月 15 日	2006 年 10 月 15 日
研究站	沙鞭空地 1	0	1	2	4	7
	沙鞭空地 2	0	3	5	6	9
	沙鞭空地 3	0	0	1	3	4
	沙鞭空地 4	0	0	2	5	6
	羊柴空地 1	0	0	1	3	3
	羊柴空地 2	0	1	1	2	3
	羊柴空地 3	0	0	0	1	2
	羊柴空地 4	0	0	1	2	2
榆林	沙鞭空地 1	0	0	0	2	5
	沙鞭空地 2	0	1	1	3	6
	沙鞭空地 3	0	0	1	2	2

续表

样地		不同时间样地内克隆植物分株数				
		2005年7月15日	2005年10月15日	2006年5月15日	2006年7月15日	2006年10月15日
榆林	沙鞭空地4	0	1	2	4	7
	羊柴空地1	0	0	2	2	3
	羊柴空地2	0	1	1	3	4
	羊柴空地3	0	0	0	2	3
	羊柴空地4	0	0	1	2	2

（二）克隆植物入侵对土壤理化性质的影响

由表6-17可见，克隆植物通过克隆生长侵入灌丛空地后显著改善了土壤营养状况，其中对土壤碱解氮的影响最为明显。在研究站样地沙鞭克隆生长侵入空地后，土壤碱解氮含量提高了11.3倍，有机质含量提高了8.8倍，有效磷含量提高了0.7倍，但有效钾含量略有下降。研究站羊柴、榆林沙鞭和羊柴入侵均不同程度地提高了土壤碱解氮、有效磷和有机质含量，仅榆林样地有效钾含量显著降低，但克隆植物侵入空地后，所有样地土壤pH均升高，这可能与植物本身的生理特性有关。

表6-17 克隆植物入侵对土壤理化性质的影响

样地		时间	碱解氮/（μg/g）	有效磷/（μg/g）	有效钾/（μg/g）	有机质/（mg/g）	pH
研究站	沙鞭空地	入侵前	1.05b	2.23a	23.49a	0.30b	7.23a
		入侵后	12.88a	3.79a	21.62a	2.93a	8.01a
	羊柴空地	入侵前	1.59b	2.53a	29.04a	0.98a	7.59a
		入侵后	5.35a	2.98a	36.88a	1.39a	8.18a
榆林	沙鞭空地	入侵前	1.68b	4.52a	50.27a	1.43a	7.74a
		入侵后	9.89a	5.15a	33.53b	1.54a	8.12a
	羊柴空地	入侵前	2.14b	2.49b	57.10a	2.22a	7.89a
		入侵后	13.63a	5.18a	36.82b	2.70a	8.28a

注：同列数据后不含有相同小写字母的表示入侵前后指标在0.05水平差异显著。下同

（三）克隆植物生长对丛枝菌根形成的影响

研究站样地沙鞭空地位于流动沙丘上，整个沙丘仅有少量沙鞭定殖，没有其他植物种类生存，故沙鞭侵入空地前在样地内没有采集到植物根段，从土壤样品中分离到了少量AM真菌孢子。

克隆植物生长对丛枝菌根形成的影响因植物种类和样地不同而有所差异（表6-18）。沙鞭通过克隆生长侵入空地后，在研究站样地，孢子密度和丛枝菌根不同结构定殖率均显著增加；在榆林样地，孢子密度、菌丝定殖率、丛枝定殖率和总定殖率均显著提高，泡囊定殖率也有所增加，但未达到显著水平。羊柴通过克隆生长侵入空地后，在研究站样地，孢子密度和丛枝定殖率显著增加，而泡囊定殖率显著降低，菌丝定殖率和总定殖率也有所下降，但未达到显著水平；在榆林样地，孢子密度和丛枝定殖率显著增加，而

菌丝定殖率、泡囊定殖率和总定殖率均显著降低。

表 6-18　克隆植物生长对 AM 真菌定殖率和孢子密度的影响

样地		时间	孢子密度/ （个/20g 土）	菌丝 定殖率/%	泡囊 定殖率/%	丛枝 定殖率/%	总定殖率/%
研究站	沙鞭空地	入侵前	0.29b	0b	0b	0b	0b
		入侵后	1.25a	22.28a	9.03a	1.23a	22.28a
	羊柴空地	入侵前	11.09b	55.93a	48.39a	1.56b	58.74a
		入侵后	25.13a	54.44a	27.25b	3.21a	55.93a
榆林	沙鞭空地	入侵前	8.31b	29.72b	7.48a	1.07b	30.24b
		入侵后	15.07a	49.61a	8.36a	2.89a	51.16a
	羊柴空地	入侵前	19.16b	48.03a	10.62a	2.01b	52.46a
		入侵后	29.62a	35.00b	5.33b	3.52a	37.33b

（四）克隆植物生长对 AM 真菌多样性的影响

克隆植物生长对 AM 真菌物种多样性产生一定影响，克隆植物入侵前后，球囊霉属的频度都是最高的（表 6-19）。沙鞭克隆生长入侵空地后，样方土壤中 AM 真菌种类更为丰富，研究站 AM 真菌香农-维纳指数由 0.2690 上升为 0.5566，榆林 AM 真菌香农-维纳指数由 0.7227 上升为 0.9368；羊柴克隆生长对 AM 真菌多样性的影响在两样地表现不同，研究站羊柴克隆生长入侵增加了 AM 真菌多样性，香农-维纳指数由 0.8377 上升为 1.0308，榆林羊柴克隆生长入侵降低了 AM 真菌多样性，香农-维纳指数由 1.0338下降为 0.9587。两样地中 AM 真菌群落组成均随克隆植物生长入侵发生变化。

表 6-19　各样地 AM 真菌种丰度和物种多样性指数

样地		时间	种丰度	香农-维纳指数
研究站	沙鞭空地	入侵前	0.31	0.2690
		入侵后	0.77	0.5566
	羊柴空地	入侵前	1.49	0.8377
		入侵后	2.15	1.0308
榆林	沙鞭空地	入侵前	1.14	0.7227
		入侵后	1.74	0.9368
	羊柴空地	入侵前	2.25	1.0338
		入侵后	1.92	0.9587

四、克隆植物入侵状况和丛枝菌根真菌的变化特征（2007 年）

为了进一步验证植物克隆生长对 AM 真菌多样性和菌根形成的影响，2007 年 5 月，在两样地分别随机选取立地条件相似的沙鞭和羊柴群落各 4 块。在这些群落空地上，沿植株根状茎延伸方向分别设置 1m² 样地。为保证样地一致性及在当年有分株出现，空地下面要有根茎侵入并距离上一年生最后一分株 30cm 处。按 0～10cm、10～20cm、20～

30cm、30～40cm、40～50cm 共 5 个土层采集土壤和根系样品，同时测定土壤温度和湿度。样品编号后装入塑料袋密封，带回实验室。自然风干后过 2mm 筛。土样 4℃保存，用于土壤理化性质和 AM 真菌孢子观测。收集的根样切成 1cm 根段，用于 AM 真菌侵染率测定。2007 年 7 月和 10 月在每个样方内以相同方法各采样一次，并进行分株状况调查。

（一）克隆植物入侵灌丛空地状况

由表 6-20 可见，两种克隆植物均有较强的克隆生长能力，在一个生长季内，标记的空地全部出现了分株，但分株数量因植物和样地不同而异。沙鞭在整个生长季内产生的平均分株数为 5.13 个，明显多于羊柴的 2.25 个；沙鞭在研究站的克隆生长平均分株数为 5.75 个，比榆林多出约 1.25 个，而羊柴在榆林平均分株数为 2.75 个，比研究站多1 个（李英鹏，2010）。

表 6-20　克隆植物入侵状况调查表

样地	植物	样方	不同时间样地内克隆植物分株数		
			5 月 7 日	7 月 7 日	10 月 7 日
研究站	沙鞭	I	0	2	5
		II	0	1	5
		III	0	2	6
		IV	0	3	7
	羊柴	I	0	2	2
		II	0	1	2
		III	0	1	2
		IV	0	1	1
榆林	沙鞭	I	0	2	5
		II	0	2	6
		III	0	1	4
		IV	0	2	5
	羊柴	I	0	1	2
		II	0	2	3
		III	0	2	4
		IV	0	1	2

（二）克隆植物入侵对土壤理化性质的影响

由表 6-21 可知，克隆植物生长对灌丛空地土壤理化性质有显著影响，显著改善了土壤营养及微域环境状况。随着克隆植物生长，被侵入样方与其侵入前相比，样方内土壤有机质、有效磷含量、蛋白酶活性和 pH 均有所增加，而有机质增加最明显，同时降低了土壤脲酶活性、土壤湿度和温度。在时间相同条件下，被侵入样方与空地对照相比，克隆植物样方内土壤有机质、有效磷、碱解氮、脲酶和湿度均显著增加，其中有机质增加最为明显，而以研究站样地增加最显著。

表 6-21　克隆植物入侵对土壤理化性质的影响

样地	植物	月份	有机质/(mg/g)	有效磷/(μg/g)	碱解氮/(μg/g)	脲酶/[μg/(g·h)]	蛋白酶/[μg/(g·d)]	pH	湿度/%	温度/℃
研究站	沙鞭	5 月	0.55b	1.54b	7.76a	13.79b	0.27b	7.65b	1.47b	15.22b
		7 月	0.78a	2.03a	5.64b	19.96a	0.32a	7.76a	2.12a	30.01a
		10 月	0.84a	1.89a	5.75b	10.53b	0.29ab	7.66b	1.78ab	12.86c
		平均值	0.72B	1.82B	6.38C	14.76B	0.29A	7.69A	1.79C	19.36A
	羊柴	5 月	1.02b	1.65b	7.43b	47.79b	0.17b	7.61b	2.08b	14.61b
		7 月	1.05b	1.91b	9.07a	88.70a	0.25a	7.67a	2.66a	26.04a
		10 月	1.48a	1.67b	7.94b	42.24b	0.21ab	7.62b	1.84b	11.06c
		平均值	1.18AB	1.74B	8.15B	59.58A	0.21A	7.63AB	2.19B	17.24AB
榆林	沙鞭	5 月	1.01b	1.76b	13.36a	14.03b	0.29b	7.61a	1.54b	16.89b
		7 月	0.95b	2.99a	11.92a	31.99a	0.35a	7.67a	3.11a	25.50a
		10 月	1.61a	2.20ab	12.15a	13.83b	0.32ab	7.61a	1.35b	11.48c
		平均值	1.19AB	2.32A	12.48A	19.95	0.32A	7.63AB	2.00B	17.96AB
	羊柴	5 月	1.05b	1.76b	7.73b	68.22bA	0.19b	7.55a	1.62c	14.47b
		7 月	0.95b	2.68a	9.50a	76.05a	0.28a	7.61a	3.64a	24.85a
		10 月	1.97a	1.81b	7.81b	67.27b	0.21b	7.56a	2.43b	11.34c
		平均值	1.32A	2.08AB	8.35B	70.51A	0.23A	7.57B	2.56A	16.89B

注：同列数据后不含有相同小写字母的表示同一植物不同月份之间在 0.05 水平差异显著，同列数据后不含有相同大写字母的表示同一月份不同植物之间在 0.05 水平差异显著。下同

（三）克隆植物生长对丛枝菌根形成的影响

克隆植物生长对丛枝菌根形成的影响因植物种类和样地不同而有差异（表 6-22）。根茎侵入样方形成独立分株进入旺盛生长期（7 月）后，各样地克隆植物丛枝菌根不同结构定殖率均显著增加，月份间出现显著差异。进入衰退期（10 月）后，研究站和榆林样地沙鞭丛枝菌根不同结构定殖率均出现下降，而丛枝定殖率和菌丝定殖率下降最明显；榆林样地羊柴丛枝菌根不同结构定殖率均继续增加，但未达到显著水平。整个生长期内，各样地沙鞭根围孢子密度先降后增，月份间差异显著，而羊柴的孢子密度逐渐增加，但未达到显著水平，两种克隆植物最大值均出现在 10 月。

表 6-22　克隆植物入侵对 AM 真菌定殖率和孢子密度的影响

样地	植物	月份	菌丝定殖率/%	泡囊定殖率/%	丛枝定殖率/%	总定殖率/%	孢子密度/（个/20g 土）
研究站	沙鞭	5 月	16.37b	2.78b	1.18b	16.73b	7.80a
		7 月	45.88a	18.91a	11.97a	47.04a	3.75b
		10 月	36.34a	15.10a	3.80b	38.29a	8.50a
		平均值	32.87B	12.27B	5.65B	34.02B	6.68C
	羊柴	5 月	25.17b	12.70b	5.43b	27.95b	14.68a
		7 月	69.05a	41.33a	23.62a	71.20a	17.63a
		10 月	64.29a	42.13a	20.60a	66.49a	19.52a
		平均值	52.84A	32.05A	16.55A	55.21A	17.28B

续表

样地	植物	月份	菌丝 定殖率/%	泡囊 定殖率/%	丛枝 定殖率/%	总定殖率/%	孢子密度/ （个/20g 土）
榆林	沙鞭	5 月	30.34b	10.61b	11.71b	32.89b	27.58a
		7 月	76.53a	37.71a	23.17a	78.90a	19.77b
		10 月	72.63a	33.29a	7.24b	74.67a	31.36a
		平均值	59.83A	27.20A	14.04A	62.15A	26.24A
	羊柴	5 月	27.15b	12.95b	1.24b	29.62b	26.21a
		7 月	62.10a	31.56a	8.23a	64.23a	29.13a
		10 月	67.30a	42.28a	9.05a	69.61a	30.80a
		平均值	52.18A	28.93A	6.17B	54.49A	28.71A

　　研究站样地，羊柴样方菌根定殖率和孢子密度显著高于沙鞭；榆林样地，羊柴样方的菌根定殖率、孢子密度与沙鞭的无显著差异，但沙鞭的丛枝定殖率显著高于羊柴。同时，沙鞭在榆林样地的菌根定殖率和孢子密度均显著高于研究站，羊柴在榆林样地的孢子密度均显著高于研究站。

（四）克隆植物生长对 AM 真菌多样性的影响

　　由表 6-23 可知，随着克隆植物根茎延伸，群落空地内 AM 真菌群落组成产生了明显变化，表明克隆生长能够影响 AM 真菌多样性。各样地所有样方在根茎侵入前后的一个生育期内 AM 真菌种丰度和香农-维纳指数均显著增加。各样地沙鞭的增加幅度明显大于羊柴；同一植物在研究站样地的增加幅度大于榆林样地。

表 6-23　各样地 AM 真菌种丰度和物种多样性指数

样地		月份	种丰度/（种/20g 土）	香农-维纳指数
研究站	沙鞭样方	5 月	0.51b	0.365b
		10 月	0.97a	0.558a
	羊柴样方	5 月	1.43b	0.728b
		10 月	2.32a	0.968a
榆林	沙鞭样方	5 月	1.13b	0.727b
		10 月	2.07a	0.968a
	羊柴样方	5 月	1.73b	0.987b
		10 月	2.71a	1.213a

（五）样方内 AM 真菌和土壤因子的相关性分析

　　相关性分析结果显示，AM 真菌菌丝定殖率、泡囊定殖率、总定殖率均与沙鞭、羊柴样方内土壤有机质、有效磷、碱解氮、脲酶、蛋白酶、湿度显著或极显著正相关，同时与沙鞭土壤温度显著或极显著正相关；丛枝定殖率与沙鞭样方内土壤有效磷、碱解氮、脲酶、蛋白酶、湿度、温度显著或极显著正相关，但仅与羊柴蛋白酶显著正相关；孢子密度与沙鞭、羊柴样方内土壤有机质、有效磷、碱解氮、脲酶显著或极显著正相关，与

pH 极显著负相关（表 6-24）。

表 6-24　克隆植物生长样方内 AM 真菌与土壤因子的相关性

植物	AM 真菌指标	孢子密度	有机质	有效磷	碱解氮	脲酶	蛋白酶	pH	湿度	温度
沙鞭	总定殖率	0.270**	0.404**	0.476**	0.242**	0.414**	0.516**	-0.018	0.389**	0.198*
	菌丝定殖率	0.273**	0.404**	0.475**	0.243**	0.425**	0.516**	-0.013	0.392**	0.198*
	泡囊定殖率	0.327**	0.446**	0.426**	0.262**	0.442**	0.383**	-0.09	0.371**	0.246**
	丛枝定殖率	0.141	0.013	0.205*	0.231**	0.428**	0.364**	0.063	0.555**	0.407**
	孢子密度	1	0.629**	0.421**	0.485**	0.253**	0.191*	-0.271**	0.16	-0.123
羊柴	总定殖率	0.079	0.300**	0.217*	0.240**	0.311**	0.501**	-0.036	0.362**	0.171
	菌丝定殖率	0.081	0.302**	0.217*	0.245**	0.310**	0.500**	-0.04	0.363**	0.173
	泡囊定殖率	0.057	0.428**	0.202*	0.183*	0.253**	0.407**	-0.012	0.257**	0.1
	丛枝定殖率	-0.089	-0.05	-0.046	0.126	0.063	0.222*	0.082	0.07	0.146
	孢子密度	1	0.182*	0.207*	0.464**	0.485**	0.167	-0.442**	0.09	-0.105

注：**表示在 0.01 水平极显著相关，*表示在 0.05 水平显著相关

五、克隆植物生长对丛枝菌根真菌影响机理分析

沙鞭和羊柴均为根茎游击型克隆植物，多年生根茎在沙基质中形成多层密集网络结构，将地上多个分散植冠连接起来。在自然状态下，沙鞭分株间距约为 20cm，而羊柴分株间距达 1m，同一根茎上相继分株的植冠间通常具有相当大的间隔。因此，在相同生育周期内，沙鞭样方分株数多于羊柴样方。

本研究表明，克隆植物入侵群落空地前后样方中 AM 真菌定殖率和孢子密度变化明显。随着克隆生长，其根状茎逐渐入侵附近土地，使得空地孢子迅速萌发，菌丝侵入根组织形成共生关系。5 月毛乌素沙地气温较低，根系生长缓慢，孢子萌发和侵染能力低，致使菌根各个结构定殖率均为最低值。7 月为该地区雨季，随土壤湿度加大，一方面植株旺盛生长，产生大量幼嫩根，有利于 AM 真菌侵染；另一方面大量孢子萌发，菌根各个结构侵染率均达最大值，特别是作为植物和真菌营养物质交换场所的丛枝大量出现，充分反映了克隆生长和 AM 真菌在资源获取方面的相互作用。10 月随着植株生长成熟进入衰退期，根系生长减缓，菌根各个结构定殖率均有所降低，而植株地上部和根系营养消耗的降低，致使供给 AM 真菌的营养增加，有利于 AM 真菌孢子形成，孢子密度达到最大值。此阶段孢子数量多，可能也与其作为繁殖储存器官、生长发育较晚、主要发生在植物生长后期和存于植物老根有关。

荒漠环境植物克隆生长为 AM 真菌生长和发育创造了条件，AM 真菌物种多样性有所增加，但影响程度因寄主和生境不同而存在差异。同一生境，羊柴克隆生长样方内 AM 真菌多样性明显高于沙鞭。同一植物在榆林样地 AM 真菌多样性明显高于研究站样地。这除了与寄主植物自身生物学特性和生境养分状况有关，可能也与 AM 真菌共生需要消耗大量植物碳有关。沙鞭属于禾本科草本植物，喜生在流动和半固定沙丘上，而羊柴作为豆科灌木主要生活在半固定沙丘上，贫瘠的生存环境和单薄的养分贮藏均限制了

沙鞭将有限资源利用最大化，资源用于扩大生存繁殖比用于 AM 真菌更利于其在严酷生境中的种群繁衍。所以在研究站样地，沙鞭可以通过增加地上分株数和减少 AM 真菌种群来实现资源的充分利用。同样，榆林样地处于草原和荒漠过渡带，相对丰富的水热条件和土壤肥力使 AM 真菌定殖率和物种多样性均较研究站高。

在自然条件下，AM 真菌定殖程度与产孢能力的关系较为复杂，目前仍存在不同的试验结果。有些研究表明，AM 真菌最高定殖率常伴随有最大孢子密度，而另一些研究结果则相反。本试验中沙鞭 AM 真菌侵染率与孢子密度显著正相关，而羊柴 AM 真菌侵染率与孢子密度无显著相关性，这可能与寄主植物和 AM 真菌特性有关。

克隆植物的生长直接影响着其附近土壤中 AM 真菌的生长发育，从而对改善土壤条件有重要作用。试验结果表明，AM 真菌不同定殖结构和孢子密度与土壤因子密切相关，这与前人研究结果一致。AM 真菌定殖率与土壤养分的显著相关性表明，菌根在克隆植物根系养分吸收过程中扮演着十分重要的角色。因此，在评估荒漠群落土壤生态系统和克隆植物形成菌根的能力时，AM 真菌孢子密度、不同菌根结构定殖程度是十分有用的指标（贺学礼等，2010b；Li et al.，2010）。

第七章　塞北荒漠克隆植物丛枝菌根真菌物种多样性及生态分布

塞北荒漠草原是我国北方典型的荒漠化地区，由于干旱多风和广泛的沙质覆盖，形成了许多沙化梁地，受风蚀、水蚀影响，梁顶、梁中、梁底等梁地景观内斑块生态环境和植物生长动态明显不同。近年来，人类过度放牧和不合理的利用，使塞北荒漠草原退化严重，土壤日趋沙化。AM 真菌分布广泛，它能与大多数高等植物的根系互利共生，增强寄主植物对各种逆境胁迫的抵抗力，提高植物的竞争力和成活率，调节植物群落结构及生态系统的生产力，对干旱、半干旱地区植被的恢复，植物多样性的维持及生态功能的稳定起着重要作用。前面我们已对毛乌素沙地和腾格里沙漠样地克隆植物 AM 真菌物种多样性和生态分布进行了研究，本章以塞北荒漠草原克隆植物为目标植物，探讨不同荒漠环境，特别是沙化梁地不同坡位 AM 真菌定殖活动和生态分布规律，以期为荒漠地区克隆植物生长和植被修复提供材料和依据。

第一节　白沙蒿丛枝菌根真菌物种多样性及时空分布

一、样地概况和样品采集

（一）样地概况

试验所选 3 个样地分别位于内蒙古南部锡林郭勒盟正蓝旗元上都遗址（42°15′842″N，116°10′741″E）、额济纳旗黑城遗址（42°9′817″N，115°56′107″E）、多伦县大河口乡（42°11′601″N，116°36′870″E），该区域属于中温带大陆性气候，冬季严寒、夏季温暖。海拔 1312～1321m，年均气温 0～3.4℃，年均降水量 200～365mm，其中全年降水的 70%集中在夏季，年蒸发量 1000～2600mm。土壤以风沙土为主，地表覆盖流沙，以流动、半固定沙丘为主，生态条件十分脆弱。

（二）样品采集

2009 年 4 月、7 月、10 月分别在各样地随机选取 5 株生长良好的白沙蒿植株，在距植株主干约 30cm 处挖土壤剖面，分 0～10cm、10～20cm、20～30cm、30～40cm、40～50cm 共 5 个土层采集土壤样品约 1kg，共 180 个样品。将土样装入隔热性能良好的塑料袋密封并带回实验室后 4℃冷藏。部分土样自然风干，过 2mm 筛，用于 AM 真菌和土壤理化性质测定分析。

二、丛枝菌根真菌定殖和物种多样性分析方法

AM 真菌孢子分离鉴定、AM 真菌多样性、AM 真菌定殖率和土壤理化性质测定方法同第四章第一节。

三、白沙蒿丛枝菌根真菌时空分布

（一）AM 真菌定殖率和孢子密度

观测结果表明，白沙蒿根系能被 AM 真菌侵染形成典型的 I 型丛枝菌根。泡囊定殖率、丛枝定殖率和孢子密度 4 月显著低于 7 月、10 月，7 月与 10 月之间无明显差异；菌丝定殖率和总定殖率在月份间无显著差异（表 7-1）。可见，AM 真菌对白沙蒿根系的侵染在春季较弱，随时间推移，AM 真菌定殖率和孢子密度在夏季达到峰值，秋季略有下降（贺学礼等，2011c；王银银，2011）。

表 7-1　白沙蒿 AM 真菌定殖率和孢子密度的时间分布

月份	泡囊定殖率/%	丛枝定殖率/%	菌丝定殖率/%	总定殖率/%	孢子密度/（个/20g 土）
4 月	36.64b	29.27b	83.22a	85.75a	103.0b
7 月	63.77a	53.23a	94.74a	96.07a	232.4a
10 月	62.60a	51.66a	91.21a	95.13a	191.6a

注：同列数据后不含有相同小写字母的表示在 0.05 水平差异显著。下同

由表 7-2 可知，AM 真菌不同结构定殖率在样地间无显著差异，仅孢子密度大河口乡样地显著低于元上都遗址和黑城遗址样地。不同土层 AM 真菌定殖率和孢子密度均有不同程度变化，孢子密度在 0～10cm 土层最大，随土壤深度增加而降低；不同结构定殖率多在 10～30cm 土层有最大值。可见，浅土层更适合 AM 真菌生长和繁殖（表 7-3）。

表 7-2　白沙蒿 AM 真菌定殖率和孢子密度的样地分布

样地	泡囊定殖率/%	丛枝定殖率/%	菌丝定殖率/%	总定殖率/%	孢子密度/（个/20g 土）
元上都遗址	52.72a	43.74a	84.74a	86.33a	205.1a
黑城遗址	59.68a	42.61a	93.24a	95.59a	228.7a
大河口乡	50.61a	47.80a	91.20a	95.02a	93.4b

表 7-3　白沙蒿 AM 真菌定殖率和孢子密度的土层分布

土层/cm	泡囊定殖率/%	丛枝定殖率/%	菌丝定殖率/%	总定殖率/%	孢子密度/（个/20g 土）
0～10	45.27b	32.00b	86.06a	90.61a	266.6a
10～20	67.20a	48.23a	96.32a	96.61a	221.0a
20～30	49.72ab	48.73a	93.45a	95.59a	162.6b
30～40	60.88a	44.70a	85.29a	91.19a	125.3bc
40～50	48.60ab	49.94a	87.50a	87.55a	103.0c

（二）AM 真菌多样性和生态分布

本研究共分离鉴定 AM 真菌 7 属 20 种，其中球囊霉属 7 种、无梗囊霉属 4 种、隔球囊霉属 3 种、管柄囊霉属和盾巨孢囊霉属各 2 种、近明球囊霉属和根孢囊霉属各 1 种。从分离频度、相对多度和重要值可见，网状球囊霉（$G.$ $reticulatum$）和黑球囊霉（$G.$ $melanosporum$）是 3 个样地共同优势种（表 7-4，图 7-1，图 7-2）（贺学礼等，2012a）。

表 7-4　AM 真菌分离频度（F）、相对多度（RA）、重要值（I）和优势度（Dom）

AM 真菌种类	元上都遗址				黑城遗址				大河口乡			
	F/%	RA/%	I/%	Dom	F/%	RA/%	I/%	Dom	F/%	RA/%	I/%	Dom
双网无梗囊霉 $A.$ $bireticulata$	72.22	5.13	38.67	B	99.44	8.55	54.00	A	56.11	9.74	32.92	B
光壁无梗囊霉 $A.$ $laevis$	18.33	1.41	9.87	D	50.56	4.49	27.52	C	19.44	3.76	11.60	C
凹坑无梗囊霉 $A.$ $excavata$	35.00	2.66	18.83	C	33.33	2.58	17.96	C	16.11	2.85	9.48	D
孔窝无梗囊霉 $A.$ $foveata$	31.11	2.38	16.75	C	25.00	1.95	13.48	C	13.89	2.30	8.10	D
幼套近明球囊霉 $Cl.$ $etunicatum$	2.20	0.16	1.18	E	1.86	0.12	0.99	E	0	0	0	—
地管柄囊霉 $F.$ $geosporum$	28.89	2.32	15.60	C	36.67	3.51	20.09	C	15.00	2.97	8.99	D
摩西管柄囊霉 $F.$ $mosseae$	31.11	2.95	17.03	C	20.00	1.67	10.83	C	16.67	3.20	9.93	D
网状球囊霉 $G.$ $reticulatum$	100.00	34.62	67.31	A	100.00	27.55	63.78	A	100.00	21.11	60.56	A
黑球囊霉 $G.$ $melanosporum$	100.00	16.04	58.02	A	100.00	9.48	54.74	A	100.00	8.82	54.41	A
多梗球囊霉 $G.$ $multicaule$	28.33	3.78	16.06	C	50.56	5.87	28.21	C	12.78	2.76	7.77	D
卷曲球囊霉 $G.$ $convolutum$	34.44	2.58	18.51	C	33.33	2.76	18.04	C	23.89	4.38	14.14	C
宽柄球囊霉 $G.$ $magnicaule$	53.89	4.66	29.27	C	56.11	5.20	30.65	B	28.33	5.17	16.75	C
长孢球囊霉 $G.$ $dolichosporum$	3.46	0.24	1.85	E	2.48	0.20	1.34	E	0	0	0	—
集球囊霉 $G.$ $fasciculatum$	39.44	3.15	21.30	C	40.00	3.34	21.67	C	18.33	3.66	11.00	C
聚丛根孢囊霉 $Rh.$ $aggregatum$	83.33	7.98	45.65	B	83.89	8.39	46.14	B	51.67	10.30	30.98	B
缩隔球囊霉 $Sep.$ $constrictum$	34.44	2.60	18.52	C	53.89	4.12	29.01	C	39.44	7.04	23.24	C
黏质隔球囊霉 $Sep.$ $viscosum$	31.11	2.49	16.80	C	57.22	4.84	31.03	B	43.89	8.13	26.01	C
沙荒隔球囊霉 $Sep.$ $deserticola$	38.33	3.03	20.68	C	44.44	3.79	24.12	C	5.00	0.89	2.95	E
美丽盾巨孢囊霉 $Scu.$ $calospora$	0	0	0	—	4.44	0.32	2.38	E	5.56	0.96	3.26	E
亮色盾巨孢囊霉 $Scu.$ $fulgida$	28.33	2.24	15.29	C	20.56	1.59	11.07	C	11.67	1.95	6.81	D

注：A 代表优势种；B 代表最常见种；C 代表常见种；D 代表稀有种；E 代表偶见种；"—"表示未出现

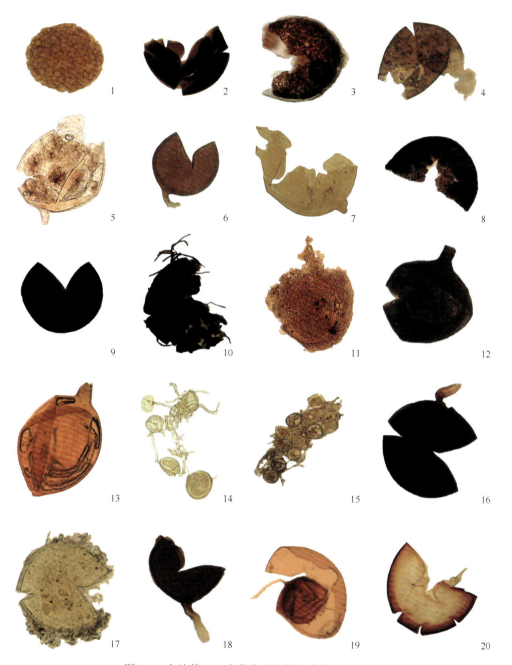

图 7-1　白沙蒿 AM 真菌孢子光镜形态图（×400）

1. 双网无梗囊霉；2. 光壁无梗囊霉；3. 凹坑无梗囊霉；4. 孔窝无梗囊霉；5. 幼套近明球囊霉；6. 地管柄囊霉；
7. 摩西管柄囊霉；8. 网状球囊霉；9. 黑球囊霉；10. 多梗球囊霉；11. 卷曲球囊霉；12. 宽柄球囊霉；13. 长孢球囊霉；
14. 集球囊霉；15. 聚丛根孢囊霉；16. 缩隔球囊霉；17. 黏质隔球囊霉；18. 沙荒隔球囊霉；19. 美丽盾巨孢囊霉；
20. 亮色盾巨孢囊霉

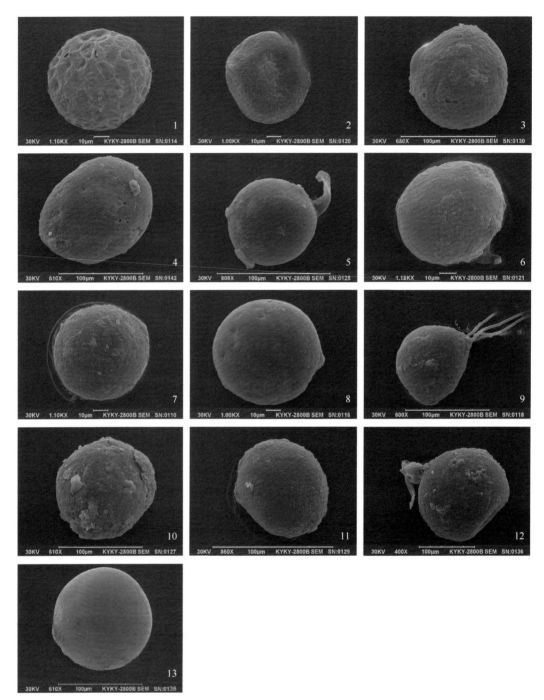

图 7-2 白沙蒿部分 AM 真菌孢子扫描电镜图

1. 双网无梗囊霉；2. 光壁无梗囊霉；3. 凹坑无梗囊霉；4. 孔窝无梗囊霉；5. 地管柄囊霉；6. 摩西管柄囊霉；7. 网状球
囊霉；8. 黑球囊霉；9. 多梗球囊霉；10. 卷曲球囊霉；11. 宽柄球囊霉；12. 美丽盾巨孢囊霉；13. 亮色盾巨孢囊霉

　　观测发现，AM 真菌种丰度、香农-维纳指数和均匀度指数在 3 个月份间无显著差异，但整体趋势为 4 月<7 月<10 月。不同样地种丰度无显著差异；香农-维纳指数在元上都遗址样地显著低于黑城遗址和大河口乡样地；均匀度指数为大河口乡样地显著高于元

上都遗址样地，而两者与黑城遗址样地均无显著差异（表 7-5）。

表 7-5　AM 真菌物种多样性的样地分布

样地	种丰度	香农-维纳指数	均匀度指数
元上都遗址	16.86a	2.26b	0.13b
黑城遗址	16.92a	2.48a	0.14ab
大河口乡	16.93a	2.51a	0.15a

四、土壤因子的生态功能

研究发现，白沙蒿根围土壤理化性质也有明显的时间和空间分布特征，并与 AM 真菌定殖率和多样性有不同程度的相关性（表 7-6）。孢子密度与土层极显著负相关，与土壤 pH、有机质、碱解氮、碱性磷酸酶和脲酶极显著正相关；泡囊定殖率与 pH 极显著正相关，与酸性磷酸酶极显著负相关；丛枝定殖率与 pH 显著正相关，与酸性磷酸酶极显著负相关；菌丝定殖率和总定殖率仅与酸性磷酸酶显著负相关；而种丰度、香农-维纳指数、均匀度指数与土壤理化性质没有显著相关性。

表 7-6　白沙蒿 AM 真菌与土壤因子的相关性

指标	土层	pH	有机质	有效磷	碱解氮	酸性磷酸酶	碱性磷酸酶	脲酶
孢子密度	-0.541^{**}	0.553^{**}	0.673^{**}	0.193	0.513^{**}	0.059	0.721^{**}	0.702^{**}
泡囊定殖率	0.002	0.399^{**}	-0.162	-0.151	-0.063	-0.560^{**}	-0.058	0.154
丛枝定殖率	0.260	0.364^{*}	-0.145	-0.251	-0.176	-0.617^{**}	-0.243	0.097
菌丝定殖率	-0.089	0.170	-0.172	-0.007	0.031	-0.334^{*}	0.037	0.170
总定殖率	-0.137	0.176	-0.201	-0.023	-0.019	-0.357^{*}	0.042	0.149
种丰度	—	0.581	0.360	-0.049	-0.071	-0.659	0.188	0.359
香农-维纳指数	—	-0.040	-0.363	-0.468	-0.011	-0.361	0.200	0.296
均匀度指数	—	-0.215	-0.508	-0.399	-0.020	-0.157	0.038	0.102

注："—"表示数据缺失。*表示两者在 0.05 水平显著相关，**表示两者在 0.01 水平极显著相关。下同

第二节　沙化梁地克隆植物丛枝菌根真菌定殖和生态分布

本研究探讨了典型沙化梁地不同坡位克隆植物沙鞭和白沙蒿 AM 真菌的分布、活动与寄主植物和土壤因子的相关性，以及克隆植物生长对土壤微环境的影响，为荒漠生态系统植被恢复提供依据。

一、样地概况和样品采集

（一）样地概况和目标植物

试验样地位于内蒙古正蓝旗青格勒图（42°9′N，115°55′E），沙化梁地为该地区典型地貌，受风蚀、水蚀影响，梁底、梁中和梁顶植物多样性及分布格局明显不同（图 7-3）。

梁地土壤类型为沙质，阳坡植被类型较丰富，优势植物主要为沙鞭（*Psammochloa villosa*）、羊柴（*Hedysarum laeve*）、白沙蒿（*Artemisia sphaerocephala*）、柠条锦鸡儿（*Caragana korshinskii*）等，伴生糙隐子草（*Cleistogenes squarrosa*）、大针茅（*Stipa grandis*）等旱生草本植物。

　　内蒙古正蓝旗青格勒图为温带大陆性气候，降雨季节分布不均，温差大，气温变化剧烈，无霜期约 110 天。年均降水量约 380mm，年均气温 0～3℃，年均日照为 2947～3127h，年平均风速 4.5m/s，全年 60% 的降水量集中在 7～10 月，平均海拔 1400m。近年来，由于人为活动的过度干扰，该地区沙化现象日益加剧。

图 7-3　样点设置图

（二）样品采集

　　选取两个有代表性的梁地，在所选梁地阳坡设置梁顶（海拔 1340m）、梁中（海拔 1335m）和梁底（海拔 1330m）3 个样地（图 7-3）。在 3 个样地分别随机选取长势良好的沙鞭 5 株和白沙蒿 5 株，所选植株间距大于 50m。在距目标植株主干 0～50cm 内按 5 个土层（0～10cm、10～20cm、20～30cm、30～40cm、40～50cm）分别采集土壤样品和根样，每个土层采集 1kg 土壤样品，现场记录采样时间、地点、土壤温度、湿度等，编号。将样品置于密封袋并带回实验室，自然风干后，将土壤样品过 2mm 筛，收集根样，将土壤样品和根样保存于 4℃ 冰箱中以备分析。2013 年和 2014 年的 6 月上旬、8 月上旬、10 月上旬共采样 6 次（张亚娟，2018）。

二、丛枝菌根真菌定殖和物种多样性分析方法

　　AM 真菌孢子分离鉴定、物种多样性、定殖率和土壤理化性质测定方法同第四章第一节。

　　试验数据处理应用 SPSS 19.0 统计分析软件，采用单因素方差分析的最小显著性差异法（LSD）对不同坡位、不同季节以及不同土层 AM 真菌定殖率及孢子密度差异的显著性进行检验，采用双因素方差分析（two-way ANOVA）检验坡位和土层的交互作用，采用 CORRELATE 分析进行 AM 真菌与土壤因子间的相关性分析。所有统计数据均用

平均值±标准误差表示。

三、克隆植物丛枝菌根真菌定殖和生态分布

（一）克隆植物丛枝菌根定殖结构

克隆植物沙鞭和白沙蒿根系均能被 AM 真菌侵染形成典型的 I 型丛枝菌根。根内菌丝大量分布于细胞间，多数无隔膜，有隔菌丝较少（图 7-4-1～图 7-4-3），菌丝圈分布于皮层细胞内（图 7-4-4），胞内菌丝顶端膨大形成泡囊，泡囊形状多样，椭圆形、圆形、杆状等居多（图 7-4-5～图 7-4-9），菌丝在细胞内分枝后形成花椰菜状或树枝状丛枝（图 7-4-10～图 7-4-12）。

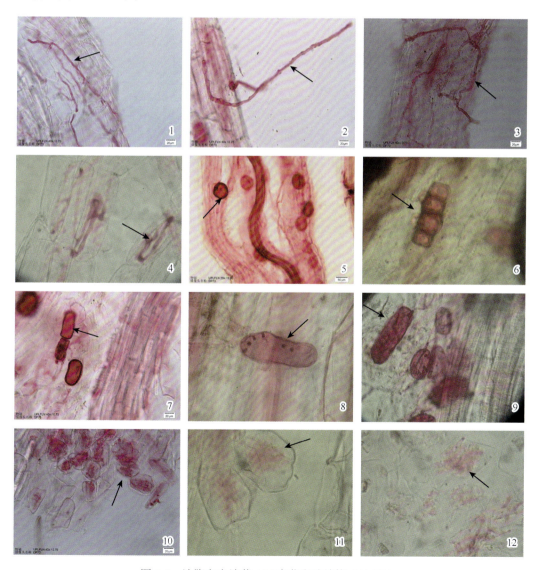

图 7-4　沙鞭和白沙蒿 AM 真菌定殖结构（×400）

1～4：菌丝；5～9：泡囊；10～12：丛枝

（二）AM 真菌菌丝定殖和孢子密度的时空分布

两种克隆植物在 6 月、8 月、10 月总定殖率平均分别为 68.43%、74.69%、61.63%，8 月显著高于 6 月和 10 月；定殖强度平均分别为 37.86%、35.44%、33.35%。梁底的总定殖率、定殖强度在大部分采样点高于梁中和梁顶，随土层加深，总定殖率有降低趋势，一般 0～20cm 土层高于 30～50cm 土层。6 月、8 月、10 月孢子密度平均分别为 183.5 个/20g 土、148.0 个/20g 土、242.0 个/20g 土，10 月显著高于 6 月和 8 月，梁底显著高于梁中和梁顶（图 7-5）。

（三）AM 真菌与土壤因子的相关性

相关性分析结果（表 7-7）表明，孢子密度与土壤有机质、碱解氮、有效磷、有效钾、碱性磷酸酶和酸性磷酸酶极显著正相关，与土壤湿度显著正相关；菌丝定殖率、泡

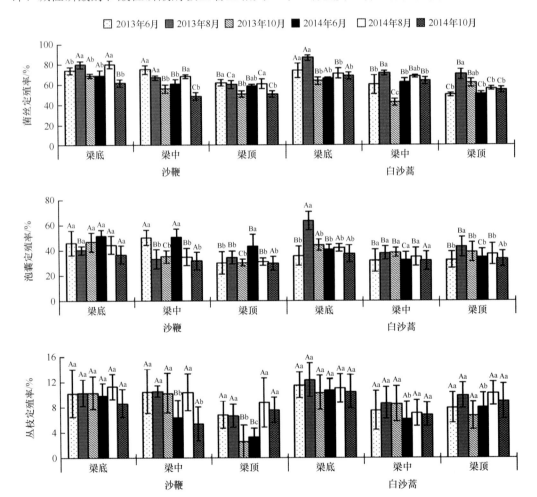

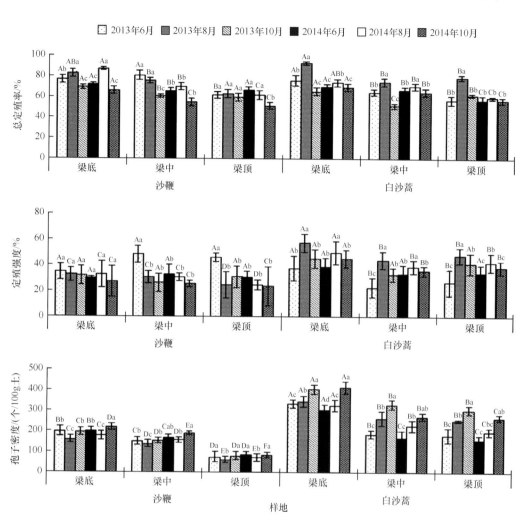

图 7-5　克隆植物 AM 真菌定殖和孢子密度的时空分布

不含有相同小写字母的表示同一坡位不同时间在 0.05 水平差异显著，
不含有相同大写字母的表示同一时间不同坡位在 0.05 水平差异显著

表 7-7　AM 真菌与土壤因子的相关性

指标	温度	湿度	pH	有机质	碱解氮	有效磷	有效钾	碱性磷酸酶	酸性磷酸酶
孢子密度	−0.082	0.093[*]	0.029	0.468[**]	0.258[**]	0.543[**]	0.703[**]	0.358[**]	0.364[**]
泡囊定殖率	0.178[**]	0.205[**]	0.114[**]	0.495[**]	0.457[**]	0.237[**]	0.437[**]	0.474[**]	0.401[**]
丛枝定殖率	0.123[**]	0.089[*]	0.059	0.277[**]	0.210[**]	0.136[**]	0.241[**]	0.287[**]	0.309[**]
菌丝定殖率	0.325[**]	0.187[**]	0.159[**]	0.641[**]	0.583[**]	0.236[**]	0.517[**]	0.634[**]	0.582[**]
总定殖率	0.331[**]	0.186[**]	0.176[**]	0.634[**]	0.575[**]	0.214[**]	0.495[**]	0.610[**]	0.556[**]
定殖强度	0.163[**]	0.109[*]	0.089[*]	0.381[**]	0.223[**]	0.306[**]	0.324[**]	0.316[**]	0.229[**]

囊定殖率和总定殖率与测定土壤因子均极显著正相关；丛枝定殖率与土壤温度、有机质、碱解氮、有效磷、有效钾、碱性磷酸酶和酸性磷酸酶极显著正相关，与土壤湿度显著正

相关；定殖强度与土壤温度、有机质、碱解氮、有效磷、有效钾、碱性磷酸酶和酸性磷酸酶极显著正相关，与土壤湿度和 pH 显著正相关。

（四）AM 真菌物种多样性和生态分布

从梁底、梁中和梁顶样地沙鞭和白沙蒿两种植物根围土壤共分离鉴定 AM 真菌 7 属 27 种，其中球囊霉属 7 种、无梗囊霉属 6 种、根孢囊霉属 4 种、盾巨孢囊霉属和隔球囊霉属各 3 种、管柄囊霉属和近明球囊霉属各 2 种，不同寄主和不同坡位 AM 真菌群落组成与生态分布有明显差异（表 7-8，图 7-6，图 7-7）。

表 7-8　克隆植物根围 AM 真菌物种的空间分布

AM 真菌种类	沙鞭			白沙蒿		
	梁底	梁中	梁顶	梁底	梁中	梁顶
双网无梗囊霉 *A. bireticulata*	+	+	+	+	+	+
凹坑无梗囊霉 *A. excavata*	+	+	+	+	+	+
孔窝无梗囊霉 *A. foveata*	+	+	+	+	+	+
光壁无梗囊霉 *A. laevis*	+	−	−	+	−	−
瑞氏无梗囊霉 *A. rehmii*	+	+		+		
细凹无梗囊霉 *A. scrobiculata*	+	−		−		−
近明球囊霉 *Cl. claroideum*	+	+	+	+	+	+
幼套近明球囊霉 *Cl. etunicatum*	+	+		+	+	
地管柄囊霉 *F. geosporum*	+	+	+	+	+	
摩西管柄囊霉 *F. mosseae*	+	+	+	+	+	+
长孢球囊霉 *G. dolichosporum*	+			+		+
聚集球囊霉 *G. glomerulatum*	+	+	+	−		−
海得拉巴球囊霉 *G. hyderabadensis*	−	+				
宽柄球囊霉 *G. magnicaule*	+	+	+	+		
黑球囊霉 *G. melanosporum*	+	+	+	+	+	+
网状球囊霉 *G. reticulatum*	+	+	+	+	+	+
地表球囊霉 *G. versiforme*	+	+	+	+	+	+
聚丛根孢囊霉 *Rh. aggregatum*	+	+	−	+		+
明根孢囊霉 *Rh. clarus*	+	+	+	+	+	+
透光根孢囊霉 *Rh. diaphanum*	+	+	−	+		
聚生根孢囊霉 *Rh. fasciculatus*	+	+	−	−		+
黑色盾巨孢囊霉 *Scu. nigra*	+			+		
美丽盾巨孢囊霉 *Scu. calospora*	+	−	+			
网纹盾巨孢囊霉 *Scu. reticulata*	−	+	−	−		+
缩隔球囊霉 *Sep. constrictum*	+			+		+
沙荒隔球囊霉 *Sep. deserticola*	+	+	+	+	+	+
黏质隔球囊霉 *Sep. viscosum*	+	−	−	+		−

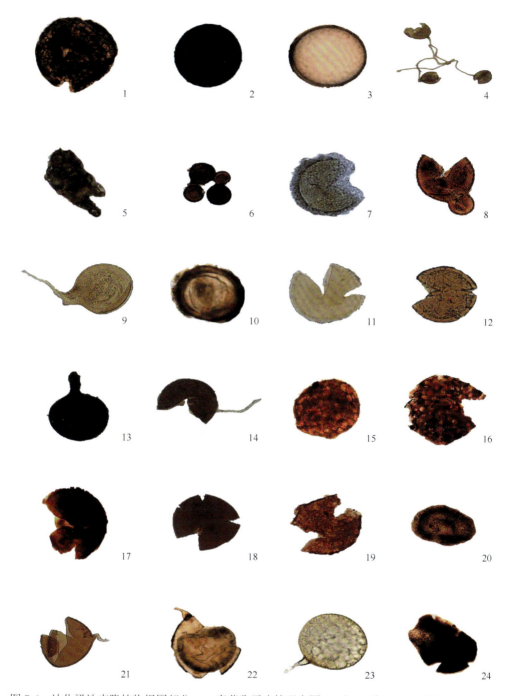

图 7-6　沙化梁地克隆植物根围部分 AM 真菌孢子光镜形态图（5 和 10 为×200，其余为×400）

1. 网状球囊霉；2. 黑球囊霉；3. 透光根孢囊霉；4. 聚丛根孢囊霉；5. 聚集球囊霉；6. 聚生根孢囊霉；7. 地管柄囊霉；
8. 海得拉巴球囊霉；9. 沙荒隔球囊霉；10. 黏质隔球囊霉；11. 明根孢囊霉；12. 幼套近明球囊霉；13. 宽柄球囊霉；
14. 地表球囊霉；15. 双网无梗囊霉；16. 凹坑无梗囊霉；17. 孔窝无梗囊霉；18. 光壁无梗囊霉；19. 细凹无梗囊霉；
20. 瑞氏无梗囊霉；21. 缩隔球囊霉；22. 美丽盾巨孢囊霉；23. 摩西管柄囊霉；24. 黑色盾巨孢囊霉

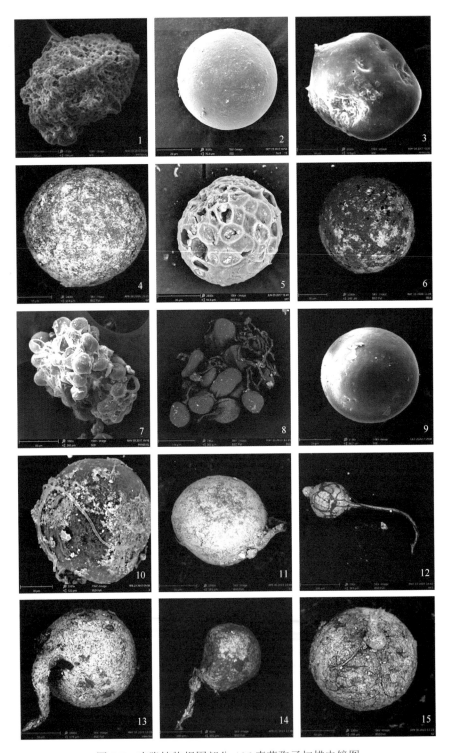

图 7-7　克隆植物根围部分 AM 真菌孢子扫描电镜图

1. 网状球囊霉；2. 黑球囊霉；3. 凹坑无梗囊霉；4. 细凹无梗囊霉；5. 双网无梗囊霉；6. 孔窝无梗囊霉；7. 聚集球囊霉；
8. 聚生根孢囊霉；9. 光壁无梗囊霉；10. 瑞氏无梗囊霉；11. 缩隔球囊霉；12. 海得拉巴球囊霉；13. 摩西管柄囊霉；14. 黑
色盾巨孢囊霉；15. 美丽盾巨孢囊霉

沙冬青土壤样品中高质量序列多于伴生植物；同一植物，深土层样品高质量序列多于浅土层（表 8-9）。

表 8-9　样品序列统计

样品编号	优化序列数/条	平均序列长度/bp	碱基对数/bp	优化序列百分比/%
SWL	47 599	292	13 916 364	95.11
SWD	61 107	292	17 864 379	95.06
BWL	46 157	292	13 491 625	95.07
BWD	56 063	292	16 386 567	95.14
HWL	46 890	292	13 702 314	94.91
HWD	51 409	292	15 026 701	95.19
SDL	46 233	292	13 514 479	94.85
SDD	55 781	292	16 306 370	95.07
BDL	40 708	292	11 902 378	94.74
BDD	52 857	292	15 453 572	94.73
HDL	37 377	292	10 926 711	94.58
HDD	54 724	292	16 000 055	94.88

（三）稀释曲线及物种注释分析

稀释曲线用于检验测序数据量的合理性，并反映样品物种丰度。水平方向上，曲线的宽度反映了物种的丰度；垂直方向上，曲线的平滑程度是样品物种均匀度的体现。由图 8-8 可见，12 个样品的稀释曲线均趋于平缓，说明测序量趋于饱和，测得的数据可反映土壤 AM 真菌群落真实情况。在水平方向曲线较宽，垂直方向平滑程度较小，说明 AM 真菌的丰度大，但物种的均匀度低。

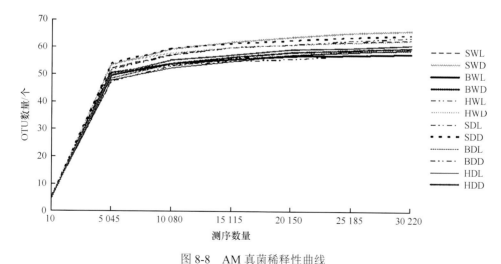

图 8-8　AM 真菌稀释性曲线

从两个样地 36 个土壤样品中共获得 81 个 AM 真菌 OTU，可划分为 3 纲 5 目 6 科 9 属，物种注释结果如表 8-10 所示。其中有 36 个 OTU 属于 *Glomus*，16 个属于 *Funneliformis*，

16 个属于 *Diversispora*。从 OTU 水平可以看出，相对丰度最高的是 *Glomus*，较低的为 *Septoglomus*、*Scutellospora* 和 *Ambispora*，均只有 1 个 OTU。

表 8-10　AM 真菌种属组成统计

纲	目	科	属	OTU 数量/个
Glomeromycetes	Glomerales	Glomeraceae	*Glomus*	36
			Funneliformis	16
			Rhizophagus	3
			Septoglomus	1
		Claroideoglomeraceae	*Claroideoglomus*	3
	Diversisporales	Diversisporaceae	*Diversispora*	16
	Gigasporales	Scutellosporaceae	*Scutellospora*	1
Archaeosporomycetes	Archaeosporales	Ambisporaceae	*Ambispora*	1
Paraglomeromycetes	Paraglomerales	Paraglomeraceae	*Paraglomus*	4

（四）AM 真菌类群分析

在属水平，除未被鉴定类群外，共检测到 *Glomus*、*Funneliformis*、*Diversispora*、*Claroideoglomus*、*Rhizophagus*、*Septoglomus*、*Scutellospora*、*Ambispora* 和 *Paraglomus* 9 个属。将已进行比对的序列按属水平进行统计分析（图 8-9），12 个样品中 AM 真菌种属组成相似，但每个样品各属相对丰度差异显著。*Diversispora* 相对丰度最高，是所有样品的优势属，相对丰度较高的是 *Glomus* 和 *Funneliformis*，三属之和在 12 个土壤样品中均占到 AM 真菌总量的 90%以上。*Claroideoglomus*、*Rhizophagus*、*Septoglomus* 和 *Paraglomus* 在每个土样中均有分布，*Ambispora* 仅在蒙古沙冬青、四合木和沙蒿深土层有发现，而 *Scutellospora* 未在沙蒿根围土壤样品中检测到。

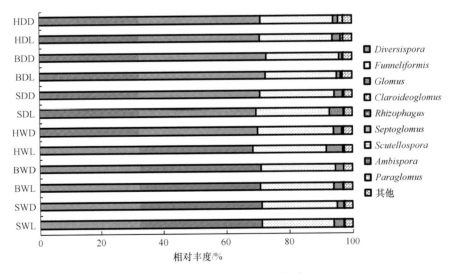

图 8-9　AM 真菌各属相对丰度

（五）OTU 聚类和 α 多样性分析

α 多样性可用于 AM 真菌群落丰度分析，多样性指标基于 OTU 数量进行计算，包括均匀度指数、ACE 指数、丰富度指数、Chao1 指数、辛普森指数和香农-维纳指数。由表 8-11 可知，同一土层，蒙古沙冬青 AM 真菌 OTU 数量和 ACE 指数均高于伴生植物；同一植物，深土层较浅土层 OTU 数量高；样地间总体呈现磴口＞乌海。除了乌海样地 20～40cm 土层白刺较蒙古沙冬青丰度高，Chao1 指数与 ACE 指数变化基本一致。同一土层，乌海样地蒙古沙冬青 AM 真菌辛普森指数和香农-维纳指数均低于伴生植物，磴口样地蒙古沙冬青 AM 真菌辛普森指数和香农-维纳指数均高于伴生植物；同一植物，浅土层 AM 真菌多样性指数高于深土层，磴口样地高于乌海样地。

表 8-11　OTU 数量统计及多样性分析

样品编号	OTU 数量/个	物种丰度和多样性指数			
		ACE 指数	Chao1 指数	辛普森指数	香农-维纳指数
SWL	71	65.192	65.125	0.690	2.657
SWD	75	68.554	67.369	0.685	2.608
BWL	66	59.211	58.167	0.692	2.671
BWD	72	63.555	70.222	0.686	2.627
HWL	66	61.459	61.417	0.708	2.793
HWD	72	63.565	62.876	0.693	2.685
SDL	70	69.716	75.444	0.699	2.734
SDD	75	66.922	67.667	0.689	2.651
BDL	69	60.946	60.417	0.675	2.555
BDD	69	62.786	61.548	0.668	2.498
HDL	71	62.566	64.233	0.688	2.644
HDD	73	63.230	62.500	0.685	2.608

（六）多样品比较分析

无度量多维标定法（non-metric multi-dimensional scaling，NMDS）统计是非线性模型，通过点与点间的距离能够反映样品组间和组内的差异。该方法能克服线性模型（PCA、PCoA）的缺点，更好地反映生态学数据的非线性结构。基于 OTU 水平的 NMDS 分析结果（图 8-10），四合木浅土层、沙蒿深土层以及磴口样地蒙古沙冬青浅土层样品组内和组间差异显著；其他土壤样品相似性系数较高，无明显差异。

（七）AM 真菌与土壤因子的相关性分析

利用 CANOCO 4.5 生物统计软件进行相关性分析，由图 8-11 可知，两轴累计解释信息量达 94.7%，可反映采样点、土壤因子与 AM 真菌多样性的关系。AM 真菌丰度和多样性指数沿第一轴从左至右依次增加，两样地蒙古沙冬青丰度和多样性指数均高于伴生植物，其中，磴口蒙古沙冬青 0～20cm 土层 AM 真菌多样性最丰富。AM 真菌 OTU 数量、ACE 指数、Chao1 指数与土壤碱解氮显著正相关，与酸性磷酸酶显著负相关；辛普森指数和香农-维纳指数与有效磷、碱性磷酸酶显著正相关，与 pH 显著负相关。

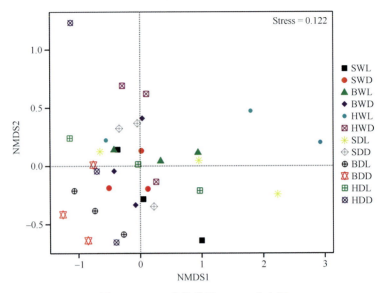

图 8-10　AM 真菌群落 NMDS 分布图

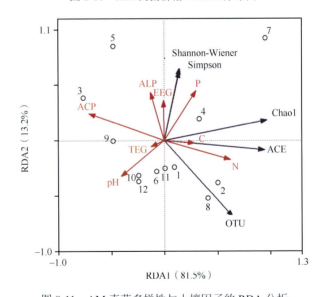

图 8-11　AM 真菌多样性与土壤因子的 RDA 分析

图中 1～12 分别代表样品 SWL、SWD、BWL、BWD、HWL、HWD、SDL、SDD、BDL、BDD、HDL、HDD。
ACP：酸性磷酸酶；ALP：碱性磷酸酶；P：有效磷；N：碱解氮；C：有机质；EEG：易提取球囊霉素；TEG：总球囊霉素；
Shannon-Wiener：香农-维纳多样性指数；Simpson：辛普森多样性指数；Chao1：Chao1 指数；ACE：ACE 指数

四、蒙古沙冬青及其伴生植物丛枝菌根真菌遗传多样性比较分析

本研究利用高通量技术在乌海、磴口两个样地共鉴定 AM 真菌 5 目 6 科 9 属，有 7 个 OTU 鉴定到种，包括 *G. perpusillum*、*F. mosseae*、*F. coronatum*、*Rh. intraradices*、*D. spurca*、*Scu. aurigloba*、*Am. leptoticha*，尚有 *Glomus* sp.、*Diversispora* sp.未确定。

Diversispora 共有 16 个 OTU，在 12 个样品中优势度最大，为两样地共有优势属，*D. spurca* 为优势种。*Glomus* 共检测出 36 个 OTU，虽然相对丰度最大，但相对多度低于 *Diversispora*。

　　两样地蒙古沙冬青 AM 真菌的优化序列数、OTU 数量、ACE 指数和 Chao1 指数均高于伴生植物，乌海蒙古沙冬青 AM 真菌辛普森指数和香农-维纳指数较伴生植物四合木低，磴口蒙古沙冬青 AM 真菌辛普森指数和香农-维纳指数均高于伴生植物。说明蒙古沙冬青 AM 真菌遗传多样性高于伴生植物，大多数 AM 真菌能与其形成密切的共生关系。研究证实，AM 真菌对寄主植物没有严格专一性，但 AM 真菌与不同寄主植物间的亲和力存在差异。蒙古沙冬青具有古老的生长史和发展史，而 AM 真菌也是一种古老的土壤微生物，它们在长期协同进化过程中相互选择，形成良好的共生关系，这对蒙古沙冬青适应生态环境有重要意义。四合木根围 AM 真菌多样性高于其他伴生植物，可能是由于四合木形态结构与蒙古沙冬青相似，也具有古老进化史，长期与 AM 真菌协同进化。

　　本研究中，同一植物，深土层比浅土层 AM 真菌 OTU 数量和 ACE 指数高，辛普森指数和香农-维纳指数在浅土层高于深土层，AM 真菌丰度和多样性指数均为磴口高于乌海。pH、有机质、有效磷、碱解氮、酸性磷酸酶、碱性磷酸酶、球囊霉素等土壤因子在不同土层和样地间有显著差异。相关性分析表明，AM 真菌 ACE 指数和 Chao1 指数与土壤碱解氮和有效磷显著正相关，与 pH、酸性磷酸酶显著负相关；辛普森指数和香农-维纳指数与有效磷、碱性磷酸酶显著正相关，与 pH 显著负相关。本试验中，AM 真菌多样性随土壤 pH 升高而增加，说明 AM 真菌对碱性土壤环境有一定的适应能力。另外，海拔、温度、土壤含水量、土壤质地等都会影响 AM 真菌群落结构和种群分布。磴口样地 AM 真菌多样性明显高于乌海样地，这可能与经纬度和海拔不同有关。研究发现，不同海拔会造成温度、降水等环境条件的差异，进而影响 AM 真菌地域分布。AM 真菌为好氧性真菌，土壤通气性可对其群落分布产生重要影响。

　　本试验利用 Illumina HiSeq 测序平台对蒙古沙冬青及其伴生植物遗传多样性进行探究，共鉴定 9 个属 AM 真菌，远多于采用 PCR-DGGE 技术分离鉴定的 3 个属，结果更接近土壤 AM 真菌的真实情况。这反映了高通量技术在应用于 AM 真菌群落结构和多样性研究方面具有明显优势。鉴定结果与该地区蒙古沙冬青形态学研究相比，属水平更丰富，其中根孢囊霉属、双型囊霉属和类球囊霉属在形态学上未鉴定到。这表明，高通量技术对形态学研究有重要补充意义。但分子方法鉴定到种的 AM 真菌比形态学少，主要是因为高通量技术虽然测序量大，便于 AM 真菌多样性分析，但所测序列较短，不能将 18S rRNA 可变区全部测序，且测序片段越短，在进行序列物种注释时分辨度就会越低。因此，在后续研究中要将高通量测序技术与其他鉴定方法相结合，以便提供更客观、准确的研究结果（胡从从等，2016，2017）。

第四节　花棒丛枝菌根真菌群落结构与遗传多样性

　　本试验于我国西北干旱荒漠区沿降水量和荒漠化梯度选取 7 个样地，利用高通量测序技术，阐明花棒根际 AM 真菌群落结构，以及土壤因子、年际变化对 AM 真菌多样性和丰度的影响，以便为植被恢复和改善荒漠环境提供依据。

一、样地和样品采集

试验样地选取内蒙古鄂尔多斯、乌海、磴口、阿拉善左旗，宁夏沙坡头，甘肃民勤和安西 7 个样地，这些地区是典型的半干旱大陆性气候，季节和昼夜温度变化大，平均气温 5～10℃，降水量少且不均匀。具体样地情况如表 8-12 所示。

表 8-12　样地概况

采样地点	海拔/m	经纬度	年均温度/℃	年均降水量/mm	土壤类型
鄂尔多斯	1269	39.49°N，110.19°E	6.2	200～300	褐色钙质土
乌海	1150	39.61°N，106.81°E	10.5	159.5	沙地
磴口	1030	40.39°N，106.74°E	7.6	144.5	沙地
阿拉善左旗	1295	38.92°N，105.69°E	8.3	80～220	沙地
沙坡头	2027.5	37.57°N，104.97°E	8.8	179.6	沙丘
民勤	1400	38.58°N，102.93°E	8.3	127.7	沙地
安西	1514	40.20°N，96.50°E	8.8	45.3	流动沙丘

2015 年 7 月和 2016 年 7 月在上述 7 个样地选择具有代表性的采样地点，每个样地各随机选取生长状态良好的 5 株花棒，清除地表落叶杂物，在距主干 0～30cm 处挖土壤剖面，采集 0～30cm 土层新鲜土壤，并将土样装入密封袋并带回实验室，阴干后过 2mm 筛，部分土样在-20℃冷藏用于总 DNA 提取及后续试验，其余土壤用于土壤理化性质分析（强薇，2018）。

二、丛枝菌根真菌群落组成和多样性分析方法

（1）土壤总 DNA 提取

使用 PowerMax® Soil DNA 试剂盒（MO BIO Laboratories，Carlsbad，CA，USA）从约 0.5g 土壤样品中提取总基因组 DNA。然后通过琼脂糖凝胶电泳（1×TAE 中的 1.0% 琼脂糖）和 NanoDrop 2000 来确定 DNA 的纯度和浓度。将样品用无菌水稀释至 10ng/mL 并在离心管中于-40℃储存以便进行后续实验。

（2）PCR 反应

以总 DNA 为扩增模板，进行两轮巢式 PCR，第一轮扩增引物为 GeoA2（5′-CCAGT AGTCATATGCTTGTCTC-3′）和 AML2（5′-GAACCCAAACACTTTGGTTTCC- 3′），扩增片段为 1100bp 左右。反应体系 25μL，其中模板 2μL（10ng/μL），Premix _Taq_（2×TSINGKE Master Mix）12.5μL，引物各 1μL，ddH$_2$O 8.5μL。反应条件：94℃预变性 5min，94℃变性 1min，58℃退火 50s，72℃延伸 1min，反应 30 个循环，72℃延伸 10min。获得扩增产物后，利用 1%琼脂糖凝胶电泳检测。第一轮扩增产物 1∶100 稀释后取 2μL 作为第二轮模板，使用带 Barcode 的特异引物 NS31（5′-TTGGAGGGCAAGTCTGGTGCC-3′）和

AMDGR（5′-CCCAACTATCCCTATTAATCAT-3′），使用和第一轮 PCR 相同的体系和程序，扩增片段为 330bp。根据 PCR 产物浓度进行等量混样，充分混匀后使用 2%琼脂糖凝胶电泳检测 PCR 产物，切割目的条带，使用 DNA Gel Extraction Kit（Sangon Biotech，China，Cat#，SK8132）试剂盒回收目标产物，并用 Qubit® 2.0 DNA Detection Kit 检验 DNA 质量。

（3）文库构建和测序

使用 TruSeq® DNA PCR-Free Sample Preparation Kit 建库试剂盒进行文库构建，构建好的文库经过 Qubit® 2.0 和 CFX96 Real-time Quantitative PCR Detection System（Bio-Rad）检测合格后，使用 Illumina MiSeq™ System 进行上机测序。

（4）高通量数据统计与序列处理

将测序得到的原始数据利用 FLASH（V1.2.7，http://ccb.jhu.edu/software/FLASH/）软件对每个样品的 Reads 进行拼接，利用 Qiime（V1.9.0，http://qiime.org/scripts/split_libraries_fastq.html）软件过滤得到高质量 Tags 数据。利用 Uparse（v8.0，http://drive5.com/uparse/）软件对所有样品的全部有效 Tags 数据进行聚类，以 97%的相似性将序列聚类成 OTU，同时，依据计算法则选取 OTU 中出现频率最高的 OTU 作为代表序列。使用 MaarjAM 数据库对 OTU 代表序列进行物种注释分析，并统计各样品的群落种属组成。

（5）统计分析

用 Qiime 软件（版本 1.9.0）计算 Chao1 指数、香农-维纳指数和稀释曲线。所有柱状图均使用 Origin 9.0 软件绘制。采用单因素方差分析评估环境变量的样地间差异，并采用最小显著性差异法（LSD）进行均数比较（$P<0.05$）。最小显著性差异法（$P<0.05$）也用于评估 AM 真菌和球囊霉素相关蛋白的样地间差异。通过进行两独立样本检验（Mann-Whitney U test）分析 AM 真菌和球囊霉素相关蛋白在不同采样时间的差异。使用 MEGA v6.0 构建系统发育树。通过无度量多维标定法（NMDS）确定不同样地 AM 真菌群落组成差异。根据 Bray-Curtis 相似性，使用 R-3.2.2 vegan 程序包进行 NMDS 分析。使用 SPSS 软件（版本 SPSS 19.0）进行 Pearson's 相关性分析，用于检测环境变量对 AM 真菌群落的影响。

三、花棒丛枝菌根真菌群落结构和遗传多样性特征

（一）序列数据统计分析

样品序列特征如表 8-13 所示。

表 8-13　样品序列特征

样品编号	AM 真菌 OTU 数量/个	总测序条数	AM 真菌序列条数	AM 真菌比例/%
ALS-1	13.00±2.00cdef	13 947.00±2 126.71abcd	7 113.67±4 833.43ab	54.21±43.24abc
AX-1	6.67±3.21f	14 972.00±1 313.76abc	5 911.33±2 651.17b	38.90±15.15c
EDS-1	15.67±1.53bcd	10 113.33±3 005.67d	8 680.33±2 071.45ab	86.82±8.35a
DK-1	8.33±0.58ef	15 849.67±1 946.80ab	6 740.33±3 753.08ab	42.61±24.15bc
MQ-1	8.00±1.00ef	11 534.33±2 062.81bcd	8 148.00±3 914.79ab	69.41±28.28abc

续表

样品编号	AM 真菌 OTU 数量/个	总测序条数	AM 真菌序列条数	AM 真菌比例/%
WH-1	7.00±2.65f	12 439.67±3 521.68bcd	8 625.33±1 566.08ab	71.94±16.94abc
SPT-1	11.00±4.36cdef	17 391.00±3 828.69a	12 281.00±3 489.17a	71.14±15.68abc
ALS-2	20.33±0.58ab	10 763.00±1 777.17cd	8 920.33±1 535.14ab	83.09±9.60ab
AX-2	14.33±1.53bcde	11 525.33±1 229.75bcd	9 463.67±369.65ab	83.02±12.75ab
EDS-2	11.67±2.31cdef	12 373.67±360.74bcd	8 791.67±4 001.62ab	71.59±33.48abc
DK-2	10.00±4.00def	11 936.67±2 836.66bcd	9 733.00±2 231.75ab	81.73±5.87ab
MQ-2	20.00±4.36ab	10 483.67±2 244.60cd	6 015.00±1 478.21b	59.65±22.76abc
WH-2	17.33±9.24abc	10 599.67±2 108.27cd	9 720.67±3 356.00ab	89.86±16.22a
SPT-2	22.67±4.93a	10 155.00±2 667.41d	7 119.67±2 946.43ab	66.77±6.60abc

注：同列数据后不含有相同小写字母的表示样品间差异显著（$P<0.05$）

从所有土壤样本中共获得 351 792 条 AM 真菌序列，分别为 2015 年的 172 500 条序列、2016 年的 179 292 条序列，约占总序列的 67.36%。不同样品 AM 真菌序列数差异显著。2016 年样品 OTU 数量普遍高于 2015 年样品。2015 年安西和乌海样地 AM 真菌 OTU 数量较低，2015 年沙坡头样地总测序条带数最高。2016 年沙坡头样地 AM 真菌 OTU 数量最高。

（二）稀释曲线及物种注释分析

测序深度和数据量的合理性用稀释曲线检验，同时稀释曲线能够反映 AM 真菌物种的丰度。曲线的平滑程度体现了样品 AM 真菌物种均匀度；水平方向上，曲线宽度反映物种丰度。从图 8-12 可见，42 个样品的稀释曲线均趋于平缓，说明测序趋于饱和，测得的数据可反映土壤 AM 真菌群落的真实情况。此外，还能从水平方向和垂直方向上看出 AM 真菌群落的丰度大而物种均匀度低。

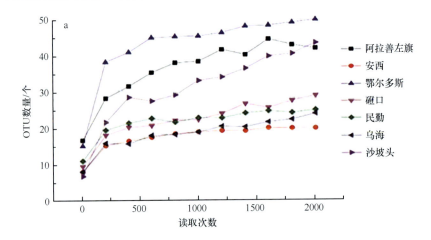

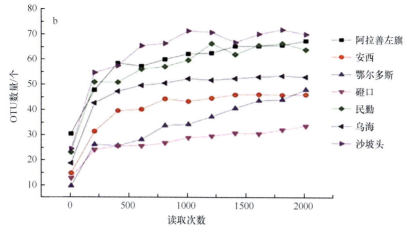

图 8-12　AM 真菌稀释性曲线

a. 2015 年样品稀释曲线；b. 2016 年样品稀释曲线

从样品中检测的 AM 真菌 51 个 OTU 分属于 4 目 6 科 7 属。在目水平，球囊霉目的 OTU 序列最丰富，其次是多样孢囊霉目、类球囊霉目、原囊霉目。在科水平，40 个 OTU 属于球囊霉科，5 个 OTU 属于多孢囊霉科，1 个 OTU 属于近明球囊霉科，2 个 OTU 属于类球囊霉科，2 个 OTU 属于原囊霉科，1 个 OTU 属于巨孢囊霉科。在属水平，38 个 OTU 属于 *Glomus*（198 452 条序列，占 56.41%），其次是 *Diversispora*（88 362 条序列，25.12%，5 个 OTU），*Paraglomus*（19 493 条序列，5.54%，2 个 OTU），*Claroideoglomus*（21 250 条序列，6.04%，1 个 OTU），*Funneliformis*（21 356 条序列，6.07%，2 个 OTU），*Archaeospora*（2340 条序列，0.67%，2 个 OTU），*Scutellospora*（539 条序列，0.15%，1 个 OTU）。在物种水平鉴定了 5 个 OTU，即 *D. celata*（71 861 条序列）、*F. mosseae*（19 493 条序列）、*D. trimurales*（7616 条序列）、*G. iranicum*（4537 条序列）、*Scu. aurigloba*（539 条序列）（图 8-13，表 8-14）。

（三）AM 真菌类群和 α 多样性分析

所有样地都有 *Diversispora*、*Glomus*、*Claroideoglomus*、*Paraglomus* 和 *Funneliformis*。除安西外，所有样地均有 *Scutellospora*，鄂尔多斯、乌海、安西和磴口均检测到 *Archaeospora*。在所有样地检测到 *D. celata*、*F. mosseae* 和 *D. trimurales*。此外，乌海没有 *G. iranicum*，安西没有 *Scu. aurigloba*。两年中都发现了 *Glomus*、*Diversispora*、*Paraglomus*、*Claroideoglomus*、*Funneliformis* 和 *Scutellospora*，而 *Archaeospora* 仅在 2016 年被发现。在种水平，*D. celata*、*F. mosseae*、*D. trimurales*、*G. iranicum* 和 *Scu. aurigloba* 两年都有分布。

AM 真菌香农-维纳指数在乌海、鄂尔多斯、沙坡头、民勤样地的两次采样时间之间差异显著（表 8-15）。AM 真菌 Chao1 指数在所有样地的两次采样时间之间差异不显著。此外，2015 年 7 月至 2016 年 7 月鄂尔多斯 AM 真菌多样性指数表现出相似性。2015 年，鄂尔多斯和阿拉善左旗样地的香农-维纳指数显著高于其他样地。2016 年，乌海、阿拉善左旗、沙坡头、民勤样地的香农-维纳指数均较高。因此，排除土壤类型（棕钙土）差异较大的鄂尔多斯，其他样地的 AM 真菌多样性呈现先增后减的趋势。

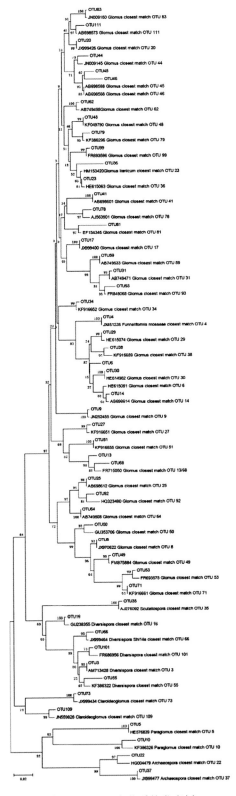

图 8-13　AM 真菌系统发育树

表 8-14　花棒根际 AM 真菌群落组成

纲	目	科	属	OTU 数量/个
Glomeromycetes	Glomerales	Glomeraceae	*Glomus*	38
			Funneliformis	2
		Claroideoglomeraceae	*Claroideoglomus*	1
	Diversisporales	Diversisporaceae	*Diversispora*	5
	Gigasporales	Gigasporaceae	*Scutellospora*	1
Paraglomeromycetes	Paraglomerales	Paraglomeraceae	*Paraglomus*	2
Archaeosporomycetes	Archaeosporales	Archaeosporaceae	*Archaeospora*	2

表 8-15　AM 真菌群落 α 多样性

采样年份	样地	香农-维纳指数	Chao1 指数	覆盖度
2015 年	鄂尔多斯	2.32±0.78a	16.7±2.5a	0.999
	磴口	1.41±0.36b	9.7±0.9ab	0.999
	乌海	1.29±0.29b	8.0±3.6b	0.999
	阿拉善左旗	2.24±0.24a	14.0±2.4ab	0.999
	沙坡头	1.21±0.18b	11.3±3.1ab	0.999
	民勤	1.64±0.49b	8.3±1.2b	0.999
	安西	1.64±0.21b	6.7±2.6b	1.000
2016 年	鄂尔多斯	1.77±0.63b	16.3±4.9ab	0.998
	磴口	2.23±0.33b	11.3±4.5b	0.999
	乌海	2.75±0.47a	13.0±0.8ab	1.000
	阿拉善左旗	3.22±0.10a	22.3±2.6a	1.000
	沙坡头	3.22±0.30a	23.3±4.5a	0.999
	民勤	3.02±0.41a	21.3±2.6ab	0.998
	安西	1.89±0.72b	15.3±2.6ab	0.998

注：同列同一采样年份数据后不含有相同小写字母的表示不同采样点相关指标差异显著（$P<0.05$）

（四）多样品比较分析

基于 OTU 水平的 NMDS 分析结果（图 8-14），鄂尔多斯（Ordos）和安西（Anxi），鄂尔多斯和民勤（Minqin），磴口（Dengkou）和安西，磴口和民勤样地组间差异显著；而乌海（Wuhai）、阿拉善左旗（Alxa Zuoqi）和沙坡头（Shapotou）样地 AM 真菌群落组成无显著差异。

（五）AM 真菌群落与土壤因子的相关性分析

AM 真菌与土壤因子的相关性分析结果（表 8-16）表明，香农-维纳指数与酸性磷酸酶、易提取球囊霉素和总球囊霉素显著正相关，与土壤 pH 极显著负相关。AM 真菌种丰度与易提取球囊霉素极显著正相关，与有机质显著负相关，与土壤 pH 极显著负相关。

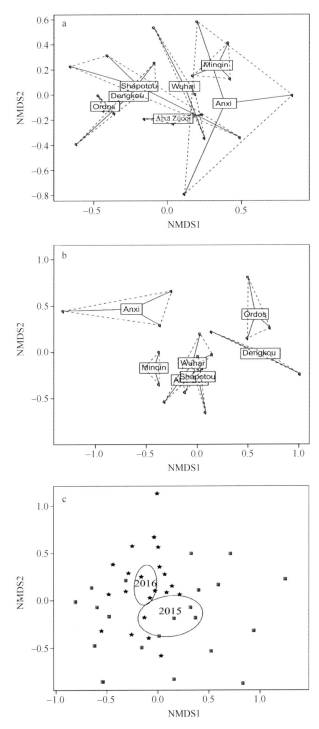

图 8-14　AM 真菌群落 NMDS 分布图

a. 2015 年样品；b. 2016 年样品；c. 2015 年和 2016 年样品

表 8-16　AM 真菌多样性与土壤因子的相关性分析

指标	有机质	有效磷	酸性磷酸酶	碱性磷酸酶	脲酶	铵态氮	pH	湿度	易提取球囊霉素	总球囊霉素
香农-维纳指数	−0.278	−0.251	0.405*	0.237	0.213	0.225	−0.533**	0.212	0.396*	0.311*
种丰度	−0.382*	−0.231	0.286	0.159	0.204	0.184	−0.703**	0.126	0.445**	0.257

注：*$P<0.05$；**$P<0.01$

四、不同样地花棒丛枝菌根真菌群落结构和遗传多样性比较分析

本研究采用 Illumina MiSeq 测序，使用 NS31/AMDGR 引物从 7 个样地花棒根际土壤样品中分离 AM 真菌 4 目 6 科 7 属。*Glomus* 是优势属，其次是 *Diversispora*、*Claroideoglomus*、*Paraglomus*、*Archaeospora*、*Funneliformis*、*Scutellospora*。*Glomus* 和 *Diversispora* 作为花棒根际土壤 AM 真菌优势属，说明它们对沙漠环境适应性较强。

在半干旱地区研究中，无梗囊霉属（*Acaulospora*）很常见，形态学研究结果也发现花棒根际土壤有无梗囊霉属不同种类分布，但在高通量测序分析中并未发现。这可能意味着尚未发现合适的用于鉴定无梗囊霉属的引物和靶区域。不同引物、测序方法和目标区域保守性都会影响 AM 真菌群落组成的检测结果。高通量测序补充了 AM 真菌形态学分类，并丰富了 AM 真菌物种多样性。因此，形态学和分子生物学方法相结合才能获得相对可靠的 AM 真菌群落组成。

在 51 个 OTU 中，能鉴定到种的有 5 个 OTU，即 *D. celata*、*D. trimurales*、*F. mosseae*、*G. iranicum*、*Scu. aurigloba*。其中，*D. celata* 和 *D. trimurales* 在中国西北地区首次被发现。本研究中，除了极端干旱的安西地区，其他地区均检测到 *Scu. aurigloba*，表明该菌种无法在极度干旱环境下生存。

除鄂尔多斯外，其他样地 AM 真菌多样性和丰度在两个采样时间存在显著差异，这可能是土壤因子和气候条件等多种因素造成的。而鄂尔多斯两年间的相似性可能是土壤类型造成的。与其他样地相比，鄂尔多斯土壤类型为棕钙土，其中含有 0~20cm 腐殖质层。腐殖质层松散，矿质土颗粒团聚成团或颗粒结构，具有良好的透水性，并含有植物生长所需的更多营养。与受到严重风蚀和腐殖质缺失的灰漠土与风沙土相比，棕钙土能为 AM 真菌提供相对稳定的生存条件。

我们以前的研究表明，AM 真菌多样性和丰度在水质及营养条件较差的阳坡明显高于阴坡。在本研究中，2015 年阿拉善左旗 AM 真菌多样性和丰富度显著高于其他样地，2016 年阿拉善左旗、沙坡头和民勤样地显著高于其他样地。安西的降水量和土壤湿度最低，其多样性指数也低于其他研究样地。原因可能是只有少数 AM 真菌属种可以适应极端干旱的沙漠环境。

本研究中，香农-维纳指数与土壤酸性磷酸酶显著正相关，与 pH 极显著负相关。AM 真菌种丰度与土壤有机质和 pH 显著或极显著负相关。土壤养分对植物的有效性与土壤 pH 密切相关。大多数植物的营养物质最大可利用率发生在 pH 为 6.0~7.5 时，并随土壤 pH 增加限制了营养物的可利用性。AM 真菌香农-维纳指数和种丰度与土壤 pH 为 7.6~

8.7 显著负相关，表明高 pH 可能通过限制 AM 真菌中营养物质的可利用性而在一定程度上减少了 AM 真菌的多样性和生态分布（Qiang et al.，2019）。

第五节　裸果木丛枝菌根真菌群落结构与遗传多样性

裸果木为石竹科裸果木属多年生灌木，属于古地中海区系成分，第三纪孑遗物种，国家一级重点保护野生植物，也是石质荒漠生态系统的主要建群种。研究其生存和演化过程对研究古地中海气候变化和旱生植物的进化极为重要。本试验于 2019 年 7 月、9 月、12 月在甘肃民勤连古城国家级自然保护区和甘肃安西极旱荒漠国家级自然保护区采集裸果木根围 0～30cm 土层根系和土壤样品。利用高通量测序方法研究裸果木根围 AM 真菌群落结构和遗传多样性特征，以便为裸果木资源保护和荒漠植被恢复提供依据。

一、样地和样品采集

2019 年夏季（7 月）、秋季（9 月）、冬季（12 月）在甘肃安西极旱荒漠国家级自然保护区（40°6′55″N，96°6′47″E）和民勤连古城国家级自然保护区（38°59′48″N，103°2′33″E）各选择 3 个小样地。在每个小样地（2km×2km）内，随机选取 5 株长势良好的裸果木。采样植株之间的距离大于 100m。从距离植株主根 0～10cm 处采集 0～30cm 土层新鲜土壤，并将土样装入密封袋并带回实验室，阴干后过 2mm 筛，土样 4℃冷藏用于土壤理化性质测定，每个小样地的 5 个土壤子样本混合，总共获得 18 个土壤样本，−80℃冷藏用于总 DNA 提取及后续试验。按照常规方法测定土壤理化性质（张开逊，2021）。

二、丛枝菌根真菌群落组成和多样性分析方法

（1）DNA 提取和 PCR 扩增

每个土壤样品取 0.5g，使用 E.Z.N.A.® Soil DNA 试剂盒（Omega Bio-tek，Norcross，GA，USA）提取总基因组 DNA，每个土壤样品提取两次进行组合，共得到 24 个土壤样品 DNA。完成基因组 DNA 抽提后，利用 1%琼脂糖凝胶电泳（1.0%琼脂糖在 1×TAE 中）检测抽提的基因组 DNA。用 GeoA2/AML2 和 NS31/AMDGR 两对引物分别进行两轮 PCR 扩增，首先以 AM 真菌特异性引物 GeoA2/AML2 进行第一轮 PCR 扩增，获得 SSU rRNA 基因约 800bp 片段，其次使用 NS31/AMDGR 引物对来自第一个 PCR 反应的稀释产物进行第二次扩增，获得 SSU rRNA 基因的 330bp 片段。PCR 的第一轮反应体系为 20μL 混合物，其中含有 4μL 5×Fast Pfu 缓冲液，2μL 2.5mmol/L dNTPs，0.8μL 引物，0.4μL Fast Pfu 聚合酶，10ng 基因组 DNA 作为模板 DNA，最后补充去离子水至 20μL。扩增步骤如下：首先 95℃预变性 3min，其次 95℃变性 30s，55℃退火 30s，72℃延伸 30s，进行 30 个循环，最后在 72℃条件下放置 10min。第二轮 PCR 反应体系和反应参数与第一轮 PCR 相同。之后使用 2%琼脂糖凝胶电泳（2.0%琼脂糖在 1×TAE 中）检测 PCR 产物，使用 AxyPrep DNA 凝胶回收试剂盒（Axygen 公司）切胶回收 PCR 产物，

Tris-HCl 洗脱，2%琼脂糖凝胶电泳检测。参照电泳初步定量结果，将 PCR 产物用 QuantiFluor™-ST 蓝色荧光定量系统（Promega 公司）进行检测定量，之后按照每个样本测序量要求进行相应比例的混合。

（2）Miseq 文库构建与测序

根据 Illumina MiSeq 测序平台标准操作规程,用纯化的扩增片段构建PE 2×300 文库。使用 Illumina 的 Miseq PE300 平台（上海明制生物科技有限公司）对单链DNA 片段进行测序。采用 Trimmomatic 软件对原始测序序列质控过滤，使用 FLASH 软件进行拼接。利用 Uparse（7.1 版，http://drive5.com/uparse/）以 97%相似性对 OTU 进行聚类。在重新聚类过程中，去除单条序列和嵌合体。使用 RDP 分类器按物种对每条序列进行分类，然后与比对阈值为 70%的 MaarjAM 数据库进行比较，将每条序列分类为一个物种。

（3）统计分析

利用 Mothur 软件计算 α 多样性指数，包括香农-维纳指数、Chao1 指数和辛普森指数，不同季节和样地间 α 多样性检验使用邓肯氏（Duncan's）检验。使用 R 语言进行 Venn 分析，比较样地和季节间共有物种和稀有物种数量。构建系统发育树，用于认识不同季节与样地间 AM 真菌物种在进化发育上的关系。基于 Bray-Curtis 相似性，进行主坐标分析（PCoA），比较样地和季节间植物 AM 真菌群落差异，并通过 ANOSIM 检验季节变化和地理位置对 AM 真菌群落的影响。使用排序回归分析进一步探索影响 AM 真菌 β 多样性的因子。使用 Pearson's 相关性分析和基于距离的冗余分析（db-RDA）进一步研究土壤理化性质和气温、降水等环境因子对 AM 真菌 α 多样性和群落结构的影响，约束变量的显著性检验基于排列检验。相关性热图用于检验环境因子在种水平对 AM 真菌分布的影响，检验不同种类 AM 真菌对环境因子的偏好性。多重共线环境（约束）变量（方差膨胀系数>10）从最终的 db-RDA 图中删除。土壤因子、气候变化和地理位置对 AM 真菌群落结构的贡献使用方差分解分析（VPA）进一步阐明。Venn、PCoA、db-RDA、排序回归分析和VPA 使用 R 语言的 vegan 包进行；系统发育进化树和相关性热图用 R 语言的 ggplot2 包绘制。

三、裸果木丛枝菌根真菌群落结构和遗传多样性

（一）高通量测序分析 AM 真菌群落组成和遗传多样性

从安西和民勤样地 18 个土壤样本中总共获得 582 842 条 AM 真菌序列。由图 8-15 所知，在安西，冬季（19）>秋季（13）>夏季（10）（图 8-15A）。3 个 OTU 在 3 个季节之间共享。共享的 OTU 数量低于每个季节独特的 OTU 数量，表明安西样地 AM 真菌群落组成的季节性差异。民勤样地夏季、秋季、冬季的 OTU 数量（图 8-15B）分别为 49 个、45 个、48 个，而 3 个季节普遍分布的 OTU 数量为 34 个。每个季节普遍分布的 OTU 数量均高于每个季节独有的 OTU 数量，表明民勤样地 AM 真菌群落组成在不同季节之间的高度相似性。同一季节不同样地共享的 OTU 数量（图 8-15C～图 8-15E）分别为 6 个、5 个、15 个。冬季普遍分布的 OTU 数量高于夏季和秋季，样地间普遍分布的 OTU 数量低于各样地独有的 OTU 数量，表明安西和民勤样地 AM 真菌分布的差异性。

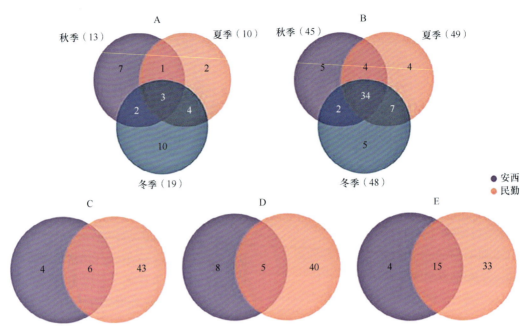

图 8-15 韦恩图显示不同季节和样地之间重叠的群落成员

安西（A）和民勤（B）不同季节共享的 OTU 数量。括号中的数字表示不同季节的 OTU 数量。
安西和民勤同一季节普遍分布的 OTU 数量。夏季（C），秋季（D）和冬季（E）

参照 INVAM、GenBank 和 NCBI 的数据信息，从 4 目 3 科 6 属中鉴定出 69 个 AM
真菌 OTU（图 8-16）。鉴定的属有 Glomus（44 个 OTU）、Septoglomus（10 个 OTU）、
Diversispora（6 个 OTU）、Paraglomus（4 个 OTU）、Claroideoglomus（2 个 OTU）、Rhizphagus
（1 个 OTU），其余 2 个 OTU 是未分类的 Archaeosporales。在上述属中，Glomus 和
Paraglomus 在两个样地所有季节所占比例较高。多孢囊霉目只在民勤样地被发现。在安
西的夏季和秋季没有发现 Claroideoglomus 和 Rhizophagus。在民勤样地秋季没有发现
Claroideoglomus，在冬季没有发现 Diversispora。未分类的 Archaeosporales 出现在安西
和民勤的 3 个季节。Glomus 的比例在冬季最高，秋季最低（图 8-16）。

α 多样性指数如表 8-17 所示。在安西，夏季和冬季的香农-维纳指数、辛普森指数、均
匀度指数均高于秋季。秋季均匀度指数低于夏季和冬季。此外，这些指数随着民勤季节的
变化而逐渐下降。同一季节和不同样地，民勤的香农-维纳指数和辛普森指数高于安西样地。

（二）环境因子对 AM 真菌群落的影响

无度量多维标定法（NMDS）和相似性分析（ANOSIM）显示安西和民勤样地 AM
真菌群落组成不同（图 8-17）。安西样地 AM 真菌群落有显著季节变化，而民勤样地 AM
真菌群落无显著季节变化。随机森林分析（random forest analysis）显示，安西和民勤样
地 AM 真菌 β 多样性差异有 22.66%可用于土壤和气候因素解释，其中土壤湿度和总球
囊霉素是主要的驱动因素（图 8-18）。土壤和气候因子只能解释安西样地季节间 AM 真
菌 β 多样性变化的 21.54%，土壤总磷、总球囊霉素、易提取球囊霉素、脲酶、总氮、
碱性磷酸酶和有机质是主要驱动因子。

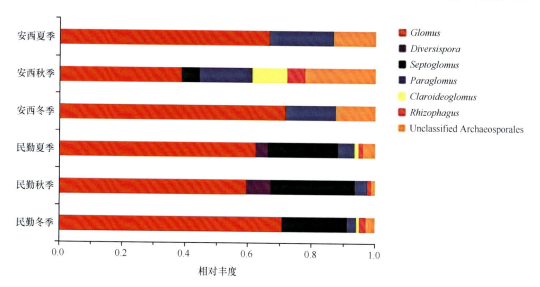

图 8-16　基于 OTU 数量的安西和民勤样地裸果木 AM 真菌相对丰度和组成

表 8-17　安西和民勤样地 AM 真菌群落平均 α 多样性指数

样地	季节	香农-维纳指数	辛普森指数	均匀度指数
安西	夏季	1.31±0.29B	0.67±0.06B	0.87±0.04a
	秋季	1.03±0.26B	0.49±0.13B	0.59±0.16b
	冬季	1.68±0.44B	0.75±0.11B	0.76±0.01ab
民勤	夏季	2.42±1.05A	0.82±0.18A	0.87±0.02a
	秋季	2.52±0.49A	0.87±0.06A	0.78±0.07a
	冬季	2.99±0.33A	0.93±0.03A	0.85±0.06a

注：同列不含有相同大写字母的表示不同样地 α 多样性指数差异显著（$P<0.05$）；同列不含有相同小写字母的表示同一样地不同季节差异显著（$P<0.05$）

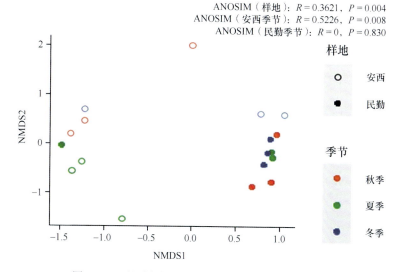

图 8-17　不同样地和季节 AM 真菌群落无度量分布
样地和季节用不同形状和颜色表示。相似性分析（ANOSIM）表明，在两个样地和安西不同季节 AM 真菌群落存在显著差异

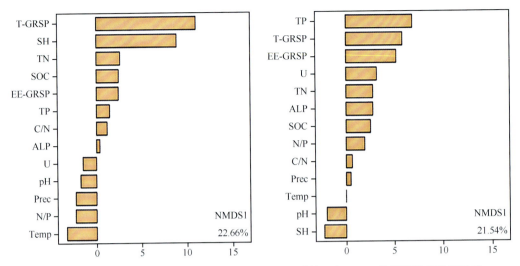

图 8-18　随机森林分析不同样地（左）和安西不同季节（右）AM 真菌群落及环境因子

柱形栏代表环境因子对 AM 真菌 β 多样性的解释率。T-GRSP：总球囊霉素；SH：湿度；SOC 代表有机质；
EE-GRSP：易提取球囊霉素；TP：总磷；ALP：碱性磷酸酶；U：脲酶；Prec：降水量；Temp：温度。下同

（三）AM 真菌 OTU 与环境因子的相关性

相关性分析结果（图 8-19）表明，Unclassified *Glomus* 种类与土壤 N/P（OTU172、OTU212），温度（OTU21、OTU155、OTU158、OTU172、OTU226）负相关；与碱性磷酸酶（OTU176、OTU185），易提取球囊霉素（OTU57），降水（OTU57），脲酶（OTU57、OTU202）正相关。*Glomus* 特定物种与土壤湿度（OTU148、OTU167、OTU169、OTU215、OTU218），有机质（OTU148），总氮（OTU169、OTU218），N/P（OTU168、OTU169），总球囊霉素（OTU148、OTU167）负相关；与碱性磷酸酶（OTU204、OTU209），脲酶（OTU204、OTU208、OTU209）正相关。未分类种和特定种与土壤 C/N 正相关。*Septoglomus* 种类与土壤 N/P、湿度、有机质、总氮、总球囊霉素负相关，与 C/N 正相关（OTU165、OTU174、OTU175、OTU230）。*Paraglomus* 与碱性磷酸酶、脲酶（OTU210）、总磷、总球囊霉素、降水量正相关（OTU48）。*Rhizophagus* 与易提取球囊霉素负相关（OTU236）。

（四）AM 真菌多样性与环境因子的相关性

由表 8-18 可知，在安西样地，香农-维纳指数与土壤湿度、有机质、碱性磷酸酶、总磷、C/N 显著或极显著正相关；与土壤 N/P 极显著负相关。Chao1 指数与土壤湿度、有机质、总球囊霉素、总磷、C/N 显著或极显著正相关，与土壤 pH 显著负相关，与 N/P 极显著负相关。辛普森指数与土壤 N/P 显著正相关，与土壤温度、湿度、总磷显著负相关。在民勤样地，辛普森指数与环境因子无显著相关性，Chao1 指数与降水量显著负相关，香农-维纳指数与易提取球囊霉素显著正相关。

基于距离的冗余分析（db-RDA）（图 8-20，图 8-21）表明，土壤因子和气候因子显著影响安西和民勤样地 AM 真菌群落结构。安西样地降水量、总氮、脲酶显著影响 AM 真菌群落结构；民勤样地易提取球囊霉素显著影响 AM 真菌群落结构。

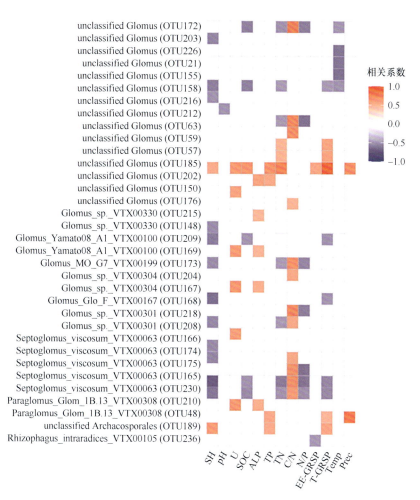

图 8-19　AM 真菌与环境因素 Pearson's 相关性分析

AM 真菌分类群与环境因子间在 0.05 水平的相关性显示在热图彩色网格中

表 8-18　安西与民勤样地 AM 真菌 α 多样性指数与环境因子的相关性

项目	安西			民勤		
	香农-维纳指数	Chao1 指数	辛普森指数	香农-维纳指数	Chao1 指数	辛普森指数
湿度	0.80*	0.80*	−0.65*	0.23	0.32	0.06
pH	−0.53	−0.59*	0.38	−0.51	−0.42	−0.4
脲酶	−0.26	−0.29	0.27	0.26	0.15	0.19
有机质	0.68*	0.70*	−0.48	−0.08	0.04	−0.05
碱性磷酸酶	0.61*	0.55	−0.44	0.23	0.21	0.19
总磷	0.82**	0.88**	−0.69*	0.18	0.06	0.11
总氮	−0.35	−0.31	0.22	−0.15	−0.19	−0.08
C/N	0.76**	0.63*	−0.41	0.3	0.26	0.25
N/P	−0.79**	−0.78**	0.65*	−0.47	−0.38	−0.29
易提取球囊霉素	0.13	0.02	0.07	0.63*	0.31	0.53

项目	安西			民勤		
	香农-维纳指数	Chao1 指数	辛普森指数	香农-维纳指数	Chao1 指数	辛普森指数
总球囊霉素	0.56	0.63*	−0.46	−0.05	−0.45	0.16
温度	0.31	0.38	−0.69*	−0.01	−0.08	0.06
降水量	0.06	0.04	−0.07	−0.33	−0.60*	−0.13

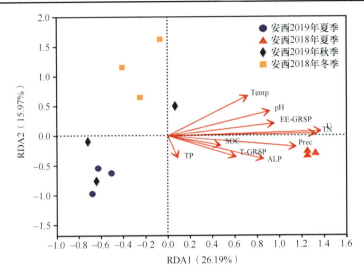

图 8-20　安西样地 AM 真菌群落与环境因子基于距离的冗余分析
基于距离内 OTU 数量的冗余分析

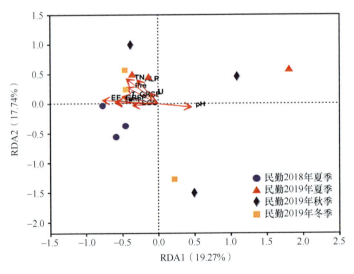

图 8-21　民勤样地 AM 真菌群落与环境因子基于距离的冗余分析

四、裸果木丛枝菌根真菌群落结构和遗传多样性特征分析

先前利用形态学方法在安西和民勤样地分别鉴定出 41 种和 46 种 AM 真菌。利用高通量测序数据在安西和民勤样地分别诊断出 29 个和 61 个 AM 真菌 OTU。无论在形态

学研究还是高通量测序数据中，球囊霉属在不同样地和季节都是优势属。随机森林分析表明，土壤湿度和总球囊霉素是形成 AM 真菌群落的主要因子。研究结果表明，在土壤营养水平较低的民勤样地，AM 真菌的定殖、孢子密度和物种多样性较高，但 AM 真菌群落组成变化较小。

　　在本研究中，一些 AM 真菌分类群（34 个 OTU，占民勤群落的 71.83%）在民勤的季节之间共享，表明民勤 AM 真菌群落核心菌种变化较小。相比之下，在安西，季节间分享的 AM 真菌分类群较少（3 个 OTU，占安西群落的 21.43%）。此外，随着季节变化，AM 真菌香农-维纳指数逐渐下降，球囊霉属类群逐渐增加。同样，以前的研究也发现 AM 真菌群落中的优势种群在不同季节表现出时间上的一致性。安西的核心分类群很可能受到土壤特征和气候条件的综合影响，不同季节的气候条件显著改变了安西的土壤特性，而民勤的土壤脲酶和湿度季节间变化不显著。尽管季节对两个样地土壤特性都有显著影响，但 AM 真菌对景观尺度上不同模式的季节变化有不同的反应，特别是在营养条件严重异质化的生境中。与安西相比，民勤土壤理化性质较差，气候恶劣，导致长期压力水平和环境选择压力较高，主要 AM 真菌类群保持稳定的群落结构。随机森林分析表明，AM 真菌群落多样性受不同季节土壤和气候因子的影响，也受不同地点土壤特性的影响，虽然这与我们在其他荒漠样地和植物 AM 真菌研究中的结果相似，但不同样地和荒漠植物 AM 真菌群落结构和多样性也有自身特点。事实上，大多数环境因素往往是相互关联的，一个单一的环境因素对 AM 真菌群落的影响可能是由其他相互依赖或共同变化的因素造成的，因此，可能在不同的生态系统中有所区别。因此，AM 共生体和 AM 真菌产生的球囊霉素可能是孑遗植物适应中国西北干旱荒漠区低营养干旱土壤的关键。关于植物和 AM 真菌之间相互作用的研究可为充分利用 AM 真菌资源进行孑遗植物资源保护和荒漠生态系统管理提供新的视角（Zhao et al.，2022）。

第九章　荒漠植物土壤微生物群落结构与功能多样性

土壤微生物积极参与物质循环和能量转化，是土壤生态系统中最活跃和最具影响力的组分之一，对生态系统过程和功能维持有重大意义。土壤微生物群落结构和多样性能较早反映土壤环境质量的变化，揭示微生物功能差异性，已被认为是重要的生物学指标。土壤微生物对其生存的土壤环境十分敏感，土壤生态机制变化和环境胁迫都能导致微生物群落结构的改变。目前，国内外对土壤微生物群落多样性的研究主要集中于环境变化与人为干扰对土壤微生物多样性的影响，如环境微生物群落比较、盐碱地改良、土地退化等，而有关荒漠土壤微生物群落结构和功能多样性的研究较少。研究荒漠土壤微生物资源分布、改善荒漠生态系统、促进荒漠植被生长是促进荒漠生态系统重建和实现经济及生态可持续发展的有效途径。

第一节　蒙古沙冬青土壤微生物群落结构与功能多样性

本试验以珍稀濒危植物蒙古沙冬青为研究材料，基于磷脂脂肪酸（PLFA）和BIOLOG分析法，研究西北荒漠带蒙古沙冬青根围土壤微生物群落结构、功能多样性以及土壤因子的生态效应，分析影响荒漠土壤微生物分布的环境因子，探讨植物和土壤条件对微生物组成的相对作用，为科学评价、管理荒漠植被恢复和生态重建提供依据。

一、样地概况和样品采集

试验样地选取内蒙古乌海、磴口、阿拉善左旗，宁夏沙坡头和甘肃民勤5个荒漠带为研究样地。该区域属于温带大陆性气候，降水量少且不均匀，年降水量50～200mm，平均海拔1000m左右，年温差和日温差较大。该区受风沙侵蚀严重，群落植被类型丰富度和多样性较低，丛生灌木多而低矮，草本植物覆盖率低。样地概况如表9-1所示。

表 9-1　荒漠样带各采样点及样地概况

样地	海拔/m	经纬度	土壤类型	土壤温度/℃	土壤湿度/%
内蒙古乌海	1110～1141	39°36′N～39°49′N，106°48′E～106°51′E	平坦风蚀沙地	32.21	6.31
内蒙古磴口	1002～1006	40°23′N～40°29′N，106°23′E～106°44′E	移动沙丘	24.56	7.37
内蒙古阿拉善左旗	1402～1482	39°20′N～39°55′N，106°18′E～106°41′E	平坦沙地	34.09	5.31
甘肃民勤	1320～1405	38°34′N～39°00′N，102°37′E～103°00′E	沙土为主	28.55	2.29
宁夏沙坡头	1250～1246	37°27′N～37°29′N，104°59′E～105°11′E	荒漠沙质	39.26	7.14

分别于2015年和2016年7月在内蒙古乌海、磴口、阿拉善左旗、甘肃民勤、宁夏沙坡头5个荒漠带采集土壤样品。每个样地分别选取3个小样地，小样地间距≥10km。

在每个小样地分别随机选取生长良好的蒙古沙冬青各 5 株，植株间距≥100m，贴近植株根颈部 0～30cm 处去除枯枝落叶层，挖土壤剖面，按 0～10cm、10～20cm、20～30cm、30～40cm、40～50cm 共 5 个土层采集土壤样品。另外，选取没有任何植被生长覆盖的空白样地采取土壤样品作为对照。将土样编号后装入隔热性能良好的塑料袋密封，其中部分土样自然风干后过 2mm 筛，供土壤成分分析，另一部分土样放入−20℃和 4℃冰箱保存，供土壤微生物结构和土壤酶活性测定（左易灵，2017）。

二、土壤微生物群落结构分析方法

（一）磷脂脂肪酸分离与气相色谱检测

土壤微生物群落结构通过分析土壤微生物磷脂脂肪酸组分测定，根据 Bossio 等（1998）的方法有所改进。

（1）提取分离

称取 8.0g 冻干土样，使用单相提取剂柠檬酸缓冲溶液[氯仿：甲醇：磷酸缓冲液为 1：2：0.8（体积比）]浸提（剩余土壤用提取液重复浸提一次），将浸提液倒入分液漏斗，分别加入 12mL 三氯甲烷和磷酸缓冲液，摇动 2min，静置过夜。

（2）纯化

用 SPE 柱（3mL 氯仿活化）分离，分别加入 5mL 氯仿、10mL 丙酮，最后用 5mL 甲醇淋洗，收集甲醇相于试管中，32℃水浴，N_2 浓缩。

（3）甲酯化

向试管中依次加入 1mL 甲苯：甲醇（1：1）和 0.2mol/L KOH 溶液摇匀，37℃条件下温育 1h，依次加入 0.3mL 1mol/L 乙酸溶液、2mL 正己烷和 2mL 超纯水，低速振荡 10min（重复振荡浸提一次），将上层正己烷溶液移入小瓶，N_2 脱水干燥，得到甲酯化脂肪酸样品。以十九烷酸甲酯（$C_{19:0}$）作为内标进行定量。

采用美国 Aglient 6890N 型气相色谱仪分析磷脂脂肪酸混合物标准品和待检样本，设置条件为：二阶程序升高柱温，190℃起始，5℃/min 升至 260℃，而后 40℃/min 升温至 325℃，维持 90s；前进样器温度 250℃，检测器温度 300℃；载气为 H_2（2mL/min），尾吹气为 N_2（30mL/min）；柱前压 10.00psi（1psi=6.895kPa）；进样量 1μL。进样分流比 100：1。PLFA 的鉴定采用美国 MIDI 公司（MIDI，Newark，Delaware，USA）开发的 SherlockMIS 4.5 系统（Sherlock Microbial Identification System）。

（二）磷脂脂肪酸命名

磷脂脂肪酸命名参考 Frostagard 等（1996）的命名方法。特征磷脂脂肪酸的分类如表 9-2 所示。

三、土壤微生物群落功能代谢分析方法

（一）土壤菌悬液制备

土壤菌悬液制备方法：称取大约 10g 土壤样品，加入盛有 90mL 灭菌生理盐水

（0.85%）的三角瓶中，在摇床上振荡 30min，转速为 250r/min。静置 10min 后，依次稀释 3 次得到 1000 倍菌悬液。

表 9-2　特征磷脂脂肪酸分类

生物类别	特征磷脂脂肪酸
革兰氏阴性细菌（G⁻）	$C_{13:1}\omega5c$、$C_{13:1}\omega4c$、$C_{13:1}\omega3c$、$C_{12:0}$ 2OH、$C_{14:1}\omega9c$、$C_{14:1}\omega8c$、$C_{14:1}\omega7c$、$C_{14:1}\omega5c$、$C_{15:1}\omega9c$、$C_{15:1}\omega8c$、$C_{15:1}\omega7c$、$C_{15:1}\omega6c$、$C_{15:1}\omega5c$、$C_{14:0}$ 2OH、$C_{16:1}\omega9c$、$C_{16:1}\omega7c$、$C_{16:1}\omega5c$、$C_{17:1}\omega4c$、$C_{17:1}\omega3c$、$C_{16:0}$ 2OH、$C_{18:1}\omega9c$、$C_{18:1}\omega8c$、$C_{18:1}\omega7c$、$C_{18:1}\omega6c$、$C_{18:1}\omega5c$、$C_{19:1}\omega9c$、$C_{19:1}\omega8c$、$C_{19:1}\omega7c$、$C_{19:1}\omega6c$、$C_{19:0}$ cyclo $9c$、$C_{19:0}$ cyclo $7c$、$C_{19:0}$ cyclo $6c$、$C_{20:1}\omega9c$、$C_{20:1}\omega8c$、$C_{20:1}\omega6c$、$C_{20:1}\omega4c$、$C_{20:0}$ cyclo $\omega6c$、$C_{21:1}\omega9c$、$C_{21:1}\omega8c$、$C_{21:1}\omega6c$、$C_{21:1}\omega5c$、$C_{21:1}\omega4c$、$C_{21:1}\omega3c$、$C_{22:1}\omega9c$、$C_{22:1}\omega8c$、$C_{22:1}\omega6c$、$C_{22:1}\omega5c$、$C_{22:1}\omega3c$、$C_{22:0}$ cyclo $\omega6c$、$C_{24:1}\omega9c$、$C_{24:1}\omega7c$
革兰氏阳性细菌（G⁺）	iso-$C_{11:0}$、anteiso-$C_{11:0}$、iso-$C_{12:0}$、anteiso-$C_{12:0}$、iso-$C_{13:0}$、anteiso-$C_{13:0}$、iso-$C_{14:1}\omega7c$、iso-$C_{14:0}$、anteiso-$C_{14:0}$、iso-$C_{15:1}\omega9c$、iso-$C_{15:1}\omega6c$、anteiso-$C_{15:1}\omega9c$、iso-$C_{15:0}$、anteiso-$C_{15:0}$、iso-$C_{16:0}$、anteiso-$C_{16:0}$、iso-$C_{17:1}\omega9c$、iso-$C_{17:0}$、anteiso-$C_{17:0}$、iso-$C_{18:0}$、iso-$C_{19:0}$、anteiso-$C_{19:0}$、iso-$C_{20:0}$、iso-$C_{22:0}$
真菌	$C_{18:1}\omega9c$、$C_{18:2}\omega6c$
真核生物	$C_{15:4}\omega3c$、$C_{15:3}\omega3c$、$C_{16:4}\omega3c$、$C_{16:3}\omega6c$、$C_{18:3}\omega6c$、$C_{19:4}\omega6c$、$C_{19:3}\omega6c$、$C_{19:3}\omega3c$、$C_{20:4}\omega6c$、$C_{20:5}\omega3c$、$C_{20:3}\omega6c$、$C_{20:2}\omega6c$、$C_{21:3}\omega6c$、$C_{21:3}\omega3c$、$C_{22:5}\omega6c$、$C_{22:6}\omega3c$、$C_{22:4}\omega6c$、$C_{22:5}\omega3c$、$C_{22:2}\omega6c$、$C_{23:4}\omega6c$、$C_{23:3}\omega6c$、$C_{23:3}\omega3c$、$C_{23:1}\omega5c$、$C_{23:1}\omega4c$、$C_{24:4}\omega6c$、$C_{24:3}\omega6c$、$C_{24:3}\omega3c$、$C_{24:1}\omega3c$
放线菌	$C_{16:0}$ 10-methyl、$C_{17:1}\omega7c$ 10-methyl、$C_{17:0}$ 10-methyl、$C_{18:1}\omega7c$ 10-methyl、$C_{18:0}$ 10-methyl、$C_{19:1}\omega7c$ 10-methyl、$C_{20:0}$ 10-methyl
AM 真菌	$C_{16:1}\omega5c$
厌氧菌	$C_{12:0}$ DMA、$C_{13:0}$ DMA、$C_{14:1}\omega7c$ DMA、$C_{14:0}$ DMA、iso-$C_{15:0}$ DMA、$C_{15:0}$ DMA、$C_{16:2}$ DMA、$C_{17:0}$ DMA、$C_{16:1}\omega9c$ DMA、$C_{16:1}\omega7c$ DMA、$C_{16:1}\omega5c$ DMA、$C_{19:0}$ cyclo 9,10 DMA、$C_{18:2}$ DMA、$C_{18:1}\omega9c$ DMA、$C_{18:1}\omega7c$ DMA、$C_{18:1}\omega5c$ DMA、$C_{18:0}$ DMA

（二）微生物群落代谢活性测定

采用有 31 种碳源的生态板（Biolog-ECO，ECO MicroPlate）分析土壤微生物群落代谢特征，即群落功能多样性。Biolog-ECO 板含有 31 类碳源，根据其化学基团不同将其分为 6 类：碳水化合物（12 类）、多聚物类（4 类）、羧酸类（5 类）、酚酸类（2 类）、氨基酸类（6 类）、胺类（2 类）。从冰箱中取出 Biolog-ECO 板，预热至室温。将稀释 1000 倍的菌液加到 Biolog-ECO 板中，每孔加入 150μL。将接种的 Biolog-ECO 板置于黑暗下 28℃恒温培养箱中连续培养，分别在 24h、48h、72h、96h、120h、144h、168h、192h、216h、240h 用酶标仪（ELx800TM）读取 590nm（颜色+浊度）下的吸光值。

（三）土壤微生物多样性指数计算

微生物生理代谢活性通过平均颜色变化率（AWCD）表示，计算公式如下。

$$AWCD = \sum[(C-R)/31] \tag{9-1}$$

式中，C 为反应孔的吸光度值；R 为对照孔的吸光度值。

香农-维纳指数：

$$H = -\sum(P_i \cdot \ln P_i) \tag{9-2}$$

辛普森指数：

$$D = 1 - \sum P_i^2 \tag{9-3}$$

式中，P_i 为第 i 孔的相对吸光值与整个平板相对吸光值总和的比率。

Pielou 指数：

$$J = H' / \ln S \qquad (9\text{-}4)$$

McIntosh 指数：

$$U = \sqrt{\sum n_i^2} \qquad (9\text{-}5)$$

式中，n_i 是第 i 孔的相对吸光值，即 $n_i = C - R$；S 为颜色变化孔的数目。

四、土壤因子测定及数据处理分析

（一）土壤因子测定

土壤理化性质按常规方法测定。球囊霉素分别按 Wright 和 Upadhyaya（1998）及 David 等（2008）方法测定。易提取球囊霉素（easily extracted glomalin，EE-GRSP 或 EEG）：取 1g 风干土于试管中，加入 8mL 20mmol/L（pH 7.0）柠檬酸钠浸提剂，在 103kPa、121℃条件下连续提取 90min，10 000r/min 离心 5min，收集上清液；总球囊霉素（total glomalin，T-GRSP 或 TG）：取 1g 风干土于试管中，加入 8mL 50mmol/L（pH 8.0）柠檬酸钠浸提剂，在 103kPa、121℃条件下连续提取 60min，再重复提取 2 次；10 000r/min 离心 5min，收集上清液。分别吸取上清液 0.5mL，加入 5mL 考马斯亮蓝 G-250 染色剂，在 595nm 波长下比色。采用牛血清蛋白标液，考马斯亮蓝法显色，绘制标准曲线，求出球囊霉素含量。

（二）数据处理与分析

利用 SPSS 19.0 软件对数据进行单因素方差分析；采用 CANOCO 4.5 软件对 PLFA 和土壤因子进行主成分分析，对土壤因子与微生物群落结构多样性的相关性进行 RDA 分析。土壤单一碳源利用 CANOCO 4.5 和 SPSS19.0 软件进行主成分分析。结构方程模型（SEM）用于确定土壤因子对土壤微生物功能活性的影响。

五、蒙古沙冬青根围土壤微生物群落结构

（一）土壤微生物特征 PLFA 生物标记量变化

从内蒙古乌海、磴口、阿拉善左旗、甘肃民勤、宁夏沙坡头 5 个样地蒙古沙冬青根围土样分别检测到 41 种、31 种、48 种、45 种、31 种磷脂脂肪酸，而空白对照土样分别检测到 23 种、25 种、22 种、19 种、20 种磷脂脂肪酸。PLFA 生物标记在 5 个样地都有分布的属称为完全分布属，如 anteiso-$C_{14:0}$、$C_{14:0}$、iso-$C_{15:0}$、anteiso-$C_{15:0}$、$C_{16:3}\omega6c$、iso-$C_{16:0}$、$C_{16:1}\omega7c$、$C_{16:0}$、$C_{16:0}$ 10-methyl、iso-$C_{17:1}\omega9c$、anteiso-$C_{17:0}$、$C_{17:1}\omega8c$、$C_{18:3}\omega6c$、$C_{18:2}\omega6c$、$C_{18:1}\omega8c$、$C_{18:1}\omega7c$、$C_{17:0}$ cyclo $\omega7c$ 等；有些生物标记只在单个样地分布，如 anteiso-$C_{17:1}\omega9c$、$C_{11:0}$、$C_{24:0}$、$C_{20:1}\omega6c$、$C_{22:1}\omega9c$、$C_{24:3}\omega6c$，为不完全分布。阿拉善左旗和民勤样地蒙古沙冬青根围土壤微生物特征 PLFA 具有较高的多样性，如

iso-$C_{14:0}$、anteiso-$C_{15:1}$ $\omega9c$、anteiso-$C_{17:1}$ $\omega9c$、$C_{19:1}$ $\omega8c$、$C_{20:1}$ $\omega6c$、$C_{22:0}$、$C_{20:1}$ $\omega3c$、$C_{24:3}$ $\omega6c$、$C_{24:0}$ 只在阿拉善左旗和民勤样地蒙古沙冬青根围土壤存在。iso-$C_{15:1}$ $\omega6c$、$C_{15:0}$ DMA、$C_{18:1}$ $\omega5c$、$C_{19:3}$ $\omega6c$、$C_{20:1}$ $\omega9c$、$C_{17:0}$ 10-methyl 在 5 个样地蒙古沙冬青根围土壤都存在，而在空白对照土壤均未检测到。

　　5 个样地蒙古沙冬青根围土壤中含量较高的 PLFA 生物标记是 $C_{16:0}$（指示革兰氏阳性细菌）、$C_{16:0}$ 10-methyl（指示放线菌）、$C_{18:1}$ $\omega9c$（指示真菌）、$C_{16:1}$ $\omega7c$（指示革兰氏阴性细菌），4 种 PLFA 生物标记含量在不同样地差异显著，但都表现为磴口最低。从磷脂脂肪酸变化来看，乌海样地的 $C_{16:0}$、$C_{16:0}$ 10-methyl、$C_{18:1}$ $\omega9c$、$C_{16:1}$ $\omega7c$ 等 4 种 PLFA 含量分别为 0.096nmol/g、0.071nmol/g、0.067nmol/g、0.066nmol/g，占总脂肪酸含量的 38%；以 $C_{16:0}$、$C_{16:0}$ 10-methyl、$C_{18:1}$ $\omega9c$、$C_{16:1}$ $\omega7c$ PLFA 生物标记为主的磷脂脂肪酸含量在磴口样地占总脂肪酸含量的 36%，分别为 0.056nmol/g、0.040nmol/g、0.039nmol/g、0.056nmol/g。在阿拉善左旗样地，含量较高的为 $C_{16:0}$、$C_{16:0}$ 10-methyl、$C_{18:1}$ $\omega9c$、$C_{16:1}$ $\omega7c$，占总脂肪酸含量的 32%，分别为 0.055nmol/g、0.064nmol/g、0.077nmol/g、0.110nmol/g。民勤和沙坡头样地蒙古沙冬青根围土壤 $C_{16:0}$、$C_{16:0}$ 10-methyl、$C_{18:1}$ $\omega9c$ 的含量分别为 0.493nmol/g 和 0.250nmol/g、0.350nmol/g 和 0.211nmol/g、0.452nmol/g 和 0.162nmol/g。民勤显著最高，磴口样地显著低于其余样地。而 5 个样地空白土壤 $C_{16:0}$、$C_{16:0}$ 10-methyl、$C_{18:1}$ $\omega9c$ 的含量分别为 0.082nmol/g、0.040nmol/g、0.036nmol/g、0.038nmol/g、0.029nmol/g、0.028nmol/g、0.144nmol/g、0.056nmol/g、0.058nmol/g、0.109nmol/g、0.053nmol/g、0.034nmol/g、0.182nmol/g、0.157nmol/g、0.125nmol/g，均低于沙冬青根围土壤。总体而言，5 个样地蒙古沙冬青根围土壤微生物 PLFA 种类和含量显著高于空白对照，不同样地，含量较高的脂肪酸种类基本相同，但 PLFA 生物标记含量在各样地分布差异显著，说明蒙古沙冬青根围土壤微生物磷脂脂肪酸具有空间分布特征。

（二）不同样地土壤微生物群落主成分分析

　　5 个样地蒙古沙冬青根围土壤微生物群落主成分分析（图 9-1）表明，与土壤微生物特征 PLFA 群落多样性相关的 2 个主成分累计贡献率达 98.4%，其中，第 1 主成分（PC1）、第 2 主成分（PC2）分别解释变量方差的 74.8%、23.6%。对 PC1 起主要作用的微生物特征 PLFA 有 anteiso-$C_{11:0}$、$C_{12:0}$、anteiso-$C_{13:0}$、$C_{15:1}$ $\omega7c$、$C_{16:3}$ $\omega6c$、anteiso-$C_{16:0}$、$C_{16:1}$ $\omega7c$、$C_{16:0}$、iso-$C_{18:0}$、$C_{16:0}$ 10-methyl；对 PC2 起主要作用的微生物特征 PLFA 有 $C_{17:1}$ $\omega8c$、$C_{19:3}$ $\omega6c$、$C_{18:3}$ $\omega6c$、$C_{20:3}$ $\omega6c$、$C_{20:1}$ $\omega9c$。民勤样地蒙古沙冬青根围土壤微生物特征 PLFA 位于第 4 象限，与沙坡头差异显著，而内蒙古地区乌海、磴口和阿拉善左旗差异不显著。

（三）蒙古沙冬青根围与空白土壤微生物群落结构样地分布

　　由图 9-2 可知，蒙古沙冬青根围 AM 真菌、革兰氏阳性细菌（G^+）、革兰氏阴性细菌（G^-）、真菌、细菌、放线菌含量在乌海、磴口、阿拉善左旗、民勤样地大多显著高于空白土壤，而沙坡头样地空白土壤微生物含量低于根围土壤。乌海和民勤空白土壤未检测到 AM 真菌, 民勤空白土壤各特征微生物含量大多显著高于其余样地空白土壤。同一样地, 各微生物类群 PLFA 含量变化有所不同。各微生物类群 PLFA 总量在乌海、磴口、阿拉善左旗样地表现为 $G^+>G^->$ 放线菌 $>$ 真菌 $>$ AM 真菌, 在民勤和沙坡头样地表现为 $G^->G^+>$ 放线菌 $>$ 真菌。不同样地, 细菌、G^+、G^-、真菌、放线菌含量均在民勤最高, 磴口最低, 趋势为民勤 $>$ 沙坡头 $>$ 阿拉善左旗 $>$ 乌海 $>$ 磴口; AM 真菌为民勤 $>$ 沙坡头 $>$ 阿拉善左旗 $>$ 磴口 $>$ 乌海; 放线菌为民勤 $>$ 沙坡头 $>$ 乌海 $>$ 阿拉善左旗 $>$ 磴口。进一步对 G^+/G^- 和真菌/细菌进行分析, G^+/G^- 大小排序为民勤 $>$ 乌海 $>$ 阿拉善左旗 $>$ 沙坡头 $>$ 磴口, 空白土壤真菌/细菌大小排序为沙坡头 $>$ 民勤 $>$ 磴口 $>$ 阿拉善左旗 $>$ 乌海。5 个样地根围土壤 G^+/G^- 均小于空白土壤; 真菌/细菌在乌海和阿拉善左旗表现为根围土壤大于空白土壤, 而在磴口、民勤、沙坡头表现为空白土壤均大于根围土壤。

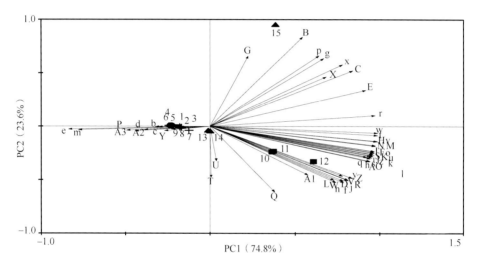

图 9-1　不同样地土壤微生物 PLFA 主成分分析

各形状代表样地, 1~3、4~6、7~9、10~12、13~15 分别代表乌海、磴口、阿拉善左旗、民勤、沙坡头样地。a: anteiso-$C_{13:0}$; b: iso-$C_{14:0}$; c: anteiso-$C_{14:0}$; d: $C_{14:0}$; e: iso-$C_{15:1}$ $\omega6c$; f: anteiso-$C_{15:1}$ $\omega9c$; g: iso-$C_{15:0}$; h: anteiso-$C_{15:0}$; i: $C_{15:0}$; j: $C_{15:0}$ DMA; k: $C_{16:3}$ $\omega6c$; l: iso-$C_{16:0}$; m: anteiso-$C_{16:0}$; n: $C_{16:1}$ $\omega9c$; o: $C_{16:1}$ $\omega7c$; p: $C_{16:1}$ $\omega5c$; q: $C_{16:0}$; r: $C_{16:0}$ 10-methyl; s: iso-$C_{17:1}$ $\omega9c$; t: anteiso-$C_{17:1}$ $\omega9c$; u: iso-$C_{17:1}$; v: anteiso-$C_{17:0}$; w: $C_{17:1}$ $\omega8c$; x: $C_{17:0}$ cyclo $\omega7c$; y: $C_{17:0}$; z: $C_{17:1}$ $\omega7c$ 10-methyl; A: $C_{17:0}$ 10-methyl; B: $C_{18:3}$ $\omega6c$; C: iso-$C_{18:0}$; D: $C_{18:2}$ $\omega6c$; E: $C_{18:1}$ $\omega9c$; F: $C_{18:1}$ $\omega7c$; G: $C_{18:1}$ $\omega5c$; H: $C_{18:0}$; I: $C_{18:1}$ $\omega7c$ 10-methyl; J: $C_{18:0}$ 10-methyl; K: $C_{19:3}$ $\omega6c$; L: $C_{19:1}$ $\omega8c$; M: $C_{19:0}$ cyclo $\omega7c$; N: $C_{20:4}$ $\omega6c$; O: $C_{20:1}$ $\omega9c$; P: $C_{20:1}$ $\omega6c$; Q: $C_{20:0}$; R: $C_{20:0}$ 10-methyl; S: $C_{21:1}$ $\omega3c$; T: $C_{22:0}$

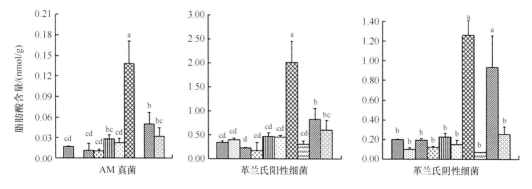

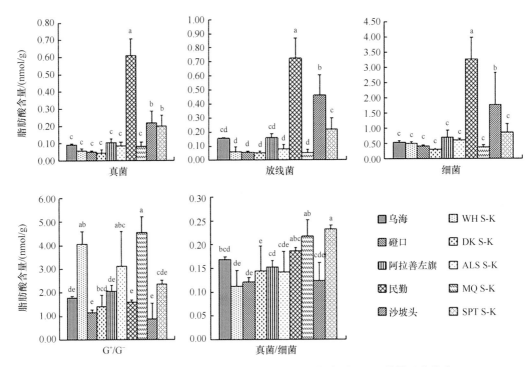

图 9-2 蒙古沙冬青根围与空白土壤特征微生物类群 PLFA 总量及其比值

图柱上不含有相同小写字母的表示不同样地土壤特征微生物含量差异显著（$P<0.05$），WH S-K、DK S-K、ALS S-K、MQ S-K、SPT S-K 分别表示乌海空白、磴口空白、阿拉善左旗空白、民勤空白和沙坡头空白

（四）蒙古沙冬青根围土壤微生物群落结构土层分布

土壤微生物群落结构在土层间差异显著（图 9-3）。同一样地不同土层，乌海样地，G^-、G^+、放线菌均在 10～20cm 土层有最大值，并随土层增加有降低趋势；AM 真菌在 0～10cm 土层有最大值，而真核生物和厌氧菌在 20～30cm 土层有最大值。磴口样地，AM 真菌最大值在 40～50cm 土层，而 G^-、G^+、真菌、放线菌、真核生物、厌氧菌最大值均在 30～40cm 土层。阿拉善左旗样地，AM 真菌、G^-、G^+、真菌、放线菌均在 0～10cm 土层有最大值，且显著高于其他土层。沙坡头样地，G^-、G^+、真核生物、厌氧菌和放线菌均在 0～10cm 土层有最大值，且显著高于其他土层；而 10～50cm 土层微生物变化规律差异不显著；AM 真菌和真菌在土层间无显著差异。民勤样地，AM 真菌、G^-、G^+、真菌、放线菌、真核生物、厌氧菌均在 10～20cm 土层有最大值，土层间变化规律不明显。

（五）蒙古沙冬青根围土壤微生物群落结构年际分布

由表 9-3 可知，各微生物含量年际差异显著，民勤样地 2015 年和 2016 年均显著最高（G^+/G^- 除外）。乌海、磴口、阿拉善左旗、沙坡头的 AM 真菌、G^+、G^-、真菌、放线菌年际差异显著，2016 年显著高于 2015 年；民勤的 AM 真菌、G^+、G^-、放线菌含量 2016 年显著高于 2015 年，而真菌含量 2016 年显著低于 2015 年。G^+/G^- 和真菌/细菌 2016 年显著低于 2015 年。

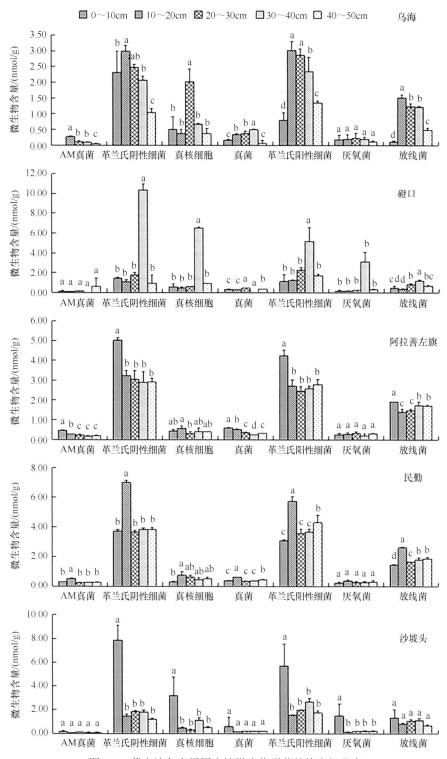

图 9-3　蒙古沙冬青根围土壤微生物群落结构空间分布

图柱上不含有相同小写字母的表示同一样地不同土层微生物含量差异显著（$P < 0.05$）

表 9-3　蒙古沙冬青根围土壤微生物群落结构年际分布

年份	样地	AM 真菌	G⁺	G⁻	G⁺/G⁻	真菌	细菌	真菌/细菌	放线菌
2015	乌海	0.017	0.347	0.196	1.768	0.091	0.543	0.168	0.154
	磴口	0.018	0.224	0.195	1.153	0.051	0.419	0.121	0.056
	阿拉善左旗	0.028	0.466	0.226	2.061	0.106	0.692	0.153	0.159
	民勤	0.138	2.008	1.260	1.594	0.609	3.267	0.186	0.723
	沙坡头	0.050	0.825	0.934	0.883	0.217	1.760	0.123	0.461
2016	乌海	0.126	2.224	2.591	0.858	0.289	4.814	0.060	0.957
	磴口	0.116	1.530	1.428	1.072	0.336	2.958	0.114	0.544
	阿拉善左旗	0.314	3.138	3.775	0.831	0.482	6.913	0.070	1.586
	民勤	0.347	4.103	4.788	0.857	0.441	8.891	0.050	1.894
	沙坡头	0.105	3.066	3.725	0.823	0.307	6.791	0.045	1.077

（六）AM 真菌占总微生物和真菌的比例关系

由表 9-4 可知，在土壤真菌生物量中，AM 真菌所占比例最大，尤其在磴口、阿拉善左旗、沙坡头样地，AM 真菌分别约占真菌生物量的 91%、93%、94%，在乌海、民勤样地分别约为 69%、88%。蒙古沙冬青根围 AM 真菌占真菌生物量显著高于空白土壤，磴口、阿拉善左旗空白土壤 AM 真菌分别占真菌生物量的 80%、69%。真菌占总微生物量的比例在 5 个样地根围土壤和空白土壤无显著差异（沙坡头样地除外），而 AM 真菌与总微生物量的比例在 5 个样地及其空白样地无显著差异。民勤与阿拉善左旗样地 AM 真菌/总微生物量显著高于乌海、磴口和沙坡头样地，阿拉善左旗样地根围 AM 真菌/总微生物量与空白土壤无显著差异。

表 9-4　AM 真菌与真菌和总微生物量之间的比例关系

样地	AM 真菌/真菌	AM 真菌/总微生物量	真菌/总微生物量
乌海	0.693±0.119b	0.021±0.001a	0.113±0.003b
乌海空白	—	—	0.092±0.024bc
磴口	0.910±0.090a	0.019±0.000a	0.095±0.006bc
磴口空白	0.797±0.201ab	0.024±0.010a	0.074±0.038c
阿拉善左旗	0.931±0.045a	0.028±0.002a	0.108±0.007bc
阿拉善左旗空白	0.690±0.049b	0.026±0.011a	0.108±0.025bc
民勤	0.881±0.068a	0.029±0.001a	0.129±0.004ab
民勤空白	—	—	0.159±0.019a
沙坡头	0.939±0.089a	0.022±0.004a	0.094±0.018bc
沙坡头空白	0.418±0.076c	0.024±0.002a	0.153±0.004a

注："—"表示乌海空白样地、民勤空白样地未检测到 AM 真菌；同列数据后不含有相同小写字母的表示不同土壤样品间差异显著（$P<0.05$）

（七）土壤微生物群落结构聚类分析

由图 9-4 可知，5 个样地土壤微生物群落结构存在明显差异，民勤和阿拉善左旗土壤微生物结构更为相近，土层间差异不显著，而乌海、磴口和沙坡头较为接近，乌海和沙坡头剖面结构差异显著。

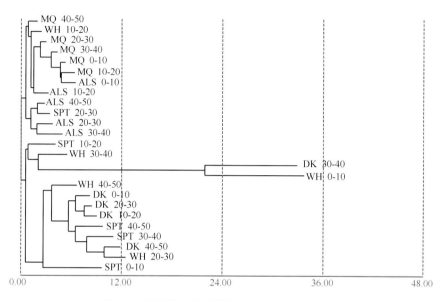

图 9-4　土壤微生物群落结构进化树（邻接法）

六、蒙古沙冬青根围土壤微生物群落功能多样性

（一）土壤微生物群落碳源代谢变化特征

平均颜色变化率（AWCD）反映了土壤微生物类群对不同碳源利用能力的差异性。供试样品土壤微生物对碳源利用程度（AWCD 值）均随培养时间增加而增大（图 9-5）。土壤微生物对碳源利用率在各样地差异显著，乌海土壤微生物碳源利用率在 72h 以内较低，72h 后 AWCD 值随培养时间延长而逐渐增大，0～10cm 土层显著高于 10～30cm 土层；磴口土壤微生物碳源利用率在 48h 后 AWCD 值随培养时间延长而逐渐增大，AWCD 在 0～10cm 土层有最大值，并随土层加深逐渐降低；阿拉善左旗最大值在 0～20cm 土层，20～30cm 土层有最小值；民勤和沙坡头土壤微生物碳源利用率在 48h 以内随培养时间延长而增大，AWCD 在 0～30cm 土层有最大值，并随土层加深逐渐降低，且土层间差异不显著。不同样地同一土层，民勤各土层土壤微生物代谢显著高于其他样地；磴口样地微生物碳源代谢低于其他样地。不同样地空白土壤微生物碳源利用程度也表现出相同规律，但都低于根围土壤。乌海、磴口和阿拉善左旗空白土壤与根围土壤碳源代谢差异不显著，只有乌海 0～10cm 空白土壤显著低于根围土壤；而民勤与沙坡头根围土壤碳源代谢显著高于空白土壤。

（二）土壤微生物群落 31 种单一碳源利用主成分分析

选取 192h 吸光值对土壤微生物功能多样性进行 PCA 排序，主成分分析图中样品间得分距离越小，表示样品间对碳源利用能力相似程度越高。由图 9-6 可知，5 个样地土壤微生物功能多样性差异显著。乌海和磴口样地都位于 PC2 轴左端，阿拉善左旗位于 PC1 轴下端，民勤样地分布于第一象限、第四象限，而沙坡头在 PC1 上端，分布于 PC2 两端。31 种单一碳源利用相关矩阵分析表明（表 9-5），根据特征值大于 1、方差积累贡献率大于 80% 的原则，入选 8 个主成分。入选的 8 个主成分方差累计贡献率为 81.215%，能基本反映全部土壤微生物碳源的指标信息。在第一主成分中，α-环式糖精、α-D-乳糖、I-赤藓糖醇、D-葡糖胺酸、L-天冬酰胺、L-丝氨酸载荷较大（权重为 0.716～0.800）；在第二主成分中，吐温 40、D-木糖、D-葡糖胺酸、α-丁酮酸、L-苏氨酸、甘氨酰-L-谷氨酸载荷较大（权重为 0.446～0.533）；在第三主成分中，吐温 80、2-羟基苯甲酸、4-羟基苯甲酸载荷较大（权重为 0.444～0.553），DL-α-磷酸甘油、2-羟基苯甲酸、γ-羟丁酸、衣康酸、苯乙胺、L-丝氨酸、吐温 80 在 4～8 主成分载荷大（权重为 0.421～0.657）。第一主成分所占信息量达 36.591%，所以 α-环式糖精、α-D-乳糖、I-赤藓糖醇、D-葡糖胺酸和 L-丝氨酸是蒙古沙冬青根围土壤微生物的主要利用碳源。

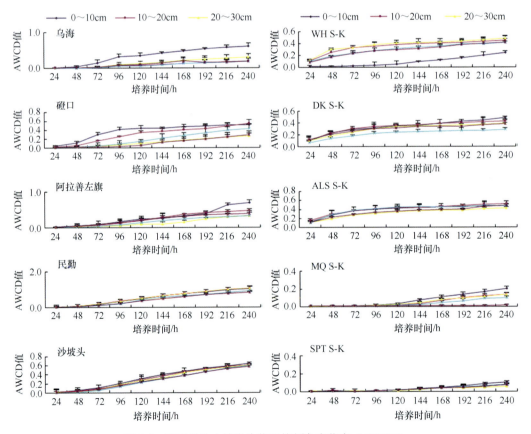

图 9-5 不同样地土壤微生物平均颜色变化率（AWCD）

WH S-K、DK S-K、ALS S-K、MQ S-K、SPT S-K 分别表示乌海空白、磴口空白、阿拉善左旗空白、民勤空白、沙坡头空白，下同

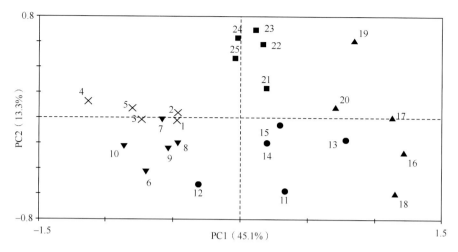

图 9-6 不同样地土壤微生物功能多样性主成分分析

图中各形状代表样地，1～5、6～10、11～15、16～20、21～25 分别表示乌海、磴口、阿拉善左旗、民勤、沙坡头的 0～10cm、10～20cm、20～30cm、30～40cm、40～50cm 土层

表 9-5 主成分载荷矩阵、特征值和贡献率

单一碳源	PC1	PC2	PC3	PC4	PC5	PC6	PC7	PC8
丙酮酸甲酯	0.562	−0.496	−0.352	−0.147	0.237	0.083	0.007	−0.235
吐温 40	0.662	0.446	0.309	−0.134	0.121	0.038	−0.310	0.028
吐温 80	0.399	−0.015	0.508	0.057	0.110	0.586	0.231	−0.225
α-环式糖精	0.785	0.218	0.108	−0.223	−0.042	−0.094	0.023	−0.048
肝糖	0.390	0.230	0.220	0.331	−0.098	−0.574	0.031	−0.153
D-纤维二糖	0.633	−0.068	−0.125	0.177	−0.316	0.239	0.146	0.071
α-D-乳糖	0.800	−0.305	−0.206	−0.032	−0.115	−0.116	0.020	−0.015
β-甲基-D-葡萄糖苷	0.689	−0.434	−0.245	0.005	−0.051	0.100	−0.216	0.213
D-木糖	0.307	0.533	−0.317	0.337	−0.286	0.031	−0.048	0.206
I-赤薛糖醇	0.780	−0.011	0.141	−0.139	−0.229	−0.123	0.272	0.025
D-甘露醇	0.688	−0.185	0.230	0.158	0.007	0.320	−0.288	−0.177
N-乙酰-D-葡糖胺	0.647	−0.190	0.312	−0.325	−0.129	0.097	0.160	0.312
D-葡糖胺酸	0.724	0.516	0.029	−0.280	0.172	−0.064	−0.139	0.016
α-D-葡萄糖-1-磷酸	0.676	−0.510	0.268	0.077	0.146	−0.253	0.067	0.099
DL-α-磷酸甘油	0.439	0.377	0.287	0.272	−0.315	−0.161	0.421	−0.144
D-半乳糖酸内酯	0.490	−0.525	−0.240	−0.210	0.112	−0.150	0.006	0.029
D-半乳糖醛酸	0.593	−0.345	−0.435	0.283	0.038	−0.296	0.125	−0.210
2-羟基苯甲酸	0.485	−0.066	0.444	0.438	−0.060	−0.012	−0.349	0.074
4-羟基苯甲酸	0.621	−0.279	0.553	0.095	-0.092	0.159	−0.085	−0.037
γ-羟丁酸	0.490	0.250	0.314	0.500	0.103	−0.092	−0.095	0.251
衣康酸	0.124	0.198	0.159	0.149	0.609	0.106	0.445	−0.228
α-丁酮酸	0.519	0.476	−0.542	−0.090	−0.091	0.217	−0.167	−0.014
D-苹果酸	0.591	0.185	−0.553	0.157	−0.126	0.179	0.307	0.132
L-精氨酸	0.892	−0.241	−0.159	−0.094	0.101	−0.091	−0.129	−0.136

单一碳源	PC1	PC2	PC3	PC4	PC5	PC6	PC7	PC8
L-天冬酰胺	0.748	−0.410	−0.034	0.224	0.203	0.065	0.059	0.037
L-苯丙氨酸	0.594	0.248	−0.376	0.309	0.262	−0.115	−0.105	−0.001
L-丝氨酸	0.716	0.058	0.097	−0.360	−0.013	0.017	0.175	0.461
L-苏氨酸	0.522	0.467	0.100	−0.339	0.342	−0.206	−0.189	−0.166
甘氨酰-L-谷氨酸	0.630	0.464	0.024	−0.406	0.080	−0.085	0.157	−0.031
苯乙胺	−0.088	0.202	−0.219	0.346	0.657	0.172	0.090	0.389
腐胺	0.628	0.310	−0.293	0.079	−0.242	0.306	−0.090	−0.351
特征值（λ）	11.343	3.557	2.877	1.976	1.676	1.425	1.217	1.105
贡献率/%	36.591	11.473	9.281	6.376	5.407	4.596	3.926	3.565

（三）土壤微生物对不同种类碳源的利用

蒙古沙冬青根围土壤与空白土壤碳源代谢比较分析显示，5 个样地不同土壤对各种碳源利用程度差异显著（图 9-7），碳水化合物利用率最高，胺类和酚酸类利用率较低。碳水化合物、羧酸类、多聚物类和氨基酸碳类源代谢在 5 个样地有相似规律，为民勤＞阿拉善左旗＞乌海＞沙坡头＞磴口；而胺类和酚酸类碳源代谢则在乌海最大，沙坡头最低。除了磴口样地，其他样地根围土壤微生物对六大类碳源的利用率大多显著高于空白土壤。各样地空白土壤微生物碳源利用率与根围土壤有相似规律。

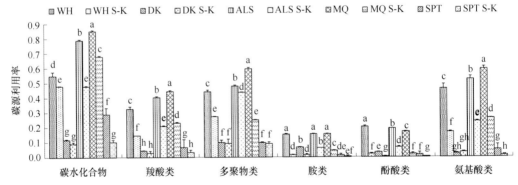

图 9-7　蒙古沙冬青根围土壤和空白土壤微生物对六大类碳源的相对利用率

图柱上不含有相同小写字母的表示不同土壤样品之间差异显著（$P<0.05$）

根围土壤微生物对六大类碳源的相对利用率分析显示，土壤微生物功能多样性在不同土层间差异显著（图 9-8）。同一样地不同土层，乌海的碳水化合物、多聚物类、酚酸类和氨基酸类碳源均在 0～10cm 有最大值，且大多显著高于 10～50cm 土层，并随土层加深有降低趋势；羧酸类碳源代谢不同土层间差异不显著。磴口的六大类碳源利用率均在表层最大，随土层加深而降低；胺类和酚酸类在不同土层间变化不显著。阿拉善左旗的土壤微生物对六大类碳源利用率在不同土层间差异不明显，最大值在 0～20cm 土层。民勤的土壤微生物对碳水化合物的利用率在 20～30cm 土层有最大值，而羧酸类、多聚物类和氨基酸类的利用率在 0～20cm 土层有最大值，不同土层间差异显著。沙坡头的土壤微生物对各类碳源利用率在不同土层间有显著变化，最大值在 0～30cm 土层。不同样地同一土层，沙坡头 0～50cm 土层多聚物类利用率均显著高于其他样地；0～20cm 土层，民勤的土壤微生物对碳水化合物、羧酸类、多聚物类和氨基酸类利用率大多显著高于其他样地；20～50cm 土层，除碳水化合物外，土壤微生物对羧酸类、多聚物类和氨基酸类碳源的代谢在样地间无显著差异。

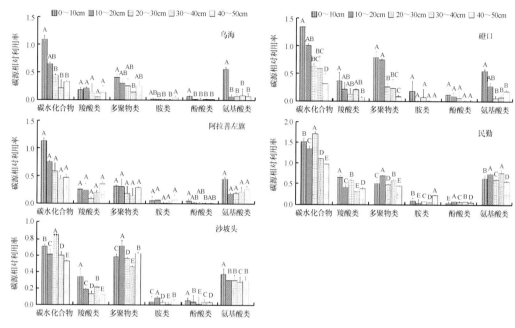

图 9-8　蒙古沙冬青根围土壤微生物对六大类碳源的相对利用率
图柱上不含有相同大写字母的表示同一样地不同土层差异显著（$P<0.05$）

（四）土壤微生物六大类碳源代谢年际分布

由表 9-6 可知，2016 年各样地碳水化合物、羧酸类、多聚物类和氨基酸类碳源代谢均显著高于 2015 年，而胺类和酚酸类年际变化差异不明显（民勤除外）。总体来说，2016 年根围土壤微生物群落功能代谢率显著高于 2015 年。

表 9-6　蒙古沙冬青根围土壤微生物群落碳源代谢年际分布

年份	样地	碳水化合物	羧酸类	多聚物类	胺类	酚酸类	氨基酸类
2015	乌海	0.55	0.33	0.44	0.15	0.20	0.46
	磴口	0.12	0.04	0.10	0.07	0.03	0.02
	阿拉善左旗	0.79	0.40	0.48	0.15	0.19	0.52
	民勤	0.85	0.44	0.59	0.15	0.17	0.59
	沙坡头	0.29	0.07	0.10	0.01	0.02	0.05
	均值	0.52	0.26	0.34	0.11	0.12	0.33

年份	样地	碳水化合物	羧酸类	多聚物类	胺类	酚酸类	氨基酸类
2016	乌海	1.71	0.55	0.67	0.16	0.21	1.19
	磴口	0.67	0.20	0.60	0.04	0.03	0.31
	阿拉善左旗	1.78	0.61	0.68	0.14	0.13	0.97
	民勤	2.69	0.99	0.96	0.35	0.35	1.38
	沙坡头	1.33	0.47	0.54	0.09	0.05	0.66
	均值	1.64	0.56	0.69	0.16	0.15	0.90

（五）土壤微生物群落多样性指数分析

由表 9-7 可知，乌海和磴口样地 2016 年辛普森指数显著高于 2015 年，香农-维纳指数和均匀度指数差异不显著；阿拉善左旗 2015 年 3 种多样性指数均高于 2016 年，而民勤和沙坡头 2016 年的香农-维纳指数、均匀度指数高于 2015 年，沙坡头 2015 年辛普森指数显著高于 2016 年。对比蒙古沙冬青根围土壤与空白土壤多样性指数，乌海样地辛普森指数、香农-维纳指数和均匀度指数与空白土壤无显著差异，而其余样地沙冬青根围土壤微生物碳源利用多样性指数大多高于空白土壤。

表 9-7 土壤微生物碳源利用多样性指数

年份	项目	乌海	磴口	阿拉善左旗	民勤	沙坡头
2015	香农-维纳指数	1.55	1.56	1.58	1.60	1.54
	辛普森指数	1.51	1.58	1.55	1.59	3.16
	均匀度指数	1.55	1.56	1.58	1.55	1.57
2016	香农-维纳指数	1.55	1.56	1.55	1.68	1.66
	辛普森指数	2.90	2.91	1.51	1.68	1.66
	均匀度指数	1.56	1.60	1.51	1.68	1.66
空白	香农-维纳指数	1.55	0.95	0.80	0.93	1.55
	辛普森指数	1.58	1.55	1.56	1.58	1.57
	均匀度指数	1.67	0.92	0.85	0.85	1.51

（六）聚类分析

聚类分析结果表明，5 个样地蒙古沙冬青根围土壤微生物群落碳源代谢的多样性指数存在明显差异（图 9-9）。内蒙古地区乌海、磴口、阿拉善左旗样地先聚为一类（λ<10），再与沙坡头样地聚为一类（λ<15），最后与民勤样地聚在一起。可见，随着空间地理距离的迁移，蒙古沙冬青根围土壤微生物群落碳源代谢的多样性发生了明显变化。

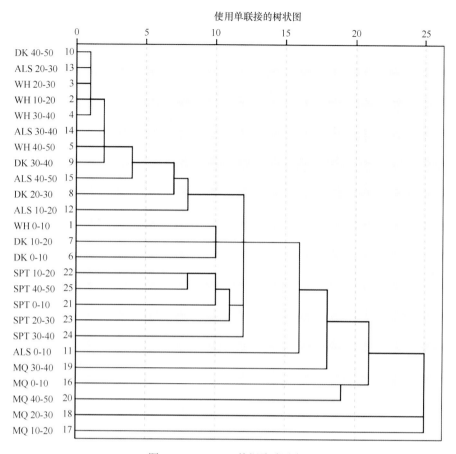

图 9-9　BIOLOG 数据聚类分析

七、土壤微生物群落结构和功能多样性与土壤因子的相关性

（一）土壤微生物群落结构与土壤因子的相关性分析

内蒙古样地土壤微生物群落结构与土壤因子的相关性分析如图 9-10 所示，两个排序轴解释量达 99.1%，其中，第 1 主成分（PC1）可解释变量方差的 87.5%，第 2 主成分（PC2）可解释变量方差的 11.6%。AM 真菌与酸性磷酸酶（ACP）、碱性磷酸酶（ALP）显著正相关，与有效磷、湿度显著负相关；革兰氏阳性细菌与酸性磷酸酶、碱性磷酸酶、铵态氮显著正相关；革兰氏阴性细菌、真菌、放线菌均与酸性磷酸酶、碱性磷酸酶、总球囊霉素、温度显著正相关，与有效磷、湿度显著负相关。G^+/G^- 与有效磷显著正相关，与脲酶、有机质、易提取球囊霉素显著负相关；真菌/细菌值与易提取球囊霉素、脲酶、有机质显著正相关，与有效磷和湿度显著负相关。

由图 9-11 和图 9-12 可知，民勤和沙坡头的细菌、G^+、G^-、真菌、放线菌均排在 PC2 轴右端，PC1 轴右端，在 PC1 轴的附近表现出相似性，但主要的影响因子不同。民勤样地的细菌、G^+、G^-、真菌、放线菌与有机质、铵态氮、有效磷、温度、ACP、ALP 正相关，与脲酶、pH、湿度负相关；真菌/细菌值与 EEG 正相关；而沙坡头样地对微生物群落结构起主要作用的是铵态氮、EEG、TG、ALP、pH 和脲酶，细菌、G⁺、G⁻、真菌、放线菌与铵态氮、TG 正相关，与 pH、EEG、ALP、脲酶负相关。

（二）土壤微生物群落功能多样性与土壤因子的相关性分析

相关性分析结果（表 9-8）表明，土壤 pH、酸性磷酸酶与胺类、碳水化合物显著正相关，碱性磷酸酶、易提取球囊霉素与碳水化合物、羧酸类、多聚物类显著或极显著正相关，脲酶与胺类显著负相关，总球囊霉素、铵态氮与六大类碳源显著或极显著正相关，有效磷、有机质与碳水化合物、羧酸类、氨基酸类、多聚物类显著或极显著正相关（除有机质与氨基酸类无显著正相关外），湿度与六大类碳源负相关。根据相关性系数（R

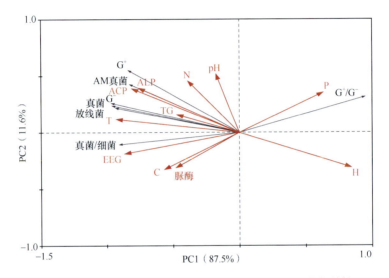

图 9-10　内蒙古地区土壤微生物群落结构与土壤因子的相关性

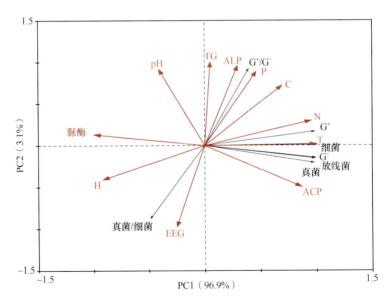

图 9-11　甘肃民勤土壤微生物群落结构与土壤因子的相关性

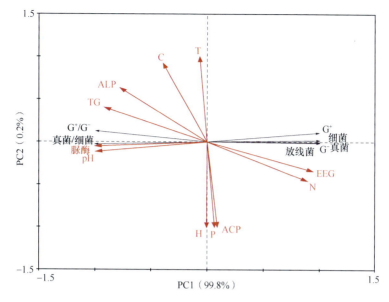

图 9-12　宁夏沙坡头土壤微生物群落结构与土壤因子的相关性

值），建立结构方程模型量化样地、土层、碱性磷酸酶、有机质、总球囊霉素、铵态氮对土壤微生物羧酸类、碳水化合物、多聚物类、氨基酸类碳源功能代谢的影响。如图 9-13 所示，样地和土层对碳源的利用均有直接或间接的显著影响，且样地和土层都通过显著影响有机质、总球囊霉素、铵态氮而间接影响碳源代谢。总球囊霉素与碳水化合物、氨基酸类碳源代谢显著正相关。有机质、总球囊霉素、碱性磷酸酶、铵态氮与碳水化合物类碳源显著正相关。总球囊霉素和碱性磷酸酶直接影响铵态氮，并与碳水化合物、氨基酸类碳源显著正相关。

表 9-8　土壤因子与微生物群落功能多样性的 Spearman's 相关性分析

指标	羧酸类	多聚物类	胺类	酚酸类	氨基酸类	碳水化合物
pH	0.067	0.192	0.415*	0.328	0.028	0.402*
酸性磷酸酶	0.393	0.326	0.403*	0.294	0.085	0.492*
碱性磷酸酶	0.602**	0.511**	0.338	0.240	0.334	0.678**
脲酶	−0.020	−0.021	−0.470*	−0.203	−0.072	−0.328
易提取球囊霉素	0.492*	0.478*	0.111	0.258	0.239	0.402*
总球囊霉素	0.743**	0.728**	0.615**	0.517**	0.452*	0.872**
有效磷	0.700**	0.663**	0.265	0.328	0.599**	0.537**
有机质	0.590**	0.405*	0.533**	0.280	0.341	0.638**
铵态氮	0.711**	0.460*	0.485*	0.403*	0.502**	0.611**
温度	−0.179	−0.179	0.100	−0.003	−0.289	−0.042
湿度	−0.738**	−0.628**	−0.393	−0.397*	−0.537**	−0.637**

注：*表示在 0.05 水平显著相关；**表示在 0.01 水平极显著相关。下同

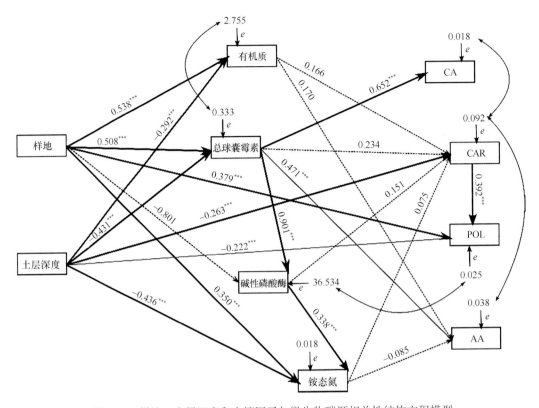

图 9-13　样地、土层深度和土壤因子与微生物碳源相关性结构方程模型

模型契合度较好，χ^2=22.167，df= 20，P= 0.332，适合度指数（GFI）= 0.950，估计误差均方根（RMSEA）=0.038。实线和虚线分别表示路径的显著性，箭头附近的数字表明标准化路径系数（*$P<0.05$，**$P<0.01$，***$P<0.001$）。e =残差值。

CA 表示羧酸类碳源，CAR 表示碳水化合物类碳源，POL 表示多聚物类碳源，AA 表示氨基酸类碳源

（三）土壤微生物群落结构与代谢功能的相关性分析

由表 9-9 可知，六大类碳源与各种土壤微生物类群之间大多未达到显著相关性，仅革兰氏阳性细菌和放线菌与羧酸类碳源在 0.05 水平显著相关；从趋势来看，真核细胞生物和厌氧菌与六大类碳源代谢大多负相关，而 AM 真菌、革兰氏阴性细菌、真菌与碳水化合物、羧酸类、氨基酸类碳源正相关，革兰氏阳性细菌和放线菌与羧酸类碳源显著正相关。

表 9-9　土壤微生物群落结构与代谢功能的相关性

土壤微生物	碳水化合物	羧酸类	多聚物类	胺类	酚酸类	氨基酸类
AM 真菌	0.237	0.253	−0.160	0.021	−0.043	0.309
革兰氏阴性细菌	0.219	0.353	−0.010	−0.066	−0.042	0.203
真核细胞	−0.174	−0.040	−0.134	−0.197	−0.119	−0.244
真菌	0.254	0.281	−0.003	0.145	0.181	0.284
革兰氏阳性细菌	0.229	0.432*	0.000	0.015	−0.096	0.278
厌氧菌	−0.098	0.037	−0.119	−0.150	−0.123	−0.163
放线菌	0.239	0.440*	−0.097	0.047	−0.234	0.334

八、土壤微生物群落结构和功能多样性特征分析

（一）土壤微生物群落结构特征分析

蒙古沙冬青根围土壤理化性质、微生物群落（细菌、真菌和放线菌）与碳源代谢率显著高于空白土壤，说明蒙古沙冬青作为活化石，能适应极端环境，提高荒漠土壤微生物功能活性，改善植被根围微生态环境。根围土壤微生物群落结构以细菌为主，表现为细菌＞放线菌＞真菌＞AM 真菌；内蒙古乌海、磴口和阿拉善左旗以革兰氏阳性细菌（G^+）为主，甘肃民勤和宁夏沙坡头以革兰氏阴性细菌（G^-）为主。土壤微生物群落结构在样地间差异显著，对养分缺乏环境耐受力强的革兰氏阳性细菌含量在乌海、磴口和阿拉善左旗样地最高，表现出对干旱荒漠环境的适应性；而民勤与沙坡头样地表现为 $G^->G^+>$ 放线菌＞真菌，这与我们前期利用传统培养方法的研究结果一致。从土壤垂直剖面来看，除磴口样地外，其余 4 个样地中革兰氏阴性细菌、AM 真菌、真菌、革兰氏阳性细菌和放线菌在各土层变化规律明显，最大值在 0～30cm 浅土层，并随土层增加呈降低趋势。但在磴口样地各微生物含量在 30～40cm 土层最大，这可能与磴口独特的气候和土壤因子有关。土壤细菌、真菌、放线菌各自的生长特性使它们在土壤中分布不同，在一定程度上代表了土壤不同土层间的特性。

革兰氏阳性细菌、革兰氏阴性细菌、真菌及放线菌均在民勤最高，磴口最低。磴口有机质含量最低，真菌/细菌作为表征土壤有机质的指标，也在磴口有最小值，从侧面反映了磴口土壤质量贫瘠。AM 真菌则在乌海有最小值，革兰氏阳性细菌、革兰氏阴性细菌和真菌含量均是民勤＞沙坡头＞阿拉善左旗＞乌海，放线菌表现为民勤＞沙坡头＞乌海＞阿拉善左旗。研究表明，大多数真菌为好氧性，细菌喜欢在相对湿润和中性偏碱的土壤环境中生长，受水分和干旱胁迫明显，而放线菌喜热耐干，对干燥和碱性条件抗性较大。与阿拉善左旗相比，乌海气候干旱，pH 高于阿拉善左旗，因此干旱和碱性环境使得放线菌含量在乌海大于阿拉善左旗；阿拉善左旗样地沙冬青较其他样地根系发达，入土更深，加之真菌与沙冬青根系间土壤养分的迁移，形成分泌物等会进一步改善土壤环境，使得细菌和真菌在阿拉善左旗较丰富。在磴口、阿拉善左旗、沙坡头样地，AM 真菌分别约占真菌生物量的 91%、93%、94%，在乌海、民勤分别约为 69%、88%，真菌/总微生物量与 AM 真菌/总微生物量没有显著差异。可见，AM 真菌是荒漠土壤微生物系统中的重要组成成分。

在内蒙古样地，AM 真菌、革兰氏阳性细菌、革兰氏阴性细菌、真菌、放线菌均与土壤磷酸酶、总球囊霉素、铵态氮、pH 正相关。在民勤样地，有机质、铵态氮、有效磷、酸性磷酸酶、碱性磷酸酶均与细菌、G^+、G^-、真菌、放线菌正相关，而沙坡头样地对微生物群落结构起主要作用的是铵态氮、pH 和脲酶。G^+/G^- 与脲酶、有机质、易提取球囊霉素显著负相关，而真菌/细菌与易提取球囊霉素、脲酶、有机质显著正相关。G^+/G^- 值高说明土壤状况由贫瘠转向肥沃，有机质和易提取球囊霉素越低，土壤营养状况越贫乏，G^+/G^- 越大；而在碱性环境中，真菌/细菌值高，土壤环境质量改善，微生物类群丰富度较高，数量愈趋平衡（左易灵等，2016）。

（二）土壤微生物群落功能多样性特征分析

本研究中，土壤微生物群落与功能多样性具有明显的时空异质性。革兰氏阳性细菌、革兰氏阴性细菌、真菌和放线菌含量均在民勤最高，磴口最低，自西向东表现为民勤＞沙坡头＞阿拉善左旗＞乌海＞磴口。碳水化合物、羧酸类、多聚物类和氨基酸类碳源代谢在 5 个样地有相似规律，表现为民勤＞阿拉善左旗＞乌海＞沙坡头＞磴口；而胺类和酚酸类碳源代谢则在乌海最大，沙坡头最低。2016 年各样地土壤微生物含量与功能代谢率显著高于 2015 年。

蒙古沙冬青根围土壤微生物功能多样性在样地间差异显著，在 0～50cm 土层，民勤土壤微生物代谢显著高于其他样地，磴口样地微生物碳源代谢低于其他样地；从土壤微生物垂直动态变化看，各样地根围土壤微生物碳源利用率均随土层加深呈降低趋势，土层间变化各有差异，但最大值均在 0～30cm 浅土层，这与 PLFA 分析结果一致。这可能与土壤微生物数量及沙冬青根系在样地中的分布有关。SEM 分析也表明空间距离和土层深度对土壤微生物碳源代谢有显著直接和间接影响。碳水化合物、羧酸类、氨基酸类和聚合物类碳源是根围土壤微生物的主要碳源，酚酸类和胺类碳源的利用率较小。

土壤类型决定了根际微生物区系的初始状态，复杂的土壤理化性质直接影响根际微生物区系。土壤温度、磷酸酶、易提取球囊霉素、总球囊霉素和铵态氮是影响土壤微生物群落结构变化的重要因子，而有机质、碱性磷酸酶、总球囊霉素和铵态氮是影响微生物碳源代谢的关键因子，说明土壤营养元素和土壤酶是影响土壤微生物群落多样性空间分布的重要因素。

土壤微生物群落结构与功能代谢的相关性分析结果表明，六大类碳源与各种土壤微生物类群之间无显著相关性，仅 G^+ 和放线菌与羧酸类碳源显著相关。从整体来看，微生物群落物种之间的显著相关性更强，各类微生物碳源代谢率之间也显著相关；真核细胞生物和厌氧菌与六大类碳源代谢负相关，而 AM 真菌、G^-、真菌、G^+、放线菌与碳水化合物、羧酸类、氨基酸类碳源正相关。根系能分泌种类繁多的可溶性有机物质，包括糖、氨基酸和有机酸等，这些分泌物质为土壤生物提供碳源，引起根际微生物快速生长，并对微生物生长繁殖和代谢过程产生影响（Zuo et al.，2020）。

第二节　花棒根围土壤微生物群落结构与功能多样性

本研究通过磷脂脂肪酸（PLFA）和 BIOLOG 方法，研究西北干旱荒漠区花棒根围土壤微生物群落组成与功能多样性的空间分布及土壤变量的生态效应，探讨大尺度空间土壤微生物群落对植物和土壤因子的响应特征，为荒漠生态系统植被恢复与科学管理提供依据。

一、样地概况和样品采集

试验样地选取内蒙古鄂尔多斯（EDS）、乌海（WH）、磴口（DK）、阿拉善左旗（ALS），宁夏沙坡头（SPT），甘肃民勤（MQ）和安西（AX）7 个荒漠带为研究样地。各样地概况如表 9-10 所示。

表 9-10　荒漠样带各采样点及样地概况

采样地点	海拔/m	经纬度	年均温度/℃	年均降水量/m	土壤质地
鄂尔多斯（EDS）	1269	39.49°N，110.19°E	6.2	200～300	沙质土
乌海（WH）	1150	39.61°N，106.81°E	10.5	159.5	沙质土
磴口（DK）	1030	40.39°N，106.74°E	7.6	144.5	沙质土
阿拉善左旗（ALS）	1295	38.92°N，105.69°E	8.3	80～220	沙质土
沙坡头（SPT）	2027.5	37.57°N，104.97°E	8.8	179.6	沙质土
民勤（MQ）	1400	38.58°N，102.93°E	8.3	127.7	沙质土
安西（AX）	1514	40.20°N，96.50°E	8.8	45.7	沙质土

2016 年和 2017 年 7 月由东到西，在各样地选择不同位置的 3 个小样地作为重复，每个小样地各选 5 株长势相似的花棒植株，去除表层枯枝落叶层，采集 0～30cm 土层土样，同时，选取灌丛空地采集土壤样品作为空白对照，将土样编号后装入隔热性能良好的塑料袋密封并带回实验室，其中部分土样自然风干后过 2mm 筛，供土壤理化性质分析，另一部分土样放入−20℃冰箱保存，供土壤微生物结构和土壤酶活性测定（薛子可，2018）。

二、土壤微生物群落结构分析方法

土壤微生物群落结构、功能代谢、土壤因子和数据处理分析方法与第一节相同。

三、花棒根围土壤微生物群落结构

（一）土壤微生物群落结构时空变化特征

如图 9-14 所示，2016 年总 PLFA 含量为 2.93～5.53nmol/g，鄂尔多斯含量最高，磴口和民勤含量较低；2017 年总 PLFA 为 0.96～6.01nmol/g，鄂尔多斯含量最高，磴口含量最低。2016 年真菌含量为 0.13～0.29nmol/g，沙坡头样地最高，乌海、民勤和安西含量较低；2017 年为 0.03～1.17nmol/g，鄂尔多斯含量最高。2016 年革兰氏阳性细菌含量为 1.06～1.71nmol/g，鄂尔多斯样地最高，民勤样地最低；2017 年为 0.28～1.41nmol/g，民勤样地含量最高，乌海和磴口含量较低。2016 年革兰氏阴性细菌含量为 1.51～2.52nmol/g，各样地差异不显著；2017 年为 0.41～2.75nmol/g，鄂尔多斯含量最高，乌海和磴口含量较低。2016 年 AM 真菌含量为 0.13～0.24nmol/g，各样地间差异不显著；2017 年为 0.03～0.24nmol/g，鄂尔多斯和民勤较高，乌海和磴口较低。2016 年放线菌含量为 0.05～1.24nmol/g，鄂尔多斯最高，磴口、沙坡头、民勤和安西较低；2017 年为 0.29～1.15nmol/g，鄂尔多斯最高，乌海和磴口较低。革兰氏阳性和阴性细菌在花棒根围土壤微生物群落结构中起主导作用，其特征为细菌＞放线菌＞真菌＞AM 真菌。

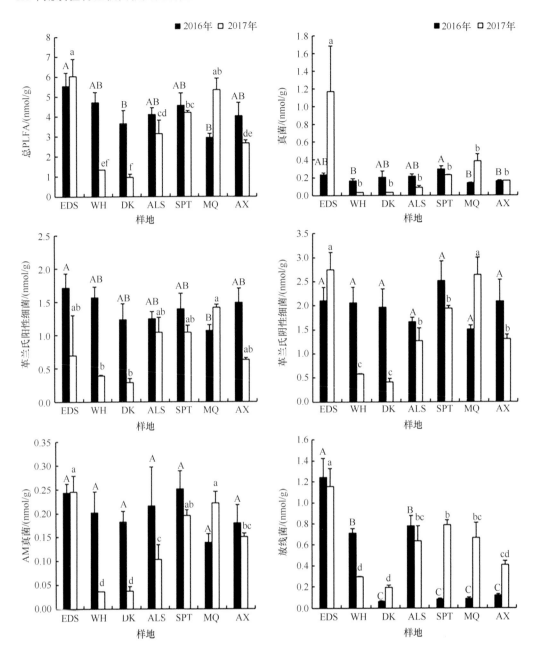

图 9-14　花棒根围土壤微生物类群的 PLFA 含量

图柱上不含有相同大写字母的表示 2016 年不同样地根围土壤差异显著（$P<0.05$），
图柱上不含有相同小写字母的表示 2017 年不同样地根围土壤差异显著（$P<0.05$）

（二）植被覆盖下土壤微生物群落组成

如图 9-15 所示，乌海、磴口和安西样地花棒根围土壤总 PLFA 含量显著高于空白土壤。在磴口和安西样地，根围革兰氏阳性细菌 PLFA 含量显著高于空白土壤。在乌海、磴口和安西样地，根围革兰氏阴性细菌 PLFA 含量显著高于空白土壤。AM 真菌 PLFA 含量在磴口和安西样地根围土壤显著高于空白土壤。民勤和安西样地根围真菌 PLFA 含量显著高于空白土壤。放线菌 PLFA 含量在乌海、磴口和阿拉善左旗样地根围土壤显著高于空白土壤。

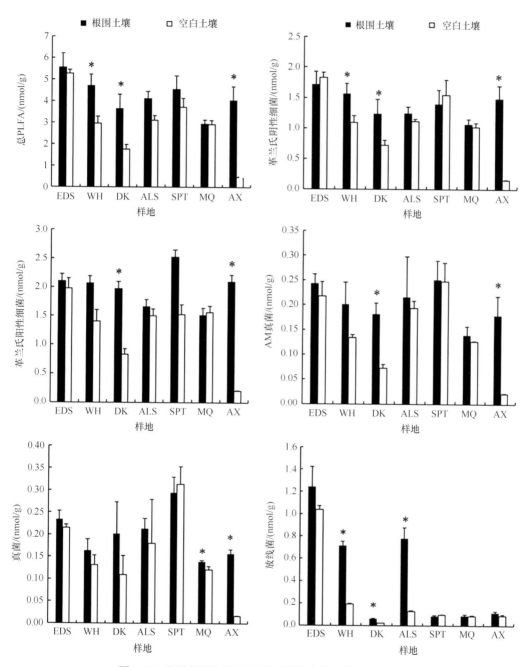

图 9-15　花棒根围与空白土壤不同微生物类群 PLFA 含量
*表示不同样地根围土壤与空白土壤差异显著（$P < 0.05$）

（三）根围土壤微生物特征 PLFA 变化

选取大于 0.01nmol/g 的 27 种微生物 PLFA 进行分析，如表 9-11 所示，微生物 PLFA

含量在空间尺度上分布差异显著。大多数微生物 PLFA 在样地间完全分布，如 iso-$C_{15:1}$ $\omega6c$、iso-$C_{15:0}$、$C_{16:1}$ $\omega5c$、iso-$C_{17:0}$、$C_{18:0}$ 10-methyl、$C_{19:0}$ cyclo $\omega7c$、$C_{20:1}$ $\omega9c$ 等，而 iso-$C_{14:0}$、$C_{16:1}$ $\omega7c$ DMA、iso-$C_{18:0}$、$C_{21:1}$ $\omega3c$ 属于不完全分布，且均不分布于安西样地。此外，各样地土壤微生物 PLFA 含量最高的分别是 iso-$C_{15:0}$（革兰氏阳性细菌）、$C_{16:1}$ $\omega7c$（革兰氏阴性细菌）、$C_{16:0}$ 10-methyl（放线菌）、$C_{18:1}$ $\omega9c$（真菌）。

表 9-11　花棒根围土壤微生物特征 PLFA 类型和含量　　　　（单位：nmol/g）

特征 PLFA	微生物类型	鄂尔多斯	乌海	磴口	阿拉善左旗	沙坡头	民勤	安西
iso-$C_{14:0}$	革兰氏阳性细菌	0.04±0.00a	0.01±0.00b	0.01±0.00b	0.05±0.01a	—	0.04±0.01a	—
iso-$C_{15:1}$ $\omega6c$	革兰氏阳性细菌	0.06±0.01a	0.01±0.00c	0.01±0.00c	0.04±0.00b	0.04±0.00b	0.05±0.00a	0.01±0.00c
iso-$C_{15:0}$	革兰氏阳性细菌	0.59±0.13a	0.10±0.01c	0.07±0.02c	0.27±0.06bc	0.28±0.04bc	0.31±0.06b	0.18±0.00bc
anteiso-$C_{15:0}$	革兰氏阳性细菌	0.30±0.03b	0.07±0.01d	0.06±0.02d	0.24±0.04b	0.22±0.01bc	0.43±0.04a	0.14±0.01cd
$C_{15:0}$ DMA	厌氧菌	0.08±0.01ab	0.02±0.00c	0.02±0.00c	0.07±0.01b	0.06±0.01b	0.09±0.01a	0.03±0.00c
iso-$C_{16:0}$	革兰氏阳性细菌	0.30±0.04a	0.07±0.00c	0.05±0.01c	0.22±0.04b	0.23±0.01b	0.24±0.03ab	0.12±0.01c
$C_{16:1}$ $\omega9c$	革兰氏阴性细菌	0.09±0.01ab	0.02±0.00d	0.02±0.003d	0.06±0.02bc	0.08±0.00bc	0.12±0.02a	0.05±0.00cd
$C_{16:1}$ $\omega7c$	革兰氏阴性细菌	0.54±0.06b	0.15±0.01d	0.09±0.02d	0.36±0.09c	0.46±0.02bc	0.91±0.09a	0.36±0.02c
$C_{16:1}$ $\omega5c$	AM 真菌	0.25±0.03a	0.04±0.00d	0.04±0.01d	0.10±0.031c	0.19±0.01ab	0.22±0.03a	0.15±0.01bc
$C_{16:1}$ $\omega7c$ DMA	厌氧菌	—	0.04±0.01ab	0.05±0.03ab	0.29±0.21a	—	—	—
$C_{16:0}$ 10-methyl	放线菌	0.67±0.10a	0.14±0.00d	0.12±0.01d	0.35±0.08bc	0.44±0.03b	0.43±0.11b	0.22±0.02cd
iso-$C_{17:0}$	革兰氏阳性细菌	0.21±0.03a	0.04±0.001c	0.03±0.01c	0.09±0.016b	0.13±0.01b	0.09±0.02b	0.09±0.01b
anteiso-$C_{17:0}$	革兰氏阳性细菌	0.20±0.02a	0.05±0.001d	0.04±0.01d	0.13±0.02b	0.16±0.01b	0.16±0.01b	0.09±0.01c
$C_{17:1}$ $\omega8c$	革兰氏阴性细菌	0.14±0.01bc	0.04±0.001e	0.03±0.00e	0.09±0.02d	0.16±0.01b	0.27±0.03a	0.11±0.01cd
$C_{17:0}$ cyclo $\omega7c$	革兰氏阴性细菌	0.27±0.04a	0.06±0.001de	0.04±0.01e	0.12±0.03bcd	0.17±0.00b	0.13±0.02bc	0.10±0.01cde
$C_{17:1}$ $\omega7c$ 10-methyl	放线菌	0.07±0.01a	0.02±0.00cd	0.01±0.00d	0.05±0.01b	0.04±0.01bc	0.06±0.01ab	0.02±0.00d
$C_{17:0}$ 10-methyl	放线菌	0.09±0.02a	0.02±0.00d	0.01±0.00d	0.05±0.01bc	0.06±0.00b	0.03±0.00cd	0.03±0.00bcd
$C_{18:3}$ $\omega6c$	真菌	0.07±0.00b	0.03±0.00b	0.02±0.00b	0.22±0.04a	0.06±0.00b	0.06±0.00b	0.06±0.01b
iso-$C_{18:0}$	革兰氏阳性细菌	0.02±0.02a	0.02±0.00a	0.01±0.00a	—	—	—	—
$C_{18:2}$ $\omega6c$	真菌	0.22±0.04b	0.03±0.00d	0.03±0.00d	0.09±0.02cd	0.23±0.00b	0.38±0.08a	0.16±0.00bc
$C_{18:1}$ $\omega9c$	真菌	0.66±0.07a	0.19±0.00cd	0.15±0.01d	0.43±0.07b	0.67±0.01a	0.77±0.17a	0.39±0.03bc
$C_{18:1}$ $\omega7c$	革兰氏阴性细菌	0.95±012ab	0.18±0.00d	0.14±0.03d	0.46±0.08cd	0.73±0.05bc	1.14±0.22a	0.52±0.04c
$C_{18:1}$ $\omega7c$ 10-methyl	放线菌	0.10±0.02a	0.03±0.00d	0.01±0.00d	0.04±0.00bc	0.05±0.00bc	0.06±0.01b	0.05±0.00bc
$C_{18:0}$ 10-methyl	放线菌	0.22±0.02a	0.08±0.00d	0.05±0.00d	0.16±0.03b	0.19±0.01ab	0.11±0.03c	0.09±0.01cd
$C_{19:0}$ cyclo $\omega7c$	革兰氏阴性细菌	0.58±0.14a	0.07±0.00b	0.05±0.01b	0.15±0.05b	0.19±0.01b	0.10±0.03b	0.13±0.01b
$C_{20:1}$ $\omega9c$	革兰氏阴性细菌	0.06±0.01b	0.02±0.00d	0.01±0.00d	0.03±0.00c	0.08±0.01a	0.04±0.00c	0.06±0.01b
$C_{21:1}$ $\omega3c$	原生生物	0.05±0.01a	0.01±0.00c	0.01±0.00c	—	0.03±0.00b	—	—

注："—"表示未检测到

（四）根围土壤微生物特征 PLFA 主成分分析

不同样地主要微生物特征 PLFA 的主成分分析（图 9-16，表 9-12）表明，前 2 个主成分累计贡献率达 90.6%，PC1、PC2 分别解释变量方差的 78.4%、12.2%。对 PC1 起主要作用的特征微生物 PLFA 有 17 个，iso-$C_{18:0}$ 和 $C_{16:1}$ $\omega7c$ DMA 的作用较小且与 PC1 负相关。对 PC2 起主要作用的微生物特征 PLFA 有 20 个，anteiso-C$_{15:0}$、C$_{16:1}$ω9c、C$_{16:1}$ω7c、C$_{17:1}$ω8c、C$_{18:2}$ω6c、C$_{18:1}$ω9c、C$_{18:1}$ω7c 与 PC2 负相关。7 个样地能够显著区分开，鄂尔多斯位于 PC1 和 PC2 的正端；安西样地位于 PC1 和 PC2 的负端；乌海和磴口样地相似；民勤样地位于 PC1 的正端、PC2 的负端。为进一步明确不同类型主要微生物的特征 PLFA，将主成分得分与单一微生物 PLFA 进行相关性分析，选择相关性显著的特征 PLFA。如表 9-12 所示，代表革兰氏阳性细菌的 iso-C$_{15:1}$ω6c、iso-C$_{14:0}$、iso-C$_{15:0}$、anteiso-C$_{15:0}$、

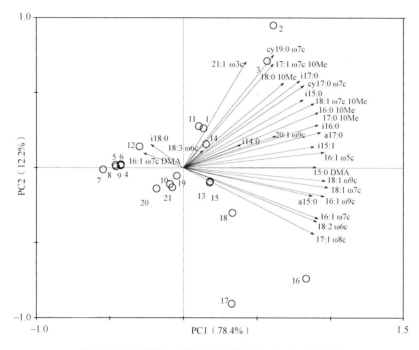

图 9-16　不同样地土壤微生物特征 PLFA 主成分分析

1~3：鄂尔多斯；4~6：乌海；7~9：磴口；10~12：阿拉善左旗；13~15：沙坡头；16~18：民勤；19~21：安西。21:1ω3c：C$_{21:1}$ω3c；cy19:0ω7c：C$_{19:0}$ cyclo ω7c；17:1ω7c 10Me：C$_{17:1}$ω7c 10-methyl；18:0 10Me：C$_{18:0}$ 10-methyl；i17:0：iso-C$_{17:0}$；cy17:0ω7c：C$_{17:0}$ cyclo ω7c；i15:0：iso-C$_{15:0}$；18:1ω7c 10Me：C$_{18:1}$ω7c 10-methyl；16:0 10Me：C$_{16:0}$ 10-methyl；17:0 10Me：C$_{17:0}$ 10-methyl；i16:0：iso-C$_{16:0}$；a17:0：anteiso-C$_{17:0}$；i15:1：iso-C$_{15:1}$；16:1ω5c：C$_{16:1}$ω5c；15:0 DMA：C$_{15:0}$ DMA；18:1ω9c：C$_{18:1}$ω9c；18:1ω7c：C$_{18:1}$ω7c；16:1ω9c：C$_{16:1}$ω9c；16:1ω7c：C$_{16:1}$ω7c；18:2ω6c：C$_{18:2}$ω6c；17:1ω8c：C$_{17:1}$ω8c；20:1ω9c：C$_{20:1}$ω9c；a13:0：anteiso-C$_{13:0}$；i14:0：iso-C$_{14:0}$；18:3ω6c：C$_{18:3}$ω6c；16:1ω7c DMA：C$_{16:1}$ω7c DMA；i18:0：iso-C$_{18:0}$

表 9-12　花棒根围不同类群主要微生物特征 PLFA

微生物类型	特征 PLFA	相关系数	微生物类型	特征 PLFA	相关系数
革兰氏阳性细菌	iso-C$_{15:1}$ω6c	0.734	革兰氏阴性细菌	C$_{17:1}$ω8c	0.497
	iso-C$_{14:0}$	0.676		C$_{18:1}$ω7c	0.551
	iso-C$_{15:0}$	0.493	放线菌	C$_{17:1}$ω7c 10-methyl	0.460
	anteiso-C$_{15:0}$	0.660		C$_{17:0}$ 10-methyl	0.499
	iso-C$_{16:0}$	0.528		C$_{18:1}$ω7c 10-methyl	0.542
	anteiso-C$_{17:0}$	0.562	真菌	C$_{18:2}$ω6c	0.481
革兰氏阴性细菌	C$_{16:1}$ω9c	0.537	厌氧菌	C$_{15:0}$ DMA	0.742
	C$_{16:1}$ω7c	0.582			

iso-$C_{16:0}$、anteiso-$C_{17:0}$，代表革兰氏阴性细菌的 $C_{16:1}\omega9c$、$C_{16:1}\omega7c$、$C_{17:1}\omega8c$、$C_{18:1}\omega7c$，代表放线菌的 $C_{17:1}\omega7c$ 10-methyl、$C_{17:0}$ 10-methyl、$C_{18:1}\omega7c$ 10-methyl，以及 $C_{18:2}\omega6c$（真菌）、$C_{15:0}$ DMA（厌氧菌）为西北干旱荒漠微生物特征 PLFA。

四、花棒根围土壤微生物群落功能多样性

（一）根围土壤微生物群落代谢功能的时空变化特征

由图 9-17 可知，7 个样地 AWCD 值（平均颜色变化率）随培养时间延长而升高，表明不同样地土壤微生物活性均随时间延长而升高。24～48h 的 AWCD 值缓慢增加，48～168h 快速升高，不同碳源被大量利用，此时微生物代谢活性旺盛，随着培养时间延长，168h 后缓慢步入稳定状态。此外，2017 年土壤微生物代谢活性高于 2016 年。

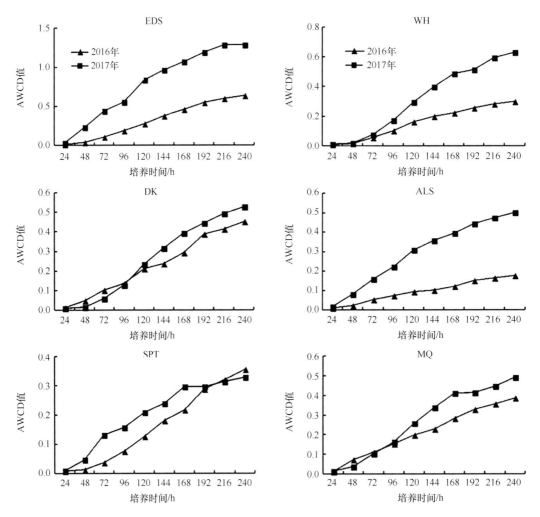

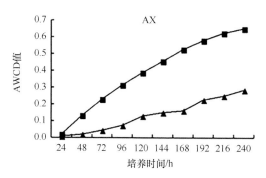

图 9-17　花棒根围不同样地土壤微生物 AWCD 值的年际变化

EDS：鄂尔多斯；WH：乌海；DK：磴口；ALS：阿拉善左旗；SPT：沙坡头；MQ：民勤；AX：安西。下同

（二）植物覆盖下微生物群落代谢功能

如图 9-18 所示，各样地根围土壤 AWCD 值在 24～48h 缓慢升高，在 48h 后急剧上升，而空白土壤上升相对缓慢，且均小于根围土壤，表明根围土壤微生物活性高于空白土壤。同时，不同样地花棒根围与空白土壤微生物碳源分解代谢存在显著空间差异。根围土壤微生物群落代谢功能在鄂尔多斯最高，其次为磴口，阿拉善左旗样地最低（图 9-19）。空白土壤微生物代谢活性为鄂尔多斯、磴口和民勤显著较高，乌海、阿拉善左旗和沙坡头显著较低。

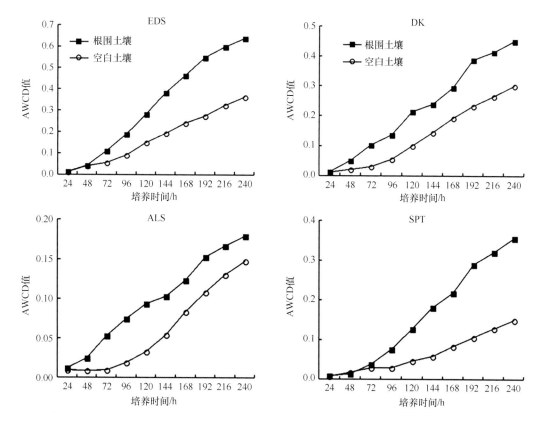

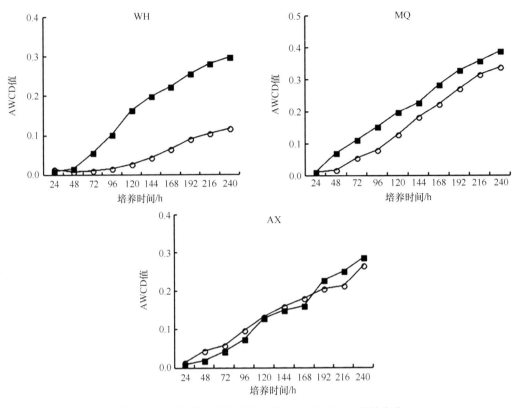

图 9-18 不同样地花棒根围与空白土壤 AWCD 值的变化

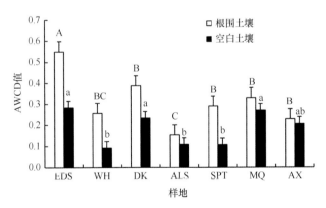

图 9-19 花棒根围与空白土壤微生物 AWCD 值

图柱上不含有相同大写字母的表示不同样地根围土壤差异显著（$P < 0.05$），
图柱上不含有相同小写字母的表示不同样地空白土壤差异显著（$P < 0.05$）

（三）土壤微生物群落碳源代谢空间变化

不同样地花棒根围各种碳源代谢存在显著差异（图 9-20）。在六大类碳源中，碳水化合物利用率最高，其次是多聚物类和氨基酸类碳源，酚酸类和胺类的利用率较低。鄂尔多斯样地土壤微生物对碳水化合物、多聚物类、羧酸类、氨基酸类和酚酸类的利用率显著最高，阿拉善左旗和沙坡头样地碳水化合物类的利用率较低，磴口和民勤样地多聚物类碳源的利用率较低；沙坡头样地羧酸类的利用率显著低于鄂尔多斯，而与其他样地无显著差异。沙坡头样地酚酸类的利用率最低。

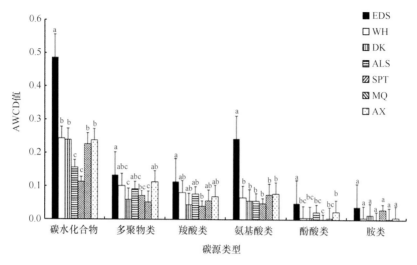

图 9-20　不同样地花棒根围土壤微生物对碳源的相对利用率

（四）土壤微生物群落多样性指数分析

由表 9-13 可知，不同样地土壤微生物群落多样性指数差异显著。香农-维纳指数在鄂尔多斯样地显著最高，沙坡头样地显著最低。辛普森指数在鄂尔多斯样地最高，沙坡头样地最低。McIntosh 指数在鄂尔多斯样地显著最高，为 7.40，沙坡头样地最低，为 2.81。

表 9-13　不同样地土壤微生物多样性指数

样地	香农-维纳指数	辛普森指数	McIntosh 指数
EDS	3.14±0.02a	0.95±0.00a	7.40±0.15a
WH	2.92±0.07b	0.94±0.00ab	3.79±0.09bc
DK	2.83±0.07b	0.92±0.01bc	3.33±0.41cd
ALS	2.89±0.02b	0.93±0.00ab	3.20±0.44cd
SPT	2.65±0.15c	0.91±0.02c	2.81±0.67d
MQ	2.83±0.15b	0.92±0.02bc	3.50±0.55bcd
AX	2.91±0.11b	0.93±0.01ab	4.20±0.29b

注：同列数据后不含有相同小写字母的表示不同样地土壤微生物多样性差异显著（$P<0.05$）

（五）土壤微生物群落单一碳源代谢分析

如图 9-21 所示，不同样地单一碳源主成分分析表明，前 2 个主成分累计贡献率达52.6%，PC1、PC2 分别解释变量方差的 42.8%、9.8%。7 个样地能够显著区分开，即各样地对碳源利用差异显著。鄂尔多斯和安西样地位于主成分 1 的正端，其余样地位于负端。PC1 和 PC2 基本区分了土壤微生物的碳源代谢差异。为进一步明确不同类型的主要利用碳源,将 PC1 主成分得分与单一碳源 AWCD 值进行相关性分析,选择相关性显著的碳源。如表 9-14 所示,代表碳水化合物的 D-纤维二糖、α-D-乳糖、i-赤藓糖醇、D-葡糖胺酸、葡萄糖-1-磷酸、D-半乳糖酸-γ-内酯和 D-半乳糖醛酸;代表氨基酸的 L-精氨酸、L-天冬酰胺、L-丝氨酸和 L-苏氨酸;代表羧酸类的 α-丁酮酸以及代表多聚物类的吐温 40 为西北干旱荒漠区花棒根围土壤微生物的主要利用碳源。

表 9-14 花棒根围土壤微生物群落主要利用碳源

碳源类型	单一碳源	相关系数	碳源类型	单一碳源	相关系数
碳水化合物	D-纤维二糖	0.723	氨基酸类	L-精氨酸	0.686
	α-D-乳糖	0.534		L-天冬酰胺	0.673
	i-赤藓糖醇	0.574		L-丝氨酸	0.592
	D-葡糖胺酸	0.468		L-苏氨酸	0.634
	葡萄糖-1-磷酸	0.489	羧酸类	α-丁酮酸	0.503
	D-半乳糖酸-γ-内酯	0.569	多聚物类	吐温 40	0.682
	D-半乳糖醛酸	0.681			

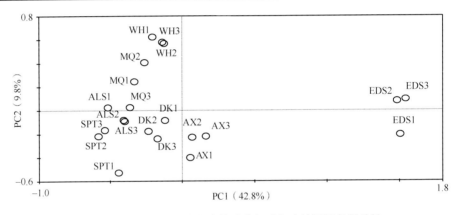

图 9-21 花棒根围土壤微生物群落组成与土壤因子的相关性

五、土壤微生物群落结构和功能多样性与土壤因子的相关性

(一)土壤微生物群落结构与土壤因子的相关性

对微生物群落组成与土壤因子进行 RDA 分析,两个排序轴解释量达 78%,其中,RDA1 的解释变量方差为 62.3%,RDA2 的解释变量方差为 15.7%(图 9-22)。革兰氏阳性细菌与脲酶正相关,与有机质、土壤湿度、碱性磷酸酶、酸性磷酸酶、铵态氮、有效磷、pH 负相关。真菌、AM 真菌、革兰氏阴性细菌和放线菌与有机质、土壤湿度、脲酶、碱性磷酸酶、酸性磷酸酶正相关;与铵态氮、有效磷、pH 负相关。此外,铵态氮、脲酶、pH、有机质在坐标轴上的投影较大,是影响土壤微生物群落结构的主要土壤因子。

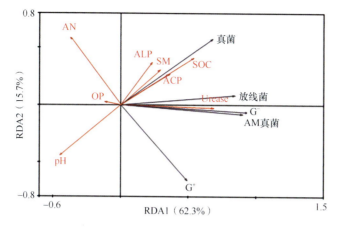

图 9-22　不同样地土壤微生物功能多样性的冗余分析

OP：有效磷；AN：铵态氮；ALP：碱性磷酸酶；SM：土壤湿度；SOC 代表有机质；
ACP：酸性磷酸酶；Urease：脲酶。下同

（二）土壤微生物群落碳源代谢与土壤因子的相关性

由图 9-23 可见，对微生物群落组成与土壤因子进行 RDA 分析，两个排序轴解释量达 77.8%，其中，RDA1 的解释变量方差为 74.5%，RDA2 的解释变量方差为 3.3%。碳水化合物类与土壤有机质、湿度、酸性磷酸酶、碱性磷酸酶、脲酶、铵态氮、有效磷正相关，与 pH 负相关。多聚物类与土壤有机质、湿度、酸性磷酸酶、碱性磷酸酶正相关；与铵态氮、脲酶、有效磷、pH 负相关。羧酸类、氨基酸类、酚酸类、胺类碳源与土壤有机质、湿度、酸性磷酸酶、碱性磷酸酶、铵态氮、脲酶正相关，与 pH、有效磷负相关。此外，土壤湿度、铵态氮、pH、酸性磷酸酶、碱性磷酸酶在第一坐标轴上的投影最大，是影响土壤微生物群落碳源代谢的主要土壤因子。

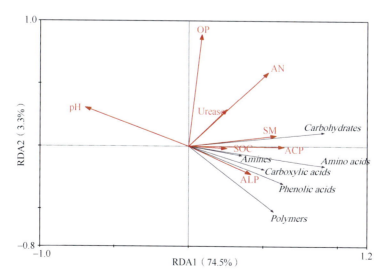

图 9-23　花棒根围土壤微生物碳源代谢与土壤因子的相关性

Carbohydrates：碳水化合物；*Amino acids*：氨基酸类碳源；*Amines*：胺类碳源；*Carboxylic acids*：羧酸类碳源；
Phenolic acids：酚酸类碳源；*Polymers*：多聚物类碳源

（三）土壤微生物群落结构与碳源代谢的相关性

根据表 9-15，革兰氏阴性细菌与酚酸类碳源显著正相关，真菌与碳水化合物、羧酸类、酚酸类、氨基酸类、胺类碳源显著或极显著正相关，放线菌与羧酸类、酚酸类、氨基酸类、胺类碳源显著正相关，AM 真菌与酚酸类碳源显著正相关。

表 9-15　土壤微生物群落结构与代谢功能的相关性

微生物群落	碳水化合物	多聚物类	羧酸类	酚酸类	氨基酸类	胺类
革兰氏阳性细菌	−0.102	−0.086	−0.04	−0.143	−0.135	−0.039
革兰氏阴性细菌	0.345	0.067	0.355	0.488*	0.345	0.267
真菌	0.545*	0.173	0.463*	0.774**	0.600**	0.456*
放线菌	0.427	0.189	0.456*	0.541*	0.499*	0.462*
AM 真菌	0.330	0.096	0.279	0.434*	0.349	0.371

六、花棒土壤微生物群落结构和功能多样性特征分析

（一）土壤微生物群落结构特征分析

花棒根围土壤微生物群落结构以细菌为主，其主要特征微生物 PLFA 分别为革兰氏阳性细菌（iso-$C_{15:1}$ $\omega6c$、iso-$C_{14:0}$、iso-$C_{15:0}$、anteiso-$C_{15:0}$、iso-$C_{16:0}$、anteiso-$C_{17:0}$），革兰氏阴性细菌（$C_{16:1}$ $\omega9c$、$C_{16:1}$ $\omega7c$、$C_{17:1}$ $\omega8c$、$C_{18:1}$ $\omega7c$），放线菌（$C_{17:1}$ $\omega7c$ 10-methyl、$C_{17:0}$ 10-methyl、$C_{18:1}$ $\omega7c$ 10-methyl），真菌（$C_{18:2}$ $\omega6c$），厌氧菌（$C_{15:0}$ DMA）。在大尺度水平空间上，土壤微生物结构差异显著，总 PLFA 含量鄂尔多斯土壤显著最高，磴口最低。不同样地土壤微生物类群均为 $G^->G^+>$放线菌＞真菌＞AM 真菌，表明细菌是花棒根围的主要微生物类群。此外，空白土壤微生物含量低于花棒根围，尤其是安西样地土壤真菌和 AM 真菌含量。这表明植被生长创造了良好的土壤微环境，同时与真菌形成共生结构，总体上促进了微生物生物量的增加和真菌繁殖。

土壤有机碳源通常被认为是微生物群落动态的关键驱动因子。许多研究已经表明，分解的植物枯枝落叶是影响微生物群落特征最普遍的碳源。同时，微生物群落结构的变化特征也与根分泌物的增加有关，这增加了革兰氏阴性细菌的相对含量，降低了革兰氏阳性细菌的比例。我们的结果与此相似，有机质与革兰氏阴性细菌含量显著正相关。许多研究表明，pH 是土壤微生物特别是细菌分布的主要驱动因素，尤其是在大规模尺度上。然而，本试验中，pH 与革兰氏阴性细菌显著负相关，可能的解释是本研究样地位于荒漠环境，土壤 pH 呈碱性所致。同时，AM 真菌和放线菌与铵态氮和 pH 显著负相关。大多数植物的最大营养利用率发生在 pH 6.0～7.5 时，土壤 pH 增加会限制营养物质的可用性。这可能是 AM 真菌和放线菌丰度下降的原因。此外，蒙古沙冬青和花棒都是豆科植物。固氮作用发生在豆科植物根瘤菌中，也会影响土壤微生物的结构组成（Xue et al.，2020）。

（二）土壤微生物群落功能多样性特征分析

花棒根围土壤微生物利用的主要单一碳源分别为碳水化合物（D-纤维二糖、α-D-乳

糖、i-赤藓糖醇、D-葡糖胺酸、葡萄糖-1-磷酸、D-半乳糖酸-γ-内酯、D-半乳糖醛酸），氨基酸（L-精氨酸、L-天冬酰胺、L-丝氨酸、L-苏氨酸），羧酸类（α-丁酮酸），多聚物类（吐温 40）。西北干旱荒漠土壤微生物群落的分解代谢活性由东向西总体呈递减趋势，这种趋势可能与土壤湿度密切相关，尤其是安西样地土壤湿度最低。此外，不同样地花棒根围土壤代谢功能明显高于空白土壤，这表明植物和土壤微生物之间的相互作用明显提高了微生物活性，增加了微生物的功能多样性。因此，在评价土壤荒漠化过程中，探讨土壤微生物群落的空间变异可能有助于监测荒漠化和土壤退化，为恢复生态环境提供指导。

不同样地微生物功能多样性差异显著，鄂尔多斯土壤微生物功能多样性显著最高，沙坡头样地最低。土壤湿度与碳水化合物、羧酸类、氨基酸类的分解代谢有显著的积极作用，表明土壤湿度是土壤微生物群落动态的关键生态驱动因子。同时，土壤 pH 与碳源代谢显著负相关，与我们对蒙古沙冬青土壤微生物的研究结果相似，表明偏碱性荒漠土壤不利于土壤微生物的生存与代谢。磷酸酶和脲酶活性与不同碳源有明显正相关，说明土壤微生物可通过增强磷酸酶和脲酶活性间接促进荒漠土壤 C、N 和 P 循环和有效性，有助于寄主植物的生长和发育。总体而言，土壤湿度、铵态氮、脲酶、pH、酸性磷酸酶、有机质是影响花棒根围土壤微生物群落结构和代谢功能多样性的主要土壤因子。

本研究发现，大量利用的碳水化合物、羧酸类、氨基酸类碳源分别与真菌、放线菌显著相关，与革兰氏阴性细菌、AM 真菌无显著相关性。在自然环境下，植物凋落物和根系分泌物为土壤微生物提供大量的碳源，尤其是根系分泌物，其种类繁多，对微生物生长繁殖及代谢过程产生重要影响（薛子可等，2017；Xue et al.，2020）。

第三节　极旱荒漠土壤微生物群落结构及功能多样性的年际变化

本研究分别于 2015 年、2016 年和 2017 年 7 月在甘肃安西极旱荒漠国家级自然保护区采集膜果麻黄（*Ephedra przewalskii*）、红砂（*Reaumuria songarica*）、合头草（*Sympegma regelii*）、泡泡刺（*Nitraria sphaerocarpa*）和珍珠猪毛菜（*Salsola passerina*）5 种典型荒漠植物根际土壤样品，利用磷脂脂肪酸（PLFA）法结合 Sherlock 微生物鉴定系统和 BIOLOG 分析法研究了不同植物根际土壤微生物群落结构、功能多样性和土壤因子生态功能，以期为极旱荒漠环境植物资源保护和生态环境管理提供依据。

一、样地概况和样品采集

试验选取甘肃安西极旱荒漠国家级自然保护区（39°52′～41°53′N，94°45′～97°00′E）为研究样地。5 种植物群落基本信息和各样地概况如表 9-16 所示。

表 9-16　极旱荒漠样地概况

植物	植物属性	土壤类型	海拔/m	经纬度
膜果麻黄	麻黄科，灌木	砾质荒漠土	1726	40°4′13.8″N 96°14′32.6″E

植物	植物属性	土壤类型	海拔/m	经纬度
红砂	柽柳科，小灌木	粗砾质荒漠土	1680	40°4′58.76″N 96°11′35.57″E
合头草	藜科，小半灌木	砂砾质荒漠土	1790	40°3′57.03″N 96°20′3.25″E
泡泡刺	蒺藜科，灌木	灰棕荒漠土	1680	40°4′58.76″N 96°11′35.57″E
珍珠猪毛菜	藜科，半灌木	砾质荒漠土	1790	40°3′57.03″N 96°20′3.25″E

分别于 2015 年、2016 年、2017 年的 7 月进行土壤样品采集。在上述 5 种典型植物群落分别选取 3 个小样地，在每个小样地按五点采样法分别选取 5 株相隔 200m 左右、长势相近的植株，去除根颈周围土壤表面枯枝落叶层，在距植株主干 0~30cm 处采集 0~30cm 土层土样，混合均匀后装入隔热性能良好的自封袋并带回实验室。部分过 2mm 筛后保存在−20℃冰箱用于土壤微生物 PLFA 和碳源代谢功能测定；其余土样自然风干后过 2mm 筛，用于土壤因子测定（李欣玫，2018）。

二、土壤微生物群落结构和功能代谢分析方法

土壤微生物群落结构、功能代谢、土壤因子和数据处理分析方法与第一节相同。

三、极旱荒漠植物根围土壤微生物群落结构年际特征

（一）土壤微生物群落结构组成

由表 9-17 可知，2015 年土壤总 PLFA、放线菌、真菌和真核生物表现为珍珠猪毛菜＞膜果麻黄＞泡泡刺＞红砂＞合头草，革兰氏阴性细菌和革兰氏阳性细菌的大小顺序多为膜果麻黄＞珍珠猪毛菜＞泡泡刺＞红砂＞合头草，AM 真菌在合头草中显著最高。同一种植物，膜果麻黄、泡泡刺和珍珠猪毛菜中革兰氏阴性细菌显著最高，革兰氏阳性细菌、放线菌和真核生物次之，AM 真菌最低；红砂中革兰氏阴性细菌显著高于其他微生物；合头草中 AM 真菌最高，真菌最低。

表 9-17　2015 年不同植物土壤微生物 PLFA 含量　　　　（单位：nmol/g）

微生物群落	膜果麻黄	红砂	合头草	泡泡刺	珍珠猪毛菜
革兰氏阳性细菌	2.771±0.093Ba	0.440±0.288BCd	0.444±0.343Bd	1.253±0.123Bc	2.529±0.169Bb
革兰氏阴性细菌	4.658±0.262Aa	2.376±0.311Ab	0.476±0.030Bc	2.818±0.312Ab	4.444±0.357Aa
真核生物	1.162±0.121Db	0.573±0.369BCc	0.496±0.226Bc	0.560±0.283Cc	2.707±0.139Ba
放线菌	1.775±0.050Cb	0.270±0.166BCd	0.170±0.109Cd	0.449±0.170CDc	2.105±0.096Ca
AM 真菌	0.123±0.021Fd	0.594±0.070Bc	1.563±0.036Aa	0.130±0.039Dd	1.009±0.142Eb
真菌	0.407±0.150Eb	0.170±0.081Cc	0.055±0.038Cd	0.203±0.101CDc	1.569±0.05D8a
总 PLFA	10.897±0.292b	4.424±0.748c	3.205±0.687d	5.413±0.878c	14.361±0.672a

注：同列数据后不含有相同大写字母的表示同一种植物各微生物类群间差异显著（$P<0.05$），同行数据后不含有相同小写字母的表示同一微生物在不同植物群落间差异显著（$P<0.05$）。下同

从表 9-18 可知，2016 年土壤总 PLFA、AM 真菌、放线菌表现为膜果麻黄＞珍珠猪毛菜＞泡泡刺＞红砂＞合头草，革兰氏阳性细菌为膜果麻黄＞珍珠猪毛菜＞红砂＞泡泡刺＞合头草，革兰氏阴性细菌为珍珠猪毛菜＞膜果麻黄＞泡泡刺＞红砂＞合头草，真核生物、真菌的大小顺序为膜果麻黄＞红砂＞泡泡刺＞合头草＞珍珠猪毛菜，厌氧菌为红砂＞膜果麻黄＞泡泡刺＞珍珠猪毛菜＞合头草。同一种植物，革兰氏阴性细菌和革兰氏阳性细菌在 5 种植物中的含量多高于其他微生物，放线菌在膜果麻黄、泡泡刺、珍珠猪毛菜次之，厌氧菌最低，在红砂根围呈相反趋势；合头草根围无厌氧菌和 AM 真菌，放线菌最低。

表 9-18　2016 年不同植物土壤微生物 PLFA 含量　　（单位：nmol/g）

微生物群落	膜果麻黄	红砂	合头草	泡泡刺	珍珠猪毛菜
革兰氏阳性细菌	6.934±0.060Ba	5.352±0.265Ab	3.979±0.683Ac	5.003±0.366Abc	5.403±1.088Bb
革兰氏阴性细菌	7.406±0.010Aa	2.104±0.061Bb	0.881±0.193Bc	2.720±0.084Bb	7.779±1.285Aa
真核生物	0.483±0.004Fa	0.374±0.009Eb	0.226±0.004CDd	0.302±0.004Dc	—
放线菌	2.726±0.048Ca	0.261±0.004Ed	0.105±0.005CDe	0.659±0.010Cc	1.525±0.009Cb
AM 真菌	0.791±0.004Ea	0.070±0.003Fd	—	0.267±0.075Dc	0.422±0.091Db
真菌	0.896±0.022Da	0.614±0.035Db	0.497±0.036BCcd	0.591±0.101Cbc	0.476±0.048Dd
厌氧菌	0.340±0.019Gb	0.803±0.020Ca	—	0.049±0.002DEc	0.026±0.001Dd
嗜甲烷菌	—	—	0.136±0.002CD		
总 PLFA	19.576±0.046a	9.578±0.247c	5.824±0.903d	9.591±0.430c	15.630±2.118b

注："—"表示在该植物中未检出，下同

由表 9-19 可知，2017 年土壤总 PLFA、AM 真菌、革兰氏阴性细菌均为泡泡刺根围最高，膜果麻黄最低；真核生物在膜果麻黄根围显著最高，革兰氏阳性细菌显著最低；放线菌在泡泡刺根围最高，红砂根围最低；真菌在红砂根围显著高于合头草；厌氧菌为珍珠猪毛菜＞泡泡刺＞合头草＞红砂＞膜果麻黄。同一种植物，革兰氏阳性细菌和革兰氏阴性细菌在 5 种植物根围均显著较高，放线菌、真菌、AM 真菌次之，真核生物和厌氧菌较低。

表 9-19　2017 年不同植物土壤微生物 PLFA 含量　　（单位：nmol/g）

微生物群落	膜果麻黄	红砂	合头草	泡泡刺	珍珠猪毛菜
革兰氏阳性细菌	4.046±0.648Ab	6.266±0.248Aa	5.875±0.348Aa	6.055±0.189Aa	6.359±0.537Aa
革兰氏阴性细菌	2.957±0.346Bc	5.147±0.317Ba	4.235±0.560Bb	5.769±0.414Aa	3.872±0.126Bb
真核生物	0.389±0.026CDa	0.198±0.025Db	0.205±0.039Db	0.203±0.034Db	0.219±0.046Eb
放线菌	0.773±0.055Cb	0.678±0.059Cb	0.840±0.120Cb	1.389±0.146Ba	1.314±0.052Ca
AM 真菌	0.271±0.035CDc	0.300±0.067Dbc	0.306±0.065Dbc	0.462±0.059CDa	0.390±0.043DEab
真菌	0.605±0.022Ccd	0.770±0.034Ca	0.556±0.015CDd	0.701±0.041Cb	0.671±0.059Dbc
厌氧菌	0.056±0.016Dc	0.094±0.023Dc	0.147±0.025Db	0.186±0.017Db	0.259±0.030Ea
总 PLFA	9.097±0.268d	13.453±0.207b	12.165±1.032c	14.765±0.304a	13.084±0.621bc

（二）土壤微生物类群重要比值

2015 年土壤细菌/总 PLFA 在珍珠猪毛菜根围最高；真菌/总 PLFA、革兰氏阳性细菌/革兰氏阴性细菌在合头草根围最高；细菌/真菌在合头草根围显著最高，并与其他植物有显著差异（图 9-24）。

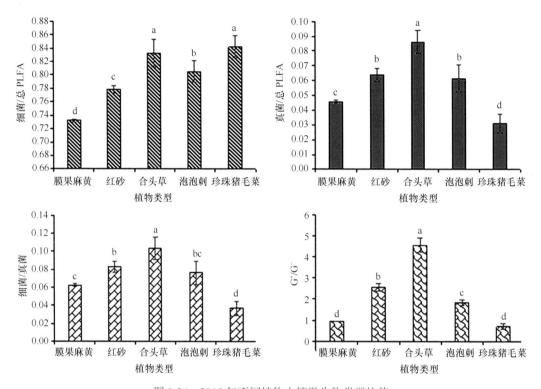

图 9-24　2015 年不同植物土壤微生物类群比值

2016 年细菌/总 PLFA 在泡泡刺根围最高；真菌/总 PLFA 在珍珠猪毛菜根围最高；细菌/真菌在珍珠猪毛菜根围最高，而革兰氏阳性细菌/革兰氏阴性细菌在合头草根围最高（图 9-25）。

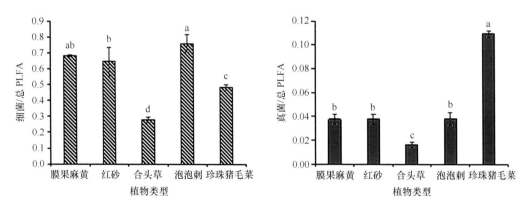

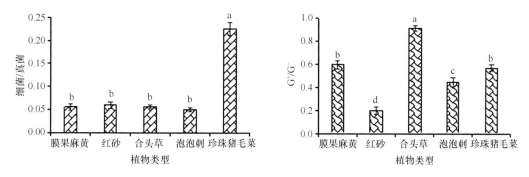

图 9-25 2016 年不同植物土壤微生物类群比值

2017 年细菌/总 PLFA 在红砂根围最高，在膜果麻黄根围最低；真菌/总 PLFA 在膜果麻黄根围最高，在合头草根围最低；细菌/真菌在膜果麻黄根围最高，在合头草根围最低；G^+/G^- 在不同植物间差异不显著（图 9-26）。

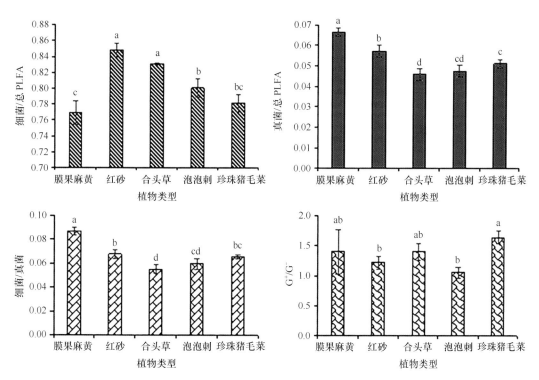

图 9-26 2017 年不同植物土壤微生物类群比值

（三）土壤微生物群落单种特征 PLFA 分析

2015 年，选取与 3 个主成分相关系数大于 0.5 的 22 种单种特征 PLFA 进行单因素方差分析，各微生物类群特征 PLFA 的总体趋势为珍珠猪毛菜＞膜果麻黄＞泡泡刺＞红砂＞合头草。其中，革兰氏阳性细菌 iso-$C_{18:0}$、革兰氏阴性细菌 $C_{17:0}$ cyclo $\omega7c$、$C_{19:1}$ $\omega6c$ 和放线菌 $C_{18:1}$ $\omega7c$ 10-methyl 在膜果麻黄、合头草中未检出；革兰氏阳性细菌 iso-$C_{18:0}$、革兰氏阴性细菌 $C_{19:1}$ $\omega6c$ 仅分布于红砂和泡泡刺根围；革兰氏阴性细菌 $C_{16:0}$ 2OH 为红砂、合头草根围特有。

2016 年，选取与 3 个主成分相关系数大于 0.5 的 35 种单种特征 PLFA 进行单因素方差分析，5 种植物根围土壤微生物特征 PLFA 差异显著。革兰氏阳性细菌 iso-C$_{14:0}$、iso-C$_{15:1}$ $\omega6c$、iso-C$_{17:1}$ $\omega9c$、iso-C$_{22:0}$，革兰氏阴性细菌 C$_{17:1}$ $\omega7c$、C$_{20:1}$ $\omega9c$，真核生物 C$_{24:3}$ $\omega3c$ 及厌氧菌 C$_{14:1}$ $\omega7c$ DMA 仅分布于膜果麻黄根围；厌氧菌 C$_{16:1}$ $\omega7c$ DMA、C$_{16:1}$ $\omega9c$ DMA 和革兰氏阴性细菌 C$_{19:1}$ $\omega6c$ 分别为红砂、珍珠猪毛菜特有；各脂肪酸含量和种类在合头草根围显著低于其余 4 种植物。

2017 年，选取与 3 个主成分相关系数大于 0.04 的 29 种单种特征 PLFA 进行单因素方差分析，革兰氏阳性细菌 anteiso-C$_{11:0}$、厌氧菌 C$_{16:2}$ DMA 为珍珠猪毛菜特有；革兰氏阳性细菌 iso-C$_{15:0}$、iso-C$_{16:0}$、iso-C$_{17:0}$，革兰氏阴性细菌 C$_{17:1}$ $\omega8c$、C$_{17:0}$ cyclo $\omega7c$、C$_{18:1}$ $\omega7c$、C$_{19:0}$ cyclo $\omega7c$ 和放线菌 C$_{16:0}$ 10-methyl、C$_{17:0}$ 10-methyl 在泡泡刺根围显著最高；真核生物 C$_{18:3}$ $\omega6c$、C$_{20:2}$ $\omega6c$、C$_{22:2}$ $\omega6c$ 在膜果麻黄根围显著高于其余 4 种植物，而其余脂肪酸呈相反趋势。

四、极旱荒漠植物根围土壤微生物群落功能代谢特征

（一）土壤微生物群落 AWCD 值

试验结果表明，不同植物根围土壤微生物 AWCD 值在 2015 年、2016 年、2017 年分别为：膜果麻黄＞红砂＞珍珠猪毛菜＞合头草＞泡泡刺、膜果麻黄＞泡泡刺＞合头草＞红砂＞珍珠猪毛菜、膜果麻黄＞红砂＞泡泡刺＞珍珠猪毛菜＞合头草。说明膜果麻黄根围土壤微生物碳源利用能力最强。

（二）土壤微生物群落对六大类碳源的利用

将 31 种碳源归为碳水化合物、多聚物类、羧酸类、酚酸类、氨基酸类、胺类等六大类，2015 年碳水化合物、酚酸类、胺类的利用率在膜果麻黄、珍珠猪毛菜中显著高于其余植物，多聚物类利用率在红砂中显著最高，氨基酸类利用率在膜果麻黄和红砂中显著高于其他植物，六大类碳源利用率在泡泡刺根围均最低。六大类碳源利用率在 5 种植物根围趋势一致，即碳水化合物、多聚物类较高，羧酸类、氨基酸类次之，酚酸类和胺类较低（表 9-20）。

表 9-20　2015 年不同植物土壤微生物对六大类碳源的相对利用率

碳源	膜果麻黄	红砂	合头草	泡泡刺	珍珠猪毛菜
碳水化合物	0.102±0.002Aa	0.065±0.004Bc	0.089±0.007Ab	0.038±0.002Ad	0.087±0.003Ab
多聚物类	0.058±0.004Bb	0.087±0.005Aa	0.035±0.004Bc	0.031±0.008Bc	0.058±0.003Bb
羧酸类	0.011±0.004Dc	0.025±0.001Cb	0.028±0.001Cab	0.007±0.002CDc	0.030±0.002Ca
酚酸类	0.007±0.001DEa	0.004±0.001Eb	—	0.002±0.001Dc	0.007±0.001Ea
氨基酸类	0.020±0.001Ca	0.020±0.003Da	0.014±0.001Db	0.012±0.003Cb	0.013±0.001Db
胺类	0.006±0.001Ea	0.002±0.001Ec	0.002±0.001Ec	0.002±0.001Dc	0.005±0.001Eb

注：同列数据后不含有相同大写字母的表示同一种植物各微生物对不同碳源利用差异显著（$P<0.05$），同行数据后不含有相同小写字母的表示不同植物微生物对同一碳源利用差异显著（$P<0.05$），"—"表示在该植物中未检出。下同

由表 9-21 可知，2016 年六大类碳源在不同植物中利用率差异显著。酚酸类、氨基酸类和胺类利用率在膜果麻黄中大多显著高于其余 4 种植物；碳水化合物、多聚物类利用率在红砂根围大多最高，羧酸类、酚酸类和胺类呈相反趋势。六大类碳源利用率在 5 种植物根际趋势一致：碳水化合物、多聚物类较高，羧酸类、氨基酸类次之，酚酸类和胺类较低。

表 9-21　2016 年不同植物土壤微生物对六大类碳源的相对利用率

碳源	膜果麻黄	红砂	合头草	泡泡刺	珍珠猪毛菜
碳水化合物	0.0302±0.0013Aab	0.0312±0.0019Aa	0.0268±0.0001Acd	0.0281±0.0010Abc	0.0250±0.0025Ad
多聚物类	0.0123±0.0016Bcd	0.0206±0.0019Ba	0.0116±0.0009Bd	0.0145±0.0009Bc	0.0173±0.0018Bb
羧酸类	0.0048±0.0001Db	0.0030±0.0006Dd	0.0038±0.0002Dc	0.0073±0.0004Ca	0.0045±0.0003Cb
酚酸类	0.0043±0.0001Da	0.0008±0.0001Ee	0.0021±0.0001Ec	0.0013±0.0000Ed	0.0028±0.0001CDb
氨基酸类	0.0078±0.0001Ca	0.0071±0.0001Cbc	0.0074±0.0001Cb	0.0070±0.0003Cc	0.0049±0.0003Cd
胺类	0.0036±0.0002Da	0.0008±0.0003Ed	0.0037±0.0004Da	0.0028±0.0003Db	0.0015±0.0001Ec

由表 9-22 可知，2017 年酚酸类、氨基酸类、胺类的利用率在红砂根围大多显著高于其余 4 种植物；碳水化合物利用率在膜果麻黄根围最高，红砂中最低，多聚物类呈相反趋势；羧酸类利用率在合头草根围显著最高，在珍珠猪毛菜根围显著最低。膜果麻黄、合头草对碳水化合物利用率最高，酚酸类最低；红砂、泡泡刺和珍珠猪毛菜对氨基酸类、多聚物类利用率大多显著高于其他碳源。

表 9-22　2017 年不同植物土壤微生物对六大类碳源的相对利用率

碳源	膜果麻黄	红砂	合头草	泡泡刺	珍珠猪毛菜
碳水化合物	0.203±0.013Aa	0.053±0.001Ed	0.134±0.004Ab	0.098±0.002Bc	0.099±0.003Bc
多聚物类	0.064±0.014Cc	0.117±0.005Ba	0.076±0.015Cc	0.096±0.006Bb	0.100±0.005Bab
羧酸类	0.072±0.003Cb	0.066±0.003Dc	0.082±0.001BCa	0.072±0.001Cb	0.048±0.003Dd
酚酸类	0.038±0.004Dc	0.067±0.010Da	0.036±0.002Ec	0.058±0.002Dab	0.057±0.002Cb
氨基酸类	0.100±0.011Bd	0.154±0.003Aa	0.053±0.007De	0.115±0.002Ac	0.142±0.004Ab
胺类	0.064±0.001Cb	0.089±0.003Ca	0.091±0.002Ba	0.059±0.001Dc	0.060±0.003Cc

五、土壤微生物群落结构和功能多样性与土壤因子的相关性

（一）土壤微生物群落结构与土壤因子的相关性

由表 9-23 可知，土壤全氮与真核生物、AM 真菌、厌氧菌显著正相关，与革兰氏阳性细菌显著负相关；酸性磷酸酶与革兰氏阳性细菌显著负相关；易提取球囊霉素与真核生物、厌氧菌极显著正相关。

表 9-23　土壤微生物群落结构与土壤因子的相关性

指标	革兰氏阴性细菌	真核生物	革兰氏阳性细菌	放线菌	真菌	AM 真菌	厌氧菌	嗜甲烷菌
土壤 pH	−0.336	−0.043	−0.29	−0.242	−0.278	0.304	0.008	−0.132
有效磷	−0.188	−0.239	0.048	−0.062	−0.152	0.091	−0.339	0.18
全磷	0.024	0.165	−0.042	0.096	0.139	0.406	0.127	−0.389

指标	革兰氏阴性细菌	真核生物	革兰氏阳性细菌	放线菌	真菌	AM真菌	厌氧菌	嗜甲烷菌
铵态氮	0.199	0.039	0.275	0.208	0.246	-0.212	-0.058	0.299
全氮	-0.251	0.545*	-0.608*	0.139	-0.041	0.528*	0.578*	-0.046
有机质	-0.203	-0.367	0.319	-0.226	-0.165	-0.241	-0.346	0.412
碱性磷酸酶	-0.297	-0.222	-0.419	-0.462	-0.512	-0.281	-0.088	-0.081
酸性磷酸酶	-0.295	0.001	-0.541*	-0.384	-0.392	0.061	0.097	-0.061
易提取球囊霉素	-0.008	0.734**	-0.156	0.311	0.477	-0.088	0.705**	0.122
总球囊霉素	0.125	-0.229	-0.102	-0.125	-0.279	-0.184	-0.118	0.305
脲酶	0.234	0.133	0.429	0.304	0.429	-0.273	0.051	0.072

注：*$P<0.05$，**$P<0.01$。下同

（二）微生物群落碳源代谢与土壤因子的相关性

由表9-24可知，土壤pH与碳水化合物、多聚物类、羧酸类、胺类显著或极显著正相关；有效磷与多聚物类显著负相关；全磷与所有碳源的利用显著或极显著正相关；铵态氮与多聚物类、羧酸类、酚酸类、氨基酸类显著或极显著负相关；全氮与羧酸类、酚酸类、氨基酸类、胺类显著或极显著负相关；酸性磷酸酶与酚酸类、胺类显著负相关；总球囊霉素与羧酸类显著负相关。

表9-24　土壤微生物群落功能与土壤因子的相关性

指标	碳水化合物	多聚物类	羧酸类	酚酸类	氨基酸类	胺类
pH	0.776**	0.580*	0.686**	0.467	0.502	0.542*
有效磷	0.129	-0.578*	-0.179	-0.283	-0.23	-0.171
全磷	0.560*	0.711**	0.772**	0.612*	0.561*	0.614*
铵态氮	-0.441	-0.678**	-0.603*	-0.536*	-0.557*	-0.488
全氮	-0.246	-0.461	-0.570*	-0.730**	-0.698**	-0.717**
有机质	-0.256	-0.191	-0.211	-0.038	-0.041	-0.014
碱性磷酸酶	-0.238	-0.158	-0.319	-0.372	-0.31	-0.345
酸性磷酸酶	-0.209	-0.308	-0.395	-0.545*	-0.501	-0.561*
易提取球囊霉素	-0.218	-0.269	-0.479	-0.483	-0.507	-0.492
总球囊霉素	-0.502	-0.504	-0.517*	-0.461	-0.473	-0.461
脲酶	0.311	0.212	0.307	0.334	0.244	0.29

（三）土壤微生物群落结构与碳源代谢的相关性

由表9-25可知，革兰氏阳性细菌与酚酸类、氨基酸类、胺类碳源利用显著正相关，其他碳源利用情况与土壤微生物群落类群之间无显著相关性。

表9-25　土壤微生物群落结构与功能的相关性

微生物群落	碳水化合物	多聚物类	羧酸类	酚酸类	氨基酸类	胺类
革兰氏阴性细菌	-0.082	0.134	0.108	0.271	0.186	0.201
真核生物	0.124	0.012	-0.135	-0.277	-0.276	-0.302

续表

微生物群落	碳水化合物	多聚物类	羧酸类	酚酸类	氨基酸类	胺类
革兰氏阳性细菌	−0.061	0.113	0.280	0.529*	0.451*	0.507*
放线菌	0.044	0.003	−0.033	0.067	0.009	−0.023
真菌	0.055	0.124	0.163	0.220	0.166	0.167
AM 真菌	0.095	0.005	0.043	−0.157	−0.137	−0.188
厌氧菌	0.090	0.035	−0.227	−0.344	−0.334	−0.382
嗜甲烷菌	−0.261	−0.321	−0.256	−0.193	−0.194	−0.177

六、极旱荒漠植物土壤微生物群落结构与功能多样性特征分析

（一）土壤微生物群落结构年际变化分析

不同荒漠植物根围土壤微生物 PLFA 种类和组成差异显著，均为珍珠猪毛菜~膜果麻黄＞泡泡刺＞红砂＞合头草，真菌在合头草根围显著低于其余 4 种植物，AM 真菌在膜果麻黄和红砂根围显著较低。细菌/总 PLFA 在合头草根围最高、在膜果麻黄根围最低，真菌/总 PLFA 趋势相反，革兰氏阳性细菌/革兰氏阴性细菌在合头草根围显著高于其余 4 种植物。革兰氏阳性细菌 iso-$C_{17:1}$ $\omega 9c$ 在膜果麻黄根围显著最高；革兰氏阳性细菌 anteiso-$C_{12:0}$、anteiso-$C_{13:0}$，革兰氏阴性细菌 $C_{14:1}\omega 8c$ 在红砂根围有最高值；革兰氏阳性细菌 iso-$C_{15:0}$，革兰氏阴性菌 $C_{16:1}\omega 9c$，放线菌 $C_{18:1}\omega 7c$ 10-methyl 在珍珠猪毛菜根围显著高于其余 4 种植物。总体说明珍珠猪毛菜和膜果麻黄根围土壤环境更有利于微生物生长，而由于单种 PLFA 标记对环境变化敏感，5 种植物根围土壤微生物单种特征 PLFA 种类和含量差异显著（李欣玫等，2018）。

（二）土壤微生物群落碳源代谢功能年际变化分析

5 种植物根围土壤微生物 AWCD 值均随培养时间延长而增加，但膜果麻黄根围 AWCD 值显著高于其余 4 种植物，说明膜果麻黄根围土壤微生物群落活性最高。碳水化合物、多聚物类是 5 种植物微生物利用的主要碳源，羧酸类、氨基酸类次之，酚酸类和胺类显著较低，但同一种碳源在不同植物中的利用程度差异显著。膜果麻黄和合头草对 31 种碳源均有较高的利用率，红砂对 D-半乳糖醛酸、吐温 80、α-丁酮酸、L-精氨酸、L-丝氨酸的利用率较弱，泡泡刺对 D-半乳糖酸-γ-内酯、α-丁酮酸的利用较少，珍珠猪毛菜几乎不利用 D-半乳糖酸-γ-内酯。

（三）土壤微生物群落、功能和土壤因子的相关性

作为植物与土壤环境之间沟通的桥梁，土壤微生物群落必然受到植物和土壤因子的直接影响。相关性分析发现，土壤全氮与真核生物、AM 真菌、厌氧菌显著正相关，与革兰氏阳性细菌显著负相关；酸性磷酸酶与革兰氏阳性细菌显著负相关；易提取球囊霉素与真核生物极显著正相关。土壤 pH、全磷与碳水化合物、多聚物类、羧酸类、胺类利用率显著或极显著正相关；全氮和铵态氮与羧酸类、酚酸类、氨基酸类利用率显著负

相关；酸性磷酸酶与酚酸类、胺类显著负相关；总球囊霉素与羧酸类显著负相关。革兰氏阳性细菌与酚酸类、氨基酸类、胺类碳源利用率显著正相关，其余碳源利用情况与土壤微生物群落类群无显著相关性。

总体来看，土壤氮、磷作为微生物生长代谢的必需元素，其含量变化对微生物群落具有显著影响，而酸性磷酸酶能够将土壤难溶性磷酸盐转化为生物容易吸收利用的形态，对土壤养分循环具有重要意义。不同土壤微生物的最适 pH 差异明显，其中细菌、放线菌适宜在微碱性环境中生长，而真菌在酸性条件下占优势。球囊霉素是 AM 真菌分泌产生的一类具有一定黏附力的糖蛋白，随菌丝壁和孢子降解释放到土壤中，是土壤有机碳库的重要组成部分，且其黏附力有利于土壤团聚体的形成，从而提高土壤通气性，为微生物提供适宜的生长环境。另外，植物能够通过分泌各种次生代谢物质对微生物的种类、数量及分布产生影响，进而形成并维持一个特殊的根际土壤微生物群落结构。

第四节　极旱荒漠土壤微生物群落结构及功能多样性的季节变化

一、样地概况和样品采集

样地概况和样品采集同第三节。2019 年夏季（7 月）、秋季（9 月）、冬季（12 月）和 2020 年秋季（9 月）、冬季（12 月）分别在安西样地 3 个采样点采集合头草、泡泡刺、珍珠猪毛菜、红砂、膜果麻黄根围土壤样品。样地间距离约为 1km，在每个采样点随机选择 5 株健康植株，每株植物与另一株植物相距约 100m。去除根颈周围土壤表面枯枝落叶层，在距植株主干 0～30cm 内采集 0～30cm 土层土样，混合均匀后装入隔热性能良好的自封袋并带回实验室。部分过 2mm 筛后保存在−20℃冰箱用于土壤微生物 PLFA 和碳源代谢功能测定；其余土样自然风干后过 2mm 筛，用于土壤因子测定（张东东，2021）。

二、土壤微生物群落结构和功能代谢分析方法

土壤微生物群落结构、功能代谢和土壤因子分析方法与第一节相同。

所有试验数据运用 SPSS 21.0 进行单因素、双因素方差分析和 Spearman's 相关性分析，处理之间差异显著性用 Duncan's 检验（$P < 0.05$），使用 R 语言进行微生物群落基于 Bray-Curtis 的无度量多维标定法（NMDS），并用 PERMANOVA 分析检验其显著性。使用 R 语言 vegan 和 ggplote2 包进行冗余分析（RDA）和作图。使用 lme4 函数对微生物群落和环境因子进行混合线性模型回归分析，并根据 AIC 值选取最为合适的模型。运用变差分解分析（VPA）探讨环境因子、植物种类和季节对微生物群落变化的解释率。通过结构方程模型（SEM）分析，探究植被、季节和环境因子对细菌和真菌群落的影响。对于微生物功能代谢多样性，运用 R 语言进行主成分分析（PCA）、有约束的限制性排序（常规 RDA）分析。

三、极旱荒漠植物根围土壤微生物群落结构季节变化特征

由图 9-27 可知，2019 年不同类群微生物组成和含量表现出明显的植物和季节差异。总体而言，夏季和冬季，所有微生物生物量明显高于秋季。不同植物根围，微生物群落含量为革兰氏阴性细菌＞革兰氏阳性细菌＞放线菌＞真菌＞AM 真菌。夏季和冬季，革兰氏阴性细菌、革兰氏阳性细菌、放线菌、AM 真菌和总 PLFA 的生物量在合头草根围大多显著高于其他植物，在膜果麻黄根围检测到微生物 PLFA 多有最低值。秋季，革兰氏阴性细菌、真菌、AM 真菌含量无明显差异，但总 PLFA、革兰氏阳性细菌、放线菌含量在红砂根围显著最高，在合头草根围显著最低。真菌/细菌除秋季红砂根围最低外，其他植物季节间无显著差异，夏、秋季植物间真菌/细菌大多差异不显著。夏季和秋季，膜果麻黄根围 G⁺/G⁻ 明显高于合头草根围。

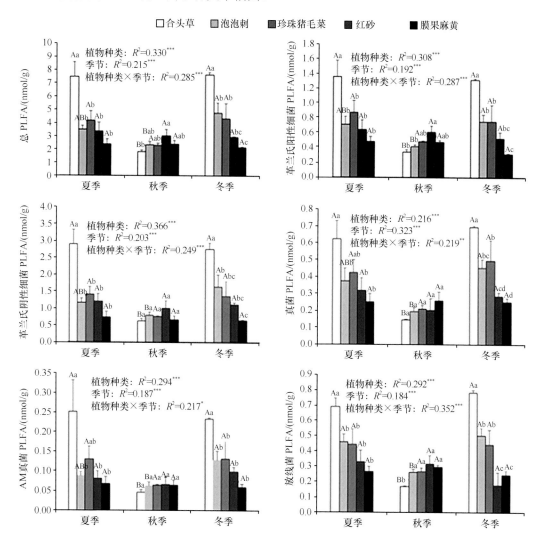

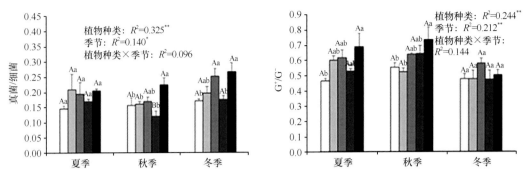

图 9-27　2019 年不同植物季节间土壤微生物类群 PLFA 含量

图柱上不含有相同小写字母的表示同一季节微生物生物量在不同植物间差异显著（$P<0.05$），图柱上不含有相同大写字母的表示同一种植物微生物生物量在不同季节间差异显著（$P<0.05$）。双因素方差分析了季节、植物及交互作用对土壤微生物的影响（$*P<0.05$；$**P<0.01$；$***P<0.001$）。下同

由图 9-28 可知，在 2020 年土壤微生物群落结构中，秋季不同植物间微生物含量无显著差异，冬季总 PLFA、革兰氏阴性细菌和真菌含量在红砂根围显著高于其他植物；在红砂中，总 PLFA 含量在秋季显著高于冬季；在膜果麻黄中，总 PLFA、革兰氏阴性细菌、真菌和放线菌含量秋季显著高于冬季；在珍珠猪毛菜中，放线菌含量秋季显著高于冬季。此外，植物种类显著或极显著影响了总 PLFA 和真菌/细菌，放线菌、真菌/细菌、G^+/G^- 在季节间差异显著或极显著。总 PLFA、革兰氏阴性细菌、真菌在植物与季节间存在显著交互作用。

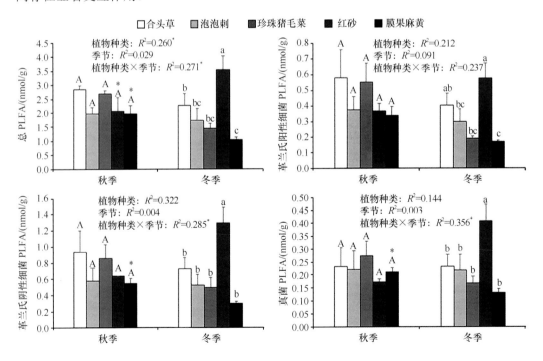

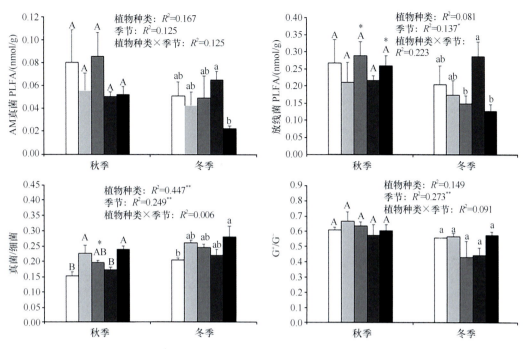

图 9-28　2020 年不同植物季节间土壤微生物类群 PLFA 含量

　　无度量多维标定法（NMDS）分析结果显示了不同季节土壤微生物群落组成的显著差异模式（$F = 16.905$，$P = 0.001$），解释了土壤群落组成变异的 25.8%（PERMANOVA，$P = 0.001$）。虽然土壤微生物群落在不同植物间呈现排列分散的分布特征，但总体上植物种类对土壤微生物群落有显著影响（$F=8.540$，$P=0.001$）（图 9-29）。PERMANOVA 分析显示，由植物物种解释的土壤微生物群落差异占 26%，季节变化解释的土壤微生物

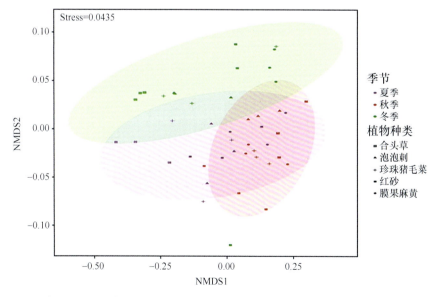

图 9-29　2019 年不同植物和季节土壤微生物群落无度量多维标定法分析

群落差异占 25.8%（表 9-26）。此外，植物种类和季节对土壤微生物群落具有显著交互作用（PERMANOVA，$R^2=0.254$，$P = 0.002$）。

表 9-26　PERMANOVA 结果用于分析植物种类和季节对微生物群落结构的影响（2019 年）

变异来源	df	模型 F 值	R^2	$P（>F）$
植物种类	4	8.540	0.260	0.001
季节	2	16.905	0.258	0.001
植物种类×季节	8	4.160	0.254	0.002
残差	30		0.228	
合计	44		1	

如图 9-30 和表 9-27 所示，通过 NMDS 分析可知，2020 年土壤微生物群落结构在不同植物间差异显著，且植物种类与季节存在显著交互作用。相较于 2019 年，微生物结构在季节间差异不显著。

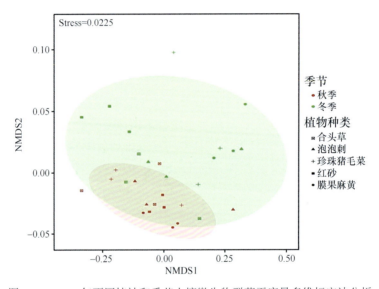

图 9-30　2020 年不同植被和季节土壤微生物群落无度量多维标定法分析

表 9-27　PERMANOVA 结果用于分析植物种类和季节对微生物群落结构的影响（2020 年）

变异来源	df	模型 F 值	R^2	$P（>F）$
植物种类	4	2.749	0.248	0.040
季节	1	3.294	0.074	0.064
植物种类×季节	4	2.536	0.229	0.046
残差	20		0.449	
合计	29		1	

四、极旱荒漠植物根围土壤微生物群落碳源代谢季节变化特征

（一）土壤微生物群落 AWCD 值

在所有土壤样品中，AWCD 值随培养时间延长而逐渐升高，并呈"S"形分布，表明不同植被与季节土壤微生物活性均随时间延长而升高。24～192h 内，AWCD 值快速升高，表明土壤微生物活性旺盛，192h 之后，微生物代谢活性逐渐进入稳定状态。由于土壤来源不同，微生物群落利用六大类碳源的能力也有差异，除了冬季，其他季节不同植物间微生物碳源代谢差异明显。

（二）土壤微生物群落对六大类碳源的利用

2019 年夏季，合头草，红砂和膜果麻黄对碳水化合物的利用大多显著高于其他两种植物，而红砂对多聚物类的利用显著高于泡泡刺和珍珠猪毛菜；秋季，膜果麻黄对碳水化合物的利用显著高于其他 4 种植物，对胺类的利用显著高于泡泡刺、珍珠猪毛菜和红砂，对酚酸类的利用显著高于合头草、泡泡刺和红砂，对氨基酸类的利用显著高于合头草和珍珠猪毛菜；冬季，不同植物间对碳源的利用差异不明显。在不同季节，微生物利用各种碳源的总体趋势为秋季低于夏季和冬季（图 9-31）。

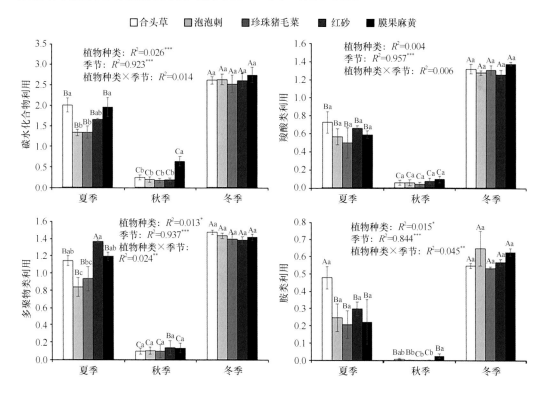

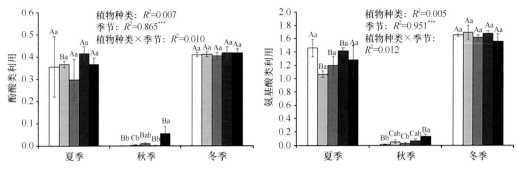

图 9-31　2019 年不同季节 5 种植物土壤微生物对各种碳源的相对利用率

双因素方差分析结果表明，微生物对六大类碳源的利用在季节间存在显著差异，而碳水化合物、多聚物类、胺类的利用在植物间存在显著差异，对于多聚物类和胺类的利用存在显著交互作用。在碳源利用差异方面，与植被相比，六大类碳源的利用率包括碳水化合物（R^2=0.923，0.026）、羧酸类（R^2=0.957，0.004）、多聚物类（R^2=0.937，0.013）、胺类（R^2=0.844，0.015）、酚酸类（R^2=0.865，0.007）、氨基酸类（R^2=0.951，0.005）明显受季节的影响更大。

2020 年，无论秋季还是冬季六大类碳源在不同植物间差异均不显著；膜果麻黄对羧酸类的利用率，红砂对多聚物类和酚酸类的利用率，均是秋季高于冬季。通过双因素方差分析，季节显著影响了羧酸类、多聚物类、胺类、酚酸类的利用率（表 9-28）。

表 9-28　2020 年不同植物与季节间土壤微生物对各种碳源的相对利用率

季节	植物	碳水化合物	羧酸类	多聚物类	胺类	酚酸类	氨基酸类
秋季	合头草	0.25±0.15A	0.17±0.04A	0.25±0.07AB	0.01±0.00A	0.02±0.01A	0.04±0.01A
	泡泡刺	0.32±0.12A	0.11±0.01A	0.11±0.04B	0.03±0.02A	0.03±0.02A	0.07±0.03A
	珍珠猪毛菜	0.33±0.08A	0.13±0.08A	0.17±0.05AB	0.02±0.01A	0.02±0.01A	0.10±0.05A
	红砂	0.26±0.09A	0.12±0.04A	0.25±0.04AB*	0.01±0.00A	0.01±0.00A*	0.17±0.09A
	膜果麻黄	0.21±0.02A	0.13±0.01A*	0.27±0.02A	0.01±0.00A	0.00±0.00A	0.01±0.00A
冬季	合头草	0.28±0.13a	0.13±0.08a	0.12±0.06a	0.01±0.00a	0.00±0.00a	0.17±0.08a
	泡泡刺	0.23±0.17a	0.11±0.08a	0.14±0.08a	0.01±0.00a	0.00±0.00a	0.14±0.08a
	珍珠猪毛菜	0.21+0.14a	0.01±0.00a	0.10±0.08a	0.00±0.00a	0.00±0.00a	0.01±0.00a
	红砂	0.18±0.08a	0.00±0.00a	0.08±0.04a	0.00±0.00a	0.00±0.00a	0.10±0.09a
	膜果麻黄	0.10±0.07a	0.00±0.00a	0.22±0.06a	0.00±0.00a	0.00±0.00a	0.08±0.04a
F 值	植物	0.429	1.342	1.365	0.864	1.140	0.841
	季节	1.082	7.607*	4.817*	5.158*	8.948*	0.363
	植物×季节	0.146	0.755	0.892	0.605	1.351	1.330

注：同列数据后不含有相同大写字母的表示秋季碳源利用在不同植物间差异显著（$P<0.05$），同列数据后不含有相同小写字母的表示冬季碳源利用在不同植物间差异显著（$P<0.05$），*表示在两个季节间碳源利用差异显著（$P<0.05$）。双因素方差分析用于评估季节、植物以及交互作用对微生物碳源利用的影响

为了评估不同环境微生物群落碳源代谢的差异，我们用 192h 所测数据进行主成分分析。对于 2019 年（图 9-32a，表 9-29），前两个主成分累计贡献率达 96.35%，PC1、

PC2 分别解释了微生物群落碳源利用率差异的 92.1%、4.25%，PC1 和 PC2 基本区分了土壤微生物碳源代谢差异。结合 PERMANOVA 分析结果可知，微生物对碳源利用季节间差异显著，而植物间差异不显著。但夏季微生物在碳源利用方面相比秋季和冬季差异更加明显。

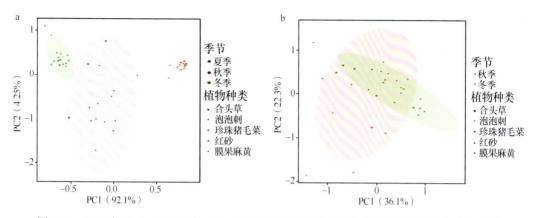

图 9-32　2019 年（a）和 2020 年（b）不同季节 5 种植物土壤微生物碳源利用的主成分分析

表 9-29　2019 年植物种类和季节对微生物碳源利用影响的 PERMANOVA 分析结果

变异来源	df	模型 F 值	R^2	P（>F）
植物种类	4	1.147	0.020	0.330
季节	2	90.204	0.799	0.001
植物种类×季节	8	1.343	0.048	0.220
残差	30		0.133	
合计	44		1	

对于 2020 年（图 9-32b，表 9-30），前两个主成分累计贡献率为 58.4%，PC1 和 PC2 分别解释了微生物群落碳源利用率差异的 36.1% 和 22.3%，结合 PERMANOVA 分析结果可知，微生物对碳源利用季节间差异显著，而植物间差异不显著。两年中季节均对微生物的碳源利用造成显著影响，而植物种类影响不明显。

表 9-30　2020 年植物种类和季节对微生物碳源利用影响的 PERMANOVA 分析结果

变异来源	df	模型 F 值	R^2	P（>F）
植物种类	4	0.789	0.110	0.686
季节	1	3.820	0.133	0.011
植物种类×季节	4	0.433	0.060	0.974
残差	20		0.697	
合计	29		1	

（三）土壤微生物群落碳源代谢多样性

由表 9-31 可知，2019 年不同季节土壤微生物群落碳源代谢多样性差异显著，秋季多样性指数显著低于夏季和冬季，而植物间仅香农-维纳指数差异显著，最终季节解释了大部分的碳源代谢差异。

表 9-31　2019 年土壤微生物碳源代谢多样性指标及 192h AWCD 值

季节	植物种类	辛普森指数（D）	香农-维纳指数（H）	McIntosh 指数（U）	192h AWCD 值
夏季	合头草	0.95±0.00Aa	3.19±0.03Aa	8.45±0.48Aa	1.45±0.03Aa
	泡泡刺	0.95±0.00Aa	3.10±0.07Aa	6.89±0.38Bab	0.98±0.05Bbc
	珍珠猪毛菜	0.95±0.00Aa	3.06±0.05Ba	6.70±0.74Bb	0.93±0.12Bc
	红砂	0.95±0.00Aa	3.12±0.04Ba	8.26±0.12Aab	1.20±0.02Bb
	膜果麻黄	0.95±0.00Aa	3.12±0.04Aba	7.89±0.38Aab	1.14±0.08Bbc
秋季	合头草	0.83±0.02Bab	2.11±0.15Bab	1.27±0.44Bb	0.10±0.03Bb
	泡泡刺	0.79±0.06Bab	2.14±0.30Bab	1.40±0.25Cab	0.12±0.04Cb
	珍珠猪毛菜	0.72±0.03Bb	1.74±0.08Cb	1.38±0.29Cab	0.09±0.02Cb
	红砂	0.78±0.03Bab	1.90±0.07Cb	1.39±0.38Bab	0.10±0.03Cb
	膜果麻黄	0.89±0.04Aa	2.67±0.30Ba	2.52±0.38Ba	0.29+0.08Ca
冬季	合头草	0.96±0.00Aab	3.35±0.01Aab	8.44±0.11Aa	1.41±0.02Aa
	泡泡刺	0.96±0.00Aab	3.34±0.00Aab	8.78±0.44Aa	1.46±0.08Aa
	珍珠猪毛菜	0.96±0.00Aab	3.33±0.00Aab	8.63±0.29Aa	1.43±0.05Aa
	红砂	0.96±0.00Aa	3.35±0.01Aa	8.72±0.36Aa	1.47±0.06Aa
	膜果麻黄	0.96±0.00Ab	3.33±0.01Ab	8.98±0.23Aa	1.49±0.05Aa
F 值	植物	2.435	2.952[*]	2.651	4.610[***]
	季节	70.245[***]	142.898[***]	506.271[***]	676.862[***]
	植物×季节	2.329[*]	2.678[*]	1.931	4.858[***]
R^2	植物	0.048	0.034	0.010	0.013
	季节	0.707	0.819	0.948	0.939

注：同列数据后不含有相同小写字母的表示同一季节碳源代谢多样性指标在不同植物间差异显著（$P<0.05$），同行数据后不含有相同大写字母的表示同一植物的碳源代谢多样性指标在不同季节间差异显著（$P<0.05$）。双因素方差分析用于季节、植物及其交互作用对微生物碳源代谢多样性指标的影响（*$P<0.05$；**$P<0.01$；***$P<0.001$）。下同

　　由表 9-32 可知，2020 年秋季和冬季，不同植物间微生物碳源代谢多样性指数大部分无显著差异，而珍珠猪毛菜的辛普森指数和香农-维纳指数在秋季与冬季差异显著，秋季高于冬季。双因素方差分析显示，季节显著影响了土壤微生物的辛普森指数和香农-维纳指数。

表 9-32　2020 年土壤微生物碳源代谢多样性指标及 192h AWCD 值

季节	植物种类	辛普森指数（D）	香农-维纳指数（H）	McIntosh 指数（U）	192h AWCD 值
秋季	合头草	0.87±0.01A	2.30±0.07A	2.01±0.39A	0.18±0.05A
	泡泡刺	0.85±0.05A	2.22±0.31A	1.72±0.24A	0.15±0.04A
	珍珠猪毛菜	0.87±0.02A[**]	2.41±0.12A[**]	2.27±0.27A	0.21±0.04A
	红砂	0.85±0.00A	2.17±0.04A	2.53±0.37A	0.21±0.03A
	膜果麻黄	0.87±0.02A	2.33±0.11A[*]	1.98±0.06A	0.18±0.00A

续表

季节	植物种类	辛普森指数（D）	香农-维纳指数（H）	McIntosh 指数（U）	192h AWCD 值
冬季	合头草	0.72±0.11a	1.80±0.25a	3.11±0.90a	0.23±0.09a
	泡泡刺	0.77±0.09a	2.17±0.31a	1.72±0.83a	0.17±0.11a
	珍珠猪毛菜	0.56±0.06a	1.39±0.02a	1.95±0.69a	0.10±0.04a
	红砂	0.77±0.08a	1.93±0.50a	1.71±0.88a	0.11±0.06a
	膜果麻黄	0.55±0.17a	1.27±0.31a	2.31±0.58a	0.13±0.05a
F 值	植物	0.825	0.757	0.505	0.322
	季节	14.061**	13.168**	0.026	1.240
	植物×季节	1.190	1.677	0.764	0.760
R^2	植物	0.078	0.071	0.081	0.051
	季节	0.334	0.307	0.001	0.047

五、土壤微生物群落结构和功能代谢与环境因子的相关性

（一）土壤微生物群落结构与环境因子的相关性

基于 Bray-Curtis 的主坐标约束分析（canonical analysis of principal coordinates，CAP）评价了 2019 年不同植被和季节下环境因子对微生物群落结构的影响（图 9-33）。结果表明，不同植物和季节间的微生物群落存在显著差异，土壤理化性质可以解释 23.6% 的土壤微生物群落结构变异。第一轴解释了 15.72% 的变异，第二轴解释了 1.98% 的变异。土壤有效磷（R^2=0.20）、温度（R^2=0.04）、湿度（R^2=0.03）和 pH（R^2=0.03）是这些微生物群落结构变异的重要因素。

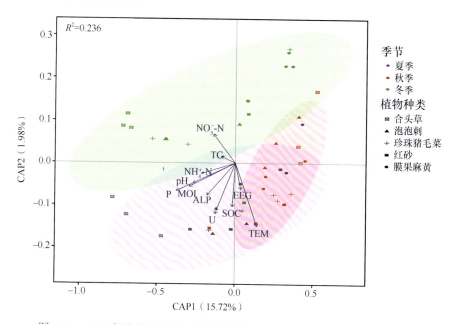

图 9-33　2019 年微生物群落与环境因子基于 Bray-Curtis 的主坐标约束分析

如图 9-34 所示，2020 年土壤微生物群落结构与土壤理化性质基于 Bray-Curtis 的主坐标约束分析表明，环境因子仅解释了 14.4% 的微生物群落变化，第一轴解释了 10.28% 的变异，第二轴解释了 1.28% 的变异。其中。有效磷的独立解释效应（R^2=0.07）占比最高，为 37.43%，其次是易提取球囊霉素（23.87%）和脲酶（20.10%）。两年中土壤有效磷均是微生物群落结构变化的最重要因素。

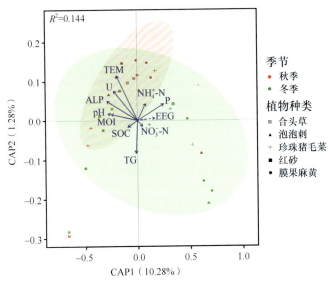

图 9-34　2020 年微生物群落与环境因子基于 Bray-Curtis 的主坐标约束分析

此外，我们利用变差分解方法研究了环境（土壤理化性质）、季节、植物种类等因素对土壤微生物群落结构的相对贡献。2019 年，环境、季节、植物种类总共解释了 48.4% 的土壤微生物群落结构变量。环境单独解释了 1% 的变量，植物种类单独解释了 3.2% 的变量。环境和季节共同解释了 23.1% 的变量，环境和植物种类共同解释了 27.2% 的变量，季节和植物种类共同解释了 2.2% 的变量，但仍有 51.6% 的群落变异未能解释清楚。由此可见，植物种类和季节变化对土壤性质的影响是引起微生物群落结构差异的主要因素（图 9-35a）。

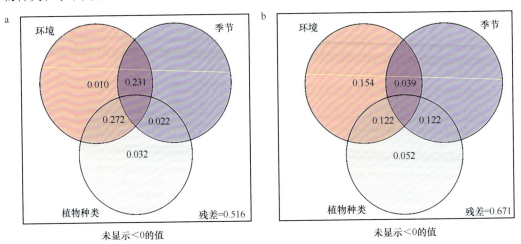

图 9-35　2019 年（a）和 2020 年（b）环境、季节和植物种类对土壤微生物群落的变差分解

如图 9-35b 所示，2020 年环境、季节和植物种类仅解释了 32.9% 的微生物群落结构变量，环境单独解释了 15.4% 的变量，植物种类单独解释了 5.2% 的变量；季节和植物种类共同解释了 12.2% 的变量，植物种类和环境共同解释了 12.2% 的变量，季节和环境共同解释了 3.9% 的变量，但仍有 67.1% 的群落变异未能解释清楚。两年中环境、植物种类和季节之间的交互作用对微生物群落结构有很大影响。为了探明各变量对土壤微生物群落的直接或间接影响，利用结构方程模型探究了 2019 年土壤微生物群落与季节、植物种类和环境之间的关系。其中，影响细菌的结构方程模型中 χ^2=3.346，df=4，P=0.502，GFI=0.975，AIC=37.34，RMSEA=0.000；影响真菌的结构方程模型中 χ^2=2.770，df=3，P=0.428，GFI=0.980，AIC=38.77，RMSEA=0.000。

结果表明（图 9-36），季节变化（P＜0.05，P＜0.001）、植物种类变化（P＜0.001，P＜0.001）、有效磷（P＜0.01，P＜0.01）和 pH（P＜0.05，P＜0.001）均直接显著影响土壤细菌和真菌含量。季节和植物种类通过有效磷和 pH 对微生物群落产生显著的间接影响。土壤湿度通过显著影响土壤 pH 而间接影响细菌和真菌含量，pH 通过显著影响有效磷而间接影响细菌和真菌含量。

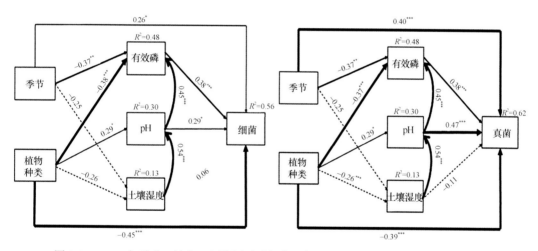

图 9-36 2019 年季节、植物、环境因子对细菌和真菌 PLFA 含量影响的结构方程模型

（二）土壤微生物群落碳源代谢与环境因子的相关性

冗余分析（RDA）用于评估 2019 年环境因素对微生物碳源利用的影响（图 9-37），两个排序轴解释量达 91.36%，其中，第一轴解释变量方差为 89.61%，第二轴解释变量方差为 1.75%。可见，不同季节微生物碳源利用率存在显著差异，同时 pH、硝态氮、铵态氮、湿度、有效磷、温度在第一坐标轴上的投影最大，是影响微生物群落碳源代谢差异的主要因素。另外，六大类碳源与硝态氮、pH、铵态氮、湿度、有效磷显著正相关。

采用变差分解方法探究 2019 年环境、季节和植物种类对土壤微生物碳源代谢差异的贡献率（图 9-38）。结果分析表明，环境、季节和植物种类总计解释了代谢变量的 93.9%，其中，环境单独解释了变量的 62.9%，季节单独解释了 0.6% 的变量，而植物种类单独解释了 1.2% 的变量。季节和环境共同解释了变量的 38.7%，说明季节通过影响土壤性质进而影响了微生物利用碳源的方式。

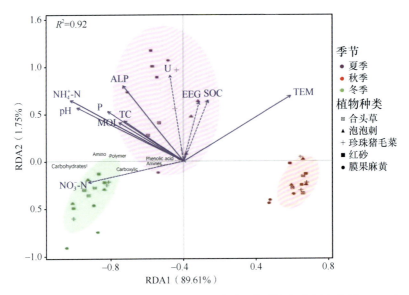

图 9-37 2019 年土壤理化性质与微生物群落碳源代谢之间的冗余分析（RDA）

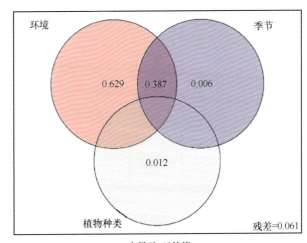

图 9-38 2019 年环境、季节和植物种类对微生物碳源利用的变差分解图

对 2020 年土壤微生物碳源代谢与环境因子进行 Spearman's 相关性分析（表 9-33），羧酸类与土壤 pH、铵态氮、温度、湿度显著或极显著正相关，与有效磷极显著负相关；多聚物类与有机质显著负相关；胺类与 pH、铵态氮、温度显著正相关；酚酸类与 pH、碱性磷酸酶、温度、湿度极显著正相关；氨基酸类与硝态氮极显著负相关。

表 9-33 2020 年土壤微生物碳源代谢与环境因子之间的 Spearman's 相关性

指标	碳水化合物	羧酸类	多聚物类	胺类	酚酸类	氨基酸类
有机质	0.014	−0.203	−0.438*	0.035	−0.215	0.045
pH	0.238	0.483**	0.074	0.418*	0.665**	0.298

续表

指标	碳水化合物	羧酸类	多聚物类	胺类	酚酸类	氨基酸类
总球囊霉素	−0.233	0.147	0.245	0.086	0.072	−0.063
易提取球囊霉素	−0.184	0.092	0.115	0.190	0.338	0.059
碱性磷酸酶	0.135	0.259	0.116	0.329	0.493**	0.216
有效磷	−0.068	−0.361**	0.329	0.282	0.343	0.042
脲酶	0.198	0.153	−0.143	0.107	0.082	−0.034
硝态氮	0.016	0.127	−0.167	−0.092	0.079	−0.477**
铵态氮	0.083	0.421*	0.059	0.390*	0.326	0.159
温度	0.156	0.568**	0.231	0.380*	0.554**	0.051
湿度	0.151	0.596**	0.348	0.335	0.585**	0.081

（三）土壤微生物群落结构与碳源代谢的相关性

2019 年土壤微生物群落结构与碳源代谢相关性分析表明（表 9-34），革兰氏阴性细菌、真菌、AM 真菌、放线菌、总 PLFA 与碳水化合物、羧酸类、多聚物类、胺类、酚酸类、氨基酸类显著或极显著正相关，革兰氏阳性细菌与多聚物类、胺类、酚酸类、氨基酸类显著或极显著正相关，真菌/细菌与碳水化合物、羧酸类、胺类、酚酸类显著或极显著正相关，而 G^+/G^- 与六大类碳源极显著负相关。

表 9-34　2019 年土壤微生物碳源代谢与微生物群落结构之间的 Spearman's 相关性

碳源	革兰氏阴性细菌	革兰氏阳性细菌	真菌	AM 真菌	放线菌	总 PLFA	真菌/细菌	G^+/G^-
碳水化合物	0.386**	0.281	0.464**	0.335*	0.302*	0.405**	0.354*	−0.453**
羧酸类	0.406**	0.269	0.590**	0.491**	0.372*	0.438**	0.430**	−0.488**
多聚物类	0.457**	0.309*	0.569**	0.502**	0.355*	0.465**	0.289	−0.544**
胺类	0.450**	0.301*	0.611**	0.526**	0.362*	0.456**	0.337*	−0.547**
酚酸类	0.458**	0.386**	0.584**	0.534**	0.386**	0.496**	0.318*	−0.387**
氨基酸类	0.498*	0.395**	0.629**	0.575**	0.401**	0.523**	0.272	−0.499**

2020 年（表 9-35），革兰氏阳性细菌、真菌、AM 真菌与碳水化合物显著或极显著正相关，革兰氏阳性细菌、放线菌、AM 真菌与酚酸类显著或极显著正相关，真菌/细菌与酚酸类极显著负相关，G^+/G^- 与羧酸类、多聚物类显著正相关。相比 2019 年，2020 年土壤微生物结构与碳源代谢之间的相关性较弱。

表 9-35　2020 年土壤微生物碳源代谢与微生物群落结构之间的 Spearman's 相关性

碳源	革兰氏阴性细菌	革兰氏阳性细菌	真菌	AM 真菌	放线菌	总 PLFA	真菌/细菌	G^+/G^-
碳水化合物	0.357	0.386*	0.438*	0.537**	0.273	0.340	−0.107	0.311
羧酸类	−0.028	0.183	−0.071	0.064	0.135	0.035	0.345	0.442*
多聚物类	−0.069	0.118	−0.014	0.017	0.134	0.014	−0.177	0.378*
胺类	0.157	0.196	0.107	0.245	0.220	0.172	−0.279	0.167
酚酸类	0.247	0.373*	0.081	0.366**	0.412*	0.299	−0.594**	0.349
氨基酸类	0.134	0.220	0.156	0.098	−0.020	0.156	−0.111	0.076

六、极旱荒漠土壤微生物群落结构与功能多样性季节特征分析

（一）土壤微生物群落结构季节特征分析

本试验中，2019 年极旱荒漠土壤微生物群落结构具有明显的植被和季节变化特征，合头草土壤微生物含量较高；相较于夏季和雪后冬季，秋季土壤微生物含量显著降低。2020 年土壤微生物群落结构在植物种类间差异显著。总体上，土壤微生物含量表现为革兰氏阴性细菌＞革兰氏阳性细菌＞放线菌＞真菌＞AM 真菌，表明在不同植物和季节间细菌都是主要微生物类群，细菌更能适应极端荒漠环境。

夏季土壤微生物含量显著较高，这可能是因为夏季是植物的生长季，植物生长旺盛，能够产生更多养分供土壤微生物利用，土壤温度升高也会明显增强土壤呼吸作用，进而增加微生物的活性和物种丰富度。秋季土壤微生物量显著降低，可能是由于秋季植物开始衰老凋亡，供微生物利用的养分减少，所以含量降低。2019 年冬季检测到较高的微生物含量，这是因为采样时间属于雪后，土壤湿度较大，不仅减轻了荒漠地区水分胁迫，也会增加土壤微生物的生物量。

（二）土壤微生物群落碳源代谢季节特征分析

2019 年和 2020 年季节间土壤微生物对六大类碳源的利用差异显著，与夏季和雪后冬季相比，秋季的微生物碳源代谢最低，微生物利用的主要碳源为碳水化合物、氨基酸和多聚物类。这与 5 种植物年际土壤微生物利用的主要碳源类型一致。虽然不同植物间微生物碳源代谢多样性指数无显著差异，但季节显著影响了土壤微生物的辛普森指数和香农-维纳指数。这是因为季节变化不仅影响植物生长和代谢活动，也会引起土壤理化性质的变化，最终影响微生物的功能代谢。

（三）土壤微生物群落、功能和土壤因子的相关性

本试验中，2019 年总 PLFA、革兰氏阳性细菌、革兰氏阴性细菌、真菌、AM 真菌、放线菌生物量与土壤有效磷、pH 和湿度显著正相关，真菌/细菌与土壤有机质和湿度显著负相关。两年中土壤有效磷均是微生物群落结构变化的最重要因素。六大类碳源与硝态氮、pH、铵态氮、湿度、有效磷显著正相关，革兰氏阴性细菌、真菌、AM 真菌、放线菌、总 PLFA 和六大类碳源利用率显著正相关，革兰氏阳性细菌与多聚物类、胺类、酚酸类、氨基酸类显著或极显著正相关，真菌/细菌与碳水化合物、羧酸类、胺类、酚酸类显著正相关。与土壤微生物群落结构一样，季节解释了大部分的碳源代谢差异。

第十章　荒漠植物根围土壤球囊霉素时空分布

球囊霉素（glomalin）是一种在土壤中大量存在的、由 AM 真菌产生的具有良好热稳性的特殊糖蛋白，难溶于水。球囊霉素因其在促进土壤团聚体形成、保持团聚体稳定性、增加土壤有机碳库、提高植物抗逆性、降低重金属在土壤中的毒性等方面的作用备受人们关注。目前鉴于提取方法，人们一般将球囊霉素命名为球囊霉素相关土壤蛋白（glomalin-related soil protein，GRSP）。对球囊霉素的研究可进一步明确 AM 真菌在维持土壤结构和促进营养物质循环中的作用。最初土壤中球囊霉素的提取方法为考马斯亮蓝法，其原理是：除球囊霉素蛋白以外的所有非热稳态蛋白在浸提过程中都能够被破坏。根据这一原理可将球囊霉素分为 4 类，即总球囊霉素（total glomalin，T-GRSP 或 TG）、易提取球囊霉素（easily extracted glomalin，EE-GRSP 或 EEG）、免疫反应性总球囊霉素（immunoreactive total glomalin，IRTG）、免疫反应性易提取球囊霉素（immunoreactive easily extracted glomalin，IREEG）。目前，在涉及球囊霉素研究时，多采用总球囊霉素和易提取球囊霉素来表示。

第一节　同一荒漠植物根围土壤球囊霉素时空分布

一、沙打旺根围土壤球囊霉素空间分布

（一）样地概况和样品采集

在毛乌素沙地南缘选取 5 个沙打旺分布样地，分别是宁夏盐池（37°48′N，107°23′E）、陕西定边（37°31′N，107°49′E）、陕西安边（37°29′N，108°12′E）、陕西宁条梁（37°31′N，108°51′E）、陕西塔湾（37°21′N，109°3′E）。土壤主要为风沙土，以固定和半固定沙丘为主。海拔 1020～1450m，年均气温 8.0℃，年均降水量 425mm，年均蒸发量 2000mm。

2007 年 5 月从所选样地随机选取生长良好的沙打旺植株，在距植株主干 0～30cm 内挖土壤剖面，按 0～10cm、10～20cm、20～30cm、30～40cm、40-50cm 共 5 个土层分别采集土壤样品约 1kg，每个土样重复 5 次。将土样装入隔热性能良好的塑料袋密封并带回实验室，土样过 2mm 筛，阴干后 4℃冷藏，用于 AM 真菌、球囊霉素和土壤理化性质分析（白春明，2009；Bai et al.，2009）。

（二）球囊霉素含量和土壤理化性质分析

球囊霉素按照 Wright 和 Upadhyaya（1998）及 David 等（2008）的方法测定。具体步骤如下。易提取球囊霉素（EEG）：取 1g 风干土于试管中，加 8mL pH 7.0、20mmol/L 柠檬酸钠浸提剂，在 100kPa 121℃条件下连续提取 90min，取上清液 0.5mL，再加入 5mL

考马斯亮蓝 G-250 染色剂，在 595nm 波长下比色。用考马斯亮蓝法显色绘制标准曲线，查出易提取球囊霉素的含量。总球囊霉素（TG）：取 1g 风干土于试管中，加 8mL pH 8.0、50mmol/L 柠檬酸钠浸提剂，在 100kPa、121℃ 条件下连续提取 90min，再重复提取两次，每次 60min；收集上清液。吸取上清液 0.5mL，加入 5mL 考马斯亮蓝 G-250 染色剂，在 595nm 波长下比色。土壤理化指标按照常规方法分析测定。

（三）球囊霉素含量空间分布特征

毛乌素沙地南缘沙打旺根围土壤 TG 含量在塔湾样地为 1.18mg/g，极显著高于宁条梁样地，显著高于盐池和安边样地。在盐池和塔湾样地，TG 含量随土层深度增加而下降，0～10cm 土层含量显著高于 40～50cm 土层；在定边、安边和宁条梁样地，各土层之间无显著差异。EEG 与 TG 含量在样地间的变化规律相似，塔湾样地含量极显著高于宁条梁样地，显著高于安边样地，但与盐池和定边样地无显著差异。

相关性分析结果（表 10-1）表明，沙打旺根围 AM 真菌孢子密度与 TG 和 EEG 极显著正相关。土壤 pH 与 TG 和 EEG 极显著负相关。TG 分别与土壤有机碳（SOC）、碱解氮、有效磷、脲酶和酸性磷酸酶极显著正相关；EEG 分别与土壤有机碳、碱解氮、脲酶和酸性磷酸酶极显著正相关，与有效磷显著正相关，与蛋白酶显著负相关。

表 10-1 沙打旺根围 AM 真菌、球囊霉素、土壤因子间的相关性

球囊霉素	pH	碱解氮	有效磷	有机碳	脲酶	蛋白酶	酸性磷酸酶	总定殖率	孢子密度
TG	−0.26[**]	0.406[**]	0.270[**]	0.769[**]	0.504[**]	−0.149	0.484[**]	0.052	0.437[**]
EEG	−0.32[**]	0.444[**]	0.207[*]	0.739[**]	0.547[**]	−0.248[*]	0.376[**]	0.180	0.400[**]

注：* $P<0.05$，** $P<0.01$。下同

本试验中 TG 含量为 0.55～1.69mg/g，EEG 含量为 0.3～1.12mg/g，土壤 SOC 含量为 2.2～9.02mg/g，各土层之间分布不均，且样地之间变化明显。球囊霉素对土壤 SOC 的贡献在各个样地也有明显差异（表 10-2）。

表 10-2 沙打旺根围土壤球囊霉素占有机碳的百分比

球囊霉素/有机碳	盐池	定边	安边	宁条梁	塔湾	平均值
TG/SOC	30.2%	22.6%	33.1%	35.2%	28.8%	30.0%
EEG/SOC	18.0%	11.2%	15.4%	14.2%	15.9%	14.9%

二、黑沙蒿根围土壤球囊霉素时空分布

（一）样地概况和样品采集

选取中国科学院鄂尔多斯沙地草地生态研究站（39°29′40″N，110°11′22″E），海拔 1280m，沙质栗钙土；陕西榆林北部沙地（38°20′7″N，109°42′54″E），海拔 1140m，原始栗钙土；宁夏盐池沙地旱生灌木园（37°48′37″N，107°23′39″E），海拔 1350m，风沙土；宁夏沙坡头（37°32′37″N，105°3′21″E），海拔 1270m，风沙土。

2007年4月、7月、10月分别在4个样地采集样品。4个样地大小均为30m×30m，每个样地随机选取5株生长良好的黑沙蒿，在距植株主干0~30cm内挖土壤剖面，按0~10cm、10~20cm、20~30cm、30~40cm、40~50cm共5个土层分别采集土壤样品约1kg，每个土样重复5次。将土样装入隔热性能良好的塑料袋密封并带回实验室，土样过2mm筛，阴干后4℃冷藏，用于AM真菌、球囊霉素和土壤理化性质分析（He et al.，2010）。

（二）球囊霉素含量和土壤理化性质分析

球囊霉素和土壤理化指标测定方法同沙打旺。

（三）球囊霉素含量时空分布特征

黑沙蒿根围0~50cm土层TG含量为0.35~4.40mg/g，EEG含量为0.29~0.92mg/g，两者都在0~20cm土层较大，随土层深度增加而递减。研究站样地TG最大值在0~10cm土层，但各土层间无显著差异；EEG在0~10cm土层显著大于10~50cm土层。榆林样地TG最大值在10~20cm土层，0~30cm土层显著大于30~50cm土层；EEG最大值在0~10cm土层，各土层间无显著差异。盐池样地TG在0~10cm土层显著大于10~50cm土层；EEG最大值在0~10cm土层，0~20cm土层显著大于20~50cm土层。沙坡头样地TG最大值在0~10cm土层，0~30cm土层显著大于30~50cm土层；EEG最大值在0~10cm土层，0~20cm土层显著大于20~50cm土层。

同一土层不同样地，黑沙蒿根围球囊霉素含量差异显著。在0~10cm土层，TG最大值在盐池样地，盐池和榆林样地显著大于研究站和沙坡头样地；EEG最大值在榆林样地，其次是沙坡头，盐池和研究站样地显著较小。在10~20cm土层，TG在盐池和榆林样地显著大于研究站和沙坡头样地；EEG最大值在榆林样地，研究站样地显著小于其余3个样地。在20~30cm土层，TG在沙坡头样地显著小于其余3个样地；EEG在榆林样地显著大于其余3个样地。在30~40cm和40~50cm土层，TG和EEG在不同样地间差异同20~30cm土层。不同样地TG差异显著，盐池>榆林>研究站>沙坡头；EEG在榆林样地显著大于其余3个样地。

此外，黑沙蒿根围TG含量有明显季节变化，在各样地都随时间后延而降低，4月显著大于7月，研究站样地7月显著大于10月，其余3个样地7~10月变化不显著。EEG具有同样的季节变化趋势，即4~10月逐渐降低，其中榆林和沙坡头样地4~7月显著降低，各样地7~10月无显著差异。

球囊霉素含量与AM真菌的相关性分析（表10-3）表明，研究站样地EEG与丛枝定殖率显著负相关；榆林样地TG与孢子密度显著正相关，EEG与菌丝定殖率和总定殖率极显著负相关；盐池样地EEG与孢子密度显著正相关；沙坡头样地TG与孢子密度显著正相关，EEG与泡囊定殖率显著正相关。

表 10-3 黑沙蒿根围球囊霉素与AM真菌定殖和孢子密度的相关性

样地	指标	总定殖率	菌丝定殖率	泡囊定殖率	丛枝定殖率	孢子密度
研究站	TG	0.077	0.077	0.250	−0.160	−0.178
	EEG	−0.137	−0.137	0.029	−0.320[*]	0.043

续表

样地	指标	总定殖率	菌丝定殖率	泡囊定殖率	丛枝定殖率	孢子密度
榆林	TG	−0.152	−0.152	−0.157	0.105	0.297*
	EEG	−0.338**	−0.338**	−0.043	0.116	0.134
盐池	TG	0.248	0.194	0.230	0.153	0.180
	EEG	0.074	0.050	−0.034	−0.044	0.346*
沙坡头	TG	0.066	0.105	0.207	0.064	0.283*
	EEG	0.132	0.165	0.311*	0.250	0.005

球囊霉素与土壤因子的相关性分析（表 10-4）表明，研究站样地 TG 与土壤温度显著正相关，与 pH 极显著负相关；EEG 与土层、pH 显著负相关，与土壤有机碳极显著正相关。榆林样地 TG 与土层极显著负相关，与有效磷、pH 显著正相关，与有机碳、碱解氮极显著正相关；EEG 与土壤有机碳、碱解氮、pH 极显著正相关，与土壤湿度显著负相关。盐池样地 TG 与土层、pH 极显著负相关，与有机碳、碱解氮极显著正相关，与土壤湿度显著负相关；EEG 与土层、pH 极显著负相关，与有效磷、有机碳、碱解氮极显著正相关。沙坡头样地 TG 与土层、pH 极显著负相关，与有效磷、有机碳极显著正相关，与碱解氮、土壤温度显著正相关；EEG 与土层、pH 极显著负相关，与有机碳显著正相关，与土壤温度极显著正相关。

表 10-4　黑沙蒿根围球囊霉素与土壤因子的相关性

样地	指标	土层	有效磷	有机碳	碱解氮	湿度	温度	pH
研究站	TG	−0.202	−0.217	0.226	0.098	−0.052	0.315*	−0.640**
	EEG	−0.315*	0.209	0.498**	0.151	−0.237	0.018	−0.326*
榆林	TG	−0.533**	0.327*	0.516**	0.461**	−0.189	−0.105	0.359*
	EEG	−0.202	0.229	0.340**	0.524**	−0.356*	−0.030	0.649**
盐池	TG	−0.638**	0.195	0.547**	0.408**	−0.291	−0.020	−0.484**
	EEG	−0.597**	0.395**	0.622**	0.453**	−0.176	−0.098	−0.336**
沙坡头	TG	−0.680**	0.427**	0.539**	0.313	−0.172	0.317*	−0.415**
	EEG	−0.378**	0.210	0.300*	0.172	−0.212	0.391**	−0.574**

由表 10-5 可知，研究站样地 TG 与脲酶、碱性磷酸酶显著正相关；EEG 与脲酶、碱性磷酸酶、FDA 水解酶极显著正相关，与酸性磷酸酶显著正相关。榆林样地 TG 与脲酶、酸性磷酸酶、碱性磷酸酶、FDA 水解酶极显著正相关；EEG 与脲酶、酸性磷酸酶、碱性磷酸酶极显著正相关。盐池样地 TG 和 EEG 与脲酶、酸性磷酸酶、碱性磷酸酶、FDA 水解酶极显著正相关。沙坡头样地 TG 与脲酶、酸性磷酸酶、碱性磷酸酶、FDA 水解酶极显著正相关；EEG 与脲酶、酸性磷酸酶极显著正相关。

表 10-5　黑沙蒿根围球囊霉素和土壤酶活性的相关性

样地	指标	脲酶	酸性磷酸酶	碱性磷酸酶	蛋白酶	FDA 水解酶
研究站	TG	0.261*	0.139	0.297*	0.182	−0.005
	EEG	0.567**	0.378*	0.546**	0.161	0.436**

样地	指标	脲酶	酸性磷酸酶	碱性磷酸酶	蛋白酶	FDA 水解酶
榆林	TG	0.517**	0.600**	0.560**	−0.250	0.380**
	EEG	0.599**	0.771**	0.376**	−0.187	0.157
盐池	TG	0.486**	0.697**	0.574**	0.120	0.474**
	EEG	0.451**	0.642**	0.731**	−0.012	0.649**
沙坡头	TG	0.602**	0.663**	0.325**	0.185	0.376**
	EEG	0.488**	0.508**	0.059	−0.066	0.111

对黑沙蒿根围 TG 和 EEG 进行线性回归分析，采用 Stepwise 法逐步筛选 AM 真菌定殖和土壤因子，得到回归方程如下：

$Y_1 = 3.424 - 0.410X_1 + 0.06X_2 + 0.009X_3$（df=3，$F$=70.11，$R^2$=0.471，$P$=0.000）　　（10-1）

式中，Y_1 为总球囊霉素；X_1 为 pH；X_2 为脲酶活性；X_3 为酸性磷酸酶活性。

$Y_2 = 1.775 - 0.185X_1 + 0.003X_2$（df=2，$F$=68.89，$R^2$=0.368，$P$=0.000）　　（10-2）

式中，Y_2 为易提取球囊霉素；X_1 为 pH；X_2 为酸性磷酸酶活性。

说明土壤 TG 和 EEG 含量都与土壤 pH 关联度最大，球囊霉素含量随 pH 增加而减小。同时两者都与酸性磷酸酶活性有关联，TG 还与脲酶活性正相关。

三、柠条锦鸡儿根围土壤球囊霉素时空分布

（一）样地概况和样品采集

在冀蒙农牧交错带选取 3 个样地，分别为河北沽源县二牛点（41°51′95″N，115°47′657″E）、内蒙古额济纳旗黑城遗址（42°9′817″N，115°56′107″E）和正蓝旗城南（42°13′N，115°58′E）。该区域属于温带大陆性干旱气候，海拔 1303～1386m，年均气温 0～3℃，全年降水主要集中在夏季，年均降水量为 400mm，土壤为栗钙土或风沙土。

2009 年 4 月、7 月和 10 月分别从 3 个样地随机选取柠条锦鸡儿各 5 株，在寄主植物根围 0～30cm 内采样。按 0～10cm、10～20cm、20～30cm、30～40cm、40～50cm 共 5 个土层采集根围土壤混合样品 1kg，装入密封袋中，记录寄主植物名称、采样时间、地点、采样人及采样地植被情况。样品自然风干，过 2mm 筛，阴干后 4℃冷藏，用于 AM 真菌、球囊霉素和土壤理化性质分析（郭辉娟，2013；许伟，2015）。

（二）球囊霉素含量和土壤理化性质分析

球囊霉素和土壤理化指标测定方法同沙打旺。

（三）球囊霉素含量时空分布特征

本试验中，土壤 TG 平均值为 0.78mg/g，TG/SOC 平均为 24.92%。二牛点样地 EEG 和 TG 随土壤深度增加呈升高趋势，EEG 在土层间无显著差异，40～50cm 土层 TG 显

著高于 0～10cm 土层。黑城遗址样地 EEG 和 TG 随土壤深度增加先升后降，在 20～30cm 土层最大。正蓝旗城南样地 EEG 和 TG 最大值均在 0～10cm 土层，并随土壤深度增加而显著下降。EEG/SOC 和 TG/SOC 最大值出现在较深土层，在黑城遗址和正蓝旗城南样地土层间差异显著，在二牛点样地土层间无显著差异。

EEG 和 TG 在 3 个样地间差异显著，并具有相同变化规律，二牛点样地显著高于黑城遗址和正蓝旗城南样地，黑城遗址样地显著高于正蓝旗城南样地。EEG/SOC 和 TG/SOC 在 3 个样地间差异显著，分布规律与球囊霉素相反，正蓝旗城南＞黑城遗址＞二牛点。

EEG 和 TG 随月份变化表现出相同的变化规律，即 4 月＞7 月＞10 月，其中 4 月显著高于 10 月。EEG/SOC 和 TG/SOC 最小值均出现在 10 月。

由表 10-6 可知，样地变化对 EEG、TG、EEG/SOC 和 TG/SOC 有极显著影响。月份变化对 EEG 和 TG 有极显著影响，对 EEG/SOC 有显著影响。

表 10-6 土层、样地、月份对 AM 真菌和球囊霉素的交互作用

变异来源	菌丝定殖率	有机碳	碱解氮	孢子密度	EEG	TG	EEG/SOC	TG/SOC
土层	**	**	**	**	NS	NS	**	**
样地	**	**	**	**	**	**	**	**
土层×样地	**	NS	NS	**	**	**	**	**
月份	**	NS	**	**	**	**	*	NS
土层×月份	**	NS	**	NS	NS	NS	**	**
样地×月份	**	**	**	*	NS	NS	**	**
土层×样地×月份	**	NS	NS	NS	*	NS	**	**

注：* $P<0.05$，** $P<0.01$，NS 表示无显著相关性。下同

由表 10-7 可知，孢子密度、EEG、TG 均与土壤湿度、有机碳、碱解氮、有效磷、酸性磷酸酶极显著正相关。菌丝定殖率与土壤温度极显著正相关，与土壤 pH 极显著负相关。TG 和 EEG 与孢子密度极显著正相关。

表 10-7 AM 真菌、球囊霉素与土壤因子的相关性

指标	温度	湿度	pH	有机碳	碱解氮	有效磷	酸性磷酸酶	菌丝定殖率	孢子密度
菌丝定殖率	0.264**	0.033	−0.305**	−0.135	−0.115	−0.003	−0.124	1	−0.010
孢子密度	0.009	0.618**	−0.044	0.94/**	0.947**	0.856**	0.898**	−0.010	1
EEG	−0.035	0.340**	0.299**	0.585**	0.587**	0.465**	0.622**	−0.071	0.514**
TG	−0.026	0.581**	0.078	0.978**	0.974**	0.868**	0.954**	−0.143	0.922**

四、沙棘根围土壤球囊霉素时空分布

（一）样地概况和样品采集

在冀蒙农牧交错带选取 3 个样地，分别为河北沽源县大梁底村（41°52′724″N，115°51′891″E），海拔 1355m，土壤类型为沙质栗钙土；内蒙古正蓝旗元上都遗址（42°15′842″N，116°10′741″E），海拔 1313m，土壤类型为风沙土；内蒙古多伦县大河

口乡（42°11′601″N，116°36′870″E），海拔 1312m，土壤类型为沙质栗钙土。

2009 年 4 月、7 月、10 月分别从 3 个样地随机选取沙棘各 5 株，在寄主植物根围 0～30cm 内按 0～10cm、10～20cm、20～30cm、30～40cm、40～50cm 共 5 个土层分层采集土壤样品 1kg，装入密封袋中，记录寄主植物名称、采样时间、地点、采样人及采样地植被情况。样品自然风干，过 2mm 筛，阴干后 4℃冷藏，用于 AM 真菌、球囊霉素和土壤理化性质分析（陈程，2011；贺学礼等，2011a）。

（二）球囊霉素含量和土壤理化性质分析

球囊霉素和土壤理化指标测定方法同沙打旺。

（三）球囊霉素含量时空分布特征

3 个样地 TG 和 EEG 含量均随土层加深而降低。不同样地同一土层，大梁底村＞大河口乡＞元上都遗址。3 个样地 TG/SOC 值分别为 28.31%、19.86%、19.26%，EEG/SOC 值分别为 14.34%、11.91%、11.58%。2009 年，大梁底村样地 EEG 含量在月份间差异不显著，4 月和 7 月 TG 差异不显著，均显著低于 10 月；0～20cm 浅土层 EEG 和 TG 含量均随时间增加而升高，20～50cm 土层变化不显著。元上都遗址样地 EEG 和 TG 含量在月份、土层间差异不显著。大河口乡样地 TG 含量在月份间差异不显著，7 月 EEG 含量显著高于 10 月；30～40cm 和 40～50cm 土层中 10 月 EEG 含量显著低于 4 月和 7 月，40～50cm 土层中 10 月 TG 含量显著低于 7 月，其他土层间 TG 和 EEG 含量无显著差异。

相关性分析结果表明，TG 和 EEG 含量与 AM 真菌孢子密度、不同结构定殖率显著或极显著正相关。

五、蒙古沙冬青根围土壤球囊霉素时空分布

（一）样地概况和样品采集

本试验选择宁夏银川样地（38°27′N，106°34′E），平均海拔 1169m，土壤以沙土为主；沙坡头样地（37°27′N，104°57′E），平均海拔 1280m，多以沙丘为主；甘肃民勤样地（38°35′N，102°58′E），海拔 1355m，土壤以荒漠土为主；内蒙古阿拉善左旗（41°45′N，107°57′E）、磴口（40°29′N，106°30′E）、乌拉特后旗（41°45′N，107°157′E）、乌海（39°45′N，106°57′E），海拔 1030～1295m，以平坦风蚀沙地、石质滩为主，土质较松软，透气性良好。

2012 年 7 月和 2013 年 7 月，在银川、沙坡头和民勤 3 个样地随机选取生长良好的 5 株蒙古沙冬青，2013 年 7 月和 2014 年 7 月在内蒙古 4 个样地随机选取生长良好的 5 株蒙古沙冬青，贴近植株根颈部去除枯枝落叶层，挖土壤剖面，按 0～10cm、10～20cm、20～30cm、30～40cm、40～50cm 共 5 个土层采集土样，将土样编号并装入塑料袋密封，记录寄主植物名称、采样时间、地点、采样人及采样地植被情况。样品自然风干，过 2mm 筛，阴干后 4℃冷藏，用于 AM 真菌、球囊霉素和土壤理化性质分析（刘春卯等，2013；王晓乾等，2014）。

（二）球囊霉素含量和土壤理化性质分析

球囊霉素和土壤理化指标测定方法同沙打旺。

（三）球囊霉素含量时空分布特征

民勤样地：两年间 3 个样地 TG 含量均表现为表土层显著高于深土层，2012 年 40～50cm 土层高于 2013 年，其他土层无明显变化；EEG 含量均表现出表土层显著高于深土层，2013 年各土层含量均高于 2012 年。沙坡头样地：两年间 3 个样地 TG 含量均表现出表土层显著高于深土层，2013 年含量高于 2012 年；EEG 含量均表现出表土层显著高于深土层，2013 年 0～40cm 土层高于 2012 年。银川样地：两年间 3 个样地 TG 含量均表现为表土层显著高于深土层，2013 年含量在各土层均高于 2012 年；EEG 含量均表现出表土层显著高于深土层，2013 年 0～40cm 土层高于 2012 年。

由表 10-8 可知，孢子密度与有机碳、碱解氮、有效钾显著正相关，与 TG 极显著正相关，与 EEG、有效磷负相关，与辛普森指数极显著负相关；种丰度与脲酶、TG、EEG、碱解氮、有效磷显著正相关，与有机碳、有效钾极显著正相关；香农-维纳指数与孢子密度、TG、有效钾极显著正相关；辛普森指数与碱解氮、EEG 显著负相关，与 TG、有效钾极显著负相关。

表 10-8　AM 真菌物种多样性与土壤因子的相关性

指标	孢子密度	脲酶	有机碳	TG	EEG	碱解氮	有效磷	有效钾
孢子密度	1	0.166	0.562*	0.971**	−0.241	0.638*	−0.208	0.610*
种丰度	0.562*	0.446*	0.775**	0.518*	0.538*	0.603*	0.590*	0.648**
香农-维纳指数	0.687**	−0.194	0.248	0.738**	0.053	0.420	0.259	0.725**
辛普森指数	−0.872**	0.050	0.279	−0.944**	−0.570*	−0.546*	−0.436	−0.663**

内蒙古样地 TG、EEG 占土壤有机碳的平均百分比分别为 36.8%、24.1%。2013 年在内蒙古 4 个样地，同一土层不同样地中磴口样地 0～20cm 土层 TG 显著高于其他样地；阿拉善左旗样地 0～10cm 土层 EEG 显著高于其他样地。2014 年磴口样地 TG 随土层加深而逐渐减少，2014 年 0～20cm 土层 TG 含量显著低于 2013 年；EEG 在 2013 年和 2014 年间无明显变化。乌海样地 0～10cm 土层 TG 含量 2013 年显著低于 2014 年；2013 年 20～40cm 土层 EEG 含量显著高于 2014 年。

由表 10-9 可知，孢子密度与 TG、有机碳显著正相关性，与 EEG 极显著正相关，与碱性磷酸酶显著负相关，与碱解氮极显著负相关；种丰度与酸性磷酸酶显著负相关；辛普森指数与有机碳、碱解氮极显著负相关；香农-维纳指数与有机碳、碱解氮显著负相关；均匀度指数与土壤因子无显著相关性。

表 10-9　年际 AM 真菌物种多样性与球囊霉素和土壤因子的相关性

指标	TG	EEG	有机碳	酸性磷酸酶	碱性磷酸酶	有效磷	有效钾	碱解氮
孢子密度	0.497*	0.79**	0.668*	−0.592	−0.173*	−0.765	0.584	−0.821**
种丰度	−0.536	0.435	−0.288	−0.845*	−0.307	−0.334	−0.1	−0.81
辛普森指数	−0.158	−0.009	−0.79**	−0.48	−0.252	0.098	−0.784	−0.804**

续表

指标	TG	EEG	有机碳	酸性磷酸酶	碱性磷酸酶	有效磷	有效钾	碱解氮
香农-维纳指数	−0.383	0.042	−0.714*	−0.635	−0.346	−0.052	−0.702	−0.818*
均匀度指数	0.195	−0.379	−0.402	0.301	0.104	0.515	−0.752	0.358

六、花棒根围土壤球囊霉素时空分布

（一）样地概况和样品采集

本试验选择内蒙古鄂尔多斯（39.49°N，110.19°E），海拔 1269m，褐色钙质土；乌海（39.61°N，106.81°E），海拔 1150m，以沙土为主；磴口（40.39°N，106.74°E），海拔 1012m，以沙土为主；阿拉善左旗（38.92°N，105.69°E），海拔 1295m，以沙土为主；宁夏沙坡头（37.57°N，104.97°E），海拔 2027m，沙丘地；甘肃民勤（38.58°N，102.93°E），海拔 1400m，以沙土为主；甘肃安西（40.20°N，96°50′E），海拔 1514m，流动沙丘。这些地区是典型的半干旱大陆性气候，季节和昼夜温度变化大，平均气温 5～10℃，降水量少且不均匀。

2015 年 7 月和 2017 年 7 月在上述 7 个样地选择具有代表性的采样地点，每个样地各随机选取生长状态良好的 5 株花棒，在距主干 0～30cm 内采集 0～30cm 土层土壤，将土样装入密封袋中并带回实验室，阴干后过 2mm 筛，4℃冷藏，用于 AM 真菌、球囊霉素和土壤理化性质分析（刘海跃，2018）。

（二）球囊霉素含量和土壤理化性质分析

球囊霉素和土壤理化指标测定方法同沙打旺。

（三）球囊霉素含量时空分布特征

TG 和 EEG 含量以及占土壤有机碳比例在样地和年份间表现出显著差异（表 10-10）。TG 含量为 2.31～8.17mg/g，EEG 含量为 0.84～3.98mg/g。EEG 和 TG 含量在鄂尔多斯样地最高，安西样地最低。EEG 平均值为 1.90mg/g，TG 平均值为 5.86mg/g。

2015 年鄂尔多斯样地 EEG/SOC 为 30.11%，2015 年在乌海样地（6.53%）有最低值；TG/SOC 为 20.74%～62.36%。2016 年阿拉善左旗样地 TG/SOC 最高，安西样地最低；民勤样地 EEG/SOC 最高，磴口和安西样地较低。2017 年阿拉善左旗样地 TG/SOC 最高，安西样地最低；乌海样地 EEG/SOC 最高，安西样地最低。EEG/SOC 总体平均值为 14.83%，TG/SOC 总体平均值为 45.20%。

表 10-10　球囊霉素含量和占土壤有机碳比例的方差分析

指标	样地		年份		样地×年份	
	F	P	F	P	F	P
EEG	43.140	<0.001***	8.207	0.002**	26.192	<0.001***
TG	52.944	<0.001***	2.434	0.106	14.508	<0.001***

续表

指标	样地		年份		样地×年份	
	F	P	F	P	F	P
EEG/SOC	31.786	<0.001***	3.221	0.055	18.032	<0.001***
TG/SOC	22.879	<0.001***	4.179	0.026*	10.075	<0.001***

AM 真菌与土壤因子的相关性分析结果（表 10-11）表明，TG 与碱性磷酸酶、酸性磷酸酶、脲酶和湿度极显著正相关，与 pH 显著负相关；EEG 与碱性磷酸酶和铵态氮显著正相关，与湿度极显著正相关，与 pH 显著负相关。

表 10-11　球囊霉素与土壤因子的相关性

指标	有机碳	有效磷	酸性磷酸酶	碱性磷酸酶	脲酶	铵态氮	pH	湿度
EEG	−0.061	0.038	0.218	0.304*	0.224	0.276*	−0.310*	0.641**
TG	0.018	0.065	0.414**	0.557**	0.334**	0.239	−0.272*	0.559**

七、裸果木根围土壤球囊霉素时空分布

（一）样地概况和样品采集

本试验选择甘肃民勤（38°59′48″N，103°2′33″E），以沙土为主，2019 年 7 月、9 月和 12 月的降水量分别为 12.5mm、28.7mm 和 1.1mm，气温分别为 24.4℃、19.1℃ 和−4.5℃；甘肃安西（40°6′55″N，96°6′47″E），灰棕漠土，7 月、9 月和 12 月的降水量分别为 22.6mm、7.6mm 和 2.4mm，气温分别为 22.5℃、17.2℃ 和−5.5℃。

2018 年 7 月和 2019 年 7 月、9 月和 12 月在每个样地选择 3 个小样地，在每个小样地，各随机选取生长状态良好的 5 株裸果木，清除地表落叶杂物，在距主干 0～30cm 处分 0～10cm、10～20cm 土层采集新鲜土壤，将土样装入密封袋中并带回实验室，阴干后过 2mm 筛，4℃冷藏，用于 AM 真菌、球囊霉素和土壤理化性质分析（张开逊，2021；Zhao et al.，2022）。

（二）球囊霉素含量和土壤理化性质分析

球囊霉素和土壤理化指标测定方法同沙打旺。

（三）球囊霉素含量时空分布特征

民勤样地：土壤 pH 秋季最高，夏季最低；土壤湿度、有机碳、碱性磷酸酶、脲酶、总磷、总氮、TG 均为夏季＞秋季＞冬季，其中夏季有机碳、碱性磷酸酶、总磷、总氮、TG 显著高于冬季。EEG 在夏季最高，冬季最低，夏季显著高于冬季。2018 年夏季土壤脲酶、总氮显著低于 2019 年夏季，碱性磷酸酶、总磷显著高于 2019 年夏季。除 2018 年夏季 0～10cm 土层 pH、总磷低于 10～20cm 土层外，其余土壤因子均为 0～10cm 土层高于 10～20cm 土层。

安西样地：土壤湿度、pH、有机碳、脲酶、碱性磷酸酶、总磷、总氮、EEG、TG均为夏季＞秋季＞冬季，季节间差异显著。2018 年夏季土壤 pH、脲酶、总氮显著低于 2019 年夏季，总磷显著高于 2019 年。除 2018 年夏季 0～10cm 土层 pH、总氮低于 10～20cm 土层外，其余土壤因子均为 0～10cm 土层高于 10～20cm 土层。安西样地土壤因子在不同季节普遍高于民勤样地。

从球囊霉素占土壤碳库比例分析可知，民勤样地 TG/SOC 在季节与年际无显著差异。TG/SOC 在安西样地 2019 年夏季高于秋季和冬季，且在 0～10cm 土层差异显著；2018 年夏季与 2019 年夏季 TG/SOC 无明显规律。2019 年安西样地 0～10cm 土层 EEG/SOC 在秋季最低，夏季最高；10～20cm 土层秋季高于夏季和冬季。2019 年夏季 EEG/SOC 高于 2018 年。2019 年民勤样地 0～10cm 土层 EEG/SOC 在秋季显著低于夏季和冬季；10～20cm 土层夏季最高，冬季最低，且差异显著。不同土层之间，2019 年夏季和冬季根围 0～10cm 土层 EEG/SOC 显著高于 10～20cm 土层。

相关性分析结果（表 10-12）表明，在民勤样地，EEG/SOC 与土壤 pH 显著负相关，与土壤湿度、有机碳、碱性磷酸酶、总磷、总氮极显著正相关；TG/SOC 与土壤湿度、有机碳、碱性磷酸酶、总磷、总氮显著或极显著正相关。在安西样地，EEG/SOC 与土壤 pH、脲酶、有机碳、碱性磷酸酶、总氮显著或极显著正相关；TG/SOC 与脲酶、湿度、有机碳、碱性磷酸酶、总磷、总氮显著或极显著正相关。

表 10-12　民勤和安西样地球囊霉素/有机碳值与土壤因子的相关性

土壤因子	安西		民勤	
	EEG/SOC	TG/SOC	EEG/SOC	TG/SOC
湿度	0.27	0.63[**]	0.85[**]	0.79[*]
pH	0.51[*]	0.11	−0.45[*]	0.01
脲酶	0.63[**]	0.48[*]	0.39	0.3
有机碳	0.59[**]	0.91[**]	0.62[**]	0.78[**]
碱性磷酸酶	0.55[**]	0.87[**]	0.6[**]	0.52[**]
总磷	0.1	0.64[**]	0.67[**]	0.38[*]
总氮	0.57[**]	0.56[**]	0.64[**]	0.69[**]

第二节　不同荒漠植物根围土壤球囊霉素时空分布

一、蒙古沙冬青伴生植物根围土壤球囊霉素时空分布

（一）样地概况和样品采集

本试验选择内蒙古乌海、磴口和阿拉善左旗以蒙古沙冬青为建群种的 3 个样地为研究区域。样地概况和伴生植物信息如表 10-13 所示。2013 年和 2015 年 7 月采集样品。从每个样地选择 2 种主要伴生植物，每种伴生植物随机选取 5 个重复，去除枯枝落叶层，取其根围土壤，按 0～10cm、10～20cm、20～30cm、30～40cm、40～50cm 共 5 个土层

采集新鲜土壤，土样装入密封袋中并带回实验室，阴干后过 2mm 筛，4℃冷藏，用于 AM 真菌、球囊霉素和土壤理化性质分析（郭清华，2016；郭清华等，2016）。

表 10-13　内蒙古荒漠带伴生植物种类及样地概况

样地	年份	伴生植物	海拔/m	经纬度	土壤类型
磴口	2013	梭梭、油蒿	1041～1057	40°23′N～40°28′N，106°23′E～106°44′E	平坦沙地
	2015	沙蒿、白刺			
乌海	2013	柠条锦鸡儿、蒙古扁桃	1141～1160	38°53′N～38°59′N，105°41′E～106°51′E	平坦风蚀沙地
	2015	四合木、蒙古扁桃			
阿拉善左旗	2013	柠条锦鸡儿、沙蒿	1158～1544	39°43′N～39°45′N，106°51′E～106°52′E	平坦风蚀风沙地
	2015	柠条锦鸡儿、沙蒿			

（二）球囊霉素含量和土壤理化性质分析

球囊霉素和土壤理化指标测定方法同沙打旺。

（三）球囊霉素含量时空分布特征

研究区土壤 TG 平均含量为 7.32mg/g，EEG 平均含量为 1.32mg/g。2013 年同一样地不同植物除 pH 和 TG 在土层间无显著差异外，其他土壤因子随土层增加呈下降趋势；不同样地，各土层阿拉善左旗柠条锦鸡儿 EEG 最高，各土层阿拉善左旗柠条锦鸡儿 TG 显著大于磴口和乌海样地。2015 年同一样地不同植物，土壤 pH 随土层增加差异不显著，其他土壤因子差异显著；不同样地，各土层阿拉善左旗柠条锦鸡儿 TG 和 EEG 显著大于其他伴生植物。除土壤 pH、有机碳、有效磷、EEG 年际差异不显著外，2013 年 TG 显著大于 2015 年。

由表 10-14 可知，不同伴生植物 EEG/SOC 和 TG/SOC 分别为 16.86% 和 57.60%。各样地 EEG 大小次序为阿拉善左旗＞乌海＞磴口，TG 大小次序为磴口＞阿拉善左旗＞乌海。

表 10-14　不同样地球囊霉素占土壤有机碳的百分比

项目	磴口	乌海	阿拉善左旗	平均值
EEG/SOC	14.81%	15.74%	20.05%	16.87%
TG/SOC	62.37%	53.01%	57.43%	57.60%

由图 10-1 可知，两轴累计信息量达 100%，其中第一轴所占信息量为 89.4%，第二轴为 10.6%，能综合反映相关性关系。EEG 与孢子密度、碱性磷酸酶、菌丝、碱解氮、有机碳显著正相关，与酸性磷酸酶显著负相关；TG 与 pH 负相关，与有机碳、孢子密度、酸性磷酸酶、菌丝、碱解氮、有效磷显著正相关。

通过对 8 个土壤因子进行 PCA 分析，两个主成分累计贡献率达 90.4%，其中 PC1、PC2 分别能够解释变量方差的 64.7%、25.7%，能基本反映全部土壤因子的基本情况。由图 10-2 可知，有机碳、TG、EEG、碱解氮与 PC1 正相关性系数高；有效磷、酸性磷酸酶与 PC2 正相关性系数高，pH 与 PC2 负相关性系数高。TG、EEG、有机碳、有效磷、碱解氮、酸性磷酸酶是 3 个样地的主要影响因子。图中 2013 年 3 个样地位于 PC1 和 PC2

轴的负端，2015 年 3 个样地分布于 PC1 轴的正负端、PC2 轴的正端。由此可见，2013 年与 2015 年土壤因子存在显著差异。

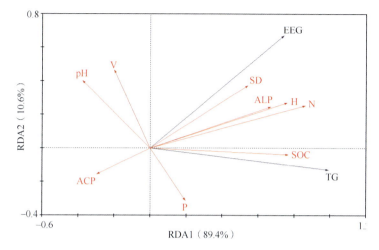

图 10-1　球囊霉素与土壤因子和 AM 真菌的冗余分析

V：泡囊；SD：孢子密度；ALP：碱性磷酸酶；H：菌丝；N：碱解氮；SOC：土壤有机碳；
ACP：酸性磷酸酶；P：有效磷。下同

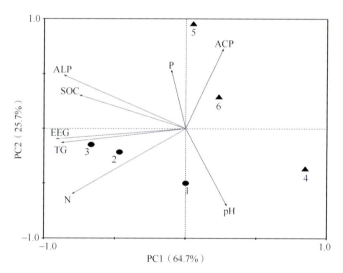

图 10-2　土壤因子 PCA 排序图

图中 1～3 分别表示 2013 年的磴口、乌海、阿拉善左旗样地；4～6 分别表示 2015 年的磴口、乌海、阿拉善左旗样地

二、极旱荒漠植物根围土壤球囊霉素时空分布

（一）样地概况和样品采集

本试验选择甘肃安西极旱荒漠自然保护区（39°52′～41°53′N，94°45′～97°00′E）为研究样地。保护区位于亚洲中部温带荒漠、极旱荒漠和典型荒漠交汇处，海拔 1300～2300m，年均气温 9.68℃，年降水量 50mm 左右，蒸发量达 2477mm，干燥度 11.7，属

于极干旱区，无霜期 115～170 天（表 10-15）。

表 10-15　极旱荒漠目标植物

植物种类	科名	生活型	位置
膜果麻黄 *Ephedra przewalskii*	麻黄科	超旱生常绿灌木	瞭望平台西 2km
红砂 *Reamuria songarica*	柽柳科	小灌木	碱泉子、胡杨林东
合头草 *Sympegma regelii*	藜科	小半灌木	瞭望平台南
泡泡刺 *Nitraria sphaerocarpa*	蒺藜科	灌木	碱泉子、胡杨林东
珍珠猪毛菜 *Salsola passerina*	藜科	半灌木	瞭望平台南

2015～2017 年每年 7 月在样地各选取每种目标植物长势良好的 5 株，每株相隔 100m 左右，去除枯枝落叶层后，采集 0～30cm 土层植物根系，自然抖落根系土壤作为根际土壤混合均匀，将土壤样品装入隔热性能良好的塑料袋密封编号并带回实验室，记录样地基本信息。土样阴干后过 2mm 筛，4℃冷藏，用于 AM 真菌、球囊霉素和土壤理化性质分析（王姣姣，2018）。

2018 年和 2019 年 7 月在相同样地选取 5 种目标植物，距离主干 0～10cm 和 20～30cm 采集 0～30cm 土层根际土壤样品，继续进行 AM 真菌、球囊霉素和土壤理化性质分析（李烨东，2020）。

（二）球囊霉素含量和土壤理化性质分析

球囊霉素和土壤理化指标测定方法同沙打旺。

（三）球囊霉素含量时空分布特征

测定结果表明，2015～2017 年土壤 TG 平均含量为 5.86mg/g。膜果麻黄根际 EEG 和 TG 年际差异不显著；红砂 EEG 和 TG 年际差异不显著；合头草 2016 年 EEG 和 TG 显著高于 2015 年和 2017 年；泡泡刺 TG 年际差异显著；珍珠猪毛菜 2016 年 TG 显著高于 2015 和 2017 年。

2015 年、2016 年和 2017 年安西极旱荒漠区 EEG/SOC 分别为 11.24%、9.99% 和 9.25%，TG/SOC 分别为 22.55%、23.62% 和 23.50%，年际差异不显著。3 年中 5 种植物根际 EEG 大小次序基本一致：珍珠猪毛菜＞膜果麻黄＞合头草＞泡泡刺＞红砂，TG/SOC 在膜果麻黄根围最大，在红砂根围最低（表 10-16）。

表 10-16　不同年份 5 种植物球囊霉素占土壤有机碳的百分比　　　（单位：%）

年份	项目	膜果麻黄	红砂	合头草	泡泡刺	珍珠猪毛菜
2015	EEG/SOC	12.81±1.04a	9.01±0.29a	10.73±0.10a	10.14±0.56a	13.51±0.72a
	TG/SOC	26.23±10.10a	19.18±6.71a	23.17±7.70a	21.18±2.70a	22.98±1.51a
2016	EEG/SOC	11.23±1.09a	7.28±1.08a	10.38±0.10a	9.10±0.02a	11.99±0.96a
	TG/SOC	27.23±1.35a	19.09±6.70ab	23.17±7.70ab	23.25±9.2ab	25.37±1.56ab
2017	EEG/SOC	10.15±2.51a	6.27±0.53a	9.19±1.72a	8.34±1.62a	12.29±0.34a
	TG/SOC	26.12±7.21a	21.56±2.10ab	23.13±1.53ab	23.14±8.12ab	23.56±0.65ab

注：同列数据后不含有相同小写字母的表示不同年份 EEG/SOC 或 TG/SOC 差异显著（$P<0.05$）

2018 年 5 种荒漠植物的 EEG、TG 含量分别为 1.07～5.61mg/g、2.49～8.53mg/g；TG 最大值为 8.53mg/g（泡泡刺），不同植物间差异显著。同一种植物，珍珠猪毛菜根围 0～10cm 土壤 TG 含量低于根围 20～30cm，泡泡刺根围 0～10cm 土壤 TG 含量显著高于根围 20～30cm。2019 年不同植物 TG 和 EEG 含量无显著差异，0～10cm 与 20～30cm 之间也无显著差异。5 种极旱荒漠植物 TG 含量低于草地和农业生态系统，TG/SOC 最大值为 65.11%，高于草地和农业生态系统。

AM 真菌定殖与球囊霉素的相关性分析结果表明，2018 年菌丝和总定殖率与 TG 显著正相关，定殖强度与 TG 极显著正相关；2019 年总定殖率与 EEG 显著正相关，菌丝定殖率和定殖强度与 EEG 极显著正相关。

三、荒漠克隆植物根围土壤球囊霉素时空分布

（一）样地概况和样品采集

本试验选择中国科学院鄂尔多斯沙地草地生态研究站（39°29′40″N，110°11′22″E），海拔 1280m，年降水量 358.2mm；陕西榆林珍稀沙生植物保护基地（38°21′N，109°40′E），海拔 1114m，年降水量 408.6mm；宁夏沙坡头（37°27′N，104°57′E），海拔 1340m，年降水量 180.2mm。

2007 年 5 月、7 月和 10 月在 3 个采样地随机选取克隆植物沙鞭、羊柴和黑沙蒿各 5 株，在寄主植物根围 0～30cm 处按 0～10cm、10～20cm、20～30cm、30～40cm、40～50cm 分层采样，去除枯枝落叶层，每个土层采集土壤样品 1kg，测定每个样地每个土层的温度和湿度，记录采样地点、时间并编号，将土样装入密封袋中并带回实验室，阴干后过 2mm 筛，4℃冷藏，用于 AM 真菌、球囊霉素和土壤理化性质分析（李英鹏，2010）。

（二）球囊霉素含量和土壤理化性质分析

球囊霉素和土壤理化指标测定方法同沙打旺。

（三）球囊霉素含量时空分布特征

由表 10-17 可知，羊柴根围 TG 较高（1.10mg/kg），最大值主要分布在 0～20cm 土层，样地间变化较小；沙鞭较低（0.79mg/kg），土层中分布较为分散，样地间变化明显。沙鞭和羊柴 TG 均表现为 7 月＞10 月＞5 月，两者的 EEG 最大值均在 7 月，但月份间差异不显著。

由表 10-18 可知，对沙鞭而言，EEG 与有机碳、碱解氮、降水量极显著正相关，与 pH 极显著负相关；TG 与有机碳、有效磷、碱解氮、脲酶、蛋白酶、湿度、降水量极显著正相关，与 pH 极显著负相关。对羊柴而言，EEG 与有机碳、有效磷、碱解氮、脲酶、蛋白酶、湿度、降水量极显著正相关，与 pH 和平均气温极显著负相关；TG 与有机碳、有效磷、碱解氮、脲酶、蛋白酶极显著正相关，与 pH、平均气温显著或极显著负相关。

表 10-17 荒漠克隆植物根围球囊霉素时空分布

样地	土层/cm	沙鞭						羊柴					
		EEG/(mg/kg)			TG/(mg/kg)			EEG/(mg/kg)			TG/(mg/kg)		
		5月	7月	10月	5月	7月	10月	5月	7月	10月	5月	7月	10月
鄂尔多斯	0~10	0.09a	0.04b	0.06a	0.40a	0.49a	0.61a	0.68a	0.80a	0.52a	1.33a	1.75a	1.18a
	10~20	0.06a	0.11ab	0.09a	0.46a	0.61a	0.63a	0.55a	0.69a	0.47a	1.04a	1.46ab	1.03a
	20~30	0.08a	0.13a	0.09a	0.47a	0.65a	0.62a	0.55a	0.53a	0.50a	0.71a	1.34ab	1.12a
	30~40	0.10a	0.18a	0.12a	0.45a	0.69a	0.73a	0.42a	0.43a	0.50a	0.70a	1.19ab	1.13a
	40~50	0.15a	0.12a	0.07a	0.50a	0.73a	0.58a	0.56a	0.39a	0.47a	0.84a	1.07b	1.07a
	平均值	0.10A	0.12A	0.09A	0.46B	0.63A	0.63A	0.55A	0.57A	0.49A	0.92B	1.36A	1.11B
榆林	0~10	0.09b	0.19a	0.28a	1.27a	1.46a	0.99a	0.57a	0.69a	0.73a	1.52a	1.92a	1.59a
	10~20	0.07b	0.22a	0.19a	0.81a	1.17ab	1.13a	0.54a	0.59a	0.57ab	1.35ab	1.18b	1.18ab
	20~30	0.17b	0.23a	0.25a	0.74a	1.04ab	1.03a	0.47a	0.55a	0.42ab	1.01ab	1.01b	0.95ab
	30~40	0.23ab	0.20a	0.20a	0.65a	0.78b	0.83a	0.36a	0.43a	0.30b	0.77b	0.84b	0.83ab
	40~50	0.34a	0.23a	0.06b	0.63a	0.81a	0.71a	0.34a	0.39a	0.31ab	0.78b	0.75b	0.74b
	平均值	0.18A	0.21A	0.20A	0.82A	1.05A	0.94A	0.46A	0.53A	0.47A	1.09A	1.14A	1.06A
沙坡头	0~10	—	0.12a	0.07a	—	0.72a	0.56a	0.41a	0.43a	0.43a	0.96a	1.13a	1.19a
	10~20	—	0.10a	0.07a	—	0.74a	0.50a	0.34a	0.41a	0.35a	0.67a	1.07a	1.13a
	20~30	—	0.08a	0.10a	—	0.75a	0.55a	0.35a	0.40a	0.42a	0.54a	1.03a	1.12a
	30~40	—	0.13a	0.13a	—	0.80a	0.49a	0.31a	0.37a	0.31a	0.60a	1.00a	1.12a
	40~50	—	0.08a	0.17a	—	0.63a	0.61a	0.32a	0.29a	0.31a	0.57a	0.80a	0.93a
	平均值		0.10A	0.11A		0.73A	0.54B	0.35A	0.38A	0.36A	0.67B	1.01A	1.10A

注：同一样地同列数据后不含有相同小写字母的表示不同土层间差异显著（$P<0.05$），同一样地不同月份均值后不含有相同大写字母的表示同一指标在不同月份之间差异显著（$P<0.05$）；"—"表示未测得

表 10-18 荒漠环境因子与 AM 真菌的相关性

植物	球囊霉素	有机碳	有效磷	碱解氮	脲酶	蛋白酶	pH	湿度	温度	平均气温	降水量
沙鞭	EEG	0.346**	0.024	0.329**	0.13	0.079	−0.225**	0.106	0.021	0.074	0.309**
	TG	0.477**	0.274**	0.482**	0.430**	0.262**	−0.332**	0.340**	0.154	−0.051	0.290**
羊柴	EEG	0.451**	0.440**	0.484**	0.354**	0.281**	−0.329**	0.261**	−0.006	−0.446**	0.397**
	TG	0.488**	0.441**	0.476**	0.463**	0.308**	−0.410**	0.096	0.12	−0.152*	0.121

逐步回归显示，土壤有机碳（x_1）、有效磷（x_2）、碱解氮（x_3）和湿度（x_7）对沙鞭根围球囊霉素（y_6 代表 EEG，y_7 代表 TG）具有直接作用，而有机碳（x_1）、有效磷（x_2）、碱解氮（x_3）、脲酶（x_4）、pH（x_6）、湿度（x_7）和温度（x_8）对羊柴根围球囊霉素具有直接作用。

$$y_{6\,沙鞭}=0.093+0.034x_1-0.011x_2+0.005x_3 \tag{10-3}$$

$$y_{7\,沙鞭}=0.251+0.153x_1+0.026x_3+0.049x_7 \tag{10-4}$$

$$y_{6\,羊柴}=0.204+0.038x_1+0.048x_2+0.009x_3+0.001x_4+0.036x_7-0.006x_8 \tag{10-5}$$

$$y_{7\,羊柴}=5.433+0.069x_1+0.098x_2+0.014x_3+0.005x_4-0.653x_6-0.092x_8 \tag{10-6}$$

总体而言，荒漠克隆植物土壤球囊霉素有明显时空变化规律，并与环境因子关系密切。最大值多出现在植物生长初期或旺盛生长期，这与 AM 真菌侵染的季节性变化相一

致。同时，毛乌素沙地和腾格里沙漠土壤球囊霉素含量明显低于草地、农田等其他生态系统，说明该区域土壤退化较为严重。黑沙蒿根围含量最高，沙鞭根围最低；毛乌素沙地的榆林含量最高，腾格里沙漠沙坡头含量最低。羊柴和黑沙蒿最大值均分布在 0～10cm 土层；沙鞭最大值多分布在 30～50cm 土层。沙鞭和羊柴根围球囊霉素与土壤养分和降水量（土壤湿度）极显著正相关，与海拔、气温（土壤温度）和 pH 显著或极显著负相关。球囊霉素最大值多分布在表土层，这可能与荒漠环境克隆植物根系多分布在浅土层，在这一范围内具有高的 AM 真菌侵染和孢子密度有关。而球囊霉素/有机碳的最大值则多分布在较深土层，表明球囊霉素在荒漠土壤生态系统有机质动态、养分循环及分解进程中具有重要作用。

第十一章 丛枝菌根真菌对荒漠植物生长和抗旱性的影响

　　土地荒漠化是十分严重的环境问题，不仅能够引发一系列社会和经济问题，也使得人类赖以生存的物质基础——生物多样性和生态环境遭到严重威胁与破坏。因此，荒漠化防治是实现经济和生态环境可持续发展的关键所在。实践证明，恢复和增加干旱和半干旱地区植被覆盖是荒漠治理的有效途径，而利用菌根生物技术对荒漠生态系统的修复则是行之有效、经济可行的。AM 真菌与植物协同进化，是目前已探明的与植物关系最为密切的土壤微生物之一，它的存在与进化见证了生态系统的演替过程。菌根植物相对于非菌根植物对于干旱胁迫具有更高的耐受性，这就要求我们必须选择高效、适应干旱荒漠环境的 AM 真菌种类，以及与之高效共生的寄主植物。因此，研究 AM 真菌对荒漠植物促生抗旱效应和作用机理，才能为荒漠植物生长和植被恢复提供理论依据与技术支持。

第一节　水分胁迫下丛枝菌根真菌对黑沙蒿生长和抗旱性的影响

一、材料与方法

（一）试验材料

　　供试种子采自毛乌素沙地黑沙蒿植株。供试菌种为摩西管柄囊霉（*Glomus mosseae*=*Funneliformis mosseae*）、陕西榆林珍稀沙生植物保护基地（榆林）黑沙蒿根际土著菌和中国科学院鄂尔多斯沙地草地生态研究站（研究站）黑沙蒿根际土著菌[以根内根孢囊霉（*Glomus intraradices*=*Rhizophagus intraradices*）和地管柄囊霉（*Glomus geosporum*=*F. geosporum*）为优势种的混合菌种]，接种剂是分别经黑麦草扩大繁殖后获得含有孢子、菌丝和侵染根段的根际土。试验容器为 21.5cm×16.0cm×20.5cm 的塑料盆。供试土壤采自榆林和研究站的黑沙蒿群落空地土壤，土壤基本理化性质如表 11-1 所示。

表 11-1　试验用土来源和基本理化性质

土壤来源	pH	碱解氮/（μg/g）	有效磷/（μg/g）	有效钾/（μg/g）	有机质/（g/kg）	孢子数/（个/20g 土）	田间持水量/%
研究站	7.94	18.32	4.51	63.37	1.39	320.8	26.2
榆林	7.81	22.83	7.35	84.11	1.88	288.2	22.9

（二）试验设计和处理

　　研究站土壤和榆林土壤分别设两个土壤含水量：正常水分（土壤含水量为田间持水

量的 75%～85%）和水分胁迫（土壤含水量为田间持水量的 35%～45%）两个处理，同一水分条件下设接种摩西管柄囊霉（FM）、土著 AM 真菌（IAMF）和对照（CK）3 个处理，每个处理重复 5 次，随机区组排列。每盆装土 4kg，接种处理每盆层施菌剂 50g，对照处理不加任何菌剂，只添加 50g 相应土壤。2007 年 4 月 30 日播种，在苗高 5cm 时选择长势一致的植株，每盆定苗 3 株。在植株生长期间，统一正常浇水量，温室常规管理。从 8 月 20 日开始采用不同水分梯度处理，每天用称重法保持土壤含水量恒定，生长期间定期定量施加 Hoagland 营养液，分别于 9 月 5 日（前期）、9 月 20 日（中期）、10 月 5 日（后期）和 11 月 5 日（末期）测定相关指标。11 月 20 日结束试验后收获植株，进行相关指标测定（张焕仕，2008；贺学礼等，2008）。

（三）测定方法

土壤 pH 用电位法测定，有机质用重铬酸钾硫酸外加热法测定，碱解氮用碱解扩散法测定，有效磷用 Olsen 法测定，有效钾用硝酸钠浸提-四苯硼钠比浊法测定。叶片 SOD 酶活用 NBT 光化学还原法（以抑制 NBT 降解 10% 作为 1 个酶活单位）测定，POD 酶活用愈创木酚法（以每分钟光密度值上升 0.01 的酶量作为 1 个酶活单位）测定，MDA 含量用硫代巴比妥酸比色法测定。收获时菌根侵染率按 Phillips 和 Hayman（1970）的方法测定；植物组织全氮用凯氏定氮法测定，全磷用钒钼黄比色法测定。

试验数据用 Excel 和 SPSS13.0 生物统计软件 one-way ANOVA 程序进行统计分析和制图，平均值采用 Duncan's 新复极差法进行多重比较。

二、结果与分析

（一）水分胁迫下 AM 真菌对植株生长的影响

由表 11-2 可见，研究站土壤的菌根侵染率普遍高于榆林土壤。不同水分条件下接种 AM 真菌显著提高了黑沙蒿菌根侵染率，土壤中孢子数明显增多，但水分胁迫严重抑制了 AM 真菌对根系的侵染。水分胁迫对黑沙蒿大部分形态指标无显著影响，接种 AM 真菌对植株生物量的促生作用因土壤、水分条件和菌种不同而异。

表 11-2　水分胁迫下不同土壤 AM 真菌接种对植株生长的影响

土壤来源	处理		分枝数/个	地上干重/g	主根长/cm	主根干重/g	侧根干重/g	根冠比	侵染率/%	孢子密度/（个/20g 土）
研究站	正常水分	IAMF	16.2a	1.34c	14.03a	0.380ab	0.311d	0.521b	90.0a	893.3a
		FM	12.6b	1.35c	13.29a	0.389ab	0.448b	0.635a	70.0b	472.3c
		CK	11.7bc	1.92a	13.60a	0.364c	0.478a	0.442c	90.0a	433.3d
	水分胁迫	IAMF	12.3b	1.57ab	14.09a	0.379ab	0.448b	0.530b	73.3b	650.0b
		FM	12.7b	1.51b	14.58a	0.406a	0.428bc	0.558b	66.7b	501.3c
		CK	10.7c	1.33c	13.72a	0.328d	0.414c	0.572ab	60.0c	592.7c
榆林	正常水分	IAMF	11.6b	1.70b	12.61b	0.428a	0.452c	0.645a	53.3a	905.1b
		FM	14.2a	2.08ab	15.01a	0.411b	0.564a	0.475c	53.3a	1229.7ab
		CK	12.9b	2.50a	15.12a	0.398c	0.538b	0.528b	46.7b	180.7d

续表

土壤来源	处理		分枝数/个	地上干重/g	主根长/cm	主根干重/g	侧根干重/g	根冠比	侵染率/%	孢子密度/(个/20g 土)
榆林	水分胁迫	IAMF	13.4ab	1.96ab	14.44a	0.352d	0.536b	0.460c	36.7c	378.0c
		FM	13.1ab	2.05ab	15.00a	0.354d	0.412d	0.378d	33.3c	1800.0a
		CK	14.0a	2.09ab	13.00b	0.349d	0.449c	0.393d	23.3d	774.1b

注：IAMF 表示接种土著 AM 真菌，FM 表示接种摩西管柄囊霉，CK 表示未接种；表中同种土壤同列数据后含有相同小写字母的表示处理间在 0.05 水平差异显著。下同

在正常水分条件下，研究站土壤接种 IAMF 的分枝数显著高于接种 FM 的植株和对照；榆林土壤接种 FM 的分枝数和侧根干重显著高于接种 IAMF 的植株和对照，接种 IAMF 的根冠比分别是接种 FM 和对照的 1.36 倍和 1.22 倍。在水分胁迫下，研究站土壤接种株的分枝数、地上部和主根干重显著大于对照，根冠比无明显变化，只有接种 IAMF 的侧根干重显著大于对照；榆林土壤接种株主根长显著大于对照，接种 IAMF 的侧根干重和根冠比显著大于接种 FM 和对照。

（二）水分胁迫下 AM 真菌对植株水分、全磷、全氮含量的影响

由表 11-3 可知，在正常水分下，接种株主根和侧根含水量显著提高；研究站土壤接种株根部全磷含量显著高于对照，但根部全氮含量显著低于对照，接种 FM 的地上部含水量和全氮含量显著大于接种 IAMF 和对照；榆林土壤接种株地上部全氮含量明显提高，根部全磷含量显著小于对照，接种 IAMF 的地上部含水量和根部全氮含量显著高于接种 FM 和对照。在水分胁迫下，接种 IAMF 的两种土壤对主根含水量有相反效应，研究站土壤显著低于对照，而榆林土壤显著高于对照；研究站土壤接种 FM 的地上部含水量显著高于对照，而主根含水量低于对照，接种 IAMF 只显著提高了根部全磷含量，降低了根部全氮含量和含水量，对其余指标无明显影响；榆林土壤接种株地上部全氮和根部全磷含量显著大于对照，接种 IAMF 的侧根含水量和根部全氮含量显著大于接种 FM 和对照。

表 11-3　水分胁迫下不同土壤 AM 真菌接种对植株水分、全磷、全氮含量的影响

土壤来源	处理		地上部含水量/%	主根含水量/%	侧根含水量/%	地上部		根部	
						全磷/%	全氮/%	全磷/%	全氮/%
研究站	正常水分	IAMF	55.26b	59.99a	69.13ab	0.079a	0.76d	0.097b	0.461b
		FM	66.55a	59.43a	71.47a	0.059b	1.29b	0.136a	0.236c
		CK	55.01b	57.49b	68.29c	0.078a	1.02c	0.070c	0.642a
	水分胁迫	IAMF	54.28bc	55.96c	68.89bc	0.058b	1.16bc	0.072c	0.375bc
		FM	56.07b	57.12b	69.98ab	0.064b	1.01c	0.065cd	0.697a
		CK	53.99c	59.84a	69.13ab	0.062b	1.56a	0.060d	0.549ab
榆林	正常水分	IAMF	58.59a	57.50b	68.21b	0.088a	1.83a	0.095b	0.86a
		FM	56.14c	66.44a	69.06ab	0.105a	1.65a	0.096b	0.50b
		CK	56.04c	34.09d	64.36d	0.095a	0.54d	0.116a	0.48b
	水分胁迫	IAMF	57.32bc	56.16b	69.47a	0.060b	1.22b	0.114a	0.70a
		FM	58.28ab	56.90b	68.11bc	0.076b	0.97c	0.115a	0.41bc
		CK	56.39bc	49.14c	67.03c	0.075b	0.34d	0.098b	0.32c

（三）水分胁迫下 AM 真菌对叶片保护系统的影响

由图 11-1 可知，接种 IAMF 的叶片 SOD 活性同一水分下较高且稳定，水分胁迫下末期达到最大值，其中榆林土壤接种 IAMF 显著大于接种 FM 和对照；正常水分下接种 FM 的变化曲线呈"N"形，水分胁迫下在中期或末期上升到峰值后持续下降，在末期显著低于接种 IAMF 的植株。随着水分处理时间延长，叶片 POD 活性先降后升，末期达到高峰，同一时期水分胁迫抑制了 POD 活性。接种株 POD 活性在正常水分下多大于对照。正常水分下，除研究站土壤接种 FM 植株在前期和榆林土壤接种 FM 植株在中期的丙二醛含量高于对照外，接种株在整个水分处理期间均小于对照。水分胁迫下，研究

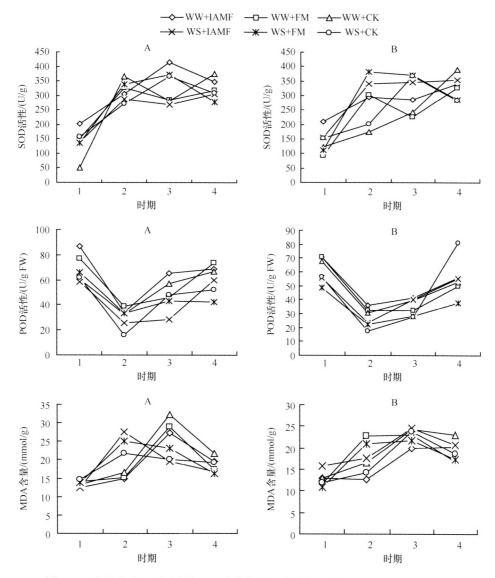

图 11-1 水分胁迫下不同土壤 AM 真菌接种对叶片保护系统和丙二醛含量的影响

A 代表研究站土壤，B 代表榆林土壤；时期 1～4 分别代表前期、中期、后期、末期

站土壤接种株丙二醛含量在升到最大值时显著高于对照，但随之下降后却普遍低于对照；榆林土壤接种 IAMF 的丙二醛含量始终高于对照，接种 FM 的丙二醛含量除中期高于对照，其余 3 个时期均低于对照。

三、丛枝菌根真菌对黑沙蒿生长和抗旱性作用机理分析

水分胁迫对两种土壤生长的黑沙蒿植株形态和含水量无明显影响，但严重抑制了菌根侵染率。水分胁迫抑制了氮、磷在地上部的分配。胁迫前期 SOD 活性较高，POD 活性在后期较高。同一水分条件下接种 AM 真菌显著提高了菌根侵染率，土壤中孢子数和植株分枝数显著增多，促进了侧根发育，显著提高了根冠比，强化了根系对土壤氮、磷的吸收。接种株丙二醛含量较低，SOD 和 POD 活性提高，植株抗旱性增强。水分胁迫下不同土壤接种不同 AM 真菌对植株促生效应差异明显，接种土著 AM 真菌的效果优于接种摩西管柄囊霉。干旱导致菌根侵染率下降，是寄主植物吸水能力下降的原因之一，在植物生长前期接种 AM 真菌可以增强植物抵抗生长中后期干旱环境的能力。

由于研究站土壤采自流动沙丘和半固定沙丘，土层质地和结构比较均匀，透气性良好；榆林土壤采自固定沙丘，土壤结构较为密实，透气性较差，而 AM 真菌是好气性真菌，因此 AM 真菌侵染状况在研究站土壤好于榆林土壤。本试验中，水分胁迫下不同土壤接种不同菌种对寄主植物的影响明显不同。在长期进化过程中土著菌已与黑沙蒿形成了良好的生态适应关系，多种 AM 真菌良性互补，比外源单一菌种更能适应复杂的土壤环境，更能发挥菌根效应。因此，筛选不同生态条件下的优良菌种，并探究接种效应和相关机理，对于荒漠植被恢复和土壤改良具有重要意义。

第二节　水分胁迫下丛枝菌根真菌对柠条锦鸡儿生长和抗旱性的影响

一、材料与方法

（一）试验材料

供试种子采自毛乌素沙地柠条锦鸡儿植株。供试菌种为摩西管柄囊霉（*Glomus mosseae*=*Funneliformis mosseae*）和柠条锦鸡儿根际土著菌（以缩隔球囊霉 *Glomus constrictum*=*Septoglomus constrictum* 和摩西管柄囊霉为优势种的混合菌种），接种剂是经黑麦草扩大繁殖后含有孢子、菌丝和侵染根段的根际土。供试肥料为尿素（含 N 34%），过磷酸钙（含 P_2O_5 13%）和硫酸钾（含 K_2O 46%）。供试土壤碱解氮 53.49μg/g，有效磷 7.98μg/g，有效钾 167.80μg/g，有机质 13.74g/kg，pH 7.69，最大田间持水量 20%。试验容器为 23cm×22cm×22cm 的塑料盆，每盆装土 3.5kg，接种处理每盆层施菌剂 20g，对照处理不加任何菌剂。

（二）试验设计和处理

试验设 3 个土壤相对含水量：40%（重度胁迫）、60%（中度胁迫）和 80%（正常供水），同一水分下设不接种（CK）、接种摩西管柄囊霉（FM）和柠条锦鸡儿根际土著菌（GC）3 个处理，重复 5 次。同时，每盆每公斤土加 0.2g N、0.15g P_2O_5 和 0.15g K_2O。试验盆随机排列。2006 年 4 月 26 日播种，30 天后出苗，长出 8 片真叶后留下长势一致的壮苗，每盆 2 株。在植株生长期间，统一正常浇水量，温室常规管理。从 2006 年 9 月 6 日开始采用不同水分梯度处理，每天用称重法保持土壤含水量恒定，10 月 31 日收获（贺学礼等，2009）。

（三）测定方法

菌根侵染率、植株生长指标、SOD 和 POD 酶活、MDA 含量、植株全氮和全磷含量、土壤有机质、碱解氮、有效磷、有效钾含量测定方法同黑沙蒿；叶片含水量用称重法测定；可溶性蛋白用考马斯亮蓝 G-250 染色法测定；可溶性糖用蒽酮法测定；脯氨酸用茚三酮比色法测定；CAT 活性用紫外分光光度法（以每分钟内引起光密度值减少 0.1 的酶量单位为 1 个酶活单位）测定。

试验数据用 Excel 和 SPSS13.0 生物统计软件 one-way ANOVA 程序进行统计分析和制图，平均值采用 Duncan's 新复极差法进行多重比较。

二、结果与分析

（一）水分胁迫下 AM 真菌对植株生长量的影响

由表 11-4 可见，不同水分条件下，接种 AM 真菌显著提高了植物菌根侵染率，而对叶面积和根长无明显正效应，对株高和茎粗的影响因菌种和土壤含水量不同而有差异。同一水分条件下，土著菌接种效应优于 FM 接种，仅在土壤含水量为 60% 和 40% 时，接种土著菌的株高和茎粗显著高于不接种株。

表 11-4　水分胁迫下接种 AM 真菌对柠条锦鸡儿生长的影响

水分处理/%	接种处理	株高/cm	茎粗/mm	叶面积/mm²	根长/cm	地上部干重/g	根干重/g	侵染率/%
80	CK	43.13a	4.55a	24.73a	27.89a	7.75a	3.96a	19.17b
	FM	52.78a	4.86a	25.31a	30.09a	8.54a	4.02a	61.67a
	GC	51.50a	5.58a	27.12a	31.26a	8.34a	4.43a	70.00a
60	CK	39.05b	3.90b	24.29a	27.25a	5.78b	3.39b	26.67b
	FM	47.70ab	4.24ab	24.77a	29.56a	7.03a	3.48ab	67.50a
	GC	50.14a	5.21a	26.06a	30.26a	7.67a	4.33a	70.83a
40	CK	34.76b	3.68b	20.08a	26.13a	4.51b	2.39b	14.33b
	FM	42.84a	4.13ab	20.16a	26.96a	4.91ab	2.67ab	53.33a
	GC	43.95a	4.71a	22.60a	28.71a	5.10a	3.44a	64.17a

注：CK 表示不接种，FM 表示接种摩西管柄囊霉，GC 表示接种土著菌；同一水分处理下同列数据后不含有相同小写字母的表示接种处理间在 0.05 水平差异显著。下同

随着水分胁迫程度的提高，接种株和不接种株生物量随之降低。接种株生物量有一定提高，但提高效应因菌种和土壤含水量不同存在差异。土壤含水量为40%时，仅接种土著菌的地上部和根干重显著大于不接种株；土壤含水量为60%时，接种两个菌种的地上部干重都显著大于不接种株，仅接种土著菌的根干重显著大于不接种株；土壤含水量为80%时，接种株生物量无明显变化。

（二）水分胁迫下 AM 真菌对植株生理生化特性的影响

由表 11-5 可知，随着土壤含水量降低，除叶片脯氨酸和丙二醛含量略有增加外，接种株和不接种株其他生理生化指标均有所降低，但降低程度因菌种和土壤含水量不同而有差异。土壤含水量为40%时，接种株可溶性糖含量显著高于不接种株，而 MDA 含量显著低于不接种株。不同水分条件下，接种株可溶性蛋白和脯氨酸含量无明显变化。接种 AM 真菌对 SOD、POD 和 CAT 活性的影响因菌种和土壤含水量不同而异，如不同土壤含水量处理时，接种土著菌的 SOD、POD 和 CAT 活性明显高于不接种株，仅土壤含水量为60%时，接种 FM 对 POD 和 CAT 活性有明显影响。

表 11-5　水分胁迫下接种 AM 真菌对柠条锦鸡儿生理生化特性的影响

水分处理/%	接种处理	可溶性糖/(mg/g DW)	可溶性蛋白/(mg/g FW)	脯氨酸/(mg/g)	MDA/(μmol/g FW)	SOD/(μmol/g FW)	POD/(μmol/g FW)	CAT/(μmol/g FW)
80	CK	15.87a	1.03a	0.14a	0.34b	244.14b	35.87b	116.50a
	FM	17.77a	1.12a	0.11a	0.33b	304.18ab	55.47a	120.50a
	GC	18.07a	1.18a	0.08a	0.31b	394.56a	57.16a	131.50a
60	CK	12.21a	1.00a	0.15a	0.39b	214.44b	31.57b	100.00b
	FM	14.59a	1.04a	0.18a	0.34b	279.71b	45.84a	120.50a
	GC	14.58a	1.13a	0.13a	0.32b	355.65a	49.65a	133.50a
40	CK	8.32b	0.96a	0.16a	0.44a	207.53b	34.64b	99.50b
	FM	13.25a	0.97a	0.20a	0.35b	244.14ab	35.63b	103.00ab
	GC	13.96a	1.04a	0.16a	0.33b	299.16a	47.56a	129.00a

（三）水分胁迫下 AM 真菌对土壤和植株氮、磷含量的影响

由表 11-6 可知，不同水分条件下，接种株地上部和地下部全氮含量无明显变化；接种土著菌的地上部全磷含量在土壤含水量60%和80%时显著高于不接种株，土壤含水量60%时显著高于接种 FM，而接种 FM 对地上部全磷含量无明显影响；接种土著菌植株在3个土壤含水量时地下部全磷含量均显著高于不接种株，仅土壤含水量80%时接种FM 对地下部全磷含量有明显影响。除土壤含水量为60%和40%时接种处理的土壤有效磷和含水量为40%时接种处理的土壤碱解氮含量显著低于不接种处理外，其他处理土壤碱解氮和有效磷含量无明显变化。

三、丛枝菌根真菌对柠条锦鸡儿生长和抗旱性作用机理分析

结果表明，AM 真菌能与柠条锦鸡儿根系形成良好共生关系。水分胁迫对 AM 真菌

接种效果有显著影响。不同水分条件下，接种 AM 真菌显著提高了植物菌根侵染率。土壤相对含水量为 40%～60% 时，接种株的株高、茎粗和生物干重明显高于不接种株；接种 AM 真菌提高了植株对土壤氮和磷的利用率，增加了植株全磷和可溶性糖含量以及 SOD、POD、CAT 等保护酶活性。土壤相对含水量为 40% 时，叶片 MDA 含量明显下降。水分胁迫下，接种土著菌的效果最佳。AM 真菌增强寄主植物的抗旱性可能源于促进植物根系对土壤水分和矿质元素吸收的直接作用和改善植物体内生理代谢活动、提高保护酶活性的间接作用。土著菌接种效果优于 FM 接种，进一步说明 AM 真菌和寄主植物的共生关系存在一定的选择性和生态适应性。所以，筛选和培养优势菌种进行柠条锦鸡儿人工接种或菌根化育苗，是提高干旱条件下柠条锦鸡儿抗旱性和成活率的有效途径。

表 11-6　水分胁迫下接种 AM 真菌对土壤和植株氮、磷含量的影响

水分处理/%	接种处理	土壤		地上部		地下部	
		碱解氮/（μg/g）	有效磷/（μg/g）	全氮/%	全磷/%	全氮/%	全磷/%
80	CK	39.00a	3.906a	0.029a	0.031b	0.031a	0.036b
	FM	38.50a	3.343a	0.036a	0.042ab	0.032a	0.070a
	GC	36.75a	2.289a	0.041a	0.052a	0.034a	0.097a
60	CK	39.50a	4.498b	0.030a	0.031b	0.029a	0.029b
	FM	39.00a	3.435a	0.031a	0.035b	0.032a	0.061ab
	GC	38.75a	3.208a	0.034a	0.050a	0.033a	0.093a
40	CK	44.75b	4.915b	0.025a	0.031a	0.028a	0.022b
	FM	41.50ab	3.865a	0.028a	0.034a	0.031a	0.029ab
	GC	39.50a	3.800a	0.029a	0.043a	0.032a	0.033a

第三节　水分胁迫下丛枝菌根真菌对民勤绢蒿生长和抗旱性的影响

一、材料与方法

（一）试验材料

供试种子采自甘肃省民勤县自然生长的民勤绢蒿植株。供试菌种为摩西管柄囊霉（Glomus mosseae=Funneliformis mosseae），接种剂是经黑麦草扩大繁殖后获得含有孢子、菌丝和侵染根段的根际土，每 10g 菌土含 120 个孢子，侵染率为 95%。供试土壤有机质 9.14mg/g，碱解氮 42.00μg/g，有效磷 16.99μg/g，pH 8.00。盆栽试验在河北大学玻璃温室进行，培养基质选用农田土壤过筛后按质量比沙：土=2：1 装入有孔塑料盆（23cm×22cm×22cm），每盆装土 4kg，接种处理每盆层施菌剂 20g，对照处理加同等质量灭菌菌剂。每盆每千克土加 100mg P_2O_5、150mg N 和 150mg K。2009 年 4 月 1 日播种，15 天后出苗，待幼苗生长 2 或 3 片叶时定植，每盆 2 株。在植株生长期间，温室常规管理，不定期松土。

（二）试验设计和处理

试验设 3 个土壤相对含水量，即 20%（重度胁迫）、40%（中度胁迫）和 60%（正常供水），同一水分条件下设接种摩西管柄囊霉（FM）和不接种（CK）两个处理，重复 5 次，试验盆随机排列。从 2009 年 6 月 1 日开始采用不同水分梯度处理，每天用称重法保持每盆恒定。分别于 6 月 20 日（前期）、7 月 10 日（中期）和 7 月 30 日（后期）测定叶片相对含水量、可溶性蛋白、可溶性糖、脯氨酸、叶片全氮、全磷和总黄酮含量；8 月 1 日收苗，先测定株高、根长、分枝数和菌根侵染率，再将地上部和根分开自然晾干至恒重，分别称干重，粉碎后测定全氮、全磷和总黄酮含量（高露，2010；贺学礼等，2011d）。

（三）测定方法

菌根侵染率、植株和土壤相关指标测定方法同柠条锦鸡儿；总黄酮含量用超声波提取紫外分光光度法测定。相关公式如下。

$$菌根侵染率（\%）= AM 真菌侵染的根段数/检查的总根段数 × 100% \tag{11-1}$$

$$菌根依赖性（\%）= [（接种处理干重 – 不接种处理干重）/接种处理干重] × 100% \tag{11-2}$$

$$菌根贡献率（\%）= [（接种处理的吸收量 – 对照处理的吸收量）/接种处理的吸收量] × 100% \tag{11-3}$$

试验数据用 SPSS 13.0 进行统计分析和作图，不同水分条件下接菌或对照的平均值采用 Duncan's 新复极差法进行分析，同一水分条件下接菌与对照用 t 检验进行比较，采用双因子方差分析接种 AM 真菌和水分胁迫两者之间的交互效应。

二、结果与分析

（一）水分胁迫下 AM 真菌对植株生长量的影响

由表 11-7 可见，同一水分条件下，接种 AM 真菌显著提高了植株菌根侵染率，接种株根长及地上部、地下部和全株生物量显著高于未接种株，但对分枝数无显著正效应；土壤含水量为 60%时，接种株株高显著高于未接种株。不同水分条件下，随土壤含水量降低，不仅显著抑制了 AM 真菌对寄主植物根系的侵染效应，也对植株大部分形态学指标有显著影响。

表 11-7　水分胁迫下 AM 真菌对植株生长量的影响

水分处理/%	接种处理	株高/cm	根长/cm	分枝数/个	侵染率/%	每盆干重/g			菌根依赖性/%
						地上部	地下部	全株	
60	CK	42.67a	37.33a	8.60a	61.11a	8.24a	3.07b	11.31a	
	FM	53.73a*	42.00a*	9.30a	87.50a*	10.31a*	3.63a*	13.69a*	17.38
40	CK	31.83b	33.33a	6.88b	56.21a	6.03b	2.21d	8.24b	
	FM	46.17ab	40.00a*	7.25b	83.33a*	7.76b*	2.52c*	10.27b*	19.82

续表

水分处理/%	接种处理	株高/cm	根长/cm	分枝数/个	侵染率/%	每盆干重/g			菌根依赖性/%
						地上部	地下部	全株	
20	CK	29.92b	26.67b	5.13c	22.65b	2.89c	1.26f	4.16c	
	FM	35.17b	34.67b*	6.29b	65.00b*	3.81c*	1.41e*	5.22c*	20.37
P 值	P（S）	0.001	0.000	0.000	0.000	0.000	0.000	0.000	
	P（FM）	0.002	0.000	0.000	0.000	0.000	0.000	0.000	
	P（S×FM）	0.418	0.532	0.656	0.084	0.035	0.000	0.006	

注：CK 表示未接种；FM 表示接种摩西管柄囊霉。表中同列不含有相同小写字母的表示不同水分下接菌或对照在 0.05 水平差异显著，同列*表示在同一水分下接菌与对照在 0.05 水平差异显著，P（S）<0.05 表示水分胁迫下在 0.05 水平差异显著，P（FM）<0.05 表示接种 FM 下在 0.05 水平差异显著，P（S×FM）<0.05 表示水分胁迫和接种 FM 有显著交互效应。下同

随水分胁迫程度的提高，接种株和未接种株生物量随之降低。同一水分条件下，接种株生物量显著高于未接种株；土壤含水量为 60%、40% 和 20% 时，植株菌根依赖性分别是 17.38%、19.82% 和 20.37%，即植株在水分胁迫下较正常水分菌根依赖性高，且水分胁迫和 AM 真菌对植株地上部、地下部和整株干重有显著交互效应，而对其余生长指标无显著交互效应。

（二）水分胁迫下 AM 真菌对植株地上部和地下部全氮，全磷和总黄酮含量的影响

土壤含水量为 20% 和 40% 时，接种 AM 真菌对地上部和地下部全氮含量无显著影响，而接种株每盆吸氮量显著高于未接种株；接种株地上部、地下部全磷含量及每盆吸磷量显著升高；接种株地下部总黄酮含量显著低于未接种株，土壤含水量为 20% 时，接种株地上部总黄酮含量和每盆黄酮产量高于未接种株（表 11-8～表 11-10）。

表 11-8　水分胁迫下 AM 真菌对植株全氮含量的影响

水分处理/%	接种处理	全氮/%		每盆吸氮量/g	贡献率/%
		地上部	地下部		
60	CK	1.65c*	1.06c*	16.81a	
	FM	1.59c	1.02c	19.65a*	14.45
40	CK	1.79b	1.37b	13.79b	
	FM	1.77b	1.34b	17.12b*	19.45
20	CK	2.18a	1.75a	8.52c	
	FM	2.17a	1.75a	10.73c*	20.60
P 值	P（S）	0.000	0.000	0.000	
	P（FM）	0.429	0.025	0.000	
	P（S×FM）	0.809	0.225	0.039	

表 11-9　水分胁迫下 AM 真菌对植株全磷含量的影响

水分处理/%	接种处理	全磷/%		每盆吸磷量/g	贡献率/%
		地上部	地下部		
60	CK	0.35a	0.11a	3.24a	
	FM	0.37a*	0.14a*	4.27a*	24.12

续表

| 水分处理/% | 接种处理 | 全磷/% | | 每盆吸磷量/g | 贡献率/% |
		地上部	地下部		
40	CK	0.32b	0.10ab	2.18b	
	FM	0.35b*	0.13b*	3.05b*	28.52
20	CK	0.32c	0.10b	1.05c	
	FM	0.35b*	0.12c*	1.51c*	30.46
P 值	P（S）	0.000	0.000	0.000	
	P（FM）	0.000	0.000	0.000	
	P（S×FM）	0.001	0.007	0.000	

表 11-10 水分胁迫下 AM 真菌对植株黄酮含量的影响

| 水分处理/% | 接种处理 | 总黄酮/% | | 每盆黄酮含量/g | 贡献率/g |
		地上部	地下部		
60	CK	0.62a*	0.41a*	6.39a	
	FM	0.61b	0.38a	7.46a*	14.34
40	CK	0.60b*	0.39b*	4.49b*	
	FM	0.43c	0.29b	4.04b	−11.14
20	CK	0.54c	0.29c*	1.95c	
	FM	0.61a*	0.23c	2.66c*	26.69
P 值	P（S）	0.000	0.000	0.000	
	P（FM）	0.000	0.000	0.000	
	P（S×FM）	0.000	0.000	0.000	

不同水分条件下，随水分胁迫程度加强，植株地上部和地下部全氮含量显著升高；地上部和地下部全磷含量显著降低；每盆吸氮量和吸磷量显著降低；无论接种与否，地下部总黄酮含量都显著降低；地上部未接种株总黄酮含量显著降低，接种株则先降后升，每盆地上部黄酮产量显著降低。水分胁迫和 AM 真菌对地上部、地下部全磷和总黄酮含量，每盆吸氮量、吸磷量和总黄酮含量有显著交互效应，而对地上部和地下部全氮含量无显著交互效应。

（三）水分胁迫下 AM 真菌对叶片生理生化特性的影响

由图 11-2 可知，同一水分条件下，接种株叶片相对含水量相比对照显著升高；不同水分条件下，随胁迫程度加强，叶片相对含水量显著降低。水分胁迫和 AM 真菌对中后期叶片相对含水量有显著交互效应（表 11-11）。

同一水分条件下，接种 AM 真菌显著增加了不同时期叶片可溶性蛋白含量；不同水分条件下，随胁迫程度加强可溶性蛋白含量显著降低。水分胁迫和 AM 真菌对不同时期叶片可溶性蛋白含量有显著交互效应。同一水分条件下，前期未接种株比接种株有较高的可溶性糖含量，中后期接种株可溶性糖含量显著高于未接种株；不同水分条件下，随胁迫程度加强，可溶性糖含量逐渐升高；整个生长期可溶性糖含量变化稳定。水分胁迫和 AM 真菌对中期叶片可溶性糖含量有显著交互效应。

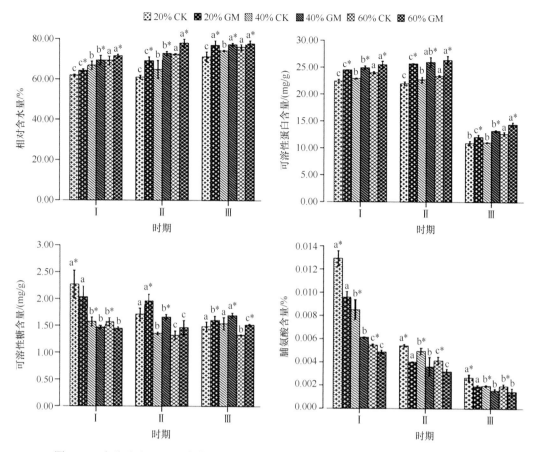

图 11-2　水分胁迫下 AM 真菌对不同时期叶片相对含水量和渗透调节物质含量的影响

Ⅰ. 前期（6 月 20 日）；Ⅱ. 中期（7 月 10 日）；Ⅲ. 后期（7 月 30 日）。图柱上不含有相同小写字母的表示同一时期不同水分下接菌或对照在 0.05 水平差异显著，*表示在同一水分下接菌与对照在 0.05 水平差异显著。下同

表 11-11　AM 真菌和水分胁迫对不同时期叶片相对含水量与渗透调节物质双因子方差分析

P 值	相对含水量			可溶性蛋白含量			可溶性糖含量			脯氨酸含量		
	Ⅰ	Ⅱ	Ⅲ	Ⅰ	Ⅱ	Ⅲ	Ⅰ	Ⅱ	Ⅲ	Ⅰ	Ⅱ	Ⅲ
P（S）	0.000	0.000	0.000	0.000	0.000	0.000	0.000	0.000	0.000	0.000	0.000	0.000
P（FM）	0.000	0.000	0.000	0.000	0.000	0.000	0.000	0.000	0.000	0.000	0.000	0.000
P（S×FM）	0.912	0.038	0.001	0.008	0.034	0.000	0.146	0.000	0.115	0.000	0.073	0.005

　　同一水分条件下，接种株比未接种株叶片有较低的脯氨酸含量；不同水分条件下，随胁迫程度加强脯氨酸含量升高；不同时期叶片脯氨酸含量变化较大，随生育期延长明显降低。水分胁迫和 AM 真菌对前期和后期叶片脯氨酸含量有显著交互效应。

　　（四）水分胁迫下 AM 真菌对不同时期叶片叶绿素、全氮、全磷和总黄酮含量的影响

　　由图 11-3 可见，同一水分条件下，接种株叶片叶绿素含量显著增加；随胁迫程度加强，前期接种株叶绿素含量先降后升，未接种株叶绿素含量先升后降，中后期接种株叶绿素含量显著增加；随生长期延长，叶绿素含量有升高趋势。水分胁迫和 AM 真菌对

不同时期叶片叶绿素含量有显著交互效应（表 11-12）。

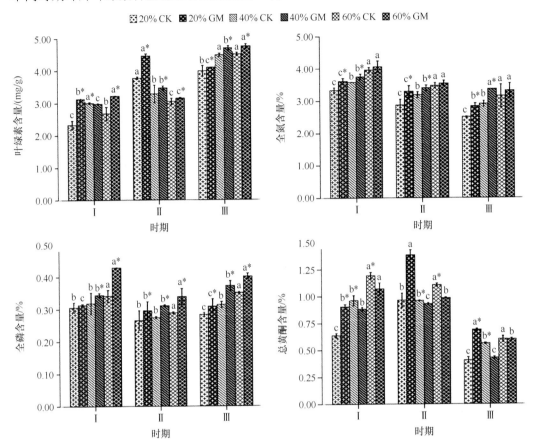

图 11-3　水分胁迫下 AM 真菌对不同时期叶片叶绿素、全氮、全磷和总黄酮含量的影响

表 11-12　AM 真菌和水分胁迫对不同时期叶片叶绿素、全氮、全磷和总黄酮含量双因子方差分析

P 值	叶绿素含量			全氮含量			全磷含量			总黄酮含量		
	Ⅰ	Ⅱ	Ⅲ	Ⅰ	Ⅱ	Ⅲ	Ⅰ	Ⅱ	Ⅲ	Ⅰ	Ⅱ	Ⅲ
P（W）	0.000	0.000	0.000	0.000	0.000	0.000	0.000	0.000	0.000	0.000	0.000	0.000
P（FM）	0.000	0.000	0.000	0.000	0.000	0.000	0.000	0.000	0.000	0.011	0.000	0.000
P（W×FM）	0.000	0.000	0.009	0.000	0.012	0.000	0.130	0.000	0.000	0.000	0.000	0.000

　　不同水分条件下，接种 AM 真菌对叶片全氮、全磷和总黄酮含量影响显著。同一水分条件下，接种株叶片全氮和全磷含量大多显著提高；随胁迫程度加强，全氮和全磷含量呈升高趋势；不同生长期间，叶片全氮和全磷含量趋于稳定。水分胁迫和 AM 真菌对不同时期叶片全氮和全磷含量（Ⅰ 期除外）有显著交互效应。水分胁迫和接种 AM 真菌对叶片总黄酮含量有明显影响。不同生长时期，接种株在土壤含水量为 20%时叶片总黄酮含量（Ⅱ 期除外）显著高于未接种株，土壤含水量为 40%和 60%时叶片总黄酮含量低于未接种株或差异不显著；整个水分处理期间，总黄酮含量先升后降。水分胁迫和 AM 真菌对不同时期叶片总黄酮含量有显著交互效应。

三、丛枝菌根真菌对民勤绢蒿生长和抗旱性作用机理分析

不同水分条件下，接种 AM 真菌提高了民勤绢蒿菌根侵染率和生物量，增加了地上部和地下部全磷含量，重度胁迫下接种株地上部总黄酮含量显著升高，而对分枝数和地上部、地下部全氮含量无显著影响。水分胁迫提高了民勤绢蒿菌根依赖性和全氮、全磷菌根贡献率。不同生长期接种 AM 真菌均能提高植株叶片相对含水量、可溶性蛋白和叶绿素含量；前期接种株叶片可溶性糖含量显著低于未接种株，而中后期可溶性糖含量显著高于未接种株；整个生长期接种株比未接种株叶片维持较低的脯氨酸含量；不同生长期接种株叶片全氮和全磷含量显著升高，重度胁迫下接种株叶片总黄酮含量显著升高。AM 真菌促进寄主植物生长和增强抗旱性可能是 AM 真菌直接促进寄主植物根系对土壤水分和矿质元素吸收和间接改善植株体内生理代谢活动的缘故。

目前，关于 AM 真菌提高植物抗旱性的机理有多种解释：①AM 真菌的侵染扩大了寄主植物根系表面积和增强了寄主植物水分运输。干旱条件下菌丝能够利用根系无法利用的土壤水分，改善植株水分状况，提高植株抗旱性。②通过菌丝吸收养分（如增加磷），改善植株营养水平，促进植株生长，增大根系吸收面积。③通过增加寄主体内可溶性碳水化合物，如可溶性糖等物质浓度，使细胞渗透势降低，有利于寄主植物保持水分。④AM 真菌通过改变植物体内次生代谢产物（如内源激素、黄酮类物质）来间接影响植物水分代谢。本试验中，接种 AM 真菌改变了寄主根系形态，改善了植株保水能力，提高了寄主植物对土壤磷元素等的吸收，调节了体内养分分配，促进了营养物质向叶片转移，刺激黄酮类抗氧化物质生成，缓解了由于干旱引起的细胞生理代谢紊乱，增强了寄主抗旱性，促进了寄主植物生长。这为菌根生物技术在荒漠植物生长和植被恢复中的应用提供了依据。

第四节　水分胁迫下丛枝菌根真菌对花棒生长和抗旱性的影响

一、材料与方法

（一）试验材料

花棒种子购自银川种子公司，播前用 75%乙醇消毒 10min。供试菌种为摩西管柄囊霉（Glomus mosseae=Funneliformis mosseae）和花棒根围土著 AM 真菌[优势菌种为网状球囊霉（Glomus reticulatum）和双网无梗囊霉（Acaulospora bireticulata）]，接种剂是含有侵染根段、孢子和菌丝的经黑麦草扩繁的根围土。将保定市东郊农田土（褐土）和河沙按 1∶2（质量比）混匀，土壤有机质 9.05g/kg，碱解氮 16.21μg/g，有效磷 3.23μg/g，pH 8.01，田间最大持水量 21%。

盆栽容器为 23.0cm×18.0cm×14.0cm 的塑料盆，用前在 0.1% $KMnO_4$ 溶液中浸泡，再用水冲洗后晾干。

（二）试验设计和处理

试验设 30%和 60%两个土壤相对含水量，同一水分条件下设对照（CK）、接种摩西管柄囊霉（FM）和花棒根围土著菌（IAMF）3 个处理，每个处理重复 5 次。每盆每千克土加 0.429g 尿素、0.438g 磷酸二氢钠和 0.462g 硫酸钾作基肥。试验盆在玻璃温室中随机排列，常规管理。

每盆装土 3kg，接种处理每盆层施菌剂 60g，对照加入等量灭菌接种剂。2009 年 4 月 25 日播种，生长一段时间后，每盆定苗 4 株，各处理浇水等管理一致。从 6 月 25 日开始按照土壤相对含水量 30%和 60%进行水分处理，采用称重法保持各处理土壤含水量稳定。7 月 23 日采集不同处理植株相同部位新鲜叶片，测定可溶性蛋白、脯氨酸、可溶性糖、叶绿素、SOD、POD、CAT、丙二醛等指标。收获前一天测定株高、分枝数。7 月 26 日收获植株，将地下部和地上部分开，根部立即用水洗干净，取部分根样测定菌根定殖率和根系活力，其余根样和地上部烘干后测定干重，粉碎后测定全氮、全磷含量。

（三）测定方法

菌根侵染率、植株生长指标、SOD 和 POD 酶活、MDA 含量、植株全氮和全磷含量、土壤有机质含量、碱解氮含量、有效磷含量、有效钾含量、可溶性蛋白含量、脯氨酸含量、测定方法同黑沙蒿；叶片含水量用称重法测定；叶绿素含量采用浸提法测定，可溶性糖含量采用硫酸蒽酮法测定，CAT 活性采用紫外吸收法测定，根系活力采用 TTC 法测定。

应用 SPSS16.0 软件对试验数据进行统计分析，采用 Duncan's 多重比较法检验各处理平均值间差异的显著性，采用广义线性模型（GLM）作双因素交互作用差异显著性测验。

二、结果与分析

（一）水分胁迫下接种 AM 真菌对花棒生长的影响

由表 11-13 可知，土壤相对含水量 30%时，接种 FM 和土著 AM 真菌显著提高了株高、分枝数、地上部和地下部干重；土壤相对含水量 60%时，仅接种土著 AM 真菌显著增加了地上部和地下部干重。接种土著 AM 真菌的菌根依赖性均高于同一水分条件下接种 FM 的植株。菌根依赖性随土壤水分胁迫程度增加而提高。水分处理和接种 AM 真菌的交互作用对菌根定殖率有极显著影响，对株高有显著影响。

表 11-13　水分胁迫下接种 AM 真菌对花棒生长的影响

水分处理/%	接种处理	株高/cm	分枝数/个	地上部干重/g	地下部干重/g	菌根定殖率/%	菌根依赖性/%
30	CK	16.87d	10.87d	0.15d	0.18e	30.67e	
	FM	19.06c	13.56c	0.18c	0.20d	82.57bc	13.15
	IAMF	22.90b	15.33b	0.19c	0.22c	80.33c	19.51
60	CK	28.13a	16.30ab	0.24b	0.25b	40.80d	
	FM	29.50a	16.63ab	0.25b	0.27b	87.16ab	6.12
	IAMF	29.99a	17.63a	0.27a	0.28a	90.27a	10.90

续表

水分处理/%	接种处理	株高/cm	分枝数/个	地上部干重/g	地下部干重/g	菌根定殖率/%	菌根依赖性/%
显著性	W	**	**	**	**	**	
	AMF	**	**	**	**	**	
	W×AMF	*	NS	NS	NS	**	

注：CK 表示不接种，FM 表示接种摩西管柄囊霉，IAMF 表示接种土著 AM 真菌。表中数据为平均值；同列数据后不含有相同小写字母的表示在 0.05 水平差异显著。W 代表水分处理，AMF 代表接种丛枝菌根真菌处理。* $P<0.05$，** $P<0.01$，NS 表示无显著差异。下同

（二）水分胁迫下接种 AM 真菌对花棒叶片相对含水量、叶绿素和渗透调节物质的影响

由表 11-14 可见，土壤相对含水量 30%时，接种 FM 和土著 AM 真菌均能显著提高叶片相对含水量及叶绿素、可溶性糖和脯氨酸含量。土壤相对含水量 60%时，接种 FM 显著提高叶片脯氨酸含量，而接种土著 AM 真菌显著降低了叶片脯氨酸含量。水分处理和接种 AM 真菌的交互作用对叶片叶绿素、可溶性糖和脯氨酸有极显著影响。

表 11-14　水分胁迫下接种 AM 真菌对花棒叶片相对含水量、叶绿素和渗透调节物质的影响

水分处理/%	接种处理	相对含水量/%	叶绿素/（mg/g）	可溶性糖/%	脯氨酸/（μg/g FW）
30	CK	80.88c	0.49c	2.42c	73.45c
	FM	83.98b	0.84a	2.83b	98.17a
	IAMF	83.53ab	0.60b	3.52a	83.83b
60	CK	84.34a	0.82a	2.29c	57.69d
	FM	85.24a	0.83a	2.51c	95.39a
	IAMF	84.05a	0.86a	2.30c	50.16e
显著性	W	**	**	**	**
	AMF	*	**	**	**
	W×AMF	NS	**	**	**

（三）水分胁迫下接种 AM 真菌对花棒叶片抗氧化酶和丙二醛的影响

由表 11-15 可见，接种 FM 和土著 AM 真菌均能在不同水分条件下显著提高叶片 CAT 和 POD 活性，显著降低叶片 MDA 含量，仅在土壤相对含水量 30%时显著增加叶片 SOD 活性。水分处理和接种 AM 真菌的交互作用对 POD 和 MDA 有极显著影响，对 SOD 和 CAT 无显著影响。

表 11-15　水分胁迫下接种 AM 真菌对花棒叶片抗氧化酶和丙二醛的影响

水分处理/%	接种处理	SOD/(U/g FW)	CAT/[U/(g FW·min)]	POD/[U/(g FW·min)]	MDA/(nmol/g FW)
30	CK	190.18b	31.77d	3580c	5.72a
	FM	230.14a	51.96bc	4156b	4.19bc
	IAMF	227.12a	45.88c	5195a	4.42b

水分处理/%	接种处理	SOD/(U/g FW)	CAT/[U/(g FW·min)]	POD/[U/(g FW·min)]	MDA/(nmol/g FW)
60	CK	124.26c	61.03b	2160e	4.06cd
	FM	135.58c	81.47a	3600c	3.80e
	IAMF	143.18c	80.99a	2470d	3.76e
显著性	W	**	**	**	**
	AMF	NS	**	**	**
	W×AMF	NS	NS	**	**

（四）水分胁迫下接种 AM 真菌对花棒全氮、全磷含量和根系活力的影响

接种株地上部全氮含量在土壤相对含水量 30%时显著高于不接种株；接种土著 AMF 的地上部全磷含量在不同水分条件下显著高于不接种株；接种土著 AMF 在土壤相对含水量 30%时显著提高了地下部全氮含量；接种土著 AMF 的地下部全磷含量和根系活力在不同水分条件下显著高于不接种株，接种 FM 在土壤相对含水量 30%时显著提高了地下部全磷含量和根系活力（表 11-16）。水分处理和接种 AM 真菌的交互作用对地下部全磷含量有显著影响，对根系活力有极显著影响。

表 11-16 水分胁迫下接种 AM 真菌对花棒全氮、全磷含量和根系活力的影响

水分处理/%	接种处理	地上部		地下部		根系活力/[mg/(g·h)]
		全氮/(μg/g)	全磷/(μg/g)	全氮/(μg/g)	全磷/(μg/g)	
30	CK	49.30b	1.59d	72.80b	3.54b	180.57d
	FM	51.57a	1.67cd	73.10b	3.81a	295.80b
	IAMF	52.36a	2.19a	75.25a	3.87a	436.99a
60	CK	44.63c	1.89b	59.85c	2.99e	248.82c
	FM	46.47c	1.92b	59.15c	3.02e	250.08c
	IAMF	46.56c	2.16a	60.67c	3.09d	321.54b
显著性	W	**	**	**	**	NS
	AMF	*	**	*	**	**
	W×AMF	NS	NS	NS	*	**

三、丛枝菌根真菌对花棒生长和抗旱性作用机理分析

研究表明，AM 真菌与花棒根系能够形成良好共生关系。水分胁迫显著抑制了花棒生长，接种 AM 真菌促进了花棒根系对土壤水分和矿质元素的吸收，增加了叶片叶绿素含量，改善了植株水分状况，提高了植株各部分磷和氮含量，促进了植物生长。这与在土壤未灭菌条件下 AM 真菌在其他植物上的促生效应一致。

水分胁迫条件下，接种 AM 真菌提高了花棒地上部和地下部全氮含量。说明接种 AM 真菌促进了花棒植株对土壤氮素的吸收和利用，这与前人研究结果一致。很多研究发现，AM 真菌提高了豆科植物固氮酶活性，增加了根瘤量。推测 AM 真菌改善花棒氮

素营养与其促进根瘤菌的固氮作用密切相关。

水分胁迫条件下，接种 AM 真菌显著提高了花棒叶片 SOD、CAT 和 POD 活性，降低了 MDA 含量。说明 AM 真菌可提高植株体内细胞酶促防御系统的能力，更有效地清除水分胁迫产生的活性氧，从而降低 MDA 的积累，减轻细胞膜脂过氧化的伤害，提高植株抗旱性。此外，水分胁迫条件下，接种 AM 真菌显著增加了花棒叶片可溶性糖和脯氨酸含量，有利于降低细胞水势，增大细胞内外渗透势差，使得外界水分有利于向细胞内扩增，进而提高植物抗旱性。

AM 真菌促进植物生长和提高抗旱性的效应因 AM 真菌菌种、寄主植物和生态环境不同而有差异。本试验中，土著 AM 真菌在花棒上的接种效果优于摩西管柄囊霉，这是由于在长期进化和自然选择过程中土著 AM 真菌已与花棒形成了良好共生关系，多种 AM 真菌可通过协同作用比单一菌种能更好地发挥菌根效应，因此接种效果较好。

第五节　水分胁迫下丛枝菌根真菌对沙打旺生长和抗旱性的影响

一、材料与方法

（一）试验材料

沙打旺种子采自西北干旱荒漠区自然生长的沙打旺植株，播前用 75%乙醇消毒 10min。供试菌种为摩西管柄囊霉（*Glomus mosseae*=*Funneliformis mosseae*）和沙打旺根围土著 AM 真菌优势菌种[摩西管柄囊霉、瑞氏无梗囊霉（*Acaulospora rehmii*）和透光根孢囊霉（*Glomus diaphanum*=*Rhizophagus diaphanum*）]，接种剂是含有侵染根段、孢子和菌丝的经黑麦草扩繁的根围土。将保定市东郊农田土（褐土）和河沙按 1∶2（质量比）混匀，过 2mm 筛，经 121℃蒸汽间歇灭菌 2h，取出放置 14 天后待用。土壤有机质 8.97g/kg，碱解氮 15.4μg/g，有效磷 2.39μg/g，pH 8.01，土壤最大持水量 23%。

盆栽容器为 23.0cm×18.0cm×14.0cm 的塑料盆，用前在 0.1% KMnO$_4$ 溶液中浸泡，再用水冲洗后晾干。

（二）试验设计和处理

试验设 30%、50%、70% 3 个土壤相对含水量。同一水分条件下设对照（CK）、接种摩西管柄囊霉（FM）、沙打旺根围土著菌（IAMF）3 个处理，每个处理重复 5 次。每盆每千克土加 0.429g 尿素、0.438g 磷酸二氢钠和 0.462g 硫酸钾作基肥。试验盆随机排列。

每盆装土 2.8kg，接种处理每盆层施菌剂 35g，对照加入等量灭菌接种剂。2008 年 5月 25 日播种，生长一段时间后，每盆定苗 4 株，各处理浇水等管理一致。从 8 月 5 日开始按照 3 个土壤相对含水量进行水分处理，每天用称重法保持各处理土壤含水量。试验在玻璃温室随机排列。

分别于 9 月 15 日（水分胁迫前期）、10 月 5 日（水分胁迫后期）采集不同处理植株相同部位新鲜叶片测定可溶性蛋白、脯氨酸、可溶性糖、叶绿素、SOD、POD、CAT、丙二醛等指标。收获前一天测定株高、分枝数。11 月 2 日结束试验并收获植株，将地下部和地上部分开，采用"抖动法"采集根际土壤样品，然后将根样用水洗干净，取部分根样测定菌根定殖率和根系活力，其余根样和地上部烘干测定干重，粉碎后测定全氮、全磷含量；土样用于测定土壤酶、球囊霉素、有效磷、碱解氮、有机质和 pH（郭辉娟和贺学礼，2010；贺学礼等，2013b）。

（三）测定方法

菌根侵染率、植株生长指标、生理生化指标、土壤理化指标测定方法同前。

应用 SPSS16.0 软件对试验数据进行统计分析，采用 Duncan's 多重比较法检验各处理平均值间的差异显著性，采用广义线性模型（GLM）作双因素交互作用差异显著性测验。

二、结果与分析

（一）水分胁迫下接种 AM 真菌对植株生长的影响

由表 11-17 可知，土壤含水量变化仅对土著 AMF 定殖率有显著影响。同一水分条件下，接种 AM 真菌显著提高了菌根定殖率，而未接种株也有 0～9% 的菌根定殖率，可能是从接种到收获期间的开放培养，空气或水中传播的真菌孢子污染所致。

表 11-17 水分胁迫下接种 AM 真菌对沙打旺生长的影响

水分处理/%	接种处理	株高/cm	分枝数/个	地上部干重/g	地下部干重/g	菌根定殖率/%	菌根依赖性/%
30	CK	17.35e	10.7d	1.17f	1.44f	3.00d	
	FM	21.28d	16.6c	1.72e	1.89de	94.00a	27.70
	IAMF	21.94d	18.6bc	2.05de	1.86e	97.41a	33.25
50	CK	24.18cd	16.5c	2.07de	2.28cd	5.00d	
	FM	26.39bc	18.0c	2.46cd	2.39bc	95.42a	12.12
	IAMF	29.92ab	20.2b	2.61c	2.77b	87.04b	19.14
70	CK	30.23ab	20.4ab	3.32b	4.05a	9.00d	
	FM	31.40a	20.5ab	3.41b	4.04a	94.58a	1.07
	IAMF	32.89a	22.5a	4.37a	4.44a	76.85c	16.34
显著性	W	**	**	**	**	*	
	AMF	**	**	**	**	**	
	W×AMF	NS	**	NS	NS	**	

水分胁迫严重抑制了植株正常生长。土壤含水量 30% 时，接种 FM 和土著 AM 真菌显著增加了株高、分枝数、地上部和地下部干重；土壤含水量 50% 时，仅接种土著 AM 真菌显著增加了株高、分枝数和生物量；土壤含水量 70% 时，接种土著 AM 真菌的地上部干重显著高于不接种株。不同水分条件下，接种土著 AM 真菌的菌根依赖性高于同水分下接种 FM 的植株。菌根依赖性随土壤干旱程度增加而提高。水分处理和 AM 真菌的交互作用对分枝数和菌根定殖率有极显著影响，但对株高、地上部和地下部干重影响不明显。

（二）水分胁迫下接种 AM 真菌对叶片相对含水量、叶绿素和丙二醛含量的影响

由表 11-18 可见，各处理植株叶片相对含水量随土壤含水量降低而降低，丙二醛含量随土壤含水量降低而增加。水分处理前期，接种 FM 的叶绿素含量在土壤含水量 30%时显著高于不接种株，接种土著 AM 真菌的叶绿素含量在土壤含水量 50%时显著高于不接种株。接种 AM 真菌对叶片相对含水量无显著影响。接种 FM 在土壤含水量 30%和50%时显著降低了丙二醛含量，而接种土著 AM 真菌在不同水分下都显著降低了丙二醛含量。

表 11-18　水分胁迫下接种 AM 真菌对叶片相对含水量、叶绿素和丙二醛含量的影响

水分处理/%	接种处理	相对含水量/%		叶绿素/(mg/g)		丙二醛/(nmol/g FW)	
		40 天	80 天	40 天	80 天	40 天	80 天
30	CK	88.44b	83.82c	3.24c	1.20c	3.08a	5.58a
	FM	91.62ab	91.27ab	4.53a	2.80ab	2.88b	4.38c
	IAMF	90.33ab	88.18b	3.35bc	3.25a	2.90b	4.89b
50	CK	90.67ab	90.60ab	3.03c	1.71c	2.88b	4.93b
	FM	91.87ab	92.64a	3.03c	2.58b	2.68c	4.07cd
	IAMF	92.47ab	92.89a	4.02ab	3.29a	2.51d	3.95cd
70	CK	93.10ab	91.44ab	2.62c	2.89ab	2.23e	4.17c
	FM	94.17a	92.89a	2.97c	3.04ab	2.20e	3.92cd
	IAMF	93.77ab	92.20a	2.75c	3.09ab	1.53f	3.65d
显著性	W	*	**	**	*	**	**
	AMF	NS	**	*	**	**	**
	W×AMF	NS	NS	**	**	**	*

注：40 天表示水分胁迫前期，80 天表示水分胁迫后期。下同

水分处理后期，土壤含水量 30%和 50%时，接种 FM 和接种土著 AM 真菌均显著提高了叶绿素含量，且接种土著 AM 真菌对叶绿素的增加效果优于 FM。接种 AM 真菌的叶片相对含水量在土壤含水量 30%时显著高于不接种株。接种 AM 真菌对丙二醛含量的影响与水分胁迫前期相同。水分处理和 AM 真菌的交互作用仅对叶绿素和丙二醛有极显著或显著影响。

（三）水分胁迫下接种 AM 真菌对叶片保护酶系统的影响

由表 11-19 可见，水分处理前期，接种株叶片 SOD 活性在土壤含水量 30%和 50%时显著低于不接种株；接种土著 AM 真菌的叶片 POD 活性在土壤含水量 30%时显著高于不接种株，接种 FM 的叶片 POD 活性在土壤含水量 50%和 70%时显著高于不接种株；不同水分条件下，接种 AM 真菌显著提高了叶片 CAT 活性。水分处理后期，不同水分条件下，接种 AM 真菌显著增加了叶片 SOD 活性，且接种土著 AM 真菌的 SOD 活性显著高于接种 FM；接种 FM 的 POD 活性在不同水分条件下显著高于不接种株，接种土著 AM 真菌的 POD 活性在土壤含水量 30%和 50%时显著高于不接种株。接种株叶片 CAT 活性在不同水分条件下显著高于不接种株。水分处理和 AM 真菌的交互作用对 SOD、

CAT 和 POD 活性有极显著影响。

表 11-19　水分胁迫下接种 AM 真菌对叶片保护酶系统的影响

水分处理/%	接种处理	SOD/[U/(g FW·min)]		CAT/[U/(g FW·min)]		POD/[U/(g FW·min)]	
		40 天	80 天	40 天	80 天	40 天	80 天
30	CK	110.02a	80.48c	66.00g	41.33f	4269b	6613b
	FM	82.71bc	91.10b	75.44f	94.67b	4489b	7707a
	IAMF	81.34bc	97.40a	195.22a	51.11e	7062a	7742a
50	CK	115.56a	45.76f	95.11e	35.41f	4542b	2667e
	FM	82.30bc	53.57e	149.11b	58.37de	7661a	3004d
	IAMF	71.56c	81.29c	107.00d	80.59c	4689b	7665a
70	CK	115.44a	42.63g	52.44h	77.19c	607d	2874de
	FM	44.44d	53.18e	123.44c	67.11d	3122c	3570c
	IAMF	97.39ab	55.60d	114.44d	115.11a	616d	2684de
显著性	W	NS	**	**	**	**	**
	AMF	**	**	**	**	**	**
	W×AMF	**	**	**	**	**	**

（四）水分胁迫下接种 AM 真菌对叶片渗透调节物质和可溶性蛋白的影响

由表 11-20 可见，随土壤含水量降低，各处理的叶片可溶性糖和脯氨酸含量不同程度增加。水分处理前期，不同水分条件下，接种株叶片可溶性糖和可溶性蛋白含量显著提高；接种 FM 的脯氨酸含量在土壤含水量 50% 和 70% 时显著高于不接种株，接种土著 AM 真菌的脯氨酸含量在土壤含水量 30% 和 70% 时显著高于不接种株。

表 11-20　水分胁迫下接种 AM 真菌对叶片渗透调节物质和可溶性蛋白含量的影响

水分处理/%	接种处理	可溶性糖//%		脯氨酸/(μg/g FW)		可溶性蛋白/(mg/g FW)	
		40 天	80 天	40 天	80 天	40 天	80 天
30	CK	2.47c	2.38a	40.82cd	42.07e	10.79d	8.47e
	FM	2.58b	2.46a	42.29c	72.15c	26.63a	12.21d
	IAMF	2.65a	2.47a	54.52a	232.66a	12.20c	15 54b
50	CK	1.71g	1.50b	38.98d	33.93f	12.65c	12.58cd
	FM	1.78f	2.40a	46.33b	42.30e	15.72b	13.27c
	IAMF	2.07d	2.06ab	39.26d	115.64b	16.24b	16.89a
70	CK	1.64h	1.46b	31.54f	31.66f	6.47e	15.18b
	FM	1.79f	2.16a	36.23e	38.75e	9.90d	14.64b
	IAMF	1.87e	1.54b	35.73e	47.20d	12.12c	15.03b
显著性	W	**	**	**	**	**	**
	AMF	**	**	**	**	**	**
	W×AMF	**	NS	**	**	**	**

水分处理后期，接种株叶片脯氨酸含量在不同水分条件下显著高于不接种株，接种

土著 AM 真菌对脯氨酸的增加效果优于接种 FM；与对照植株相比，接种土著 AM 真菌在土壤相对含水量 30%和 50%时显著提高可溶性蛋白含量，而接种 FM 的可溶性蛋白含量在土壤相对含水量 30%时显著高于不接种株；接种 FM 的可溶性糖含量在土壤相对含水量 50%和 70%时显著高于不接种株。水分处理和 AM 真菌的交互作用对叶片脯氨酸和可溶性蛋白含量有极显著影响，仅在水分胁迫前期对可溶性糖含量有极显著影响。

（五）水分胁迫下接种 AM 真菌对沙打旺全氮、全磷含量和根系活力的影响

由表 11-21 可见，不同水分条件下，接种 AM 真菌显著提高了地下部全氮含量和根系活力，且接种土著 AM 真菌显著高于接种 FM。接种土著 AM 真菌的地上部全氮含量在不同水分条件下显著高于接种 FM 和不接种株，接种 FM 在土壤含水量 30%和 50%时显著提高了地上部全氮含量。与对照相比，接种 FM 和接种土著 AM 真菌在土壤含水量 30%时显著增加了地上部全磷含量。接种 FM 的地下部全磷含量在土壤含水量 30%和 50%时显著高于不接种株，水分胁迫下接种土著 AM 真菌对地下部全磷含量无明显影响。水分处理和 AM 真菌的交互作用对地上部全氮和全磷含量、地下部全氮含量及根系活力有极显著影响，对地下部全磷有显著影响。

表 11-21　水分胁迫下接种 AM 真菌对沙打旺全氮、全磷含量和根系活力的影响

水分处理/%	接种处理	地上部		地下部		根系活力/[mg/(g·h)]
		全氮/(µg/g)	全磷/(µg/g)	全氮/(µg/g)	全磷/(µg/g)	
30	CK	14.72g	1.63d	14.70h	2.19e	141.27g
	FM	17.62f	2.31ab	18.43g	2.78b	288.98e
	IAMF	25.08b	2.19bc	22.87c	2.21e	510.61c
50	CK	19.07e	2.34a	18.78f	2.70bc	196.29fg
	FM	21.12d	2.44a	20.32e	3.17a	378.97d
	IAMF	26.83a	2.34a	25.88a	2.72bc	890.74a
70	CK	24.38c	2.17c	22.14d	2.46d	248.68ef
	FM	23.22c	2.17c	22.87c	2.58cd	440.76cd
	IAMF	25.78ab	1.71d	23.92b	2.07e	593.89b
显著性	W	**	**	**	**	**
	AMF	**	**	**	**	**
	W×AMF	**	**	**	*	**

（六）水分胁迫下接种 AM 真菌对沙打旺根际土壤养分和球囊霉素的影响

由表 11-22 可见，随着土壤含水量增加，各处理土壤 pH 降低，TG 和 EEG 增加。土壤含水量 30%和 50%时，接种 AM 真菌显著降低了土壤 pH 和有效磷，提高了土壤有机质、碱解氮、TG 和 EEG。土壤含水量 70%时，接种 AM 真菌显著提高了土壤 TG 和 EEG。不同水分条件下，接种土著 AM 真菌的土壤 TG 和 EEG 都高于同一水分条件下接种 FM。水分处理和 AM 真菌的交互作用对 pH、有机质、有效磷、碱解氮和 EEG 有极显著影响。

表 11-22　水分胁迫下接种 AM 真菌对土壤养分和球囊霉素的影响

水分处理/%	接种处理	pH	有机质/(mg/g)	碱解氮/(μg/g)	有效磷/(μg/g)	TG/(mg/g)	EEG/(mg/g)
30	CK	8.57a	3.05d	17.46f	39.93a	0.39f	0.31f
	FM	8.27d	3.10d	18.41e	31.55cd	0.96c	0.66c
	IAMF	8.41c	3.37c	18.81de	32.61c	1.13b	0.82b
50	CK	8.51ab	3.01d	16.80f	35.61b	0.53e	0.41e
	FM	8.33d	3.44bc	19.48cd	24.88e	0.95c	0.82b
	IAMF	8.43bc	3.62b	19.90bc	32.28cd	1.14b	0.83ab
70	CK	8.25d	3.98a	20.25abc	32.06cd	0.69d	0.48d
	FM	8.32d	4.01a	20.33ab	19.08f	1.25a	0.84ab
	IAMF	8.32d	4.18a	20.79a	30.45d	1.29a	0.85a
显著性	W	**	**	**	**	**	**
	AMF	**	**	**	**	**	**
	W×AMF	**	**	**	**	NS	**

（七）水分胁迫下接种 AM 真菌对沙打旺根际土壤酶活性的影响

由表 11-23 可知，随着土壤含水量增加，土壤酸性磷酸酶、碱性磷酸酶、脲酶和蛋白酶活性都呈增加趋势。酸性磷酸酶、碱性磷酸酶、蛋白酶和脲酶活性在接种 AM 真菌条件下均有所升高，但增加效应因菌种和土壤酶不同而有所差异。土壤含水量 30%和50%时，接种 AM 真菌显著提高了土壤酸性磷酸酶、碱性磷酸酶、蛋白酶和脲酶活性，接种土著 AM 真菌的碱性磷酸酶活性显著高于接种 FM。土壤含水量 70%时，接种土著AM 真菌显著增加了土壤酸性磷酸酶、碱性磷酸酶、蛋白酶和脲酶活性，接种 FM 显著增加了蛋白酶和脲酶活性。水分处理和 AM 真菌的交互作用对土壤酸性磷酸酶、碱性磷酸酶、蛋白酶和脲酶有极显著影响。

表 11-23　水分胁迫下接种 AM 真菌对土壤酶活性的影响

水分处理/%	接种处理	酸性磷酸酶/[nmol/(g·min)]	碱性磷酸酶/[nmol/(g·min)]	蛋白酶/[μg/(g·h)]	脲酶/[μg/(g·h)]
30	CK	5.34e	4.42f	2.43e	4.61f
	FM	7.28d	6.82e	3.74cd	16.39c
	IAMF	8.13d	7.76d	4.23c	7.47e
50	CK	7.92d	5.14f	3.06de	4.92f
	FM	12.94c	8.13d	4.45c	17.60b
	IAMF	12.79c	10.03b	6.39b	11.83d
70	CK	14.98b	8.61cd	3.42cde	12.75d
	FM	15.00b	9.27bc	5.65b	18.59b
	IAMF	22.49a	14.79a	8.02a	19.72a
显著性	W	**	**	**	**
	AMF	**	**	**	**
	W×AMF	**	**	**	**

三、丛枝菌根真菌对沙打旺生长和抗旱性作用机理分析

本试验中，AM 真菌与沙打旺根系能够形成良好共生关系。不同种类 AM 真菌具有不同的水分适应范围，土著 AM 真菌来自毛乌素沙地沙打旺根际土，长期适应干旱环境，所以干旱条件更有利于土著 AM 真菌的侵染。

水分胁迫显著抑制了沙打旺的生长，而接种 AM 真菌促进了沙打旺根系对土壤矿质元素和水分的吸收与利用，提高了根系活力与植株各部分磷和氮含量，改善了植株水分状况，提高了叶片叶绿素含量和光合效率，促进了植物生长。这与 AM 真菌在其他植物上的接种效应一致。

水分胁迫条件下，接种 AM 真菌明显提高了叶片 CAT 和 POD 活性，在胁迫后期显著增加了 SOD 活性。说明接种 AM 真菌改善了植物的酶促反应系统，减少了由于水分胁迫引起的活性氧积累，降低膜脂过氧化产物 MDA 含量，从而减轻因干旱造成的膜伤害，提高其抗旱性。接种株叶片可溶性蛋白含量的增加，说明 AM 真菌侵染可能减少了植株体内 RNA 的降解，增强非酶促防御系统能力，其含量增加也可增强寄主细胞的保水力。不同水分条件下，接种 AM 真菌显著增加了沙打旺叶片可溶性糖和脯氨酸含量，而这些渗透调节物质在叶片中的积累，有利于降低细胞水势，增大细胞内外渗透势差，使得外界水分有利于向细胞内扩增，进而提高植物抗旱性。

干旱胁迫降低了土壤酸性磷酸酶、碱性磷酸酶、蛋白酶和脲酶活性，但接种 AM 真菌显著提高了土壤酶活性。土壤磷酸酶活性增加，可以提高沙打旺对土壤有机磷的利用。接种 AM 真菌提高了蛋白酶和脲酶活性，说明 AM 真菌在氮素转化中有重要作用，可以促进沙打旺对有效氮的吸收利用。

接种 AM 真菌显著降低了土壤有效磷含量，表明 AM 真菌能够促进植株对土壤磷营养的吸收。干旱条件下接种 AM 真菌不但增加了土壤碱解氮含量，也显著提高了植株地上部和地下部全氮含量，推测这与 AM 真菌促进了根瘤菌固氮作用密切相关。接种 AM 真菌显著降低了土壤 pH，根系 pH 的变化从多方面影响着土壤环境，如影响土壤养分的有效性、根系形态建成与生长速率、根系分泌物种类和数量以及土壤酶活。

不同水分条件下，接种 AM 真菌显著增加了土壤总球囊霉素和易提取球囊霉素含量，干旱条件下，有球囊霉素黏着的 AM 真菌根外菌丝可在土壤水气界面更好地生存，将水分和矿质元素输送给寄主植物，提高了植物的抗旱能力。

本研究表明，摩西管柄囊霉和土著 AM 真菌均能提高土壤有机质、碱解氮、球囊霉素和土壤酶活性，改善土壤理化性质，土著 AM 真菌的接种效应优于摩西管柄囊霉。这是因为土著 AM 真菌在干旱条件下有更好的生态适应性。因此根据实际条件筛选高效菌种，对于 AM 真菌的应用至关重要。

第十二章　荒漠环境丛枝菌根真菌多样性特征与研究展望

第一节　中国北方荒漠环境丛枝菌根真菌定殖与资源多样性特征

一、中国北方荒漠植物丛枝菌根真菌定殖特征

中国北方干旱荒漠地带分布着丰富多样的植物资源，在长期进化历程中，这些植物已经形成了适应干旱荒漠环境的形态、生理代谢和遗传特性，呈现出不同程度的间断分布，占据着分化十分明显的生态地理区域，表现出较为复杂的物种、生态和遗传多样性，成为不同荒漠环境的建群种或优势种，而 AM 真菌与荒漠植物形成共生体系，在维持荒漠植被稳定性及生态系统生产力方面扮演着重要角色。研究结果表明，中国北方干旱荒漠环境自然生长的植物根系均能被 AM 真菌侵染形成良好的共生体，主要特征如下：①AM真菌侵染植物根系主要形成疆南星型（Arum-type，A 型）和中间型（intermediate-type，I 型）丛枝菌根，这种类型的丛枝菌根更有利于植物根系对水分和营养物质的吸收、运输和交换，有助于植物适应极端干旱荒漠环境。②由于丛枝存活时间较短，更替周期较快，所以，在采样分析期间，观测到的菌根结构主要是发达的泡囊和菌丝；同时，丛枝作为菌丝和植物细胞进行物质、能量和信息交流的界面，在干旱荒漠环境的更替速率加快，造成丛枝结构难以观测或有时只观测到正在消解的丛枝，这也是部分荒漠植物和采样时段观测的丛枝定殖率较低或难以观测到丛枝结构的原因。③同一样地不同植物菌根定殖特性和定殖率差异明显，不同样地或不同采样时间同种植物菌根定殖率和定殖强度也有明显差异，表明荒漠环境 AM 真菌定殖具有明显的时空异质性。④AM 真菌与植物之间虽然无严格专一性，但不同植物对同种 AM 真菌的应答和同种植物对不同 AM 真菌的应答差异明显，表明植物对丛枝菌根的依赖性不同，它们之间存在一定的相互选择性或偏好性。⑤荒漠生态系统中，AM 真菌的最大定殖率主要分布在 0～30cm 浅土层，这与 AM 真菌属于好气性真菌以及荒漠植物侧根主要分布于浅土层有关。⑥荒漠生态系统中，AM 真菌定殖程度与孢子密度并非都是正相关关系，而是表现出正相关、负相关或无显著相关性，两者之间的相关性与样地环境、植物种类和采样时间密切相关。⑦荒漠生态系统中，AM 真菌的定殖程度和孢子密度与环境因子，特别是土壤因子密切相关，因此，AM 真菌定殖程度和孢子密度可以作为土壤质量和荒漠生态系统功能的评价指标。⑧研究发现，荒漠生态系统中，藜科（珍珠猪毛菜）、苋科（合头草）、蒺藜科（泡泡刺）等科植物根系也能被 AM 真菌侵染形成丛枝菌根结构，相比其他科的植物，只是 AM 真菌定殖率较低，这进一步证实了这些科（以前认为是非菌根植物）的植物能够与 AM 真菌形成共生结构。

二、中国北方荒漠植物丛枝菌根真菌资源多样性特征

中国北方荒漠植物 AM 真菌资源多样性丰富，并且形成了与荒漠生态环境相适应的形态特征和群落结构。

1）通过形态学和微形态学特征共分离鉴定 AM 真菌 14 属 82 种，其中无梗囊霉属（*Acaulospora*）有 22 种，即双网无梗囊霉（*A. bireticulata*）、细齿无梗囊霉（*A. denticulata*）、孔窝无梗囊霉（*A. foveata*）、丽孢无梗囊霉（*A. elegans*）、凹坑无梗囊霉（*A. excavata*）、詹氏无梗囊霉（*A. gerdemannii*）、瑞氏无梗囊霉（*A. rehmii*）、皱壁无梗囊霉（*A. rugosa*）、细凹无梗囊霉（*A. scrobiculata*）、疣状无梗囊霉（*A. tuberculata*）、光壁无梗囊霉（*A. laevis*）、波状无梗囊霉（*A. undulata*）、浅窝无梗囊霉（*A. lacunosa*）、刺无梗囊霉（*A. spinosa*）、蜜色无梗囊霉（*A. mellea*）、脆无梗囊霉（*A. delicate*）、毛氏无梗囊霉（*A. morrowiae*）、附柄无梗囊霉（*A. appendicola*）、膨胀无梗囊霉（*A. dilatata*）、波兰无梗囊霉（*A. polonica*）、空洞无梗囊霉（*A. cavernata*）、椒红无梗囊霉（*A. capsicula*）；近明球囊霉属（*Claroideoglomus*）有 4 种，即近明球囊霉（*Cl. claroideum*）、层状近明球囊霉（*Cl. lamellosum*）、幼套近明球囊霉（*Cl. etunicatum*）、黄近明球囊霉（*Cl. luteum*）；管柄囊霉属（*Funneliformis*）有 5 种，即苏格兰管柄囊霉（*F. caledonium*）、副冠管柄囊霉（*F. coronatum*）、疣突管柄囊霉（*F. verruculosum*）、摩西管柄囊霉（*F. mosseae*）、地管柄囊霉（*F. geosporum*）；根孢囊霉属（*Rhizophagus*）有 6 种，即聚丛根孢囊霉（*Rh. aggregatum*）、透光根孢囊霉（*Rh. diaphanum*）、明根孢囊霉（*Rh. clarus*）、聚生根孢囊霉（*Rh. fasciculatus*）、英弗梅根孢囊霉（*Rh. invermaius*）和根内根孢囊霉（*Rh. intraradices*）；隔球囊霉属（*Septoglomus*）有 3 种，即缩隔球囊霉（*Sep. constrictum*）、沙荒隔球囊霉（*Sep. deserticola*）、黏质隔球囊霉（*Sep. viscosum*）；球囊霉属（*Glomus*）有 25 种，即白色球囊霉（*G. albidum*）、双型球囊霉（*G. ambisporum*）、棒孢球囊霉（*G. clavisporum*）、卷曲球囊霉（*G. convolutum*）、帚状球囊霉（*G. coremioides*）、长孢球囊霉（*G. dolichosporum*）、多产球囊霉（*G. fecundisporum*）、聚集球囊霉（*G. glomerulatum*）、晕环球囊霉（*G. halonatum*）、海得拉巴球囊霉（*G. hyderabadensis*）、斑点球囊霉（*G. maculosum*）、宽柄球囊霉（*G. magnicaule*）、黑球囊霉（*G. melanosporum*）、微丛球囊霉（*G. microaggregatum*）、小果球囊霉（*G. microcarpum*）、大果球囊霉（*G. macrocarpum*）、单孢球囊霉（*G. monosporum*）、多梗球囊霉（*G. multicaule*）、凹坑球囊霉（*G. multiforum*）、膨果球囊霉（*G. pansihalos*）、具疱球囊霉（*G. pustulatum*）、网状球囊霉（*G. reticulatum*）、荫性球囊霉（*G. tenebrosum*）、地表球囊霉（*G. versiforme*）、筒丝球囊霉（*G. tubiforme*）；伞房球囊霉属（*Corymbiglomus*）仅 1 种，即扭形伞房球囊霉（*C. tortuosum*）；和平囊霉属（*Pacispora*）仅 1 种，即道氏和平囊霉（*P. dominikii*）；类球囊霉属（*Paraglomus*）仅 1 种，即隐类球囊霉（*P. occultum*）；多样孢囊霉属（*Diversispora*）仅 1 种，即黏屑多样孢囊霉（*D. spurcum*）；内养囊霉属（*Entrophospora*）仅 1 种，即稀有内养囊霉（*E. infrequens*）；巨孢囊霉属（*Gigaspora*）有 3 种，即易误巨孢囊霉（*Gi. decipiens*）、珠状巨孢囊霉（*Gi. margarita*）、微白巨孢囊霉（*Gi. albida*）；盾巨孢囊霉属（*Scutellospora*）有 9 种，即美丽盾巨孢囊霉（*Scu. calospora*）、透明盾巨孢囊霉（*Scu. pellucida*）、红色

盾巨孢囊霉（*Scu. erythropa*）、黑色盾巨孢囊霉（*Scu. nigra*）、网纹盾巨孢囊霉（*Scu. reticulata*）、异配盾巨孢囊霉（*Scu. heterogama*）、桃形盾巨孢囊霉（*Scu. persica*）、亮色盾巨孢囊霉（*Scu. fulgida*）、群生盾巨孢囊霉（*Scu. gregaria*）。

2）中国北方荒漠环境部分 AM 真菌种类分布广泛，属于广域种，如 *A. bireticulata*、*A. foveata*、*A. excavata*、*A. rehmii*、*A. scrobiculata*、*Cl. claroideum*、*F. mosseae*、*F. geosporum*、*G. dolichosporum*、*G. magnicaule*、*G. melanosporum*、*G. reticulatum*、*G. versiforme*、*Gi. decipiens*、*Rh. aggregatum*、*Sep. constrictum*、*Sep. deserticola*、*Sep. viscosum*、*Scu. calospora*、*Scu. pellucida* 等；有些种类仅分布于狭域环境或少数植物根围土壤，属于狭域种，如 *A. morrowiae* 和 *Cl. lamellosum* 仅见于宁夏银川、沙坡头、甘肃民勤样地蒙古沙冬青根围土壤，*A. cavernata*、*A. capsicula* 和 *G. macrocarpum* 仅见于甘肃民勤、安西样地裸果木根围土壤，*Cl. luteum* 仅见于内蒙古、宁夏和甘肃各样地花棒根围土壤，*G. clavisporum* 和 *G. fecundisporum* 仅见于内蒙古额济纳旗黑城遗址、正蓝旗元上都遗址样地北沙柳根围土壤，*G. monosporum* 仅见于内蒙古、陕西、宁夏各样地沙打旺根围土壤，*G. tenebrosum* 仅见于新疆乌恰县样地新疆沙冬青根围土壤，*E. infrequens* 仅见于内蒙古各样地蒙古沙冬青根围土壤，*Scu. heterogama* 仅见于宁夏、甘肃样地蒙古沙冬青根围土壤等。

3）分子生物学方法鉴定结果是对形态学分类结果的补充和完善，如利用 Illumina HiSeq 测序平台对蒙古沙冬青及其伴生植物根围土壤测序发现了在形态学上未鉴定到的 *Rhizophagus*、*Ambispora* 和 *Paraglomus* 3 个属；在花棒根围土壤鉴定到 *Diversispora celata* 和 *D. trimurales*，这两个种类在中国西北地区首次被报道。

4）在荒漠生态系统中，无梗囊霉属的种类分布于不同植物根围土壤，但在高通量测序中并未检测到。这可能意味着尚未发现合适的用于鉴定无梗囊霉属的引物和靶区域。因此，形态学和分子生物学方法相结合才能获得相对可靠的 AM 真菌群落组成（贺学礼等，2012a）。

5）长期自然选择和进化历程，使得荒漠环境 AM 真菌在形态结构上形成了明显的旱生结构特征，即体积小、颜色深、孢壁厚、孢子表面多颗粒状凸起，整体形态不饱满。扫描电镜观测发现，荒漠环境分布的 AM 真菌种类，孢子表面形成了不同的纹饰，并附有各种附着物，以减少孢子内水分的蒸发。如球囊霉属真菌孢了表面除特有的凹坑、网纹等纹饰外，常见颗粒状、片状附着物；无梗囊霉属真菌孢子表面除特有的网纹、凹陷、刺状等纹饰外，附着物相对较少；盾巨孢囊霉属真菌孢子表面黏有少量颗粒状附着物。此外，球囊霉属真菌大部分孢子梗部及双网无梗囊霉孢子表面覆盖蜡质，可能与防止水分散失、温度骤变，以及其他不利因素对其侵害有关。孢子经过振荡、离心后，表面附着物依然粘连在孢子上，说明其与孢子已形成紧密结构；黏质隔球囊霉真菌以碎屑和纤维状细丝形成一外套，增大了孢子表面积，能够有效抵御外界环境胁迫。

6）研究期间，还有少部分 AM 真菌种类未能鉴定到种或未能明确其分类地位，充分说明了中国北方荒漠环境 AM 真菌丰富的资源多样性，也为进一步发掘优良 AM 真菌资源提供了广阔空间。

三、中国北方荒漠土壤球囊霉素分布及其对土壤碳库的贡献

中国北方荒漠土壤不同微生物类群生物量具有明显的时空异质性，总体上表现较为一致，即革兰氏阴性细菌＞革兰氏阳性细菌＞放线菌＞真菌＞AM 真菌。虽然 AM 真菌生物量占比较少，但 AM 真菌对于荒漠植物生存和土壤稳定性具有十分重要的作用，包括 AM 真菌分泌的球囊霉素相关土壤蛋白（glomalin-related soil protein，GRSP）。球囊霉素相关土壤蛋白是一种糖基化蛋白，主要包括总球囊霉素（total glomalin，T-GRSP 或 TG）和易提取球囊霉素（easily extracted glomalin，EE-GRSP 或 EEG），总球囊霉素是新的和旧的真菌蛋白质产物的总和，易提取球囊霉素是新产生的真菌蛋白质。球囊霉素可以通过"黏合"作用将土壤颗粒结合形成团聚体，促进水稳性团聚体的形成和稳定，从而提高土壤质量。大量研究表明，土壤球囊霉素含量与水稳性团聚体的稳定性密切相关。此外，球囊霉素有利于土壤有机碳和土壤氮的积累。有研究表明，球囊霉素中碳、氮的含量分别为 36%～59%、3%～5%，占土壤碳的 3% 和土壤氮的 5%，这甚至超过了土壤微生物生物量的贡献。鉴于球囊霉素在土壤碳和氮储存以及团聚体稳定性方面的作用，球囊霉素被认为是评价土壤质量和健康的重要指标。Singh 等（2013）对全球多个地区球囊霉素含量的研究表明：沙漠地区球囊霉素含量最低，为 0.003～0.13mg/g；热带雨林球囊霉素含量最高，为 2.6～13.5mg/g；农业土壤、温带草地土壤球囊霉素含量分别为 0.32～0.71mg/g、0.23～2.5mg/g。我们的研究表明，中国北方荒漠土壤球囊霉素含量分布具有明显的时空异质性，并与寄主植物种类和土壤因子密切相关，球囊霉素最大值多出现在 0～30cm 浅土层，例如：沙打旺根围土壤 TG 含量为 0.55～1.69mg/g，EEG 含量为 0.30～1.12mg/g；黑沙蒿根围土壤 TG 含量为 0.35～4.40mg/g，EEG 含量为 0.29～0.92mg/g；花棒根围土壤 TG 含量为 2.31～8.17mg/g，EEG 含量为 0.84～3.98mg/g；5 种极旱荒漠植物根围土壤 2015～2017 年 TG 平均含量为 5.86mg/g，2018 年 EEG、TG 含量分别为 1.07～5.61mg/g、2.49～8.53mg/g。

虽然荒漠土壤球囊霉素含量较低，但不同样地和不同植物根围土壤球囊霉素对土壤碳库的贡献非常重要，如沙打旺根围土壤 TG/SOC 平均值为 29.9%，EEG/SOC 平均值为 14.9%；毛乌素沙地南缘榆林样地黑沙蒿根围土壤 TG/SOC 最大值达 60.28%，这可能是荒漠环境报道的最高数值；冀蒙农牧交错带不同样地柠条锦鸡儿根围土壤 TG/SOC 平均值为 24.92%，沙棘根围土壤 TG/SOC、EEG/SOC 平均值分别为 22.48%、12.61%；内蒙古不同样地蒙古沙冬青根围土壤 TG/SOC、EEG/SOC 平均值分别为 36.8%、24.1%；不同样地花棒根围土壤 TG/SOC、EEG/SOC 平均值分别为 45.20%、14.83%；蒙古沙冬青不同伴生植物根围土壤 TG/SOC、EEG/SOC 平均值分别为 57.60%、16.86%；2015 年、2016 年、2017 年安西极旱荒漠区 TG/SOC 分别为 22.55%、23.62%、23.50%，EEG/SOC 分别为 11.24%、9.99%、9.25%，2018 年 TG/SOC 最大值达 65.11%。总体而言，中国北方荒漠土壤球囊霉素含量及其对土壤碳库的贡献低于热带雨林土壤，而部分植物根围土壤球囊霉素含量和对土壤碳库的贡献明显高于农业土壤和温带草地土壤。研究结果表明 AM 真菌和球囊霉素在荒漠土壤生态系统有机质动态、养分循环及分解进程中具有重要作用，可以作为评价土壤质量和土地荒漠化程度的有效指标。

第二节　荒漠环境丛枝菌根真菌研究展望

荒漠地区环境恶劣，生境特殊，植被覆盖度低。在此独特的生态系统中，AM 真菌多样性和生态学功能引起了国内外学者的广泛关注，并且成为国际上菌根理论研究和应用实践的发展前沿。

一、荒漠环境丛枝菌根真菌定殖和生物多样性

为了合理利用 AM 真菌资源，促进荒漠植被恢复，我们团队对我国荒漠地区黑沙蒿（*Artemisia ordosica*）、羊柴（*Hedysarum laeve*）、花棒（*Hedysarum scoparium*）、白沙蒿（*Artemisia sphaerocephala*）、蒙古沙冬青（*Ammopiptanthus mongolicus*）、新疆沙冬青（*A. nanus*）、柠条锦鸡儿（*Caragana korshinskii*）、沙鞭（*Psammochloa villosa*）、沙打旺（*Astragalus adsurgens*）、北沙柳（*Salix psammophila*）、猫头刺（*Oxytropis aciphylla*）、裸果木（*Gymnocarpos przewalskii*）、沙棘（*Hippophae rhamnoides*）和极旱荒漠植物珍珠猪毛菜（*Salsola passerina*）、合头草（*Sympegma regelii*）、泡泡刺（*Nitraria sphaerocarpa*）、红砂（*Reaumuria songarica*）、膜果麻黄（*Ephedra przewalskii*）等重要防风固沙植物根围 AM 真菌定殖和生物多样性开展了长期、系统的研究工作，发现上述植物根围 AM 真菌的定殖具有明显的时空异质性，并与土壤微环境显著相关。He 等（2002）的研究表明，以色列内盖夫沙漠丛枝霸王（*Zygophyllum dumosum*）根系 AM 真菌平均定殖率和孢子密度分别在 11 月和 9 月最高。统计分析表明，不同采样时间的孢子数存在显著差异（Hernández-Zamudio et al.，2018）。Meddad-Hamza 等（2017）的研究表明，阿尔及利亚荒漠地区不同种植年限、不同气候条件下油橄榄（木樨榄）（*Olea europaea*）菌根定殖强度和孢子密度均随季节降水增加而增加，随气温升高而减少。印度塔尔沙漠 AM 真菌平均定殖率和孢子密度分别在雨季和夏季达到最大值（Panwar and Tarafdar，2006）。Taniguchi 等（2012）的研究表明，半干旱荒漠生态系统中 AM 真菌定殖率和系统分型数随土层深度增加而减少。Wu 等（2004）对日本富士山东南坡原生演替火山荒漠中的 4 种植物研究表明，AM 真菌定殖率和孢子密度随海拔升高而显著降低。上述结果表明，全球范围内不同荒漠地区 AM 真菌的定殖均存在时空异质性。

迄今为止，超过 69 科荒漠植物已被发现存在 AM 真菌定殖，其中菊科、禾本科和豆科植物是荒漠生态系统中与 AM 真菌共生的主要植物类群。在荒漠地区，已经分离到的 AM 真菌菌种约占全世界已知 AM 真菌菌种数量的 44.5%，其中无梗囊霉属（*Acaulospora*）和球囊霉属（*Glomus*）是荒漠生态系统中的优势属，菌种数量占到荒漠地区已知 AM 真菌的 80% 以上（石兆勇等，2008）。同时，荒漠地区存在着一些特有的 AM 真菌类群。Wang 等（2018）在我国毛乌素沙地羊柴、黑沙蒿和沙鞭 3 种植物根际分离到 10 属 44 种，其中一些 AM 真菌物种具有独特的形态特征。Symanczik 等（2014）从阿拉伯半岛南部超干旱沙质平原土壤中分离到 3 个 AM 真菌，经形态学及分子鉴定为新种 *Diversispora omaniana*、*Septoglomus nakheelum* 和 *Rhizophagus arabicus*，表明荒漠

生态系统中可能存在许多未描述的 AM 真菌。荒漠 AM 真菌群落结构及多样性主要受植物种类、土壤深度和土壤微环境的影响。胡从从等（2016）利用变性梯度凝胶电泳（DGGE）技术对内蒙古乌海、磴口和乌拉特后旗 3 个样地的霸王（*Zygophyllum xanthoxylum*）和白刺（*Nitraria tangutorum*）根围 AM 真菌群落结构分析发现，不同寄主、样地、土层的 AM 真菌具有不同的 DGGE 图谱特征。陕西榆林北部沙地黑沙蒿的优势种为地管柄囊霉（*Glomus geosporum=Funneliformis geosporum*）（陈颖等，2009），而在毛乌素沙地和腾格里沙漠选取的 4 个黑沙蒿样地中，地球囊霉仅在盐池样地出现（钱伟华和贺学礼 2009）。Wang 等（2018）在毛乌素沙地羊柴、黑沙蒿和沙鞭根围的研究结果表明，寄主植物种类和土壤深度显著影响 AM 真菌群落结构。Jia 等（2020）在古尔班通古特沙漠选取了具有年降水量梯度的样带和具有土壤湿度梯度但降水量相等的沙丘地形样带，研究结果表明土壤湿度阈值为 0.64%～0.86%，低于此阈值，AM 真菌群落的孢子密度和香农-维纳指数均急剧增大。也有研究表明荒漠地区 AM 真菌群落结构与休牧管理方式、季节变化、海拔、侵入性 AM 真菌引入等相关（Wu et al.，2007；Bell et al.，2009；Bai et al.，2013；Symanczik et al.，2015）。此外，荒漠生态系统可能偏好某种特定的 AM 真菌基因型。贺学礼等（2012b）对来自不同荒漠地点和不同植物的 9 株双网无梗囊霉（*Acaulospora bireticulata*）进行了随机扩增多态性 DNA 和 18S～28S DNA 序列分析，结果表明不同菌株间遗传距离较小（最大只有 0.008），DNA 序列间无显著差异。王坤等（2016）比较分析了内蒙古乌海、阿拉善、磴口、乌拉特后旗 4 个荒漠样地中 5 个 AM 真菌共有种摩西管柄囊霉（*Funneliformis mosseae*）、地管柄囊霉（*F. geosporum*）、网状球囊霉（*Glomus reticulatum*）、黏质隔球囊霉（*G. viscosum=Septoglomus viscosum*）和黑球囊霉（*G. melanosporum*）的 18S rDNA 序列，结果表明荒漠条件下不同样地同种 AM 真菌菌株的种内遗传变异较小，而农田、人工繁育、森林和荒漠 4 种不同生态系统中的摩西管柄囊霉在内蒙古荒漠地区的遗传距离显著小于其他生态系统。因此，荒漠环境下特定的 AM 真菌基因型可能具有更强的生态适应性。

二、丛枝菌根真菌对荒漠植物生长和抗旱性的影响

荒漠生态系统中植物和微生物的生长与分布及其相互作用是荒漠生物学过程的重要部分，揭示植物、微生物与环境之间的相互作用，能够深刻理解荒漠生态系统过程和植被演变规律，而 AM 真菌作为荒漠化过程中非常重要的一类共生真菌，具有促进植物根系对土壤养分和水分吸收与生长发育、提高植物抗逆性的功能，形成的根外菌丝在土壤中构成菌丝网络系统，与分泌的球囊霉素等代谢产物将不同植物根系连接起来，这对生态系统不同组分之间的物质交换，能量、信息传递，生物演化与分布，保持荒漠植物多样性和稳定性具有重要意义。在盆栽条件下，我们对黑沙蒿、柠条锦鸡儿、民勤绢蒿、花棒、沙打旺等旱生植物进行了 AM 真菌接种试验，结果表明，AM 真菌能够促进寄主植物生长，提高其抗旱能力。张焕仕和贺学礼（2007）利用盆栽试验研究了干旱胁迫下接种 AM 真菌对油蒿生长及叶片保护系统的影响，结果表明干旱胁迫下接种 AM 真菌提高了植株叶绿素、可溶性糖、可溶性蛋白含量并降低了脯氨酸和丙二醛含量，显著增强

了过氧化氢酶和过氧化物酶活性，增强了油蒿对干旱的防御能力。贺学礼等（2008）利用两种不同土壤研究了水分胁迫与接种摩西管柄囊霉或黑沙蒿根际土著 AM 真菌对黑沙蒿生长和抗旱性的影响。结果表明，接种植株可溶性糖和丙二醛含量较低，可溶性蛋白含量无显著变化，SOD 和 POD 活性提高，黑沙蒿抗旱性加强。水分胁迫下在不同土壤中接种不同 AM 真菌对黑沙蒿的促进效应差异较大，接种土著 AM 真菌的效果优于摩西管柄囊霉单一接种。干旱导致菌根侵染率下降，是寄主植物吸水能力下降的原因之一，在植物生长前期接种 AM 真菌可以增强植物抵抗生长中后期干旱环境的能力。贺学礼等（2009）利用盆栽试验在土壤相对含水量为 80%、60% 和 40% 条件下，分别接种摩西管柄囊霉和柠条锦鸡儿根际土著菌，结果发现，土壤相对含水量为 40%~60% 时，接种株的株高、茎粗、生物干重和叶片保水力明显高于不接种株；接种 AM 真菌提高了植株对土壤有效氮和有效磷的利用率，增加了植株全磷、叶片叶绿素和可溶性糖含量以及 SOD、POD、CAT 等保护酶活性；土壤相对含水量为 40% 时，叶片 MDA 含量明显下降；水分胁迫条件下，以接种柠条锦鸡儿根际土著菌的效果最佳。Zhang 等（2011）在古尔班通古特沙漠研究 AM 真菌对沙漠短命植物小车前（*Plantago minuta*）生长和磷吸收的影响，结果表明分离的土著幼套近明球囊霉（*Glomus etunicatum*=*Claroideoglomus etunicatum*）菌株和土著 AM 真菌群落均能促进小车前的生长和对磷的吸收。Shi 等（2015）通过盆栽试验研究 AM 真菌是否能够缓解沙漠短命植物小车前的干旱胁迫，结果表明，随着土壤水分有效性的增加，AM 真菌定殖率降低，无论水分状况如何，接种 AM 真菌都能促进植株生长和对氮、磷、钾的吸收。Hu 等（2019）的温室接种试验结果表明，定殖 AM 真菌的白沙蒿（*Artemisia sphaerocephala*）植株总生物量降低，而根冠比增加，AM 共生导致营养物质和叶绿素浓度增加，水杨酸和脱落酸浓度降低。认为 AM 共生有利于沙质荒漠幼苗的建立。此外，球囊霉素能够提高荒漠土壤的稳定性和抗侵蚀能力，同时也是贫瘠荒漠环境中有机碳库和氮库的重要来源与组成部分（Roldan et al.，2006；He et al.，2010；Zhao et al.，2022）。Qiao 等（2022）对毛乌素沙地 3 种类型植被细根和菌根真菌在调节土壤养分组成和微生物组中的作用研究结果表明，AM 真菌的活动和分布，特别是易提取球囊霉素，是灌木和草本群落土壤多功能性与微生物多样性的最重要决定因素，AM 真菌相关的投入与土壤养分呈正相关，特别是土壤有机碳。这些发现支持 AM 真菌通过稳定沙漠生态系统中的有机碳在塑造土壤多功能性和微生物多样性中的作用。我们的研究结果也证实了球囊霉素对荒漠土壤碳库的重要贡献。

接种 AM 真菌可有效增强植物对干旱的耐受性，其作用机理有直接作用和间接作用两种。直接作用在于 AM 真菌菌丝直接吸收水分，改善植物水分状况，提高植物抗旱性；间接作用在于 AM 真菌通过促进土壤团粒结构的形成、改善植物根系构型、提高植物光合能力、增强对矿质元素的吸收、降低植物氧化损伤、增强植物渗透调节能力及诱导相关基因表达等间接提高植物的抗旱性（刘娜等，2021；喻志等，2021；周生亮和郭良栋，2021）。

三、丛枝菌根真菌与荒漠植物种植和植被恢复

虽然还没有解决 AM 真菌纯培养的问题，自然条件下 AM 真菌接种成功率尚不稳定，

但菌根生物技术在植物种植和植被恢复中的应用已显示出巨大潜力。例如，利用菌根生物技术有效修复了美国佛罗里达海岸沙漠、西班牙干旱荒漠以及日本活火山荒漠（Herrera et al.，1993；Tarbell and Koske，2007；Fitzsimons and Miller，2010；Barea et al.，2011）。Guo 等（2021）在中国库布齐沙漠分离自柠条锦鸡儿（*Caragana korshinskii*）、小叶锦鸡儿（*C. microphylla*）和羊柴（*Hedysarum laeve*）根围土壤的不同来源 AM 真菌对柠条锦鸡儿和小叶锦鸡儿进行接种试验，结果表明，同种 AM 真菌群落接种显著提高了柠条锦鸡儿地上部生物量、光合速率、叶面氮和磷含量，而无论同种还是异种 AM 真菌群落接种，均对小叶锦鸡儿生长无显著影响。说明柠条锦鸡儿根围土著 AM 真菌群落接种能够促进柠条锦鸡儿在沙漠中的生长。Wu 等（2021）在不同水分梯度下对白杜（*Euonymus maackii*）接种 AM 真菌根内根孢囊霉（*Rhizophagus intraradices*）后发现，在所有水分胁迫条件下，白杜幼苗与 AM 真菌共生良好，显著减少了干旱介导的负面影响，特别是在 40%和 60%水分条件下。在 40%~80%水分条件下，AM 真菌通过显著提高生物量积累、叶绿素含量和同化来改善幼苗生长与光合作用。菌根幼苗表现出较好的耐受性和对水分亏缺的敏感性，表明白杜-AM 真菌组合在干旱地区生态恢复中的潜在作用。此外，AM 真菌在荒漠农作物种植方面也具有广阔的应用前景。Jiménez-Leyva 等（2017）在不施肥、控施或低磷肥情况下，接种索诺兰沙漠辣椒（*Capsicum annuum* var. *glabriusculum*）根系土著 AM 真菌显著提高了辣椒的相对生长率，降低了辣椒根部生物量，提高了地上部生长和光合作用面积；在极端日照和气温条件下，无论磷状况如何，接种 AM 真菌的辣椒生理生态性状均有所增强，表明土著 AM 真菌是促进辣椒植株繁殖、产量增加的因素，而不是有效养分的增加。Harris-Valle 等（2018）研究了在干旱、低盐度和高盐度条件下接种来自墨西哥索诺拉沙漠 AM 真菌对西葫芦（*Cucurbita pepo* var. *pepo*）生长、含水量和能量代谢的影响，结果表明，在干旱和低盐条件下，AM 真菌增加了植物生长和叶片水分含量；在高盐度条件下，AM 真菌增加了植株地上部干重和渗透势。Grimaldo-Pantoja 等（2017）将从奇瓦瓦沙漠中分离的两种 AM 真菌 HMA1 和 HMA2 接种辣椒，在温室栽培条件下研究盐胁迫下辣椒产量和果实化学成分的变化，结果表明接种 AM 真菌对果实数量有负面影响，但对果实鲜重没有影响；在施磷量减少时，AM 真菌显著增加了植株磷和抗坏血酸含量，但不影响植株生长发育和生理功能。盐度和 AM 真菌对果实中酚类与抗坏血酸浓度有显著影响，而辣椒素含量不受任何因素影响。综上所述，要想有效利用菌根生物技术进行荒漠植被恢复和荒漠植物种植，必须选择高效、适应荒漠环境的 AM 真菌种类，以及与之高效共生的寄主植物。

四、研究展望

近年来，虽然荒漠生态系统 AM 真菌的研究取得了长足发展，但仍存在诸多问题需要深入探究。

1）荒漠地区生境独特，植物多样性丰富，仅中国西北荒漠带就分布有被子植物 79 科 467 属 1687 种，这为挖掘和保育 AM 真菌资源及新的菌种提供了广阔的空间。因此，利用形态学和分子生物学技术相结合，深入开展荒漠生态系统 AM 真菌多样性和生态地理分布研究，为合理利用 AM 真菌提供基础信息和资源，仍是今后荒漠生态系统 AM 真菌研究的重要方向之一。

2）研究显示 AM 真菌定殖结构和土壤球囊霉素可以作为评价荒漠土壤生态系统变化的有用指标，深入系统研究 AM 真菌定殖和分布、土壤球囊霉素与土壤质量之间的相关性，筛选荒漠土壤-植物-AM 真菌最佳组合，可为土地荒漠化治理和植被恢复提供依据。

3）当前，AM 真菌对植物接种效应的大多数试验是通过温室盆栽试验开展的，与盆栽试验有限空间相比，田间植物根系可利用的土壤体积更大，摄取的养分及水分更多。而且 AM 真菌对植物没有严格专一性，可通过菌丝将同种或不同种植物根系连接起来，形成地下菌根网络系统，进行资源的再分配。故应在野外条件下开展 AM 真菌对荒漠植物的接种效应研究，为 AM 真菌在荒漠植物种植和植被恢复中的应用提供理论依据。

4）荒漠植物常受到旱盐双重胁迫，大量研究表明在可控条件下接种 AM 真菌可提高植物的抗旱性和耐盐性，但接种 AM 真菌是否能在野外同时缓解旱盐双重胁迫仍不得而知。因此，利用荒漠环境 AM 真菌-植物共生体特点，深入开展其抗旱耐盐的分子机制研究，可为荒漠地区农作物种植或绿化以及土壤环境改良提供依据。

5）荒漠灌丛植冠下形成了典型的"肥岛"，"肥岛"效应引起的土壤养分局部富集现象，可使 AM 真菌形成相应的异质性分布模式。因此，土壤养分差异驱动 AM 真菌群落分化的机制尚需深入研究。

6）基于荒漠 AM 真菌对寄主植物的促生抗逆作用，筛选合适的 AM 真菌接种至荒漠植物或其他经济作物中，提高其环境适应性、产量和品质，开发新型微生物菌肥或制剂，是值得探索的研究领域。

参 考 文 献

白春明. 2009. 旱生环境下沙打旺（*Astragalus adsurgens* Pall.）根围 AM 真菌时空分布研究. 杨凌: 西北农林科技大学硕士学位论文.

白春明, 贺学礼, 山宝琴, 等. 2009. 漠境沙打旺根围 AM 真菌与土壤酶活性的关系. 西北农林科技大学学报（自然科学版）, 37(1): 84-90.

毕银丽. 2017. 丛枝菌根真菌在煤矿区沉陷地生态修复应用研究进展. 菌物学报, 36(7): 800-806.

布伦德里特, 布格尔, 德尔, 等. 2020. 农林业菌根研究技术. 陈应龙, 译. 北京: 科学出版社.

陈程. 2011. 沙棘根围 AM 真菌时空分布研究. 保定: 河北大学硕士学位论文.

陈颖, 贺学礼, 山宝琴, 等. 2009. 荒漠油蒿根围 AM 真菌与球囊霉素的时空分布. 生态学报, 29(11): 6010-6016.

陈烝. 2012. 荒漠四种植物根围 AM 真菌多样性研究. 保定: 河北大学硕士学位论文.

成斌. 2017. 塞北荒漠羊柴 AM 真菌群落结构和物种多样性研究. 保定: 河北大学硕士学位论文.

成斌, 胡从从, 赵丽莉, 等. 2016. 羊柴根围 AM 真菌群落结构和遗传多样性研究. 河北农业大学学报, 39(3): 23-30.

成斌, 许伟, 胡从从, 等. 2018. 比较形态学、聚丙酰胺凝胶电泳与二代测序在 AM 真菌群落研究中的应用. 菌物学报, 37(9): 1170-1178.

段小圆. 2009. 花棒（*Hedysarum scoparium*）根围 AM 真菌多样性及生态学研究. 杨凌: 西北农林科技大学硕士学位论文.

方菲. 2007. 西北旱区三种优势植物 AM 真菌生态分布研究. 杨凌: 西北农林科技大学硕士学位论文.

高露. 2010. 水分胁迫和 AM 真菌对绢蒿属植物生长和生理特性的影响. 保定: 河北大学硕士学位论文.

郭辉娟. 2013. 塞北荒漠柠条锦鸡儿 AM 真菌时空分布. 保定: 河北大学博士学位论文.

郭辉娟, 贺学礼. 2010. 水分胁迫下 AM 真菌对沙打旺生长和抗旱性的影响. 生态学报, 30(21): 5933-5940.

郭清华. 2016. 蒙古沙冬青伴生植物 AM 真菌物种多样性及生态适应性研究. 保定: 河北大学硕士学位论文.

郭清华, 胡从从, 贺学礼, 等. 2016. 蒙古沙冬青伴生植物 AM 真菌的空间分布. 生态学报, 36(18): 5809-5818.

郭亚楠. 2018. 花棒 AM 真菌共生特征及其生态地理分布研究. 保定: 河北大学硕士学位论文.

贺学礼, 陈程, 何博. 2011a. 北方两省农牧交错带沙棘根围 AM 真菌与球囊霉素空间分布. 生态学报, 31(6): 1653-1661.

贺学礼, 陈烝, 荣心瑞, 等. 2012b. 荒漠生境下双网无梗囊霉（*Acaulospora bireticulata*）的遗传特征. 河北大学学报（自然科学版）, 32(3): 291-298.

贺学礼, 高露, 赵丽莉. 2011d. 水分胁迫下丛枝菌根 AM 真菌对民勤绢蒿生长与抗旱性的影响. 生态学报, 31(4): 1029-1037.

贺学礼, 郭辉娟, 王银银, 等. 2012a. 内蒙古农牧交错区沙蒿根围 AM 真菌物种多样性. 河北大学学报（自然科学版）, 32(5): 506-514.

贺学礼, 郭辉娟, 王银银. 2013b. 土壤水分和 AM 真菌对沙打旺根际土壤理化性质的影响. 河北大学学报, 33(5): 499-513.

贺学礼, 侯晓飞. 2008. 荒漠植物油蒿根围 AM 真菌的时空分布. 植物生态学报, 32(6): 1373-1377.

贺学礼, 李英鹏, 赵丽莉, 等. 2010b. 毛乌素沙地克隆植物沙鞭生长对 AM 真菌生态分布的影响. 生态学报, 30(3): 751-758.

贺学礼, 刘媞, 安秀娟, 等. 2009. 水分胁迫下 AM 真菌对柠条锦鸡儿（*Caragana korshinskii*）生长和抗旱性的影响. 生态学报, 29(1): 47-52.

贺学礼, 刘雪伟, 李英鹏. 2010a. 沙坡头地区沙冬青 AM 真菌的时空分布. 生态学报, 30(2): 370-376.

贺学礼, 王银银, 赵丽莉, 等. 2011c. 荒漠沙蒿根围 AM 真菌和 DSE 的空间分布. 生态学报, 31(3): 812-818.

贺学礼, 杨欢, 杨莹莹, 等. 2013a. 沙棘 AM 真菌孢子形态结构及其生态适应性. 干旱区研究, 30(1): 96-100.

贺学礼, 杨静, 赵丽莉. 2011b. 荒漠沙柳根围 AM 真菌的空间分布. 生态学报, 31(8): 2159-2168.

贺学礼, 张焕仕, 赵丽莉. 2008. 不同土壤中水分胁迫和 AM 真菌对油蒿抗旱性的影响. 植物生态学报, 32(5): 994-1001.

贺学礼, 张亚娟, 赵丽莉, 等. 2018. 塞北梁地沙蒿根围 AM 真菌和球囊霉素空间分布特征. 河北大学学报（自然科学版）, 38(3): 268-277.

侯晓飞. 2008. 陕西榆林沙生克隆植物 AM 真菌生态分布研究. 保定: 河北大学硕士学位论文.

胡从从. 2016. 蒙古沙冬青伴生植物 AM 真菌遗传多样性研究. 保定: 河北大学硕士学位论文.

胡从从, 成斌, 王坤, 等. 2017. 蒙古沙冬青及其伴生植物 AM 真菌物种多样性. 生态学报, 37(23): 7972-7982.

胡从从, 郭清华, 贺学礼, 等. 2016. 蒙古沙冬青伴生植物 AM 真菌多样性. 西北农业学报, 25(6): 921-932.

姜桥. 2014. 新疆沙冬青 AM 真菌和 DSE 时空分布研究. 保定: 河北大学硕士学位论文.

姜桥, 贺学礼, 陈伟燕, 等. 2014. 新疆沙冬青 AM 和 DSE 真菌的空间分布. 生态学报, 34(11): 2929-2937.

李敦献. 2008. 毛乌素沙地沙柳根际 AM 真菌时空分布研究. 保定: 河北大学硕士学位论文.

李欣玫. 2018. 安西极旱荒漠植物根际土壤微生物群落结构和功能多样性研究. 保定: 河北大学硕士学位论文.

李欣玫, 左易灵, 薛子可, 等. 2018. 不同荒漠植物根际土壤微生物群落结构特征. 生态学报, 38(8): 2855-2863.

李英鹏. 2010. 漠境克隆植物 AM 真菌物种多样性和生态分布研究. 保定: 河北大学博士学位论文.

李烨东. 2020. 甘肃安西 5 种荒漠植物 AM 真菌物种多样性和生态分布研究. 保定: 河北大学硕士学位论文.

刘春卯. 2014. 蒙古沙冬青 AM 真菌物种多样性研究. 保定: 河北大学硕士学位论文.

刘春卯, 贺学礼, 徐浩博, 等. 2013. 蒙古沙冬青 AM 真菌物种多样性研究. 生态环境学报, 22(7): 1148-1152.

刘海跃. 2018. 花棒 AM 真菌群落结构和物种多样性研究. 保定: 河北大学硕士学位论文.

刘海跃, 李欣玫, 张琳琳, 等. 2018. 西北荒漠带花棒根际丛枝菌根真菌生态地理分布. 植物生态学报, 42(2): 252-260.

刘娜, 赵泽宇, 姜喜铃, 等. 2021. 菌根真菌提高植物抗旱性机制的研究回顾与展望. 菌物学报, 40(4): 851-872.

刘雪伟. 2009. 漠境三种豆科植物 AM 真菌时空分布研究. 保定: 河北大学硕士学位论文.

刘雪伟, 贺学礼. 2008. 沙坡头地区猫头刺（*Oxytropis aciphylla*）根际 AM 真菌时空分布研究. 河北农业大学学报, 31(5): 52-56.

钱伟华. 2010. 荒漠油蒿 AM 真菌生长特性和物种多样性研究. 保定: 河北大学硕士学位论文.

钱伟华, 贺学礼. 2009. 荒漠生境油蒿根围 AM 真菌多样性. 生物多样性, 17(5): 506-511.

强薇. 2018. 花棒丛枝菌根真菌和球囊霉素时空异质性研究. 保定: 河北大学硕士学位论文.

山宝琴. 2009. 漠境沙蒿 AM 真菌多样性及时空分布. 杨凌: 西北农林科技大学博士学位论文.

山宝琴, 贺学礼. 2011. 2 种沙蒿根围 AM 真菌时空分异. 干旱区研究, 28(5): 813-819.

山宝琴, 贺学礼, 白春明, 等. 2009b. 荒漠油蒿（Artemisia ordosica）根围 AM 真菌分布与土壤酶活性. 生态学报, 29(6): 3044-3051.

山宝琴, 贺学礼, 赵丽莉. 2009a. 毛乌素沙地油蒿（Artemisia ordosica）根围 AM 真菌的时空分布研究. 西北农林科技大学学报（自然科学版）, 37(4): 184-190.

石兆勇, 高双成, 王发园. 2008. 荒漠生态系统中丛枝根真菌多样性. 干旱区研究, 25(6): 783-789.

谭树朋, 孙文献, 刘润进. 2015. 球囊霉属真菌与芽孢杆菌 M3-4 协同作用降低马铃薯青枯病的发生及其机制初探. 植物病理学报, 45(6): 661-669.

王姣姣. 2018. 安西极旱荒漠植物 AM 真菌物种多样性研究. 保定: 河北大学硕士学位论文.

王姣姣, 强薇, 刘海跃, 等. 2017. 极旱荒漠植物对 AM 真菌物种多样性的影响. 菌物学报, 36(7): 861-869.

王坤. 2017. 三种荒漠植物 AM 真菌群落结构和物种多样性研究. 保定: 河北大学硕士学位论文.

王坤, 解琳琳, 成斌, 等. 2016. 蒙古沙冬青 AM 真菌分子特征研究. 河北农业大学学报, 39(6): 26-31.

王晓乾. 2015. 蒙古沙冬青 AM 真菌物种多样性演替规律研究. 保定: 河北大学硕士学位论文.

王晓乾, 贺学礼, 程春泉, 等. 2014. 蒙古沙冬青 AM 真菌物种多样性空间异质性. 河北大学学报（自然科学版）, 34(6): 643-649.

王银银. 2011. 沙蒿根围 AM 真菌多样性与生态分布研究. 保定: 河北大学硕士学位论文.

王幼珊, 刘润进. 2017. 球囊菌门丛枝根真菌最新分类系统菌种名录. 菌物学报, 36(7): 820-850.

温杨雪, 赵博, 罗巧玉, 等. 2021. 青藏高原高寒草地 AM 真菌分布及其对近自然恢复的生态作用. 菌物学报, 40(11): 1-17.

熊天, 梁洁良, 李金天, 等. 2021. 丛枝菌根真菌数个种的基因组和转录组研究概况. 微生物学报, 61(11): 3413-3430.

许伟. 2015. 塞北荒漠豆科植物 AM 真菌物种多样性及生态适应性研究. 保定: 河北大学硕士学位论文.

徐蠹骅. 2011. 沙生克隆植物 AM 真菌与土壤因子生态相关性研究. 保定: 河北大学硕士学位论文.

薛子可. 2018. 西北荒漠带花棒根围土壤微生物群落与功能多样性研究. 保定: 河北大学硕士学位论文.

薛子可, 左易灵, 葛佳丽, 等. 2017. 西北典型荒漠样地花棒根际土壤微生物群落功能多样性. 河北农业大学学报, 40(3): 65-71.

闫姣. 2015. 塞北荒漠植物 AM 和 DSE 时空分布以及 DSE 分离培养研究. 保定: 河北大学硕士学位论文.

杨宏宇. 2005. 陕北旱区豆科植物根际 AM 真菌生态学研究. 杨凌: 西北农林科技大学硕士学位论文.

杨静. 2011. 沙柳根围 AM 真菌多样性及其土壤影响因子研究. 保定: 河北大学硕士学位论文.

杨静, 贺学礼, 赵丽莉. 2011. 内蒙古荒漠沙柳 AM 真菌物种多样性. 生物多样性, 19(3): 377-385.

喻志, 梁坤南, 黄桂华, 等. 2021. 丛枝菌根真菌对植物抗旱性研究进展. 草业科学, 38(4): 640-653.

张东东. 2021. 极旱荒漠植物土壤微生物群落结构及功能多样性季节动态研究. 保定: 河北大学硕士学位论文.

张焕仕. 2008. AM 真菌和水分胁迫对油蒿生长和抗旱性的影响. 保定: 河北大学硕士学位论文.

张焕仕, 贺学礼. 2007. 干旱胁迫下 AM 真菌对油蒿叶片保护系统的影响. 生物技术通报, 3: 129-133.

张开逊. 2021. 荒漠孑遗植物裸果木 AMF 物种多样性与生态分布研究. 保定: 河北大学硕士学位论文.

张淑容. 2014. 甘宁地区蒙古沙冬青 AM 和 DSE 真菌生态异质性. 保定: 河北大学硕士学位论文.

张淑容, 贺学礼, 徐浩博, 等. 2013. 蒙古沙冬青根围 AM 和 DSE 真菌与土壤因子的相关性研究. 西北植物学报, 33(9): 1891-1897.

张亚娟. 2018. 塞北典型沙化梁地 AM 真菌资源多样性对克隆植物生长的生态响应研究. 保定: 河北大学博士学位论文.

张亚娟, 贺学礼, 赵丽莉, 等. 2017. 塞北荒漠植物根围球囊霉素和生态化学计量特征的空间分布. 环境科学研究, 30(11): 1723-1971.

张玉洁. 2014. 新疆沙冬青 AM 真菌多样性及其空间异质性研究. 保定: 河北大学硕士学位论文.

张玉洁, 贺学礼, 程春泉, 等. 2015. 新疆沙冬青 AM 真菌群落结构与遗传多样性分析. 菌物学报, 34(3): 375-385.

赵金莉. 2007. 毛乌素沙地克隆植物 AM 真菌生态学研究. 保定: 河北大学博士学位论文.

赵金莉, 贺学礼. 2013. 毛乌素沙地典型克隆植物根际 AM 真菌多样性研究. 中国生态农业学报, 21(2): 199-206.

赵莉. 2007. 毛乌素沙地豆科植物根际 AM 真菌生态分布研究. 杨凌: 西北农林科技大学硕士学位论文.

周生亮, 郭良栋. 2021. 荒漠地区植物丛枝菌根真菌研究进展. 菌物学报, 40(10): 2523-2536.

左易灵. 2017. 蒙古沙冬青根围土壤微生物群落结构与功能多样性研究. 保定: 河北大学硕士学位论文.

左易灵, 贺学礼, 王少杰, 等. 2016. 磷脂脂肪酸（PLFA）法检测蒙古沙冬青根围土壤微生物群落结构. 环境科学, 37(7): 2705-2713.

Affokpon A, Coyne DL, Lawouin L, et al. 2011. Effectiveness of native West African arbuscular mycorrhizal fungi in protecting vegetable crops against root-knot nematodes. Biology and Fertility of Soils, 47(2): 207-217.

Allah EFA, Hashem A, Alqarawi AA, et al. 2015. Enhancing growth performance and systemic acquired resistance of medicinal plant *Sesbania sesban* (L.) Merr using arbuscular mycorrhizal fungi under salt stress. Saudi Journal of Biological Sciences, 22(3): 274-283.

Bai CM, He XL, Tang HL, et al. 2009. Spatial distribution of arbuscular mycorrhizal fungi, glomalin and soil enzymes under the canopy of *Astragalus adsurgens* Pall. in the Mu Us sandland, China. Soil Biology and Biochemistry, 41(5): 941-947.

Bai G, Bao YY, Du GX, et al. 2013. Arbuscular mycorrhizal fungi associated with vegetation and soil parameters under rest grazing management in a desert steppe ecosystem. Mycorrhiza, 23(4): 289-301.

Barea JM, Palenzuela J, Cornejo P, et al. 2011. Ecological and functional roles of mycorrhizas in semi-arid ecosystems of Southeast Spain. Journal of Arid Environments, 75(12): 1292-1301.

Bell CW, Acosta-Martinez V, McIntyre NE, et al. 2009. Linking microbial community structure and function to seasonal differences in soil moisture and temperature in a Chihuahuan Desert grassland. Microbial Ecology, 58(4): 827-842.

Bennett AE, Meek HC. 2020. The influence of arbuscular mycorrhizal fungi on plant reproduction. Journal of Chemical Ecology, 46(8): 707-721.

Bennett JA, Cahill JFJ. 2018. Flowering and floral visitation predict changes in community structure provided that mycorrhizas remain intact. Ecology, 99(6): 1480-1489.

Biermann B, Linderman RG. 1981. Quantifying vesicular-arbuscular mycorrhizas: a proposed method towards standardization. New Phytologist, 87(1): 63-67.

Bossio DA, Scow KM. 1998. Impacts of carbon and flooding on soil microbial communities, phospholipid fatty acid profiles and substrate utilization patterns. Microbial Ecology, 35(3): 265-278.

Bradley R, Burt AJ, Reas DJ. 1981. Mycorrhizal infection and resistance to heavy metal toxicity in *Calluna vulgaris*. Nature, 292: 335-337.

Chao A, Colwell R, Lin CW, et al. 2009. Sufficient sampling for asymptotic minimum species richness estimators. Ecology, 90(4): 1125-1133.

Chen Z, He XL, Guo HJ, et al. 2012. Diversity of arbuscular mycorrhizal fungi in the rhizosphere of three host plants in the farming-pastoral zone, north China. Symbiosis, 57(3): 149-160.

Cole JR, Wang Q, Fish JA, et al. 2014. Ribosomal Database Project: data and tools for high throughput rRNA analysis. Nucleic Acids Research, 42(1): 633-642.

David PJ, Garamszegi S, Beltran B. 2008. Globalist extraction and measurement. Soil Biology and Biochemistry, 40: 728-739.

Davison J, Moora M, Öpik M, et al. 2015. Global assessment of arbuscular mycorrhizal fungus diversity reveals very low endemism. Science, 349(6251): 970-973.

Fitzsimons MS, Miller RM. 2010. The importance of soil microorganisms for maintaining diverse plant communities in tallgrass prairie. American Journal of Botany, 97(12): 1937-1943.

Frostegård A. Bååth E. 1996. The use of phospholipid fatty acid analysis to estimate bacterial and fungal biomass in soil. Biology and Fertility of Soils, 22(1): 59-65.

García I, Mendoza R, Pomar MC. 2008. Deficit and excess of soil water impact on plant growth of *Lotus tenuis* by affecting nutrient uptake and arbuscular mycorrhizal symbiosis. Plant and Soil, 304(1): 117-131.

Gerdemann J, Nicolson TH. 1963. Spores of mycorrhizal *Endogone* species extracted from soil by wet sieving and decanting. Transactions of the British Mycological Society, 46(2): 235-244.

Gianinazzi-Pearson V, Gianinazzi S. 1986. Physiological and genetical aspects of mycorrhizae. Paris: INRA: 217-222.

Giovannetti M, Mosse B. 1980. An evaluation of techniques for measuring vesicular-arbuscular mycorrhizal infection in roots. New Phytologist, 84(3): 89-100.

Grimaldo-Pantoja GL, Niu GH, Sun YP, et al. 2017. Negative effect of saline irrigation on yield components and phytochemicals of pepper (*Capsicum annuum*) inoculated with arbuscular mycorrhizal fungi. Revista Fitotechia Mexicana, 40(2): 141-149.

Guo X, Wang Z, Zhang J, et al. 2021. Host-specific effects of arbuscular mycorrhizal fungi on two *Caragana* species in desert grassland. Journal of Fungi, 7(12): 1077.

Harris-Valle C, Esqueda M, Gutiérrez A, et al. 2018. Physiological response of *Cucurbita pepo* var. *pepo* mycorrhized by Sonoran desert native arbuscular fungi to drought and salinity stresses. Brazilian Journal of Microbiology, 49(1): 45-53.

He XL, Li YP, Zhao LL. 2010. Dynamics of arbuscular mycorrhizal fungi and glomalin in the rhizosphere of *Artemisia ordosica* Krasch. in Mu Us sandland, China. Soil Biology and Biochemistry, 42(8): 1313-1319.

He XL, Mouratov S, Steinberger Y. 2002. Temporal and spatial dynamics of vesicular-arbuscular mycorrhizal fungi under the canopy of *Zygophyllum dumosum* in Negev Desert. Journal of Arid Environments, 52(3): 379-387.

Hernández-Zamudio G, Sáenz-Mata J, Moreno-Reséndez A, et al. 2018. Temporal diversity dynamics of the arbuscular mycorrhizal fungi of *Larrea tridentate* (Sesse & Mocino ex DC) Coville in a semi-arid ecosystem. Revista Argentina De Microbiología, 50(3): 301-310.

Herrera MA, Salamanca CP, Barea JM. 1993. Inoculation of woody legumes with selected arbuscular mycorrhizal fungi and rhizobia to recover desertified Mediterranean ecosystems. Applied and Environmental Microbiology, 59(1): 129-133.

Hu DD, Baskin JM, Baskin CC, et al. 2019. Arbuscular mycorrhizal symbiosis and achene mucilage have independent functions in seedling growth of a desert shrub. Journal of Plant Physiology, 232: 1-11.

Ji LL, Tan WF, Chen XH. 2019. Arbuscular mycorrhizal mycelial networks and glomalin-related soil protein increase soil aggregation in Calcaric Regosol under well-watered and drought stress conditions. Soil & Tillage Research, 185: 1-8.

Jia T, Wang J, Chang W, et al. 2019. Proteomics analysis of *Echinacea angustifolia* seedlings inoculated with arbuscular mycorrhizal fungi under salt stress. International Journal of Molecular Sciences, 20(3): 788.

Jia YY, Shi ZY, Chen ZC, et al. 2020. Soil moisture threshold in controlling above- and belowground community stability in a temperate desert of Central Asia. Science of the Total Environment, 703: 134650.

Jiménez-Leyva JA, Gutiérrez A, Orozco JA, et al. 2017. Phenological and ecophysiological responses of *Capsicum annuum* var. *glabriusculum* to native arbuscular mycorrhizal fungi and phosphorus availability. Environmental and Experimental Botany, 138: 193-202.

Kuramae EE, Verbruggen E, Hillekens R, et al. 2013. Tracking fungal community responses to maize plants by DNA- and RNA-based pyrosequencing. PLoS ONE, 8(7): e6997.

Li YP, He XL, Zhao LL. 2010. Tempo-spatial dynamics of arbuscular mycorrhizal fungi under clonal plant *Psammochloa villosa* Trin. Bor in Mu Us sandland. European Journal of Soil Biology, 46(5): 295-301.

Liu A, Chen S, Chang R, et al. 2014. Arbuscular mycorrhizae improve low temperature tolerance in cucumber via alterations in H_2O_2 accumulation and ATPase activity. Journal of Plant Research, 127(6): 775-785.

Liu Y, Zhang G, Luo X, et al. 2021. Mycorrhizal fungi and phosphatase involvement in rhizosphere phosphorus transformations improves plant nutrition during subtropical forest succession. Soil Biology and Biochemistry, 153: 108099.

Magoč T, Salzberg SL. 2011. FLASH: fast length adjustment of short reads to improve genome assemblies. Bioinformatics, 27(21): 2957-2963.

Maherali H, Klironomos JN. 2007. Influence of phylogeny on fungal community assembly and ecosystem functioning. Science, 316(5832): 1746-1748.

McGonigle TP, Miller MH, Evans DG, et al. 1990. A new method which gives an objective measure of colonization of roots by vesicular-arbuscular mycorrhizal fungi. New Phytologist, 115(3): 495-501.

Meddad-Hamza A, Hamza N, Neffar S, et al. 2017. Spatiotemporal variation of arbuscular mycorrhizal fungal colonization in olive (*Olea europaea* L.) roots across a broad mesic-xeric climatic gradient in North Africa. Science of the Total Environment, 583: 176-189.

Meier S, Borie F, Bolan N, et al. 2012. Phytoremediation of metal-polluted soils by arbuscular mycorrhizal fungi. Critical Reviews in Environmental Science and Technology, 42(7): 741-775.

Merlin E, Melato E, Lourenço ELB, et al. 2020. Inoculation of arbuscular mycorrhizal fungi and phosphorus addition increase coarse mint (*Plectranthus amboinicus* Lour.) plant growth and essential oil content. Rhizosphere, 15: 100217.

Muyzer G, Ramsing NB. 1995. Molecular methods to study the organization of microbial communities. Water Science & Technology, 32(8): 1-9.

Öpik M, Vanatoa A, Vanatoa E, et al. 2010. The online database MaarjAM reveals global and ecosystemic distribution patterns in arbuscular mycorrhizal fungi (Glomeromycota). New Phytologist, 188(1): 223-241.

Panwar J, Tarafdar JC. 2006. Arbuscular mycorrhizal fungal dynamics under *Mitragyna parvifolia* (Roxb.) Korth. in Thar Desert. Applied Soil Ecology, 34(2-3): 200-208.

Phillips JM, Hayman DS. 1970. Improved procedures for clearing roots and staining parasitic and vesicular-arbuscular mycorrhizal fungi for rapid assessment of infection. Transactions of the British Mycological Society, 158(1): 18.

Powell JR, Rillig MC. 2018. Biodiversity of arbuscular mycorrhizal fungi and ecosystem function. New Phytologist, 220(4): 1059-1075.

Qiang W, He XL, Wang JJ, et al. 2019. Temporal and spatial variation of arbuscular mycorrhizal fungi under the canopy of *Hedysarum scoparium* in the northern desert, China. Applied Soil Ecology, 136: 139-147.

Qiao YG, Bai YX, She WW, et al. 2022. Arbuscular mycorrhizal fungi outcompete fine roots in determining soil multifunctionality and microbial diversity in a desert ecosystem. Applied Soil Ecology, 171: 104323.

Rillig MC, Mummey DL. 2006. Mycorrhizas and soil structure. New Phytologist, 171(1): 41-53.

Roldan A, Carrasco L, Caravaca F. 2006. Stability of desiccated rhizosphere soil aggregates of mycorrhizal *Juniperus oxycedrus* grown in a desertified soil amended with a composted organic residue. Soil Biology and Biochemistry, 38(9): 2722-2730.

Safir GR. 1968. The influence of vesicular-arbuscular mycorrhiza on the resistance of onion to *Pyrenochaeta terrestris*. Illinois: University of Illinois at Urbana-Champaign: 10.

Schenck NC, Yvonne P. 1990. Manual for the Identification of VA Mycorrhizal Fungi. Gainesville: Synergistic Publications.

Sharma E, Anand G, Kapoor R. 2017. Terpenoids in plant and arbuscular mycorrhiza-reinforced defence against herbivorous insects. Annals of Botany, 119(5): 791-801.

Shi ZY, Mickan B, Feng G, et al. 2015. Arbuscular mycorrhizal fungi improved plant growth and nutrient acquisition of desert ephemeral *Plantago minuta* under variable soil water conditions. Journal of Arid Land, 7(3): 414-420.

Shi ZY, Wang YM, Xu SX, et al. 2017. Arbuscular mycorrhizal fungi enhance plant diversity, density and productivity of spring ephemeral community in desert ecosystem. Notulae Botanicae Horti Agrobotanici Cluj-Napoca, 45(1): 301-307.

Simon L, Lalonde M, Bruns TD. 1992. Specific amplification of 18S fungal ribosomal genes from vesicular-arbuscular endomycorrhizal fungi colonizing roots. Applied and Environmental Microbiology, 58(1): 291-295.

Singh PK, Singh M, Tripathi BN. 2013. Glomalin: an arbuscular, mycorrhizal fungal soil protein. Protoplasma, 250(3): 663-669.

Smith SE, Read DJ. 2008. Mycorrhizal Symbiosis. 3rd ed. New York, London: Academic Press.

Subramanian KS, Tenshia V, Jayalakshmi K, et al. 2009. Biochemical changes and zinc fractions in arbuscular mycorrhizal fungus (*Glomus intraradices*) inoculated and uninoculated soils under differential zinc fertilization. Applied Soil Ecology, 43(1): 32-39.

Symanczik S, Btaszkowski J, Chwat G, et al. 2014. Three new species of arbuscular mycorrhizal fungi discovered at one location in a desert of Oman: *Diversispora omaniana, Septoglomus nakheelum* and *Rhizophagus arabicus*. Mycologia, 106(2): 243-259.

Symanczik S, Courty PE, Boller T, et al. 2015. Impact of water regimes on an experimental community of four desert arbuscular mycorrhizal fungal (AMF) species, as affected by the introduction of a non-native AMF species. Mycorrhiza, 25(8): 639-647.

Taheri WI, Bever JD. 2011. Adaptation of *Liquidambar styraciflua* to coal tailings is mediated by arbuscular mycorrhizal fungi. Applied Soil Ecology, 48(2): 251-255.

Taniguchi T, Usuki H, Kikuchi J, et al. 2012. Colonization and community structure of root-associated microorganisms of *Sabina vulgaris* with soil depth in a semiarid desert ecosystem with shallow groundwater. Mycorrhiza, 22(6): 419-428.

Tarafdar JC, Marschner H. 1994. Phosphatase activity in the rhizosphere and hyphosphere of VA mycorrhizal wheat supplied with inorganic and organic phosphorus. Soil Biology and Biochemistry, 26: 387-395.

Tarbell TJ, Koske RE. 2007. Evaluation of commercial arbuscular mycorrhizal inocula in a sand/peat medium. Mycorrhiza, 18(1): 51-56.

van der Heijden MGA, Klironomos JN, Ursic M, et al. 1998. Mycorrhizal fungal diversity determines plant biodiversity, ecosystem variability and productivity. Nature, 396(6706): 69-72.

Wagg C, Jansa J, Stadler M, et al. 2011. Mycorrhizal fungal identity and diversity relaxes plant-plant competition. Ecology, 92(6): 1303-1313.

Walker C. 1986. Taxonomic concepts in the Endogonaceae: II. A fifth morphological wall type in endogonaceous spores. Mycotaxon, 25: 95-99.

Wang K, He XL, Xie LL, et al. 2018. Arbuscular mycorrhizal fungal community structure and diversity are affected by host plant species and soil depth in the Mu Us Desert, northwest China. Arid Land Research and Management, 32(2): 198-211.

Wright SF, Upadhyaya A. 1998. A survey of soils for aggregate stability and glomalin, a glycoprotein produced by hyphae of arbuscular mycorrhizal fungi. Plant and Soil, 198(1): 97-107.

Wu BY, Hogetsu T, Isobe K, et al. 2007. Community structure of arbuscular mycorrhizal fungi in a primary successional volcanic desert on the southeast slope of Mount Fuji. Mycorrhiza, 17(6): 495-506.

Wu BY, Isobe K, Ishii R. 2004. Arbuscular mycorrhizal colonization of the dominant plant species in primary successional volcanic deserts on the Southeast slope of Mount Fuji. Mycorrhiza, 14(6): 391-395.

Wu N, Li Z, Liu HG, et al. 2015. Influence of arbuscular mycorrhiza on photosynthesis and water status of *Populus cathayana* Rehder males and females under salt stress. Acta Physiologiae Plantarum, 37(9): 183-197.

Wu N, Li Z, Meng S, et al. 2021. Effects of arbuscular mycorrhizal inoculation on the growth, photosynthesis and antioxidant enzymatic activity of *Euonymus maackii* Rupr. under gradient water deficit levels. PLoS ONE, 16(11): e0259959.

Xue ZK, He XL, Zuo YL. 2020. Community composition and catabolic functional diversity of soil microbes affected by *Hedysarum scoparium* in arid desert regions of northwest China. Arid Land Research and

Management, 34(2): 152-170.

Yeasmin R, Bonser SP, Motoki S, et al. 2019. Arbuscular mycorrhiza influences growth and nutrient uptake of asparagus (*Asparagus officinalis* L.) under heat stress. HortScience, 54(5): 846-850.

Yeates C, Gillings MR, Davison AD, et al. 1997. PCR amplification of crude microbial DNA extracted from soil. Letters in Applied Microbiology, 25(4): 303-307.

Zhang T, Sun Y, Song YC, et al. 2011. On-site growth response of a desert ephemeral plant, *Plantago minuta*, to indigenous arbuscular mycorrhizal fungi in a central Asia desert. Symbiosis, 55(2): 77-84.

Zhang YJ, He XL, Zhao LL, et al. 2017. Dynamics of arbuscular mycorrhizal fungi and glomalin under *Psammochloa villosa* along a typical dune in desert, North China. Symbiosis, 73(3): 145-153.

Zhao JL, He XL. 2007. Arbuscular mycorrhizal fungi associated with the clonal plants in Mu Us sandland of China. Progress in Natural Science, 17(11): 1296-1302.

Zhao LL, Zhang KX, Sun X, et al. 2022. Dynamics of arbuscular mycorrhizal fungi and glomalin in the rhizosphere of *Gymnocarpos przewalskii* in Northwest Desert, China. Applied Soil Ecology, 170: 104251.

Zuo YL, He C, He XL, et al. 2020. Plant cover of *Ammopiptanthus mongolicus* and soil factors shape soil microbial community and catabolic functional diversity in the arid desert in Northwest China. Applied Soil Ecology, 147: 103389.